Landscape Details CAD Construction Atlast

景观细部CAD施工图集 II（第二版）

花坛花钵/花架长廊/园凳树池/景观灯柱/童叟
乐园/体育健身/景观雕塑/假山置石/凉亭景亭

陈显阳 樊思亮 主编

中国林业出版社
China Forestry Publishing House

图书在版编目（ＣＩＰ）数据

景观细部施工图集. II/陈显阳，樊思亮主编. --2版. -- 北京 : 中国林业出版社，2012.6
ISBN 978-7-5038-9337-7

Ⅰ. ①景… Ⅱ. ①陈… ②樊… Ⅲ. ①景观设计－细部设计－计算机辅助设计－AutoCAD软件－图集 Ⅳ.①TU986.2-64

中国版本图书馆CIP数据核字(2017)第261488号

本书编委会

主　　编：陈显阳　樊思亮

副 主 编：陈礼军　孔　强　郭　超　　杨仁钰

参与编写人员：

陈　婧	张文媛	陆　露	何海珍	刘　婕	夏　雪	王　娟	黄　丽	程艳平
高丽媚	汪三红	肖　聪	张雨来	陈书争	韩培培	付珊珊	高囡囡	杨微微
姚栋良	张　雷	傅春元	邹艳明	武　斌	陈　阳	张晓萌	魏明悦	佟　月
金　金	李琳琳	高寒丽	赵乃萍	裴明明	李　跃	金　楠	邵东梅	李　倩
左文超	李凤英	姜　凡	郝春辉	宋光耀	于晓娜	许长友	王　然	王竞超
吉广健	马宝东	于志刚	刘　敏	杨学然				

中国林业出版社
责任编辑：李　顺　薛瑞琦
图书策划：张永生
设计编辑：孙淑卿　张妍倩
出版咨询：（010）83143569

——

出 版：中国林业出版社（100009 北京西城区德内大街刘海胡同7号）
网 站：http://lycb.forestry.gov.cn/
印 刷：深圳市汇亿丰印刷有限科技有限公司
发 行：中国林业出版社
电 话：（010）83143500
版 次：2018年4月第1版
印 次：2018年4月第1次
开 本：889mm×1194mm 1 / 16
印 张：23.75
字 数：200千字
定 价：128.00元

——

法律顾问：华泰律师事务所　王海东律师　邮箱：prewang@163.com

第二版 前言

本套景观细部CAD施工图集是在前一套的基础上重新组织修改完成的，可作为第二版。

本套景观细部CAD施工图集组织各设计院和设计单位汇集材料，不断收集设计师提供的建议和信息，修改和调整，希望这套施工图集能够不断完善，不断创新，真正成为景观类的工具图书。

本套景观工具书的亮点如下：

首先，本套书区别于以往的CAD施工图集，对CAD模块进行非常详细的分类与调整，根据现代景观设计的要求，将三本书大体分为理水类、主景及配套设施类、防护设施及铺装类，在这三类的基础上再进一步细分，争取做到让施工图设计者能得其中一本，而能把握一类的制图技巧和技术要点。

其次，就是这套图集的全面性和权威性，我们联合了近20所建筑及景观设计院所编写这套图集，严格按照建筑及施工设计标准规范，让设计师在设计和制作施工图时有据可依，有章可循，并且能依此类推，应用至其他施工图中。

再次，我们对这套书作了严格的版权保护，光盘进行了严格的加密，这也是对作品提供者的保护和认同，我们更希望读者们有版权保护的意识，为我国的版权事业贡献力量。

施工图是景观设计中既基础又非常重要的一部分，无论对于刚入行的制图员，还是设计大师，都是必不可少的一门技能。但这绝非一朝一夕能练就的，就像一句古语："千里之行，始于足下"，希望广大的设计者能从这里得到些东西，抑或发现些东西。

我们恳请广大读者朋友提出宝贵意见，甚或是批评，指导我们做得更好！

编者著

2017年12月

目录 CONTENTS

花坛花钵

FLOWERPOT

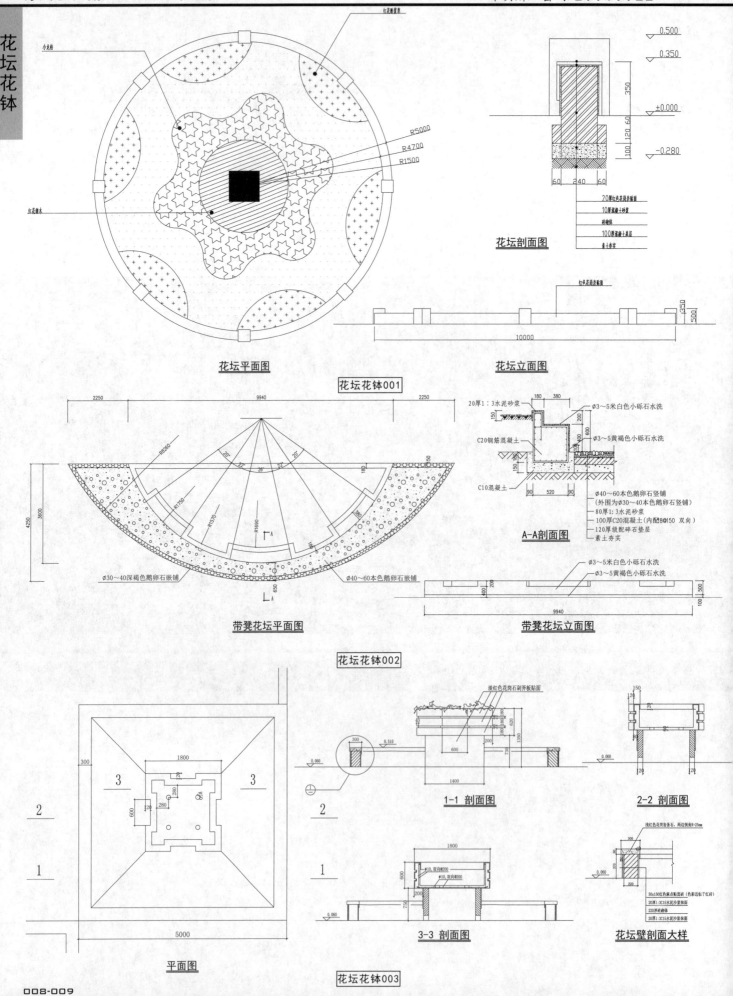

花坛平面图

花坛立面图

花坛剖面图

20厚红色花岗岩贴面
10厚混凝土砂浆
砖砌体
100厚混凝土垫层
素土夯实

花坛花钵001

带凳花坛平面图

带凳花坛立面图

A—A剖面图

花坛花钵002

平面图

1-1 剖面图

2-2 剖面图

3-3 剖面图

花坛壁剖面大样

花坛花钵003

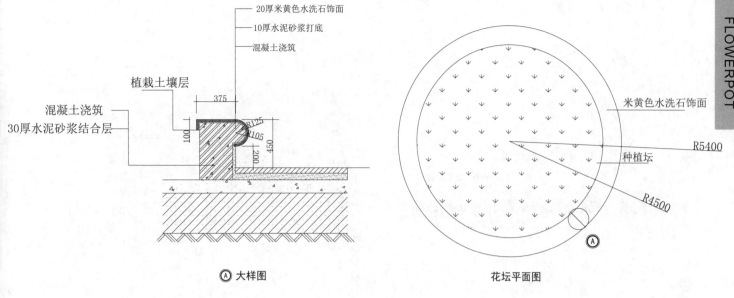

20厚米黄色水洗石饰面
10厚水泥砂浆打底
混凝土浇筑
植栽土壤层
混凝土浇筑
30厚水泥砂浆结合层

米黄色水洗石饰面
种植坛
R5400
R4500

Ⓐ 大样图

花坛平面图

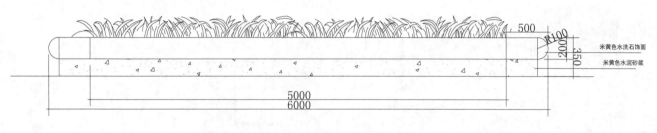

500
R100
米黄色水洗石饰面
米黄色水泥砂浆
5000
6000

圆形花坛立面图

花坛花钵004

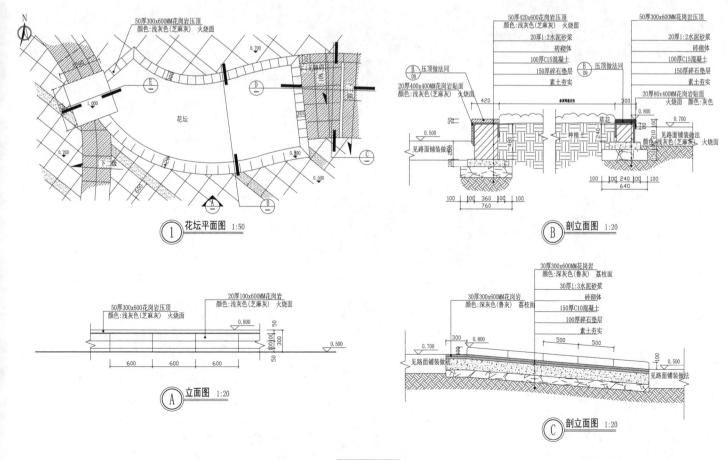

50厚300x600MM花岗岩压顶
颜色:浅灰色(芝麻灰) 火烧面

花坛

① 花坛平面图 1:50

50厚420x600花岗岩压顶
颜色:浅灰色(芝麻灰) 火烧面
20厚1:2水泥砂浆
砖砌体
100厚C15混凝土
150厚碎石垫层
素土夯实
Ⓑ 压顶做法同
20厚400x400MM花岗岩贴面
颜色:浅灰色(芝麻灰) 火烧面
草花
见路面铺装做法
种植土

50厚300x600花岗岩压顶
20厚1:2水泥砂浆
砖砌体
100厚C15混凝土
150厚碎石垫层
素土夯实
Ⓑ 压顶做法同
20厚80x400MM花岗岩贴面
火烧面 颜色:灰色
见路面铺装做法
颜色:浅灰色(芝麻灰) 火烧面

Ⓑ 剖立面图 1:20

50厚300x600花岗岩压顶
颜色:浅灰色(芝麻灰) 火烧面
20厚100x600MM花岗岩
颜色:浅灰色(芝麻灰) 火烧面
600 600 600

Ⓐ 立面图 1:20

30厚300x600MM花岗岩
颜色:深灰色(鲁灰) 荔枝面
30厚1:3水泥砂浆
砖砌体
150厚C10混凝土
100厚碎石垫层
素土夯实
30厚300x600MM花岗岩
颜色:深灰色(鲁灰) 荔枝面
见路面铺装做法
见路面铺装做法
500 500

Ⓒ 剖立面图 1:20

花坛花钵005

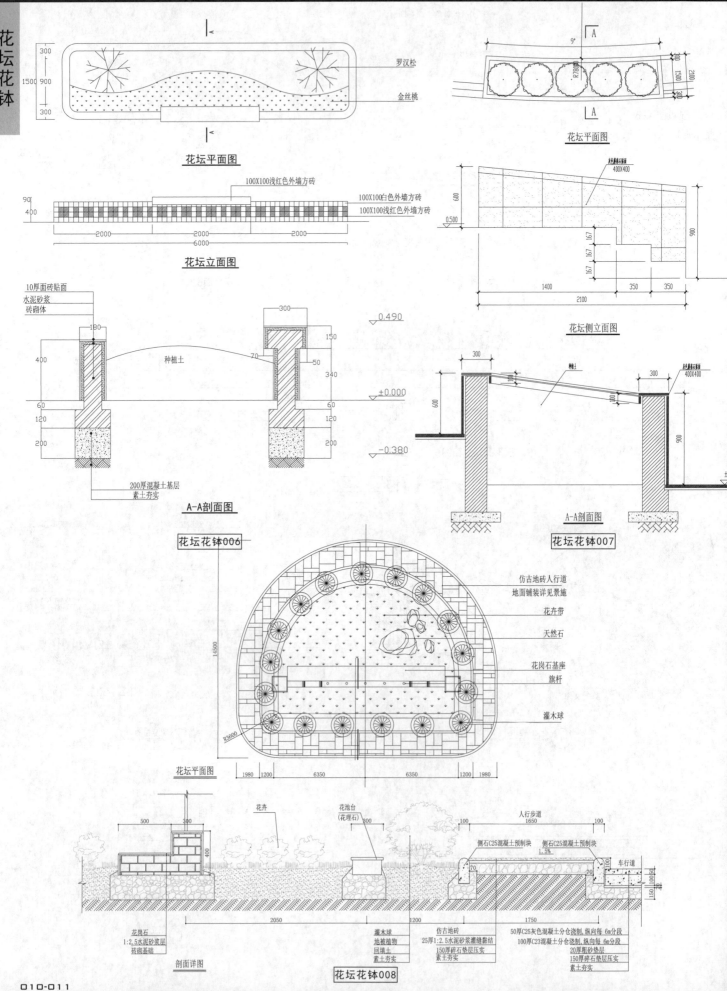

罗汉松

金丝桃

花坛平面图

花坛平面图

100X100浅红色外墙方砖
100X100白色外墙方砖
100X100浅红色外墙方砖

花坛立面图

花坛侧立面图

10厚面砖贴面
水泥砂浆
砖砌体

种植土

200厚混凝土基层
素土夯实

A-A剖面图

A-A剖面图

花坛花钵006

花坛花钵007

仿古地砖人行道
地面铺装详见景施

花卉带

天然石

花岗石基座

旗杆

灌木球

花坛平面图

花卉

花池台
(花理石)

人行步道

侧石C25混凝土预制块
侧石C25混凝土预制块

车行道

花岗石
1:2.5水泥砂浆层
砖砌基础

灌木球
地被植物
回填土
素土夯实

仿古地砖
25厚1:2.5水泥砂浆灌缝黏结
150厚碎石垫层压实
素土夯实

50厚C25灰色混凝土分仓浇制,纵向每 6m分段
100厚C23混凝土分仓浇制,纵向每 6m分段
20厚粗砂垫层
150厚碎石垫层压实
素土夯实

剖面详图

花坛花钵008

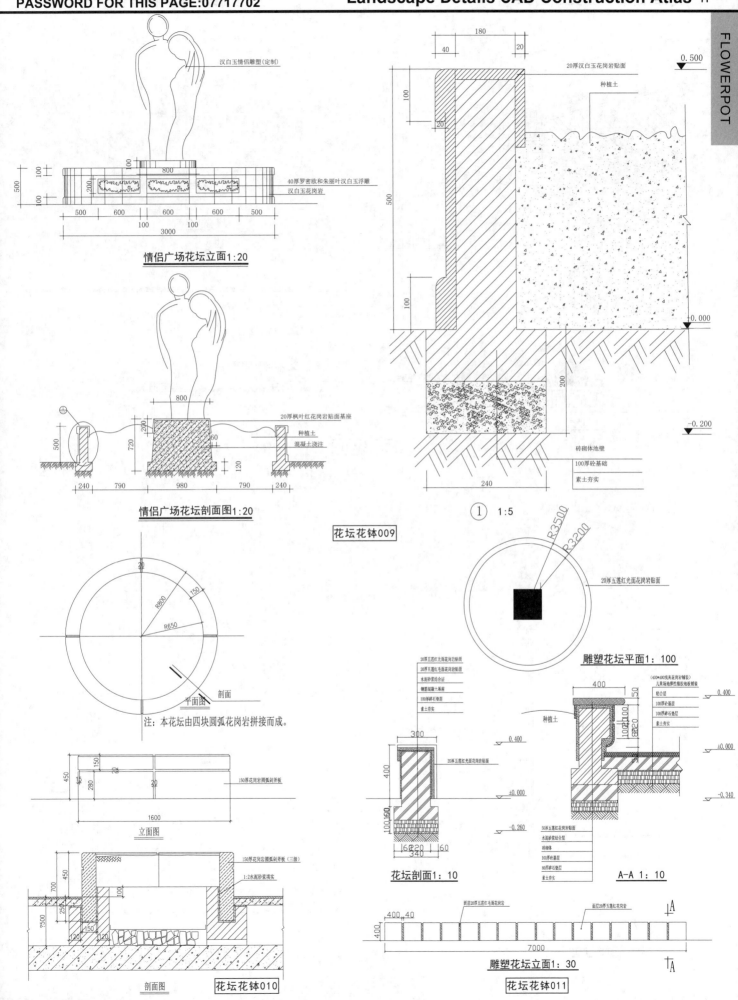

汉白玉情侣雕塑(定制)

40厚罗密欧和朱丽叶汉白玉浮雕
汉白玉花岗岩

情侣广场花坛立面1:20

20厚枫叶红花岗岩贴面基座
种植土
混凝土浇注

情侣广场花坛剖面图1:20

0.500

20厚汉白玉花岗岩贴面
种植土

砖砌体池壁
100厚砼基础
素土夯实

① 1:5

花坛花钵009

注：本花坛由四块圆弧花岗岩拼接而成。

平面图

剖面

150厚花岗岩圆弧剁齐板

立面图

150厚花岗岩圆弧剁齐板（三级）
1:2水泥砂浆填实

剖面图

花坛花钵010

20厚五莲红光面花岗岩贴面

雕塑花坛平面1:100

20厚五莲红毛面花岗岩贴面
20厚五莲红光面花岗岩贴面
水泥砂浆结合层
钢筋混凝土基座
100厚碎石垫层
素土夯实

种植土

(400*400防滑橡胶地砖铺装)
儿童场地防滑橡胶地板铺装
贴合层
100厚砼基层
100厚碎石垫层
素土夯实

20厚五莲红光面花岗岩贴面

花坛剖面1:10

50厚五莲红花岗岩贴面
水泥砂浆结合层
砖砌体
100厚砂基层
80厚碎石垫层
素土夯实

A-A 1:10

面层20厚红毛面花岗岩
面层20厚五莲红花岗岩

雕塑花坛立面1:30

花坛花钵011

花坛花钵

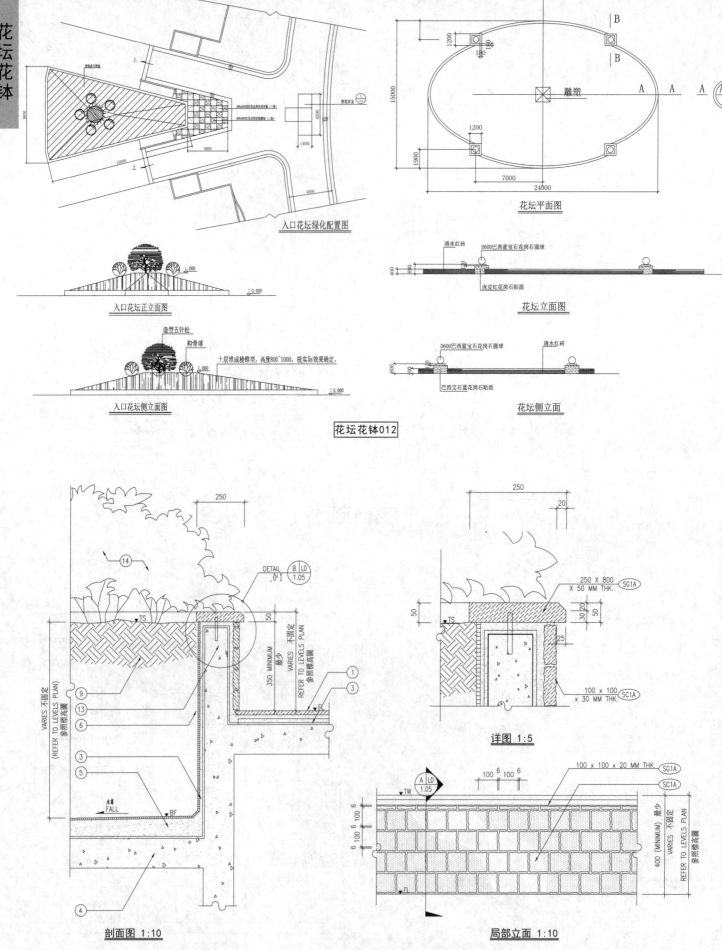

入口花坛绿化配置图

入口花坛正立面图

入口花坛侧立面图

花坛平面图

花坛立面图

花坛侧立面

花坛花钵012

剖面图 1:10

详图 1:5

局部立面 1:10

花坛花钵013

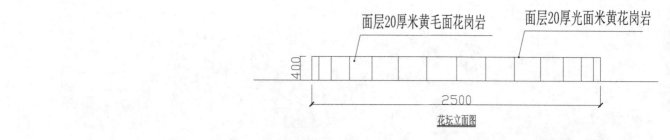

面层20厚米黄毛面花岗岩　　面层20厚光面米黄花岗岩

400

2500

花坛立面图

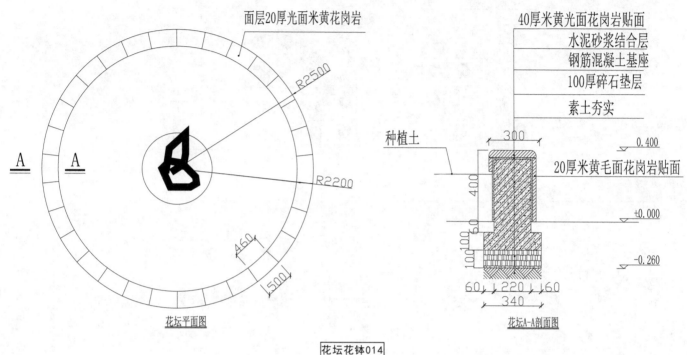

面层20厚光面米黄花岗岩

R2500

R2200

A　　A

460

500

花坛平面图

花坛花钵014

40厚米黄光面花岗岩贴面
水泥砂浆结合层
钢筋混凝土基座
100厚碎石垫层
素土夯实

种植土

300

0.400

20厚米黄毛面花岗岩贴面

400

±0.000

100　100

60　220　60
340

-0.260

花坛A-A剖面图

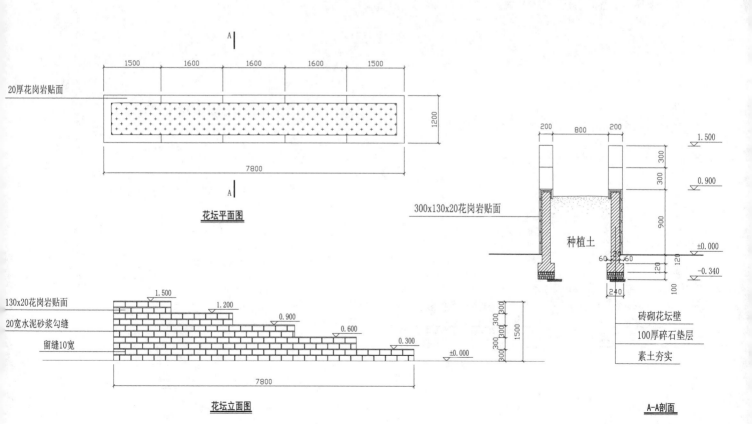

A

1500　1600　1600　1600　1500

20厚花岗岩贴面

1200

7800

A

花坛平面图

200　800　200

1.500

300

300

0.900

300x130x20花岗岩贴面

900

种植土

±0.000

60　60

120　120

-0.340

240

100

砖砌花坛壁
100厚碎石垫层
素土夯实

130x20花岗岩贴面

1.500

20宽水泥砂浆勾缝

1.200

0.900

留缝10宽

0.600

0.300

±0.000

300　300
300　300
1500

7800

花坛立面图

A-A剖面

花坛花钵016

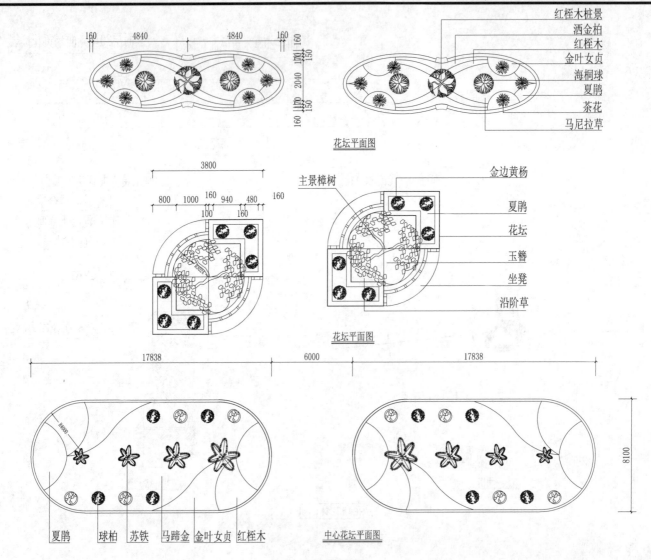

红桎木桩景
酒金柏
红桎木
金叶女贞
海桐球
夏鹃
茶花
马尼拉草

花坛平面图

金边黄杨
夏鹃
花坛
玉簪
坐凳
沿阶草

主景樟树

花坛平面图

夏鹃　球柏　苏铁　马蹄金　金叶女贞　红桎木

中心花坛平面图

花坛花钵015

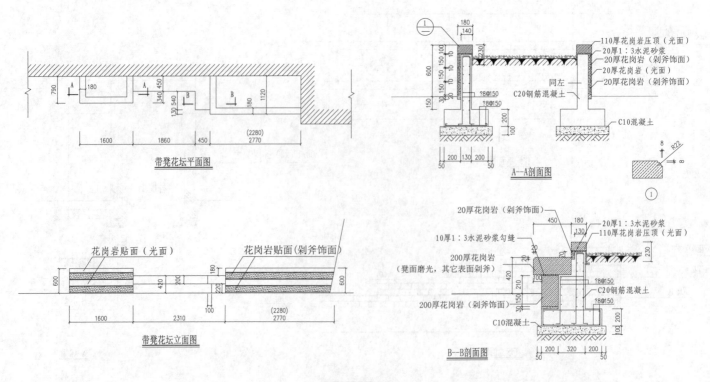

带凳花坛平面图

花岗岩贴面（光面）　花岗岩贴面（剁斧饰面）

带凳花坛立面图

110厚花岗岩压顶（光面）
20厚1：3水泥砂浆
20厚花岗岩（剁斧饰面）
20厚花岗岩（光面）
同左
20厚花岗岩（剁斧饰面）
C20钢筋混凝土
C10混凝土

A—A剖面图

20厚花岗岩（剁斧饰面）
10厚1：3水泥砂浆勾缝
200厚花岗岩
（凳面磨光，其它表面剁斧）
200厚花岗岩（剁斧饰面）
C10混凝土
20厚1：3水泥砂浆
110厚花岗岩压顶（光面）
C20钢筋混凝土

B—B剖面图

花坛花钵017

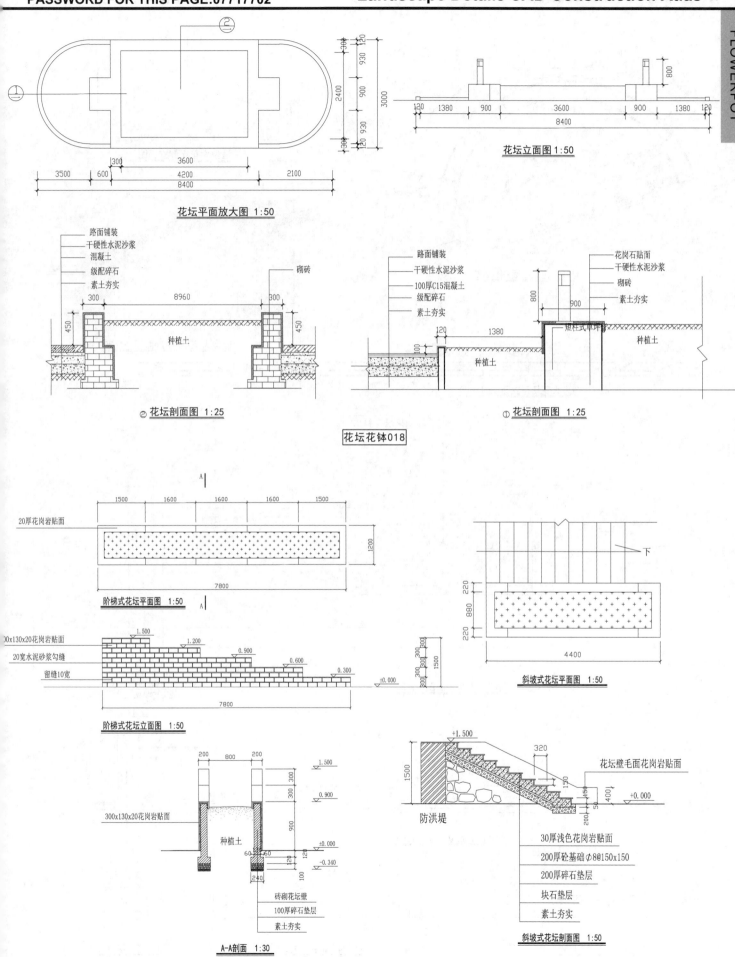

花坛平面放大图 1:50

花坛立面图 1:50

路面铺装
干硬性水泥沙浆
混凝土
级配碎石
素土夯实

砌砖

种植土

② 花坛剖面图 1:25

路面铺装
干硬性水泥沙浆
100厚C15混凝土
级配碎石
素土夯实

花岗石贴面
干硬性水泥沙浆
砌砖
素土夯实

短柱式单开

种植土

① 花坛剖面图 1:25

花坛花钵018

20厚花岗岩贴面

阶梯式花坛平面图 1:50

斜坡式花坛平面图 1:50

300x130x20花岗岩贴面
20宽水泥砂浆勾缝
留缝10宽

阶梯式花坛立面图 1:50

300x130x20花岗岩贴面

种植土

砖砌花坛壁
100厚碎石垫层
素土夯实

A-A剖面 1:30

防洪堤

花坛壁毛面花岗岩贴面

30厚浅色花岗岩贴面
200厚砼基础φ8@150x150
200厚碎石垫层
块石垫层
素土夯实

斜坡式花坛剖面图 1:50

花坛花钵019

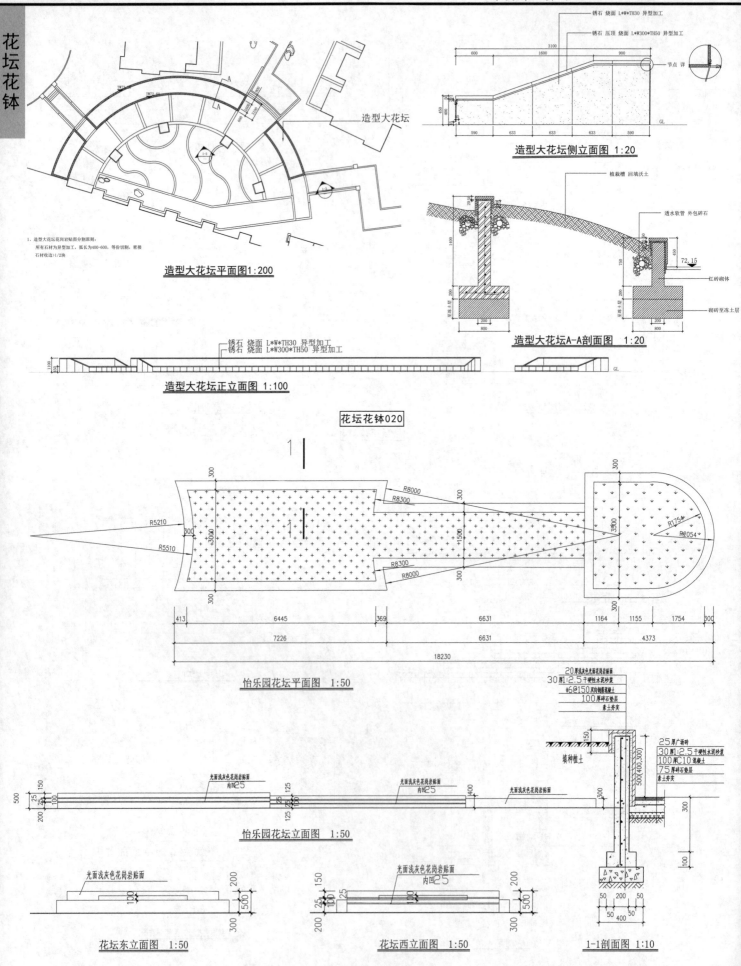

造型大花坛平面图1:200

1、造型大花坛花岗岩贴面分割原则:
所有石材为异型加工,弧长为400-600,等份切割,密接
石材收边≥1/2块

锈石 烧面 L*W*TH30 异型加工
锈石 烧面 L*W300*TH50 异型加工

造型大花坛侧立面图 1:20

节点详

植栽槽 回填沃土

透水软管 外包碎石

红砖砌体

砌砖至冻土层

造型大花坛A-A剖面图 1:20

锈石 烧面 L*W*TH30 异型加工
锈石 烧面 L*W300*TH50 异型加工

造型大花坛正立面图 1:100

花坛花钵020

怡乐园花坛平面图 1:50

20厚浅灰色光面花岗岩贴面
30厚1:2.5干硬性水泥砂浆
φ6@150双向钢筋混凝土
100厚碎石垫层
素土夯实

25厚广场砖
30厚1:2.5干硬性水泥砂浆
100厚C10混凝土
75厚碎石垫层
素土夯实

填种植土

光面浅灰色花岗岩贴面
内凹25

光面浅灰色花岗岩贴面
内凹25

光面浅灰色花岗岩贴面

怡乐园花坛立面图 1:50

光面浅灰色花岗岩贴面

花坛东立面图 1:50

光面浅灰色花岗岩贴面
内凹25

花坛西立面图 1:50

1-1剖面图 1:10

花坛花钵021

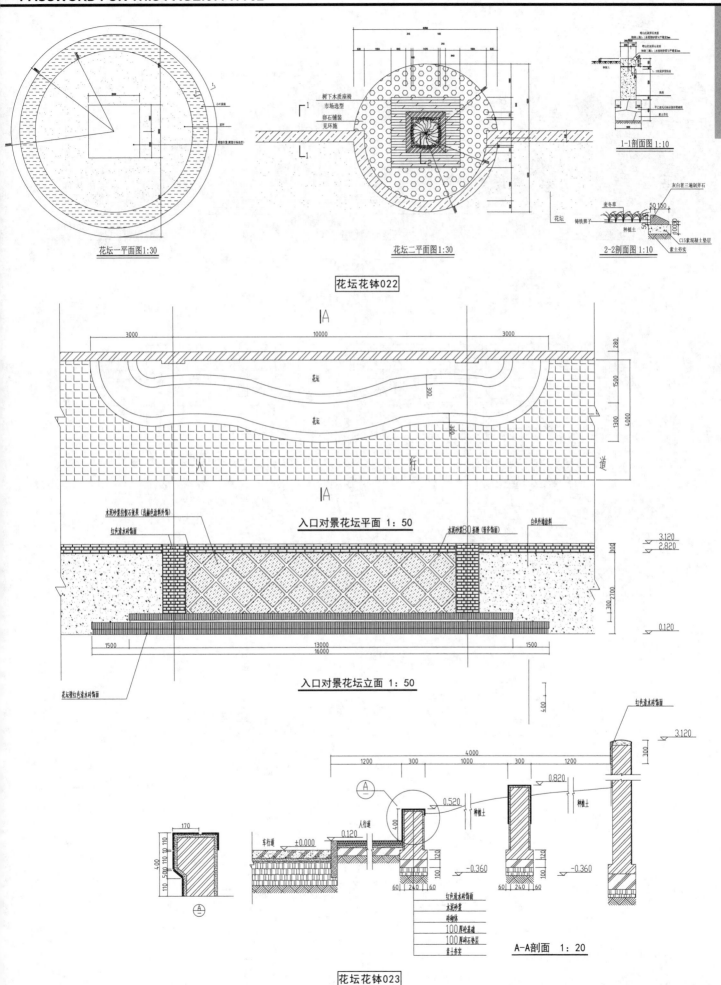

花坛一平面图1:30

花坛二平面图1:30

1-1剖面图 1:10

2-2剖面图 1:10

花坛花钵022

入口对景花坛平面 1：50

入口对景花坛立面 1：50

A-A剖面 1：20

花坛花钵023

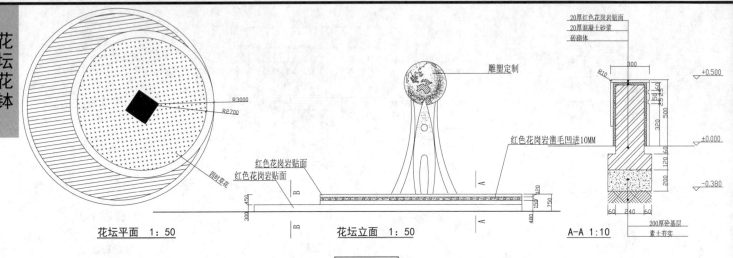

20厚红色花岗岩贴面
20厚混凝土砂浆
砖砌体

雕塑定制

红色花岗岩凿毛凹进10MM

红色花岗岩贴面
红色花岗岩贴面
圆时鲜花

200厚砼基层
素土夯实

花坛平面 1:50

花坛立面 1:50

A-A 1:10

花坛花钵024

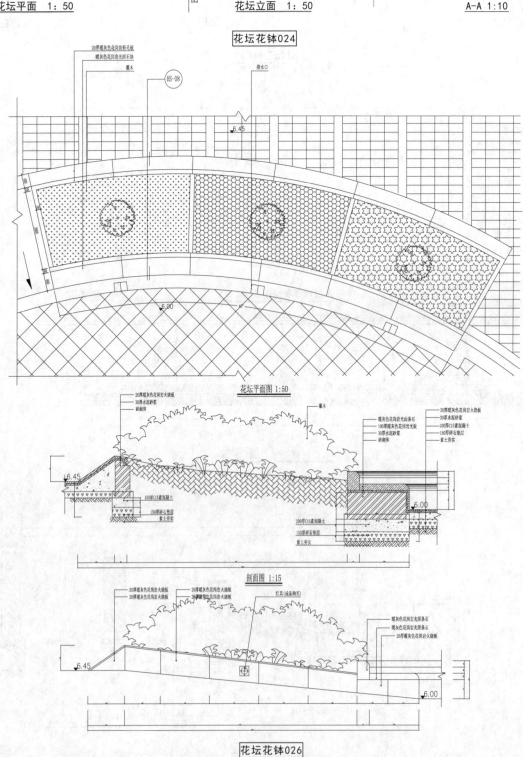

20厚暖灰色花岗岩新毛板
暖灰色花岗岩光面石块
覆水
HS-08
排水口

花坛平面图 1:50

20厚暖灰色花岗岩火烧板
30厚水泥砂浆
砖砌体

覆水

暖灰色花岗岩光面石
100厚暖灰色花岗岩光板
30厚水泥砂浆
砖砌体

20厚暖灰色花岗岩火烧板
30厚水泥砂浆
100厚C15素混凝土
150厚碎石垫层
素土夯实

150厚C15素混凝土
150厚碎石垫层
素土夯实

200厚C15素混凝土
150厚碎石垫层
素土夯实

剖面图 1:15

20厚暖灰色花岗岩火烧板
20厚暖灰色花岗岩火烧板

20厚暖灰色花岗岩火烧板
20厚暖灰色花岗岩火烧板

灯具(成品购买)

暖灰色花岗岩光面条石
暖灰色花岗岩光面条石
20厚暖灰色花岗岩火烧板

花坛花钵026

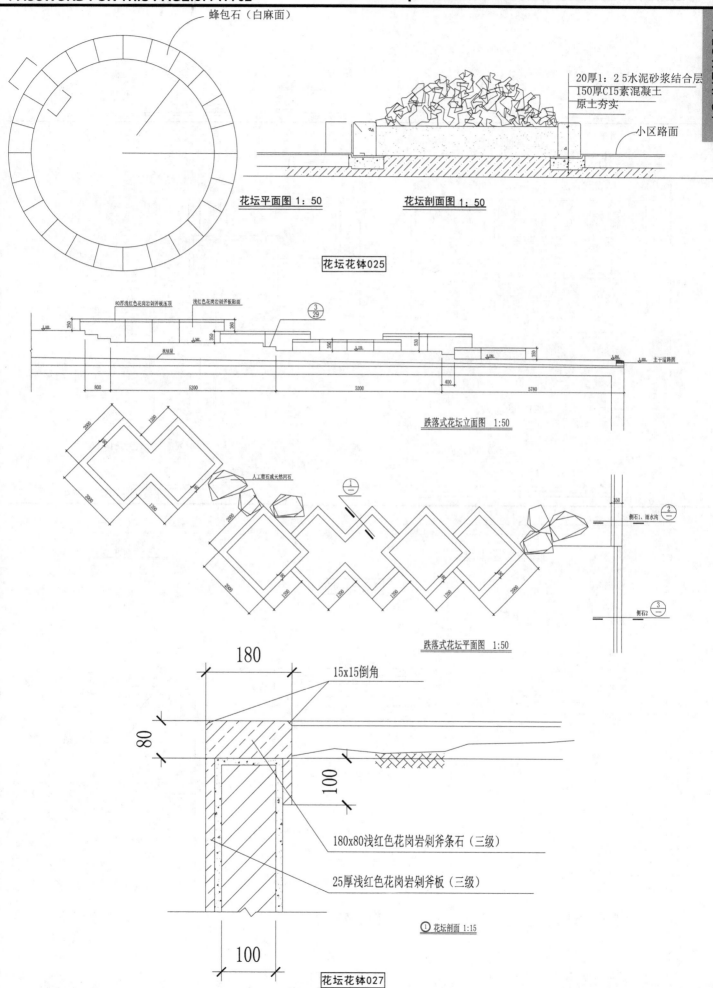

蜂包石（白麻面）

20厚1：2.5水泥砂浆结合层
150厚C15素混凝土
原土夯实

小区路面

花坛平面图 1：50   花坛剖面图 1：50

花坛花钵025

80厚浅红色花岗岩剁斧板压顶   浅红色花岗岩剁斧板贴面

找坡层

跌落式花坛立面图 1：50

人工塑石或大然河石

侧石1、雨水沟

侧石2

跌落式花坛平面图 1：50

180

15x15倒角

80

100

180x80浅红色花岗岩剁斧条石（三级）

25厚浅红色花岗岩剁斧板（三级）

100

① 花坛剖面 1：15

花坛花钵027

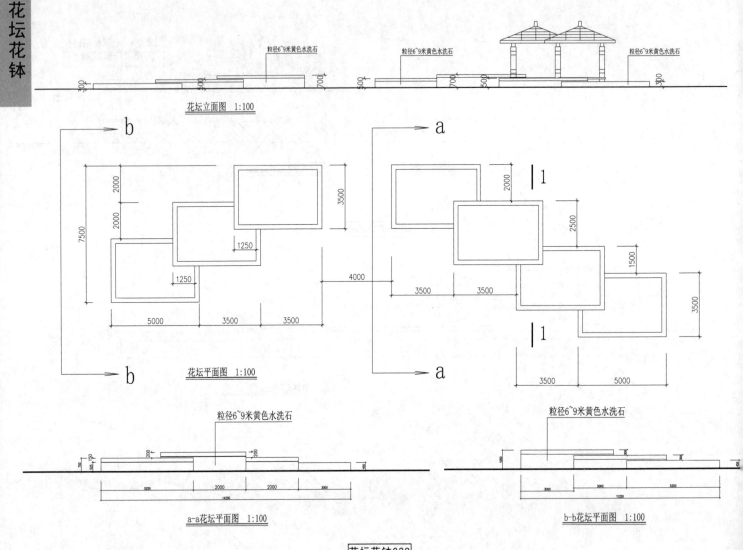

花坛立面图 1:100

花坛平面图 1:100

粒径6~9米黄色水洗石

a-a花坛平面图 1:100

粒径6~9米黄色水洗石

b-b花坛平面图 1:100

花坛花钵028

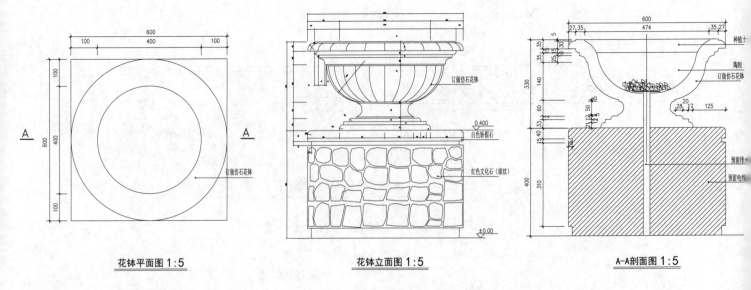

花钵平面图 1:5

订做仿石花钵

花钵立面图 1:5

订做仿石花钵
白色斩假石
红色文化石(席纹)

A-A剖面图 1:5

种植土
陶粒
订做仿石花钵
预留排水
预留电线

花坛花钵029

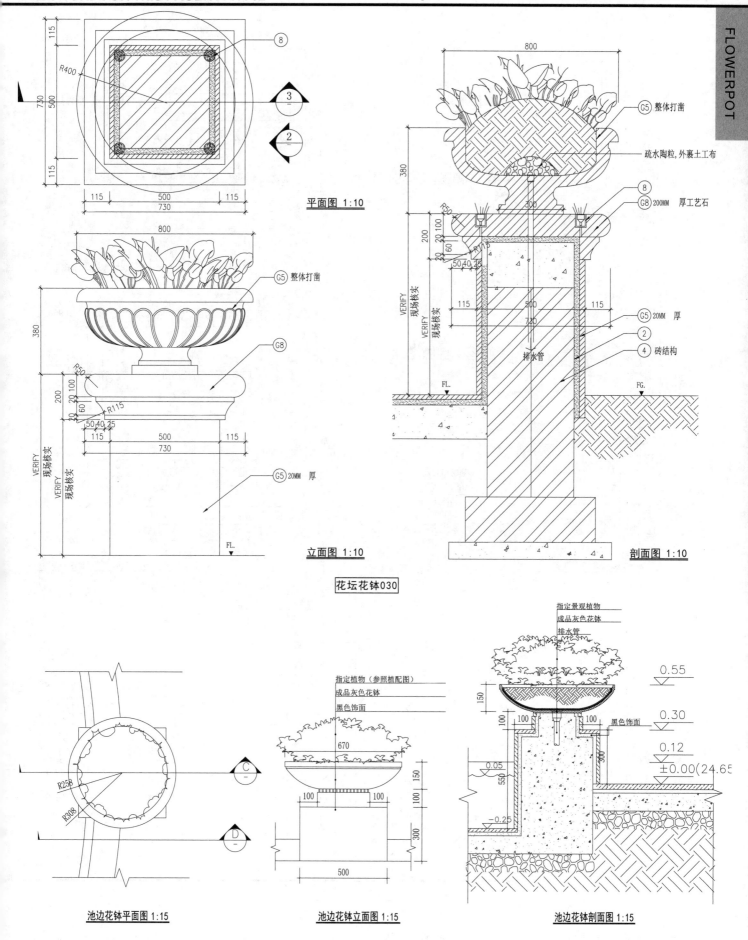

平面图 1:10

立面图 1:10

剖面图 1:10

G5 整体打凿

疏水陶粒,外裹土工布

G8 200MM 厚工艺石

G5 20MM 厚

砖结构

排水管

花坛花钵030

池边花钵平面图 1:15

池边花钵立面图 1:15

池边花钵剖面图 1:15

指定景观植物
成品灰色花钵
排水管

指定植物（参照植配图）
成品灰色花钵
黑色饰面

黑色饰面

花坛花钵032

花坛花钵

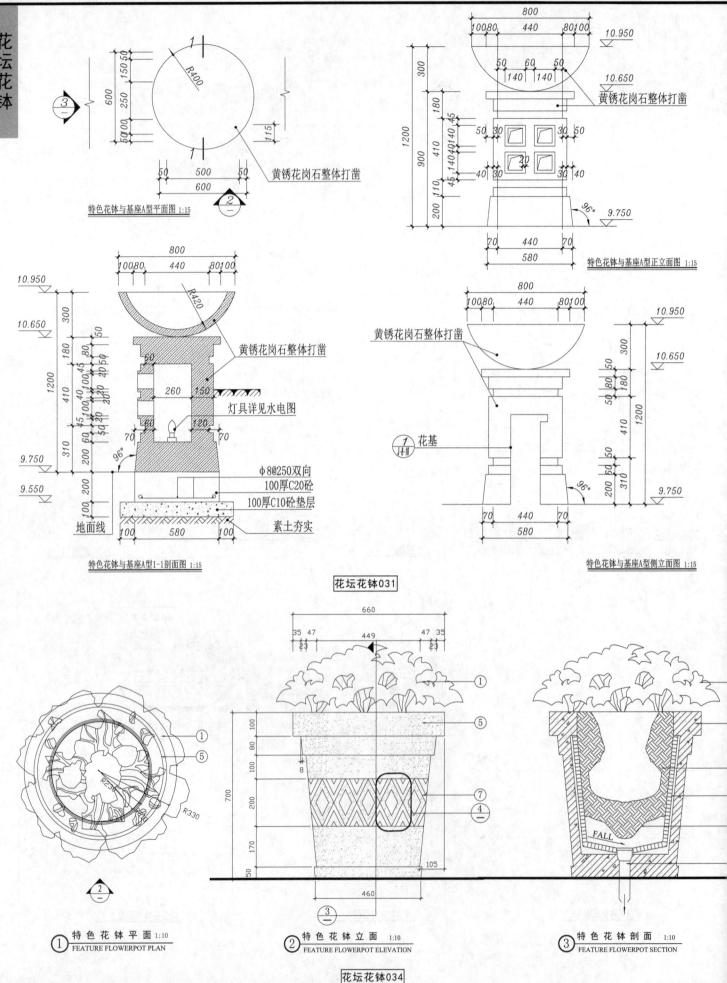

黄锈花岗石整体打凿

特色花钵与基座A型平面图 1:15

黄锈花岗石整体打凿

特色花钵与基座A型正立面图 1:15

黄锈花岗石整体打凿

灯具详见水电图

φ8@250双向
100厚C20砼
100厚C10砼垫层

地面线   素土夯实

特色花钵与基座A型1-1剖面图 1:15

黄锈花岗石整体打凿

① 花基

特色花钵与基座A型侧立面图 1:15

花坛花钵031

① 特色花钵平面 1:10
  FEATURE FLOWERPOT PLAN

② 特色花钵立面 1:10
  FEATURE FLOWERPOT ELEVATION

③ 特色花钵剖面 1:10
  FEATURE FLOWERPOT SECTION

FALL

花坛花钵034

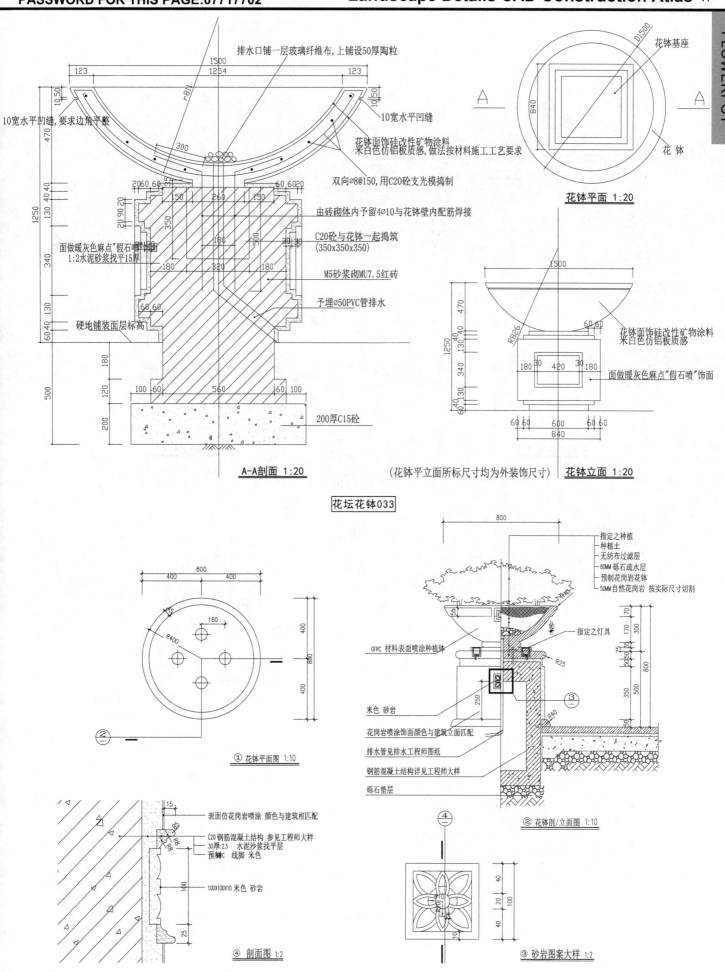

排水口铺一层玻璃纤维布,上铺设50厚陶粒

10宽水平凹缝,要求边角平整

10宽水平凹缝

花钵面饰硅改性矿物涂料
采白色仿铝板质感,做法按材料施工工艺要求

双向∅8@150,用C20砼支光模捣制

由砖砌体内予留4∅10与花钵壁内配筋焊接

C20砼与花钵一起捣筑
(350x350x350)

面做暖灰色麻点"假石喷"饰面
1:2水泥砂浆找平15厚

M5砂浆砌MU7.5红砖

予埋∅50PVC管排水

硬地铺装面层标高

200厚C15砼

A-A剖面 1:20

花坛花钵033

花钵基座

花钵

花钵平面 1:20

花钵面饰硅改性矿物涂料
采白色仿铝板质感

面做暖灰色麻点"假石喷"饰面

(花钵平立面所标尺寸均为外装饰尺寸)

花钵立面 1:20

① 花钵平面图 1:10

指定之种植
种植土
无纺布过滤层
80MM砾石疏水层
预制花岗岩花钵
50MM自然花岗岩 按实际尺寸切割

指定之灯具

GFRC 材料表面喷涂种植钵

米色 砂岩

花岗岩喷涂饰面颜色与建筑立面匹配

排水管见排水工程师图纸

钢筋混凝土结构详见工程师大样

砾石垫层

② 花钵剖/立面图 1:10

表面仿花岗岩喷涂 颜色与建筑相匹配

C20钢筋混凝土结构 参见工程师大样
30厚:2.5 水泥沙浆找平层
预制GRC 线脚 米色

100X100X10 米色 砂岩

④ 剖面图 1:2

③ 砂岩图案大样 1:2

花坛花钵035

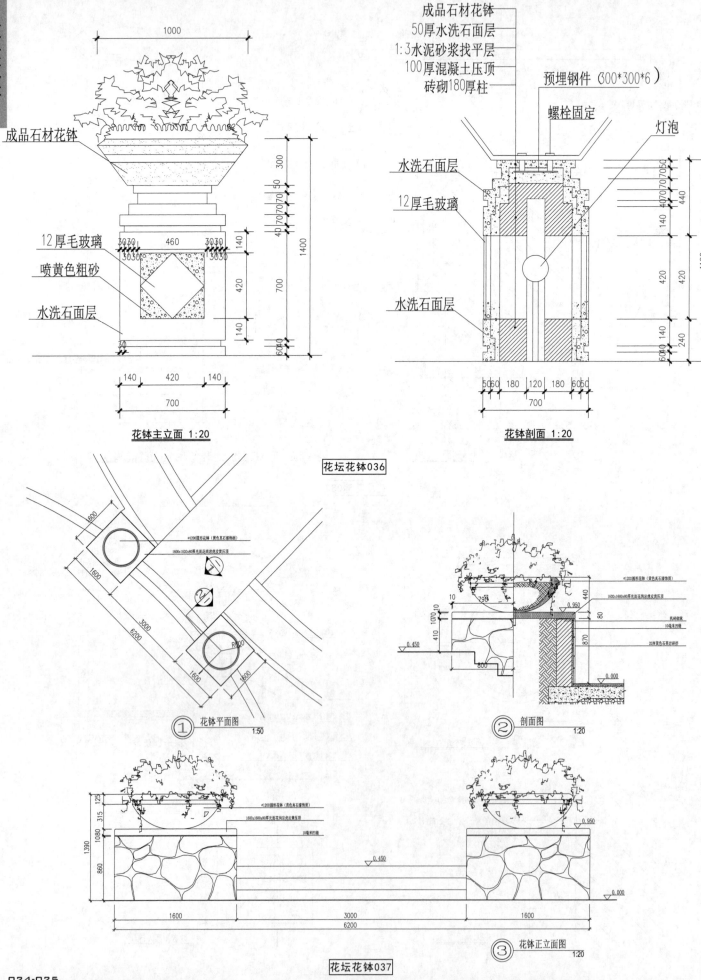

成品石材花钵
50厚水洗石面层
1:3水泥砂浆找平层
100厚混凝土压顶
砖砌180厚柱

预埋钢件(300*300*6)
螺栓固定
灯泡

成品石材花钵

12厚毛玻璃
喷黄色粗砂
水洗石面层

水洗石面层
12厚毛玻璃
水洗石面层

花钵主立面 1:20

花钵剖面 1:20

花坛花钵036

① 花钵平面图 1:50

② 剖面图 1:20

③ 花钵正立面图 1:20

花坛花钵037

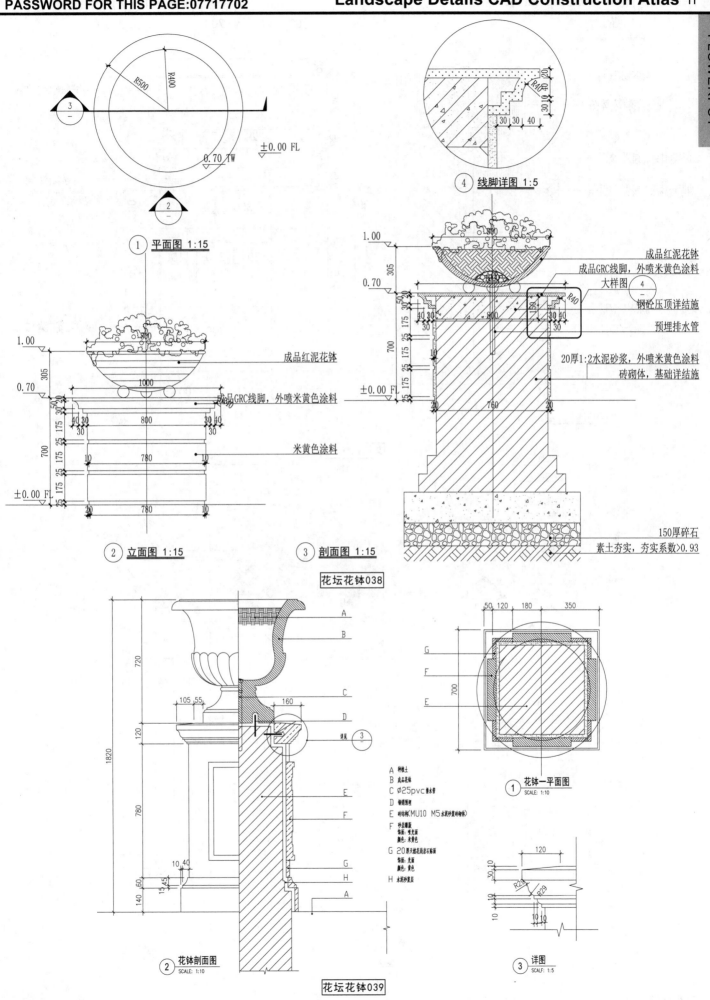

R500 R400

3
—

2
—

±0.00 FL

0.70 TW

① 平面图 1:15

④ 线脚详图 1:5

1.00

0.70

305

成品红泥花钵

成品GRC线脚，外喷米黄色涂料

米黄色涂料

± 0.00 FL

700

1000

800

40 30 30 40

780

② 立面图 1:15

1.00

0.70

305

±0.00 FL

700

800

760

成品红泥花钵
成品GRC线脚，外喷米黄色涂料
大样图 ④ —
钢砼压顶详结施
预埋排水管

20厚1:2水泥砂浆，外喷米黄色涂料
砖砌体，基础详结施

R40

150厚碎石
素土夯实，夯实系数>0.93

③ 剖面图 1:15

花坛花钵038

1820

720

120

780

140

105 55

160

详见 ③ —

A
B
C
D

E
F
G
H
A

② 花钵剖面图
SCALE: 1:10

A 种植土
B 成品花钵
C Ø25pvc排水管
D 钢筋预埋
E 砖砌体(MU10 M5水泥砂浆砌筑)
F 砂浆雕塑
  饰面：喷光面
  颜色：米黄色
G 20厚天然花岗岩石饰面
  饰面：光面
  颜色：黄色
H 水泥砂浆层

50 120 180   350

700

G
F
E

① 花钵一平面图
SCALE: 1:10

120

R29

R29

③ 详图
SCALE: 1:5

花坛花钵039

本页解压密码: 07717702

花坛花钵

种植土
密实无纺布
陶粒
φ50排水盲管
定制黄锈石花钵

20厚森林绿花岗岩 烧面

20厚森林绿花岗岩 烧面

20黄锈石花岗岩 烧面

20厚1:3水泥砂浆层
MU7.5砖墙M5砂浆砌筑

花钵断面图 1:20

定制黄锈石花钵

20厚森林绿花岗岩 烧面

20黄锈石花岗岩 烧面

花钵立面图 1:20

花坛花钵040

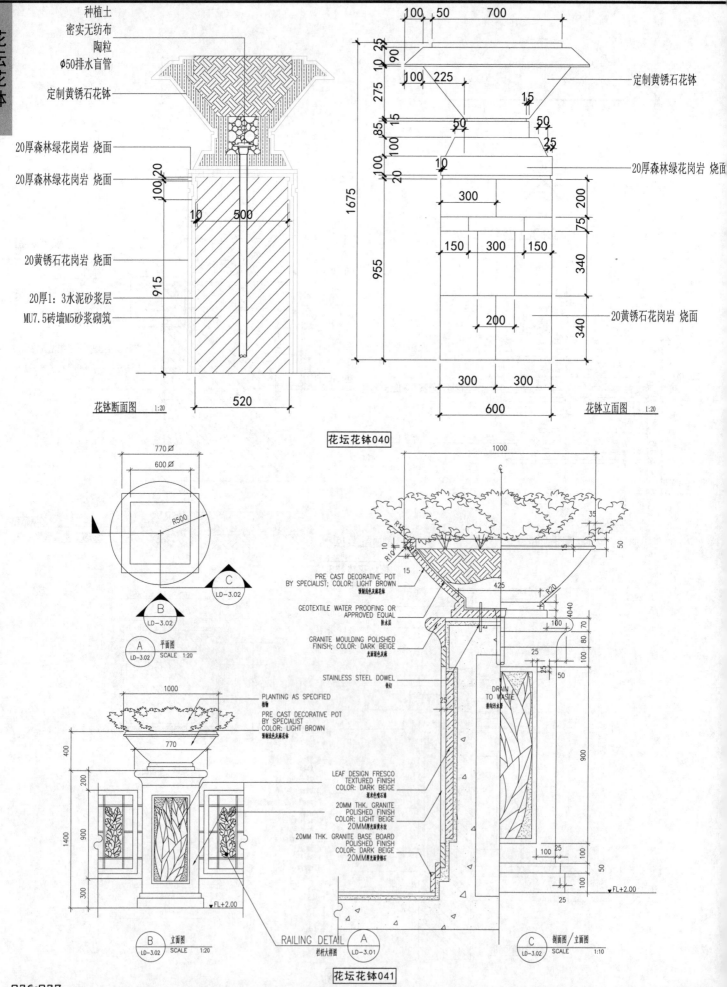

A
LD-3.02
平面图
SCALE 1:20

PRE CAST DECORATIVE POT
BY SPECIALIST; COLOR: LIGHT BROWN
预制浅色天麻花钵

GEOTEXTILE WATER PROOFING OR
APPROVED EQUAL
防水层

GRANITE MOULDING POLISHED
FINISH; COLOR: DARK BEIGE
光面深色天麻

STAINLESS STEEL DOWEL
钢钉

DRAIN
TO WASTE
排向污水管

PLANTING AS SPECIFIED
植物
PRE CAST DECORATIVE POT
BY SPECIALIST
COLOR: LIGHT BROWN
预制浅色天麻花钵

LEAF DESIGN FRESCO
TEXTURED FINISH
COLOR: DARK BEIGE
深灰色理石墙

20MM THK. GRANITE
POLISHED FINISH
COLOR: LIGHT BEIGE
20MM厚光面黄大拉

20MM THK. GRANITE BASE BOARD
POLISHED FINISH
COLOR: DARK BEIGE
20MM厚光面黄锈石

B
LD-3.02
立面图
SCALE 1:20

RAILING DETAIL
栏杆大样图
A
LD-3.01

C
LD-3.02
剖面图/立面图
SCALE 1:10

花坛花钵041

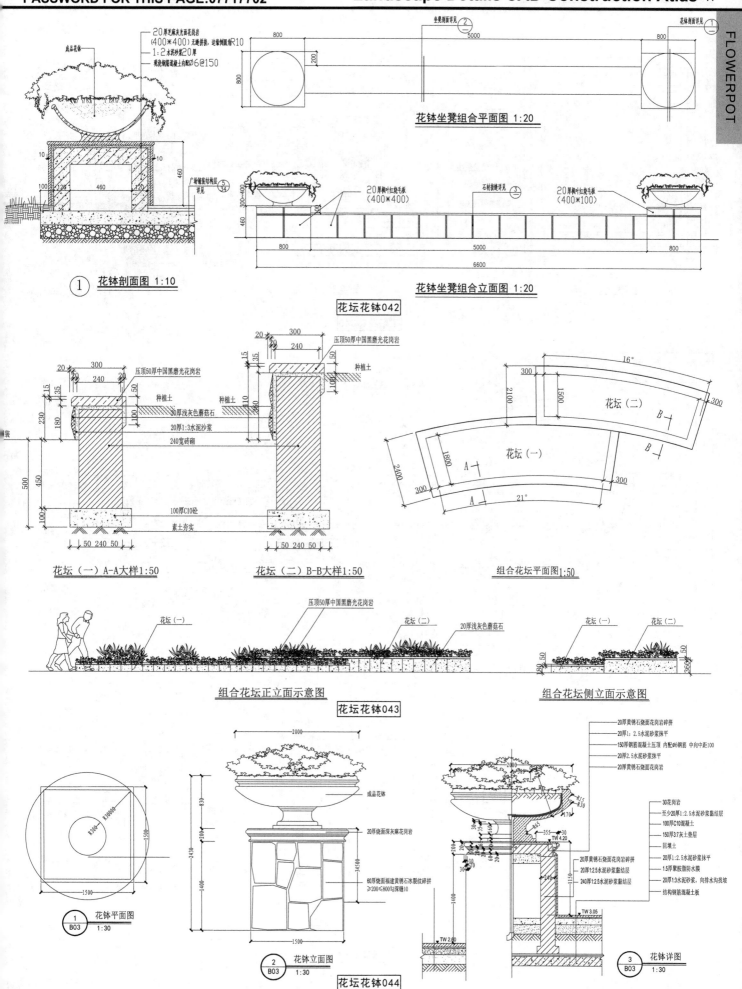

① 花钵剖面图 1:10

花钵坐凳组合平面图 1:20

花钵坐凳组合立面图 1:20

花坛花钵042

花坛（一）A-A大样1:50

花坛（二）B-B大样1:50

组合花坛平面图1:50

组合花坛正立面示意图

组合花坛侧立面示意图

花坛花钵043

1 / B03 花钵平面图 1:30

2 / B03 花钵立面图 1:30

③ / B03 花钵详图 1:30

花坛花钵044

花坛花钵

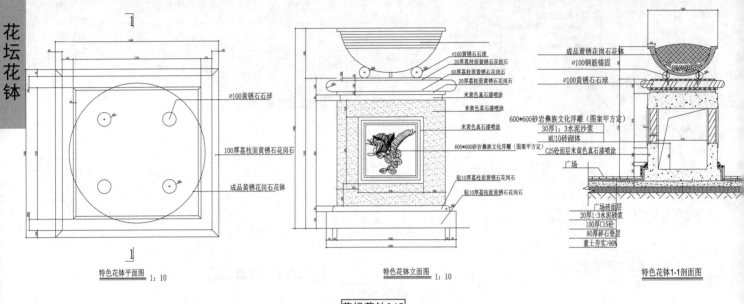

∅100黄锈石石球
20厚荔枝面黄锈石花岗石
60厚荔枝面黄锈石花岗石
20厚荔枝面黄锈石花岗石
米黄色真石漆喷涂
米黄色真石漆喷涂
米黄色真石漆喷涂
600*600砂岩彝族文化浮雕(图案甲方定)
贴10厚荔枝面黄锈石花岗石
贴10厚荔枝面黄锈石花岗石

∅100黄锈石石球
100厚荔枝面黄锈石花岗石
成品黄锈石花钵

成品黄锈花岗石花钵
∅100钢筋锚固
∅100黄锈石石球
600*600砂岩彝族文化浮雕(图案甲方定)
30厚1:3水泥沙浆
MU10砖砌体
C25砼面层米黄色真石漆喷涂
广场

广场砖面层
20厚1:3水泥砂浆
100厚C15砼
80厚碎石垫层
素土夯实>90%

特色花钵平面图 1:10
特色花钵立面图 1:10
特色花钵1-1剖面图

花坛花钵045

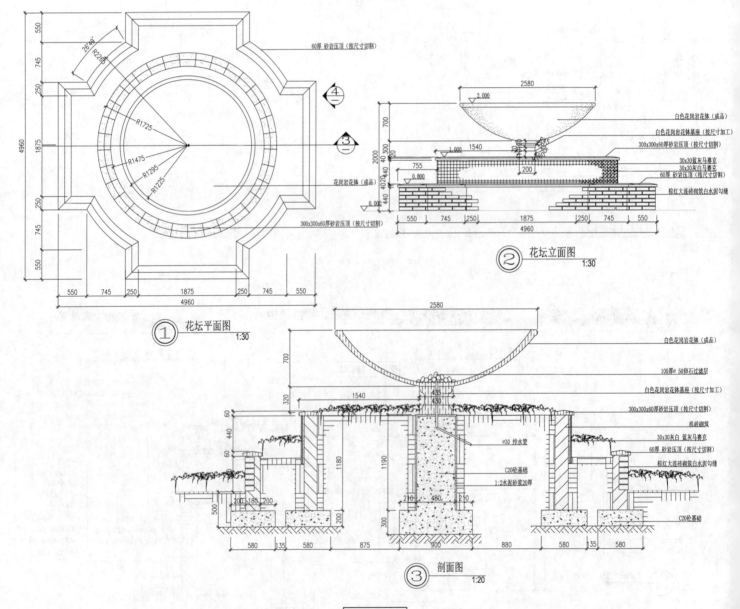

60厚 砂岩压顶(按尺寸切割)

花岗岩花钵(成品)

300x300x60厚砂岩压顶(按尺寸切割)

花坛平面图 1:30

白色花岗岩花钵(成品)
白色花岗岩花钵基座(按尺寸加工)
300x300x60厚砂岩压顶(按尺寸切割)
30x30蓝灰马赛克
30x30灰白马赛克
60厚 砂岩压顶(按尺寸切割)
棕红大连砖砌筑白水泥勾缝

花坛立面图 1:30

白色花岗岩花钵(成品)
100厚∅50卵石过滤层
白色花岗岩花钵基座(按尺寸加工)
300x300x60砂岩压顶(按尺寸切割)
机砖砌筑
∅30 排水管
30x30灰白 蓝灰马赛克
60厚 砂岩压顶(按尺寸切割)
棕红大连砖砌筑白水泥勾缝
C20砼基础
1:2水泥砂浆20厚
C20砼基础

剖面图 1:20

花坛花钵046

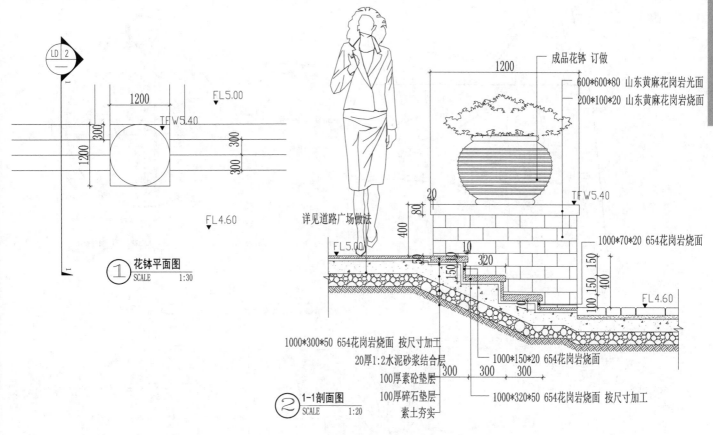

FL5.00

TFW5.40

1200

1200

300

300
300
300

FL4.60

① 花钵平面图
SCALE   1:30

成品花钵 订做

600*600*80 山东黄麻花岗岩光面
200*100*20 山东黄麻花岗岩烧面

TFW5.40

1000*70*20 654花岗岩烧面

详见道路广场做法

FL5.00

FL4.60

1000*300*50 654花岗岩烧面 按尺寸加工
20厚1:2水泥砂浆结合层
100厚素砼垫层
100厚碎石垫层
素土夯实

1000*150*20 654花岗岩烧面

② 1-1剖面图
SCALE   1:20

1000*320*50 654花岗岩烧面 按尺寸加工

花坛花钵047

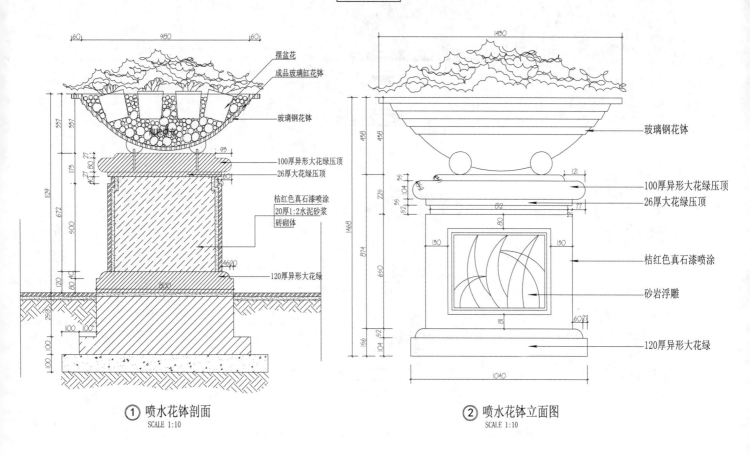

摆盆花
成品玻璃缸花钵

玻璃钢花钵

100厚异形大花绿压顶
26厚大花绿顶

桔红色真石漆喷涂
20厚1:2水泥砂浆
砖砌体

120厚异形大花绿

① 喷水花钵剖面
SCALE 1:10

玻璃钢花钵

100厚异形大花绿压顶
26厚大花绿顶

桔红色真石漆喷涂

砂岩浮雕

120厚异形大花绿

② 喷水花钵立面图
SCALE 1:10

花坛花钵048

花坛花钵

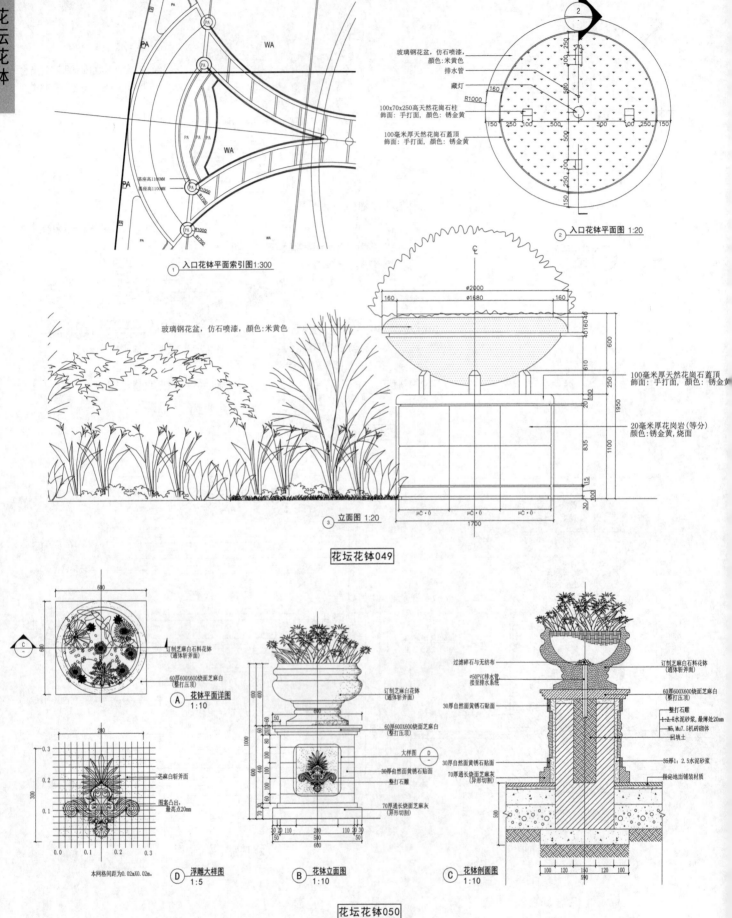

玻璃钢花盆,仿石喷漆,
颜色:米黄色
排水管
藏灯
100x70x250高天然花岗石柱
饰面:手打面,颜色:锈金黄
100毫米厚天然花岗石盖顶
饰面:手打面,颜色:锈金黄

② 入口花钵平面图 1:20

① 入口花钵平面索引图 1:300

玻璃钢花盆,仿石喷漆,颜色:米黄色

100毫米厚天然花岗石盖顶
饰面:手打面,颜色:锈金黄
20毫米厚花岗岩(等分)
颜色:锈金黄,烧面

③ 立面图 1:20

花坛花钵049

订制芝麻白石料花钵
(通体斩斧面)
60厚600X600烧面芝麻白
(整打压顶)

Ⓐ 花钵平面详图 1:10

芝麻白斩斧面
图案凸出,
最高点20mm

本网格间距为0.02mX0.02m.

Ⓓ 浮雕大样图 1:5

订制芝麻白花钵
(通体斩斧面)
60厚600X600烧面芝麻白
(整打压顶)
大样图
Ⓓ
30厚自然面黄锈石贴面
整打石雕
70厚通长烧面芝麻灰
(异形切割)

Ⓑ 花钵立面图 1:10

过滤碎石与无纺布
ø50PVC排水管
接至排水系统
30厚自然面黄锈石贴面
70厚通长烧面芝麻灰
(异形切割)

订制芝麻白石料花钵
(通体斩斧面)
60厚600X600烧面芝麻白
(整打压顶)
整打石雕
1:2.5水泥砂浆,最薄处20mm
M5,Mu7.5机砖砌体
回填土
35厚1:2.5水泥砂浆
指定地面铺装材质

Ⓒ 花钵剖面图 1:10

花坛花钵050

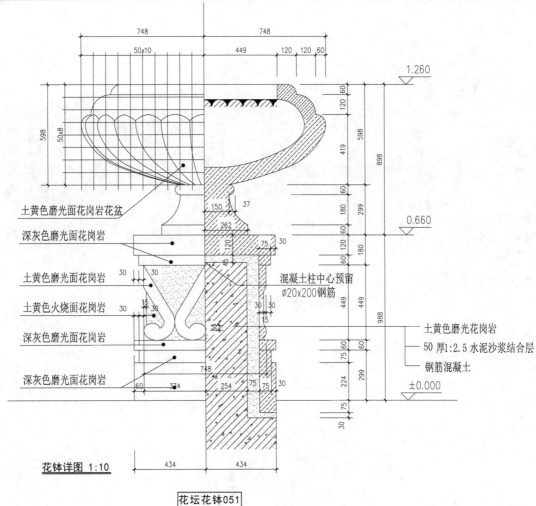

土黄色磨光面花岗岩花盆

深灰色磨光面花岗岩

土黄色磨光面花岗岩

土黄色火烧面花岗岩

深灰色磨光面花岗岩

深灰色磨光面花岗岩

混凝土柱中心预留
∅20x200钢筋

土黄色磨光花岗岩
50 厚1:2.5 水泥沙浆结合层
钢筋混凝土

花钵详图 1:10

花坛花钵051

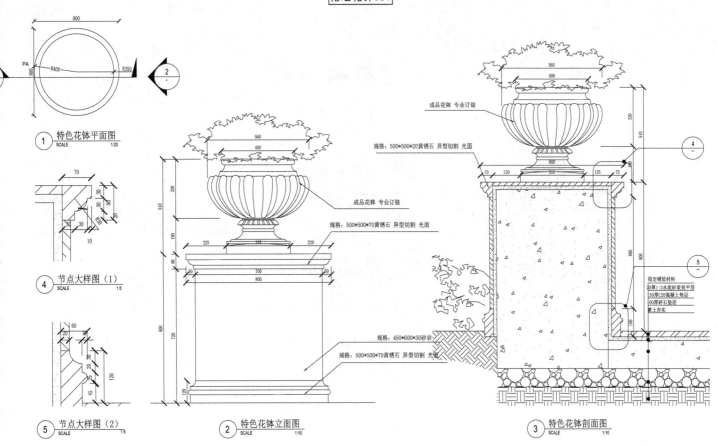

① 特色花钵平面图
SCALE 1:20

④ 节点大样图（1）
SCALE 1:5

⑤ 节点大样图（2）
SCALE 1:5

② 特色花钵立面图
SCALE 1:10

成品花钵 专业订做

规格: 500*500*70黄锈石 异型切割 光面

规格: 450*600*30砂岩

规格: 500*500*70黄锈石 异型切割 光面

成品花钵 专业订做

规格: 500*500*20黄锈石 异型切割 光面

③ 特色花钵剖面图
SCALE 1:10

指定铺装材料
20厚1:2水泥砂浆找平层
50厚C20混凝土垫层
100厚碎石垫层
素土夯实

花坛花钵052

花坛花钵

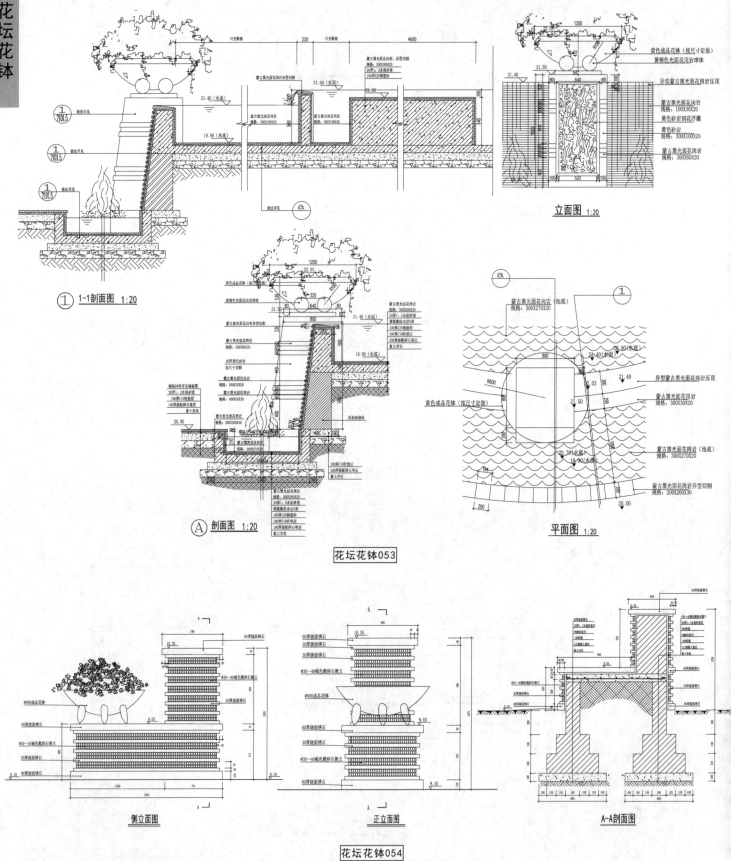

① 1-1剖面图 1:20

立面图 1:20

Ⓐ 剖面图 1:20

平面图 1:20

花坛花钵053

侧立面图

正立面图

A-A剖面图

花坛花钵054

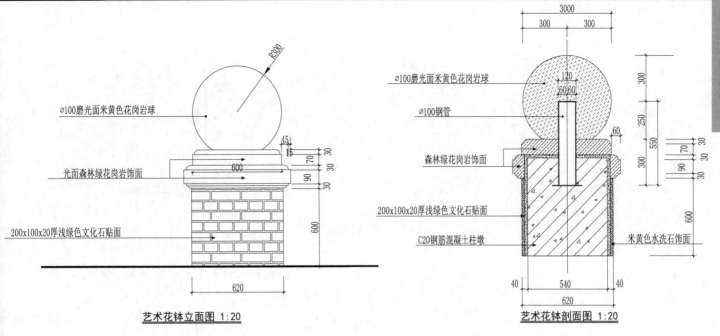

∅100磨光面米黄色花岗岩球

光面森林绿花岗岩饰面

200x100x20厚浅绿色文化石贴面

∅100磨光面米黄色花岗岩球

∅100钢管

森林绿花岗岩饰面

200x100x20厚浅绿色文化石贴面

C20钢筋混凝土柱墩

米黄色水洗石饰面

艺术花钵立面图 1:20

艺术花钵剖面图 1:20

花坛花钵055

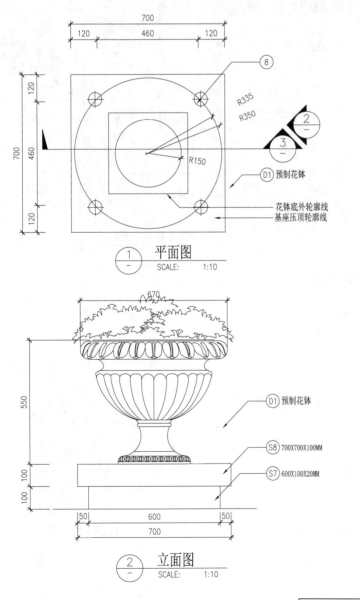

8

R335
R350
R150

2
3

D1 预制花钵

花钵底外轮廓线
基座压顶轮廓线

① 平面图
SCALE: 1:10

D1 预制花钵

S8 700X700X100MM
S7 600X100X20MM

② 立面图
SCALE: 1:10

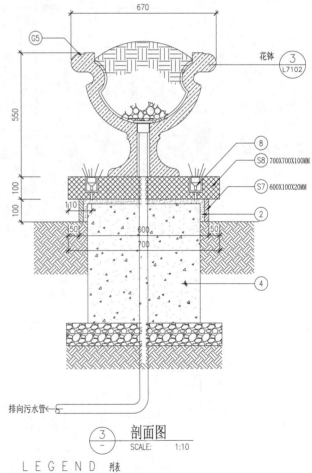

G5

花钵
3
L7102

8

S8 700X700X100MM

S7 600X100X20MM

2

4

排向污水管

③ 剖面图
SCALE: 1:10

LEGEND 列表

CODE 代码	DESCRIPTION 说明

2 CEMENT–MORTAR ADHESIVE OR APPROVED EQUAL
水泥灰浆粘剂或同等之物料

4 BRICK OR R.C. STRUCTURE AS PER ENGINEER'S DETAIL
砖或钢筋混凝土结构参照工程师详图

8 LIGHTING(REFER TO LIGHTING PLAN)
灯(参照灯饰平面图)

D1 DECORATIVE CLAY POT BROWN COLOUR
预制陶土花钵 棕色

S7 REGULAR CUT WOOD TEXTURE SANDSTONE,BEIGE COLOUR
规则砌云南木纹砂岩, 米黄色, 机砌面

S8 REGULAR CUT WOOD TEXTURE SANDSTONE, LIGHT BROWN COLOUR
规则砌云南木纹砂岩, 浅棕色, 机砌面

花坛花钵056

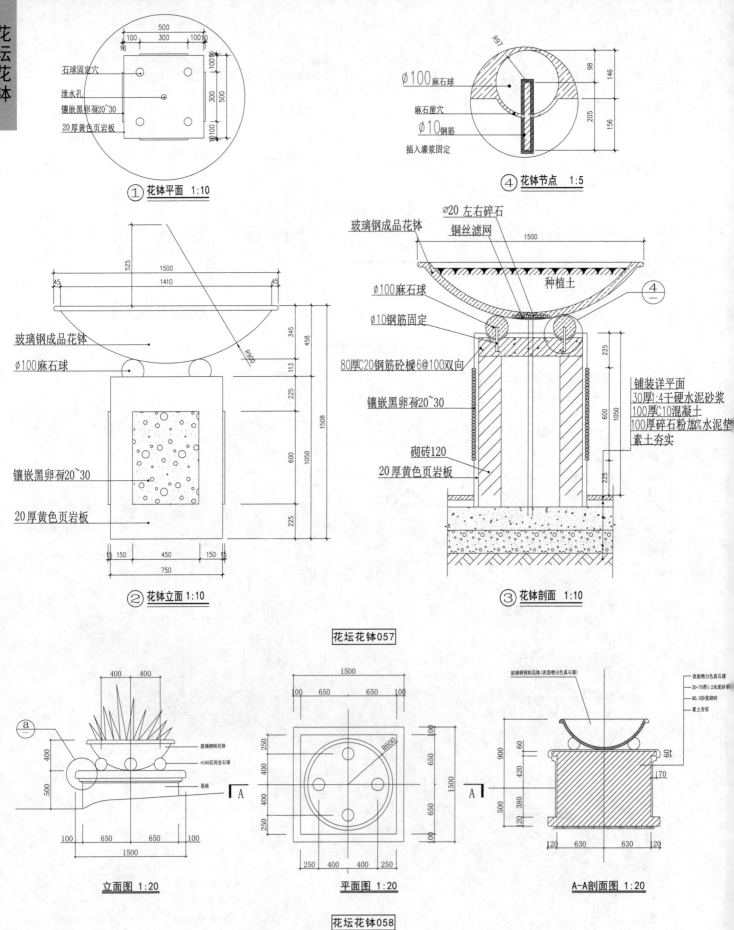

石球固定穴
泄水孔
镶嵌黑卵硕20~30
20厚黄色页岩板

① 花钵平面 1:10

Ø100麻石球
麻石凿穴
Ø10钢筋
插入灌浆固定

④ 花钵节点 1:5

玻璃钢成品花钵
Ø100麻石球
镶嵌黑卵硕20~30
20厚黄色页岩板

② 花钵立面 1:10

玻璃钢成品花钵
Ø20 左右碎石
铜丝滤网
种植土
Ø100麻石球
Ø10钢筋固定
80厚C20钢筋砼板6@100双向
镶嵌黑卵硕20~30
砌砖120
20厚黄色页岩板
铺装详平面
30厚1:4干硬水泥砂浆
100厚C10混凝土
100厚碎石粉加%水泥垫
素土夯实

③ 花钵剖面 1:10

花坛花钵057

玻璃钢制花钵
Ø160花岗岩石球
基座

立面图 1:20

平面图 1:20

玻璃钢预制花钵(表面喷白色真石漆)
表面喷白色真石漆
20~70厚1:2水泥砂浆
M5.0砂浆砌砖
素土夯实

A-A剖面图 1:20

花坛花钵058

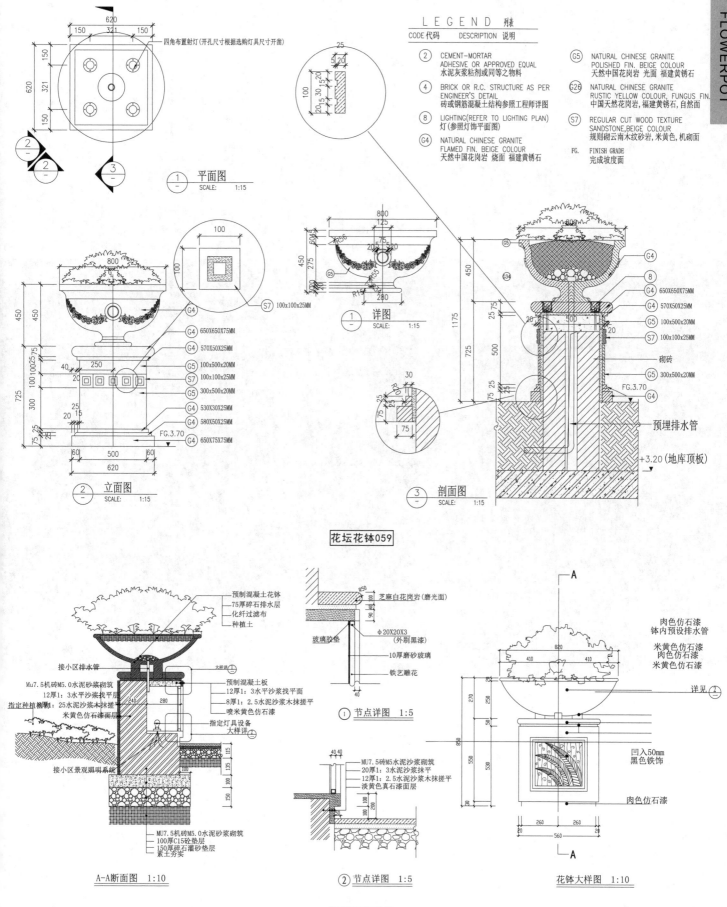

四角布置射灯(开孔尺寸根据选购灯具尺寸开凿)

LEGEND 列表

CODE 代码	DESCRIPTION 说明
2	CEMENT-MORTAR ADHESIVE OR APPROVED EQUAL 水泥灰浆粘剂或同等之物料
4	BRICK OR R.C. STRUCTURE AS PER ENGINEER'S DETAIL 砖或钢筋混凝土结构参照工程师详图
8	LIGHTING(REFER TO LIGHTING PLAN) 灯(参照灯饰平面图)
G4	NATURAL CHINESE GRANITE FLAMED FIN. BEIGE COLOUR 天然中国花岗岩 烧面 福建黄锈石
G5	NATURAL CHINESE GRANITE POLISHED FIN. BEIGE COLOUR 天然中国花岗岩 光面 福建黄锈石
G26	NATURAL CHINESE GRANITE RUSTIC YELLOW COLOUR, FUNGUS FIN. 中国天然花岗岩, 福建黄锈石, 自然面
S7	REGULAR CUT WOOD TEXTURE SANDSTONE,BEIGE COLOUR 规则砌云南木纹砂岩, 米黄色, 机砌面
FG.	FINISH GRADE 完成坡度面

① 平面图 SCALE: 1:15

② 详图 SCALE: 1:15

S7 100x100x25MM

G4 650X650X75MM
G4 570X50X25MM
G5 100X500X20MM
S7 100X100X25MM
G5 300X500X20MM
G4 530X30X25MM
G4 580X50X25MM
FG.3.70
G4 650X75X75MM

② 立面图 SCALE: 1:15

③ 剖面图 SCALE: 1:15

G4 650X650X75MM
G4 570X50X25MM
G5 100X500X20MM
S7 100X100X25MM
砌砖
G5 300X500X20MM
FG.3.70
G4
预埋排水管
+3.20 (地库顶板)

花坛花钵059

预制混凝土花钵
75厚碎石排水层
化纤过滤布
种植土

接小区排水管
Mu7.5机砖M5.0水泥砂浆砌筑
指定种植细部
米黄色仿石漆面层
接小区景观照明系统

预制混凝土板
12厚1:3水平砂浆找平面
8厚1:2.5水泥沙浆抹搓平
喷米黄色仿石漆
指定灯具设备大样详

芝麻白花岗岩(磨光面)

玻璃胶垫
Φ20X20X3 (外刷黑漆)
10厚磨砂玻璃
铁艺雕花

① 节点详图 1:5

肉色仿石漆
钵内预设排水管
米黄色仿石漆
肉色仿石漆
米黄色仿石漆

详见 ②

凹入50mm
黑色铁饰

肉色仿石漆

MU7.5机砖M5水泥沙浆砌筑
20厚1:3水平沙浆抹平
12厚1:2.5水泥沙浆抹搓平
淡黄色真石漆面层

MU7.5机砖M5.0水泥砂浆砌筑
100厚C15砼垫层
150厚碎石灌砂垫层
素土夯实

A-A断面图 1:10

② 节点详图 1:5

花钵大样图 1:10

花坛花钵060

花架长廊

FLOWER GALLERY

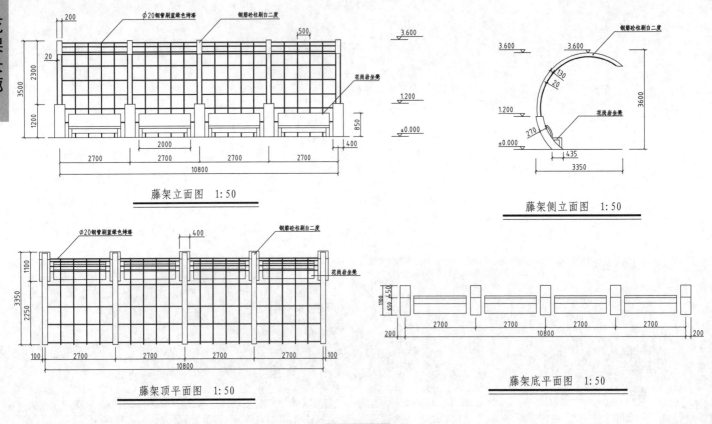

藤架立面图　1:50

藤架侧立面图　1:50

藤架顶平面图　1:50

藤架底平面图　1:50

花架长廊001

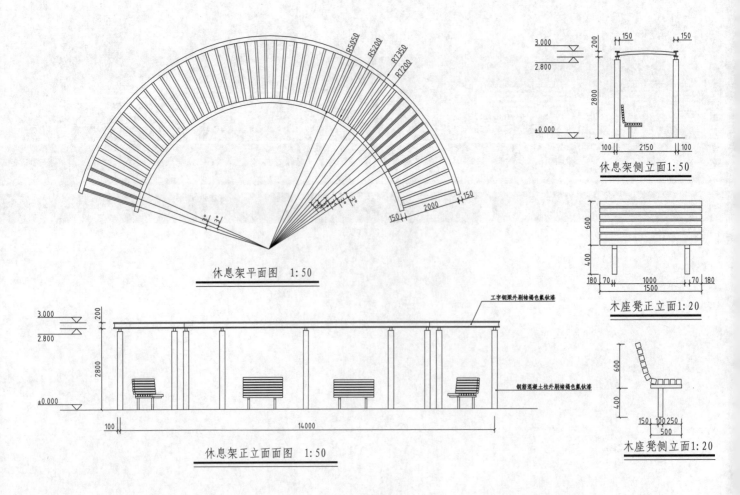

休息架平面图　1:50

休息架侧立面1:50

木座凳正立面1:20

休息架正立面面图　1:50

木座凳侧立面1:20

花架长廊002

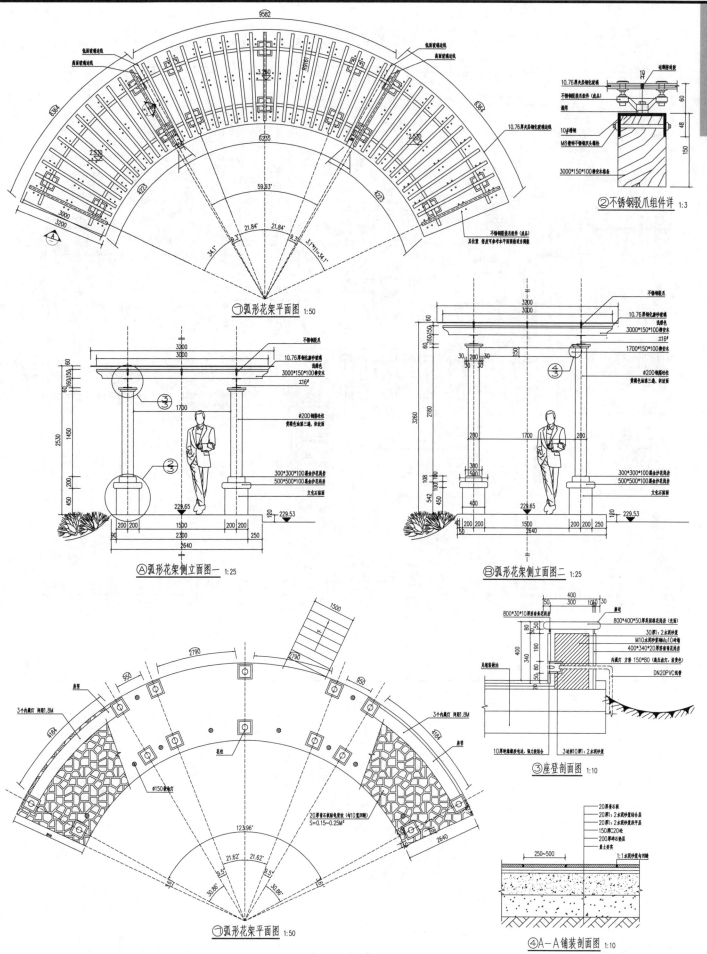

①弧形花架平面图 1:50

②不锈钢驳爪组件详 1:3

Ⓐ弧形花架侧立面图一 1:25

Ⓑ弧形花架侧立面图二 1:25

③座凳剖面图 1:10

①弧形花架平面图 1:50

④A—A铺装剖面图 1:10

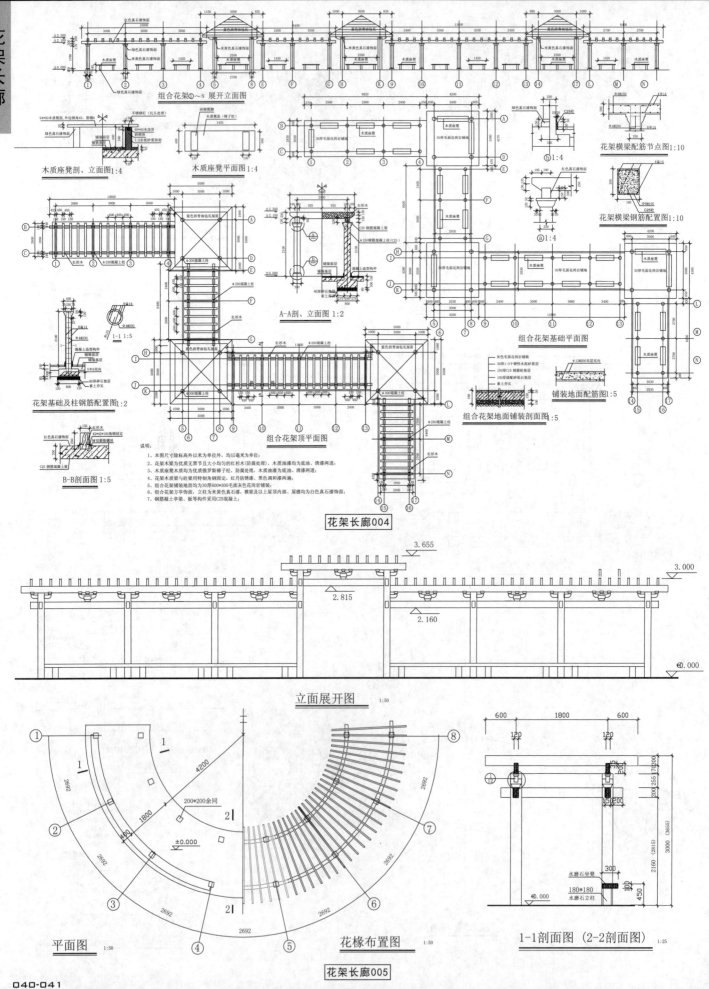

组合花架①～N 展开立面图

木质座凳剖、立面图1:4

木质座凳平面图1:4

花架横梁配筋节点图1:10

花架横梁钢筋配置图1:10

A-A剖、立面图 1:2

组合花架基础平面图

1-1 1:5

花架基础及柱钢筋配置图1:2

铺装地面配筋图1:5

组合花架地面铺装剖面图1:5

B-B剖面图 1:5

组合花架顶平面图

说明：
1、本图尺寸除标高外以米为单位外，均以毫米为单位；
2、花架木梁均为优质无大小均匀的红杉木（防腐处理），木质油漆均为底油、清漆两道；
3、木质座凳木为优质俄罗斯樟子松，防腐处理，木质油漆为底油、清漆两道；
4、花架木质梁与砼柱间特制角钢固定，红丹防锈漆、黑色调和漆两遍；
5、组合花架铺装地面均为30厚600×300毛面灰色花岗岩铺装；
6、组合花架方亭面层，立柱为米黄色真石漆，横梁及以上屋顶内部、屋檐均为白色真石漆饰面；
7、钢筋混凝土亭梁、板等构件采用C25混凝土；

花架长廊004

立面展开图　1:50

平面图 1:50

花椽布置图 1:50

1-1剖面图（2-2剖面图）1:25

花架长廊005

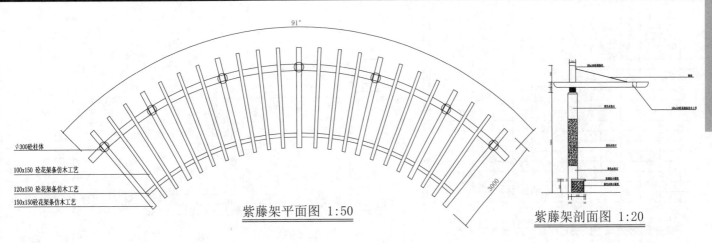

紫藤架平面图 1:50

紫藤架剖面图 1:20

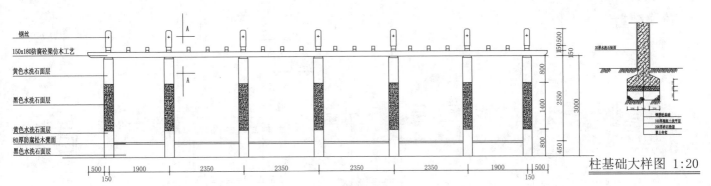

紫藤架立面展开图 1:50

柱基础大样图 1:20

花架长廊006

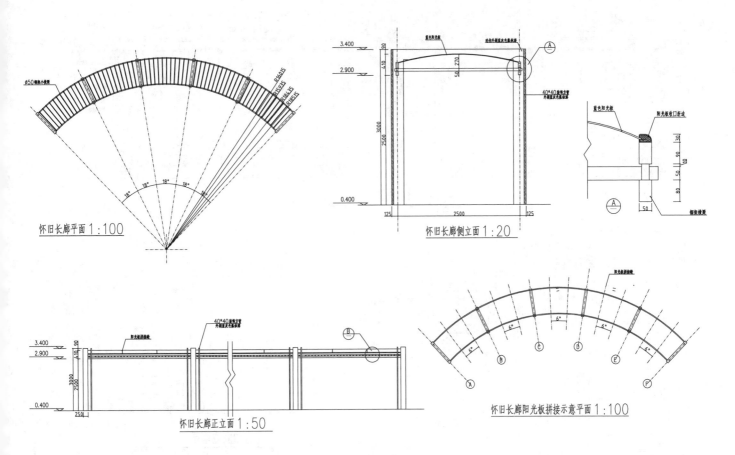

怀旧长廊平面1:100

怀旧长廊侧立面1:20

怀旧长廊正立面1:50

怀旧长廊阳光板拼接示意平面1:100

花架长廊007

花架长廊

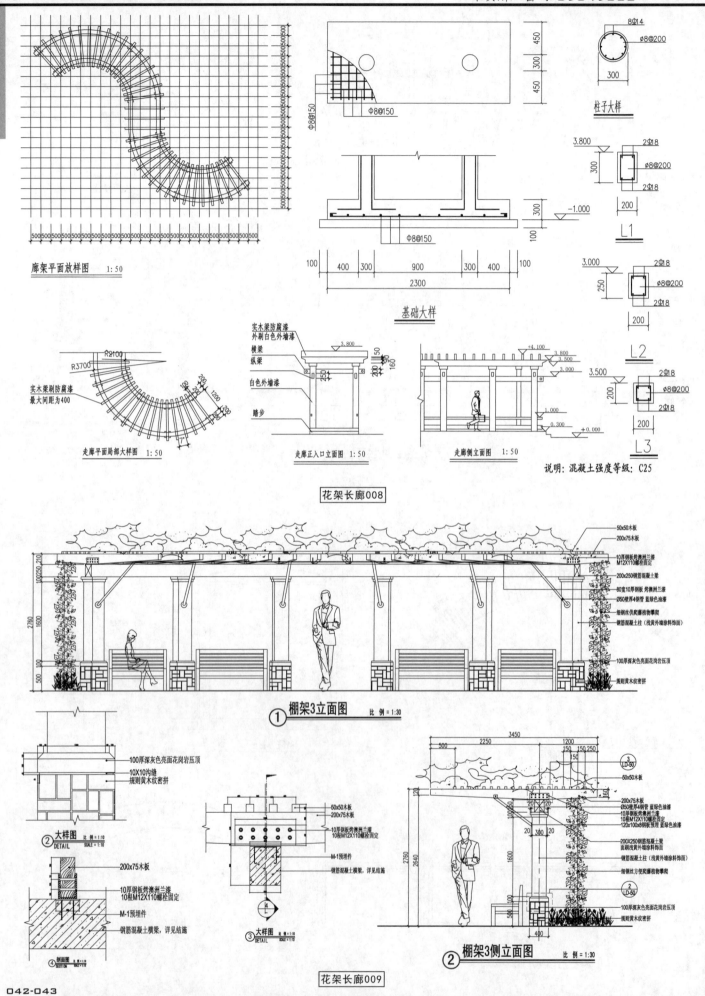

廊架平面放样图 1:50

走廊平面局部大样图 1:50

实木梁刷防腐漆
最大间距为400

R2100
R3700

基础大样

柱子大样

L1

L2

L3

说明:混凝土强度等级:C25

走廊正入口立面图 1:50

走廊侧立面图 1:50

花架长廊008

① 棚架3立面图 比 例 = 1:30

② 大样图 DETAIL

③ 大样图 DETAIL

④ 侧面图

② 棚架3侧立面图 比 例 = 1:30

花架长廊009

042-043

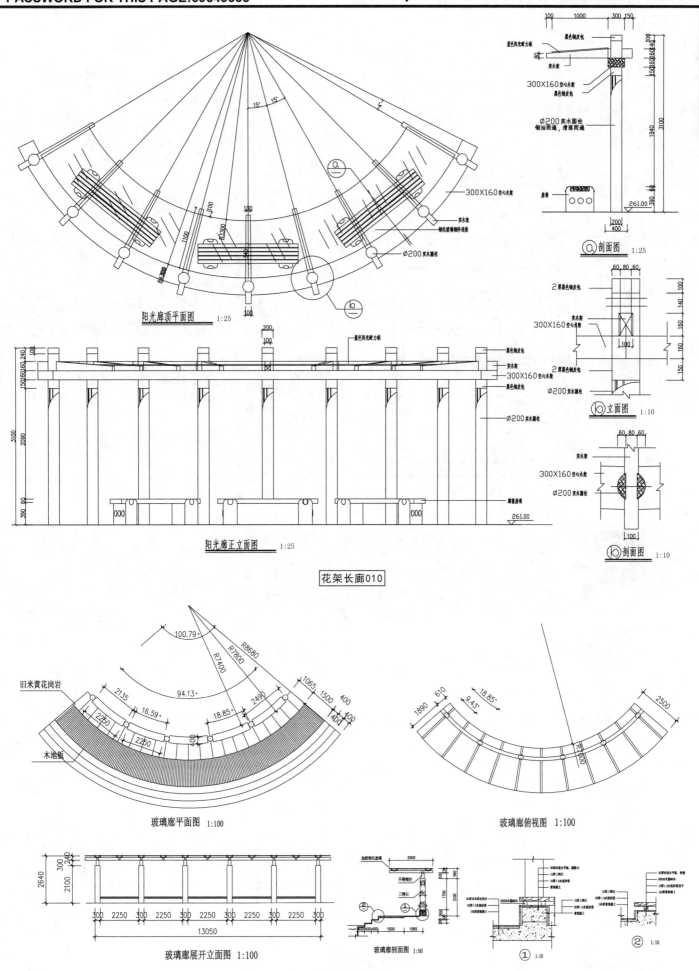

阳光廊顶平面图 1:25

ⓐ 剖面图 1:25

ⓑ 立面图 1:10

ⓑ 剖面图 1:10

阳光廊正立面图 1:25

花架长廊010

玻璃廊平面图 1:100

玻璃廊俯视图 1:100

玻璃廊展开立面图 1:100

玻璃廊剖面图 1:50

① 1:10

② 1:10

花架长廊011

本页解压密码: 69649338

花架长廊

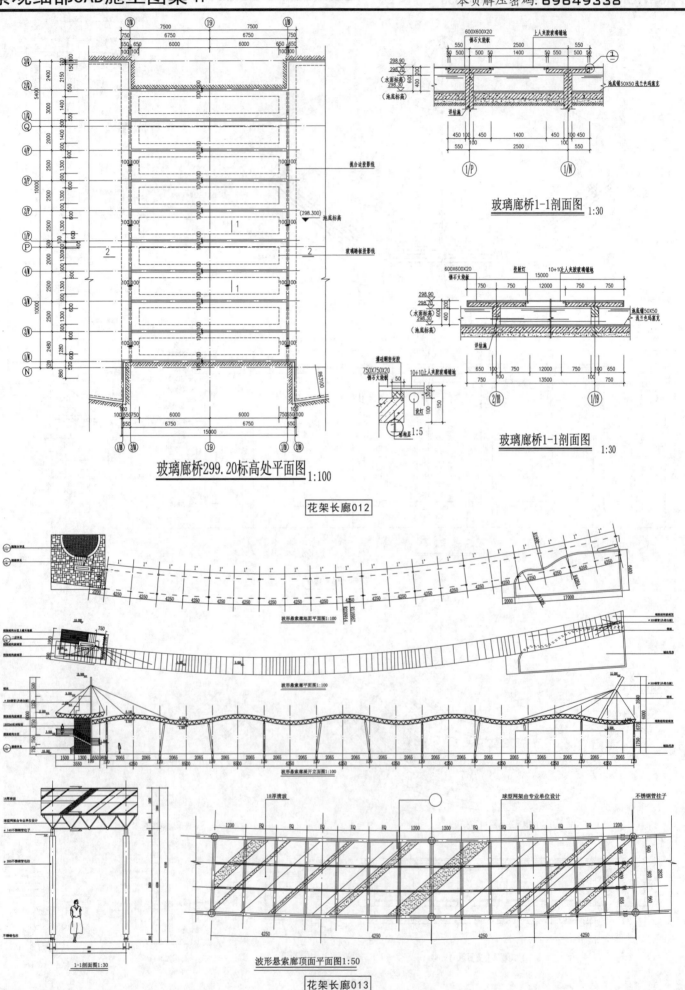

玻璃廊桥299.20标高处平面图 1:100

玻璃廊桥1-1剖面图 1:30

玻璃廊桥1-1剖面图 1:30

花架长廊012

波形悬索廊地面平面图1:100

波形悬索廊平面图1:100

波形悬索廊展开立面图1:100

1-1剖面图1:30

波形悬索廊顶面平面图1:50

花架长廊013

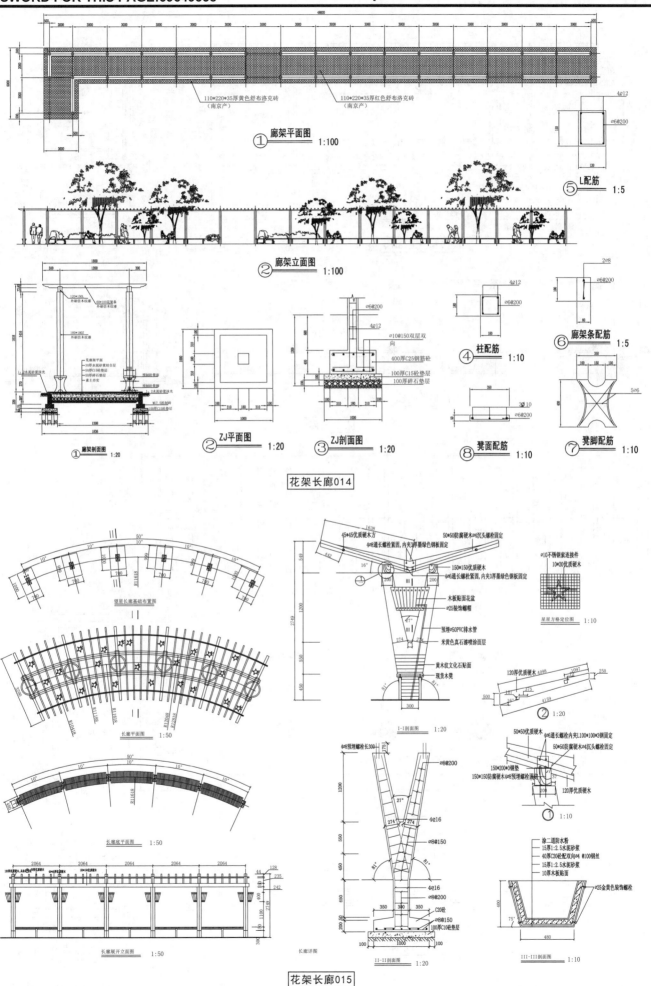

110*220*35厚黄色舒布洛克砖
（南京产）

110*220*35厚红色舒布洛克砖
（南京产）

① 廊架平面图 1:100

⑤ L配筋 1:5

② 廊架立面图 1:100

① 廊架剖面图 1:20

② ZJ平面图 1:20

③ ZJ剖面图 1:20

④ 柱配筋 1:10

⑥ 廊架条配筋 1:5

⑧ 凳面配筋 1:10

⑦ 凳脚配筋 1:10

花架长廊014

望星长廊基础布置图

长廊平面图 1:50

长廊底平面图 1:50

长廊展开立面图 1:50

I-I剖面图 1:20

② 1:20

星星方格定位图 1:10

① 1:10

长廊详图

II-II剖面图 1:20

III-III剖面图 1:10

花架长廊015

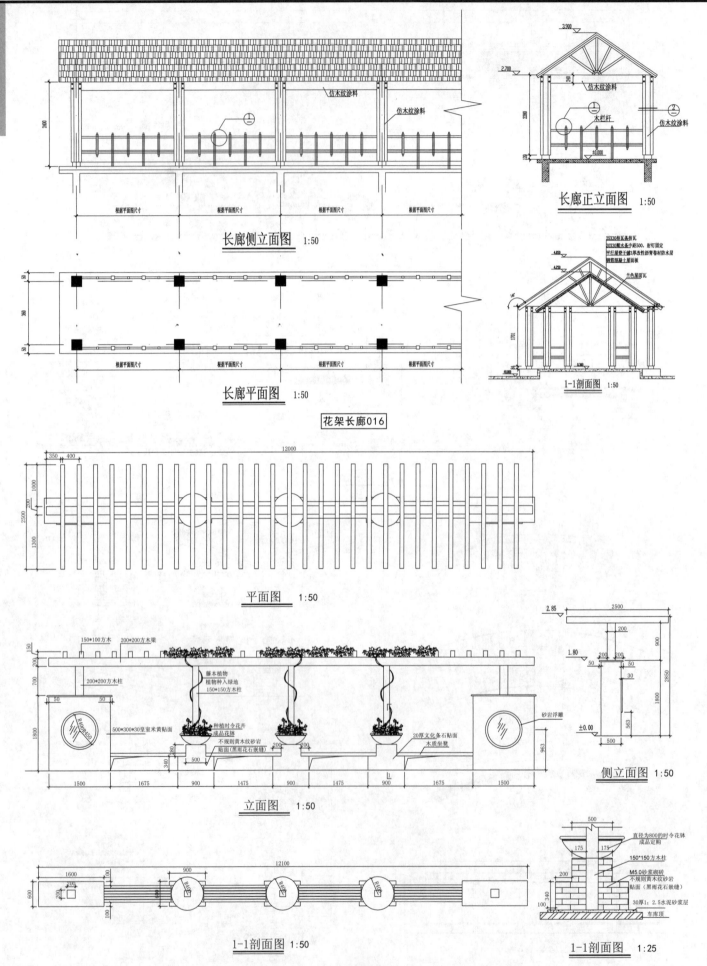

仿木纹涂料
仿木纹涂料

根据平面图尺寸　　根据平面图尺寸　　根据平面图尺寸　　根据平面图尺寸

长廊侧立面图　1:50

根据平面图尺寸　　根据平面图尺寸　　根据平面图尺寸　　根据平面图尺寸

长廊平面图　1:50

仿木纹涂料
木栏杆
仿木纹涂料

长廊正立面图　1:50

25X30挂瓦条瓦挂瓦
20X30顺水条中距500，射钉固定
平行屋脊干铺3厚改性沥青卷材防水层
钢筋混凝土屋面板
兰色屋面瓦

1-1剖面图　1:50

花架长廊016

平面图　1:50

150*100方木
200*200方木梁
200*200方木柱
藤本植物
植物种入绿地
150*150方木柱
种植时令花卉
成品花钵
500*300*30皇室米黄贴面
不规则黄木纹砂岩
贴面(黑雨花石嵌缝)
20厚文化条石贴面
木质坐凳
砂岩浮雕

立面图　1:50

侧立面图　1:50

直径为800的时令花钵
成品定购
150*150方木柱
M5.0砂浆砌砖
不规则黄木纹砂岩
贴面(黑雨花石嵌缝)
30厚1:2.5水泥砂浆层
车库顶

1-1剖面图　1:50

1-1剖面图　1:25

花架长廊017

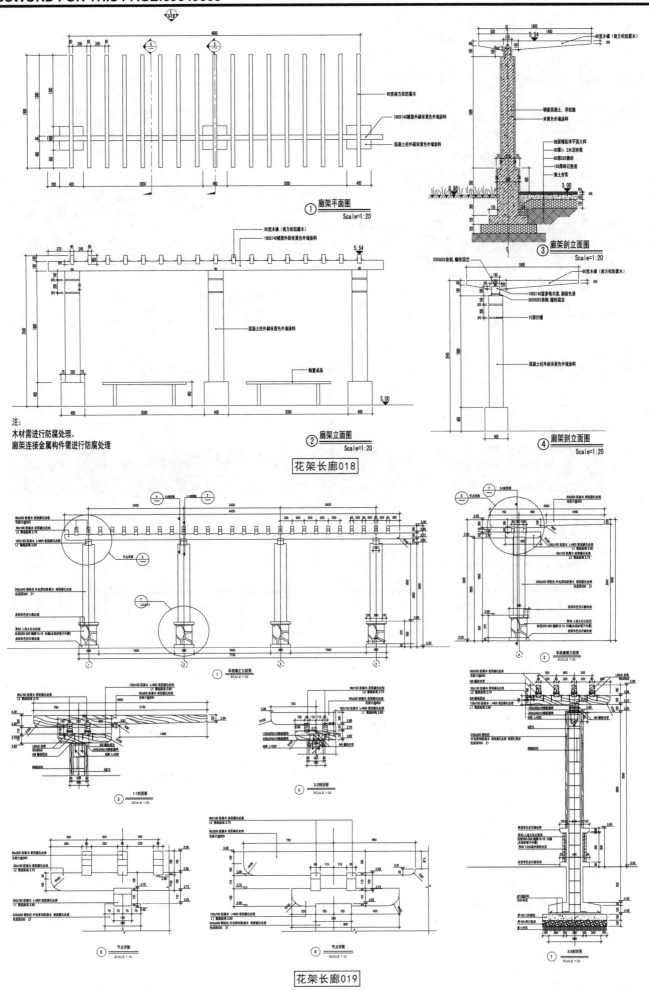

注：
木材需进行防腐处理。
廊架连接金属构件需进行防腐处理

① 廊架平面图　Scale=1:20

② 廊架立面图　Scale=1:20

③ 廊架剖立面图　Scale=1:20

④ 廊架剖立面图　Scale=1:20

花架长廊018

花架长廊019

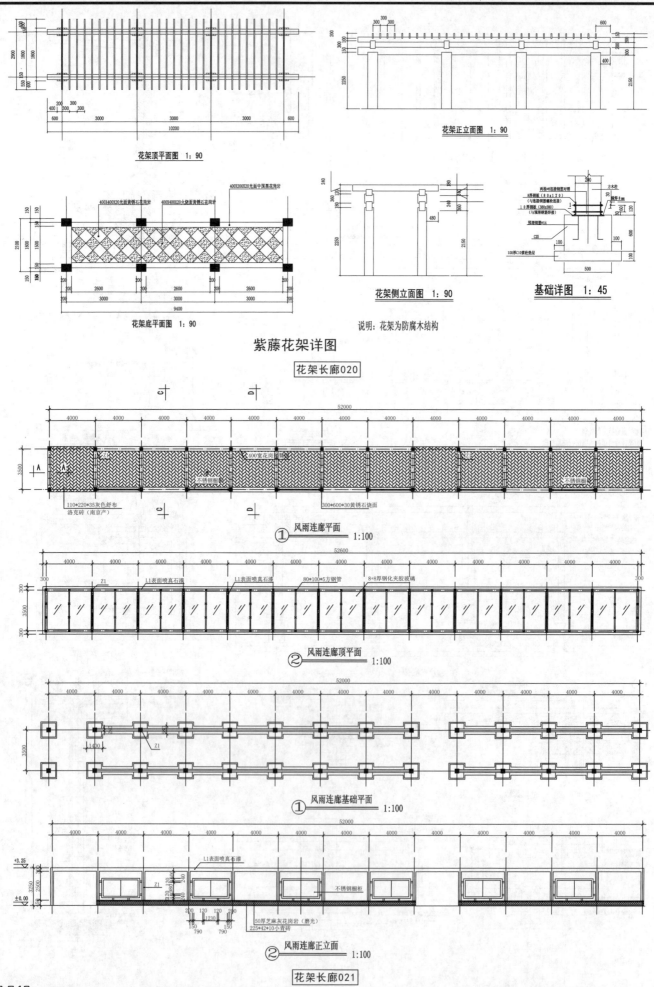

花架顶平面图 1：90

花架正立面图 1：90

400X400X20光面黄锈石花岗岩
400X400X20火烧面黄锈石花岗岩
400X200X20光面中国黑花岗岩

花架底平面图 1：90

花架侧立面图 1：90

基础详图 1：45

说明：花架为防腐木结构

紫藤花架详图

花架长廊020

风雨连廊平面 1：100

风雨连廊顶平面 1：100

风雨连廊基础平面 1：100

风雨连廊正立面 1：100

花架长廊021

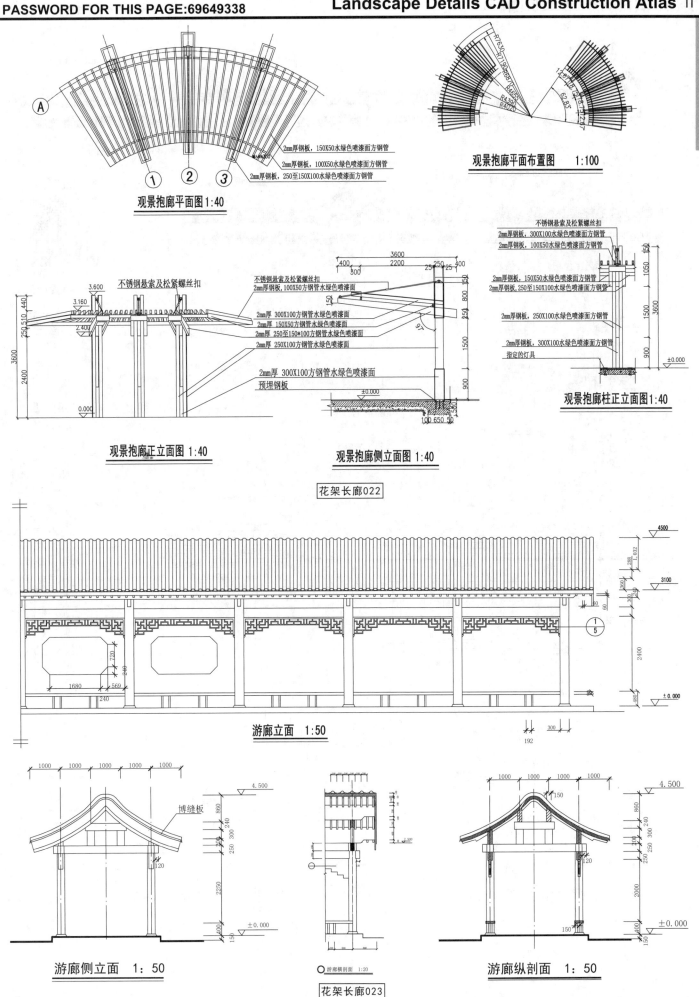

2mm厚钢板,150X50水绿色喷漆面方钢管
2mm厚钢板,100X50水绿色喷漆面方钢管
2mm厚钢板,250至150X100水绿色喷漆面方钢管

观景抱廊平面图 1:40

观景抱廊平面布置图 1:100

不锈钢悬索及松紧螺丝扣
2mm厚钢板,300X100水绿色喷漆面方钢管
2mm厚钢板,100X50水绿色喷漆面方钢管

2mm厚钢板,150X50水绿色喷漆面方钢管
2mm厚钢板,250至150X100水绿色喷漆面方钢管

2mm厚钢板,250X100水绿色喷漆面方钢管

2mm厚钢板,300X100水绿色喷漆面方钢管
指定的灯具

观景抱廊柱正立面图1:40

不锈钢悬索及松紧螺丝扣
不锈钢悬索及松紧螺丝扣
2mm厚钢板,100X50方钢管水绿色喷漆面
2mm厚 300X100方钢管水绿色喷漆面
2mm厚 150X50方钢管水绿色喷漆面
2mm厚 250至150*100方钢管水绿色喷漆面
2mm厚 250X100方钢管水绿色喷漆面

2mm厚 300X100方钢管水绿色喷漆面
预埋钢板

观景抱廊正立面图 1:40

观景抱廊侧立面图 1:40

花架长廊022

游廊立面 1:50

博缝板

游廊侧立面 1:50

游廊横剖面 1:20

游廊纵剖面 1:50

花架长廊023

花架长廊

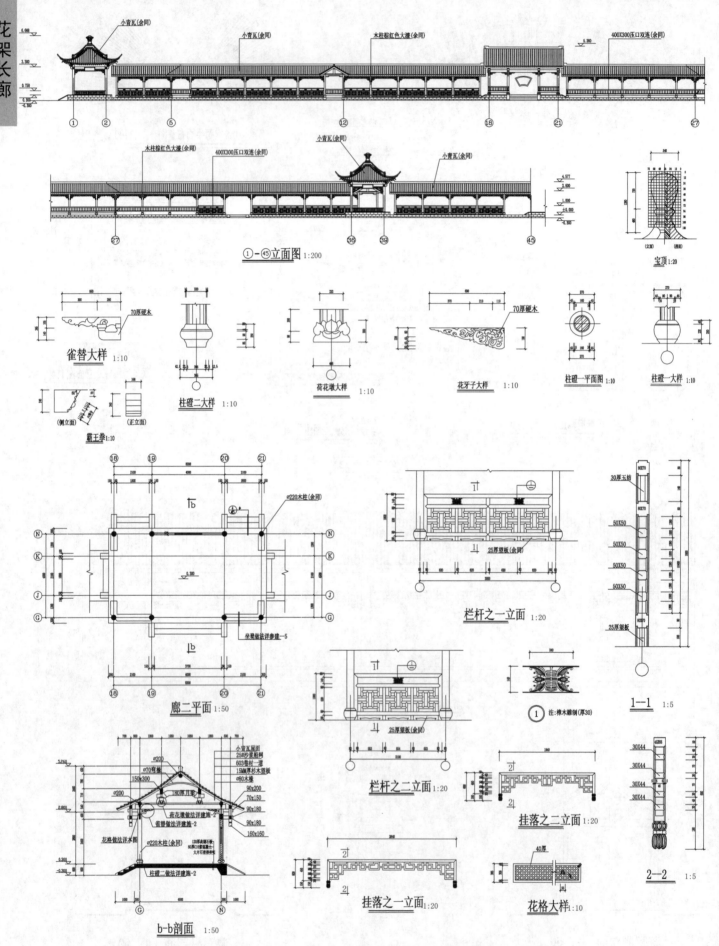

①-45立面图 1:200

宝顶 1:20

雀替大样 1:10

柱磴二大样 1:10

荷花墩大样 1:10

花牙子大样 1:10

柱磴一平面图 1:10

柱磴一大样 1:10

霸王拳 1:10

廊二平面 1:50

栏杆之一立面 1:20

栏杆之二立面 1:20

挂落之二立面 1:20

1—1 1:5

2—2 1:5

b-b剖面 1:50

挂落之一立面 1:20

花格大样 1:10

花架长廊024

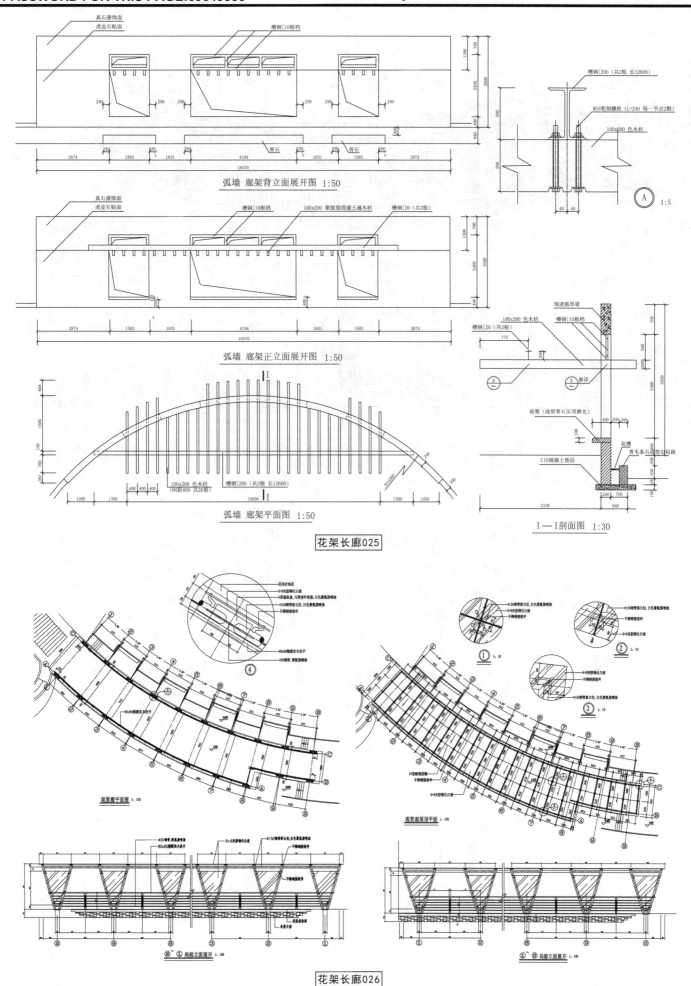

弧墙 廊架背立面展开图 1:50

弧墙 廊架正立面展开图 1:50

弧墙 廊架平面图 1:50

A 1:5

Ⅰ—Ⅰ剖面图 1:30

花架长廊025

观赏廊平面图 1:100

观赏廊屋顶平面 1:100

①~⑩ 局部立面展开 1:100

⑩~① 局部立面展开 1:100

花架长廊026

本页解压密码: 69649338

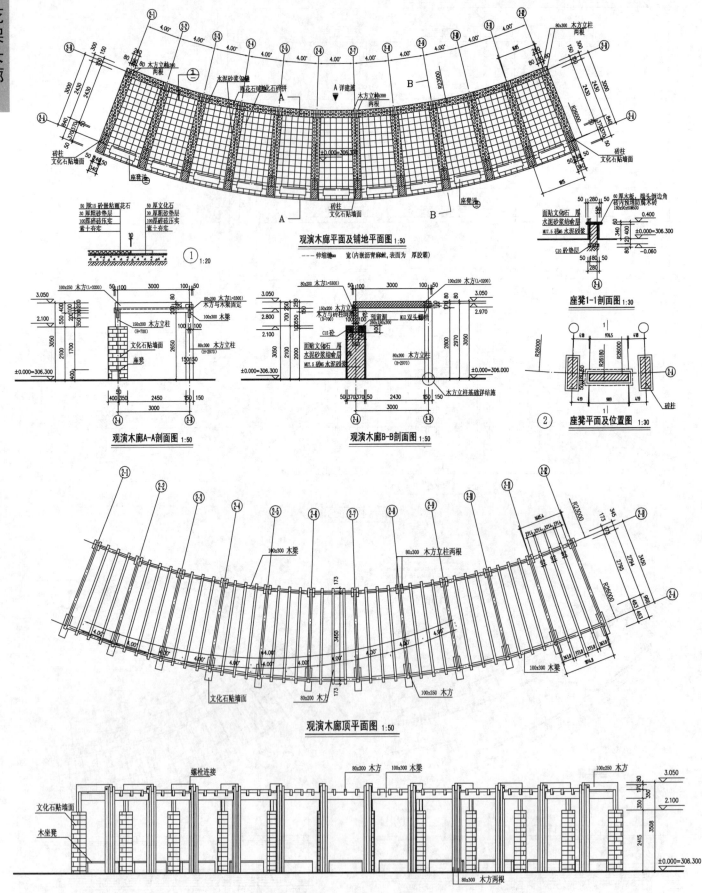

观演木廊平面及铺地平面图 1:50

座凳1-1剖面图 1:30

① 1:20

② 座凳平面及位置图 1:30

观演木廊A-A剖面图 1:50

观演木廊B-B剖面图 1:50

观演木廊顶平面图 1:50

观演木廊A向立面图 1:50

花架长廊027

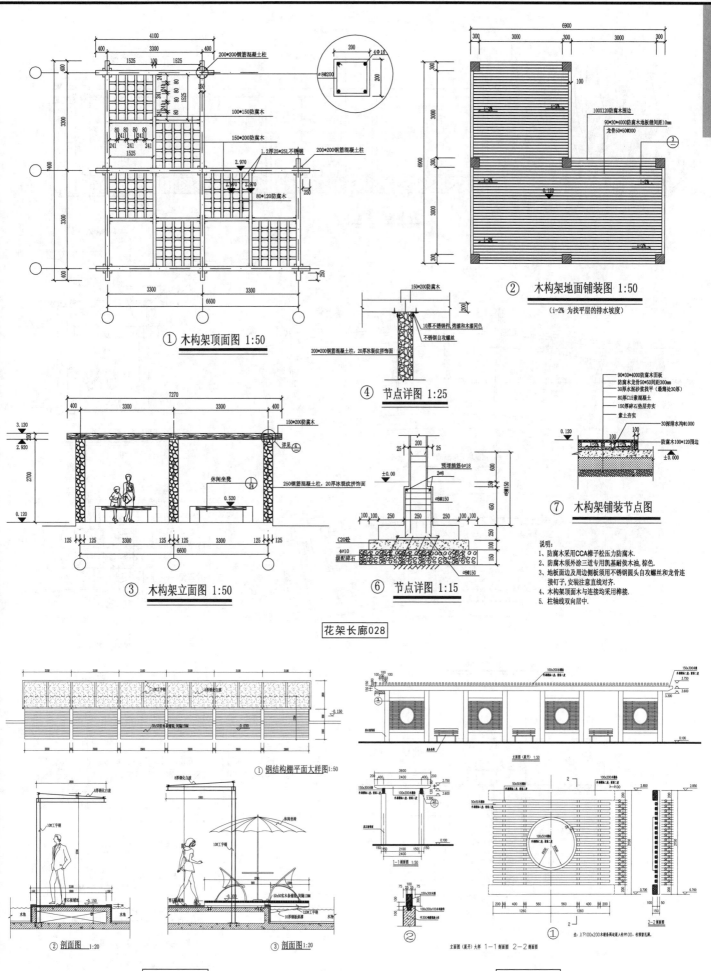

① 木构架顶面图 1:50

200*200钢筋混凝土柱
100*150防腐木
150*200防腐木
1.2厚25*25L不锈钢
200*200钢筋混凝土柱
80*120防腐木

② 木构架地面铺装图 1:50
（i=2% 为找平层的排水坡度）

100X120防腐木围边
90*30*4000防腐木地板缝间距10mm
龙骨50*50@300

④ 节点详图 1:25

150*200防腐木
10厚不锈钢杆烤漆和木漆同色
不锈钢自攻螺丝
200*200钢筋混凝土柱,20厚冰裂纹拼饰面

③ 木构架立面图 1:50

150*200防腐木
见④
250钢筋混凝土柱,20厚冰裂纹拼饰面
休闲坐凳

⑥ 节点详图 1:15

预埋插筋4Φ18
C20砼
4Φ10
级配碎石

⑦ 木构架铺装节点图

90*30*4000防腐木面板
防腐木龙骨50*50间距300
30厚水泥砂浆找平（最薄处30厚）
80厚C15素混凝土
150厚碎石垫层夯实
素土夯实
30深排水沟@1000
防腐木100*120围边

说明:
1、防腐木采用CCA樟子松压力防腐木.
2、防腐木须外涂三道专用凯基耐候木油,棕色.
3、地板面边及周边侧板须用不锈钢圆头自攻螺丝和龙骨连接钉子,安装注意直线对齐.
4、木构架顶面木与连接均采用榫接.
5、柱轴线双向居中.

花架长廊028

① 钢结构棚平面大样图1:50

② 剖面图 1:20

③ 剖面图1:20

花架长廊029

立面图（展开）1:50

1-1剖面图 1:50

2-2剖面图

立面图（展开）大样 1-1 剖面图 2-2 剖面图

②

①

花架长廊030

本页解压密码: 69649338

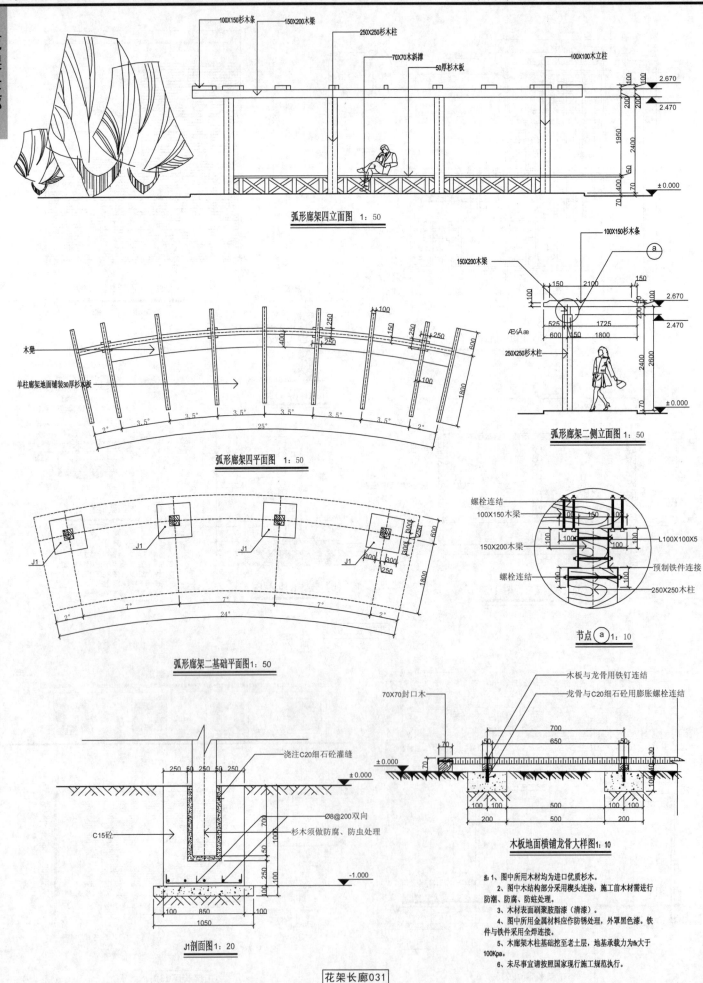

弧形廊架四立面图 1:50

弧形廊架四平面图 1:50

弧形廊架二侧立面图 1:50

弧形廊架二基础平面图 1:50

节点 ⓐ 1:10

J1剖面图 1:20

木板地面横铺龙骨大样图 1:10

注: 1、图中所用木材均为进口优质杉木。
2、图中木结构部分采用榫头连接, 施工前木材需进行防潮、防腐、防蛀处理。
3、木材表面刷聚胺脂漆(清漆)。
4、图中所用金属材料应作防锈处理, 外罩黑色漆。铁件与铁件采用全焊连接。
5、木廊架木柱基础挖至老土层, 地基承载力为fk大于100Kpa。
6、未尽事宜请按照国家现行施工规范执行。

花架长廊031

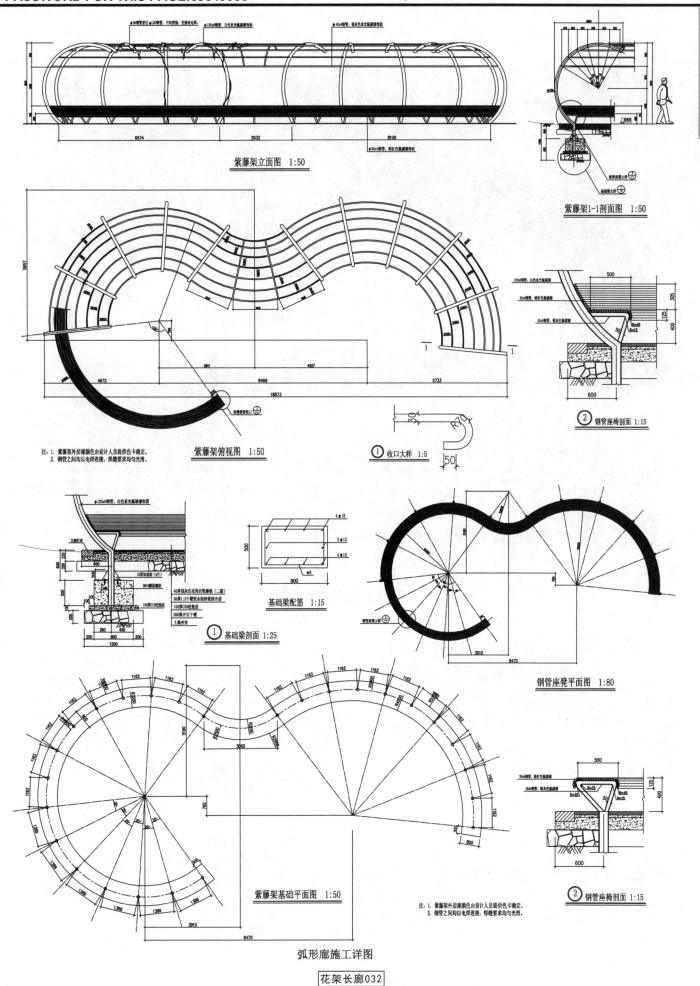

紫藤架立面图 1:50

紫藤架1-1剖面图 1:50

注:1. 紫藤架外层漆颜色由设计人员提供色卡确定.
2. 钢管之间均以电焊连接,焊缝要求均匀光滑.

紫藤架俯视图 1:50

① 收口大样 1:5

② 钢管座椅剖面 1:15

① 基础梁剖面 1:25

基础梁配筋 1:15

钢管座凳平面图 1:80

紫藤架基础平面图 1:50

注:1. 紫藤架外层漆颜色由设计人员提供色卡确定.
2. 钢管之间均以电焊连接,焊缝要求均匀光滑.

② 钢管座椅剖面 1:15

弧形廊施工详图

花架长廊032

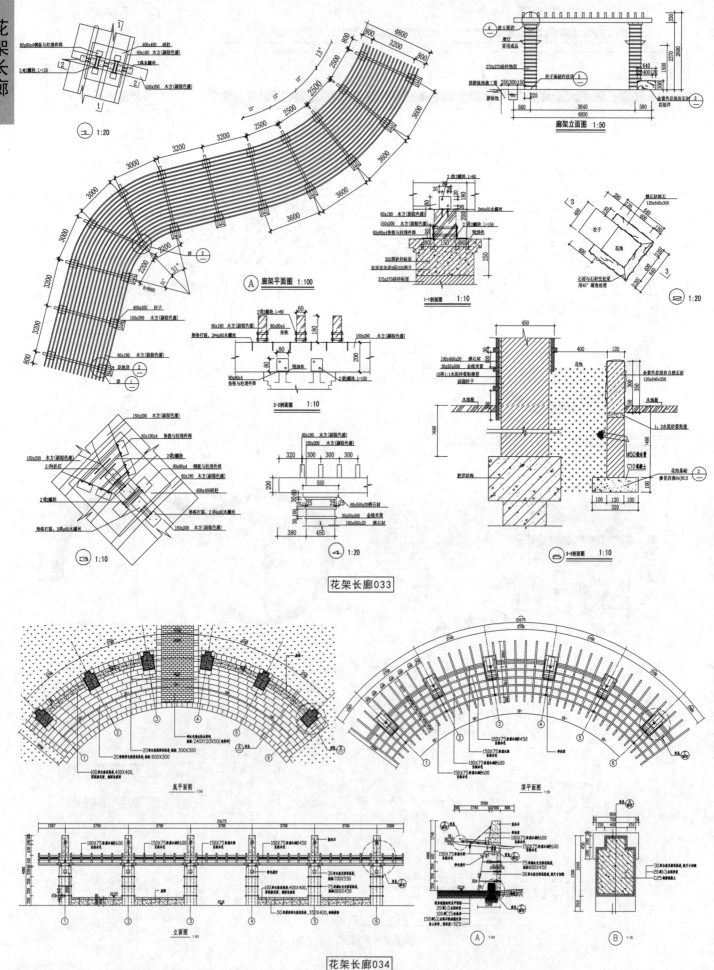

花架长廊033

花架长廊034

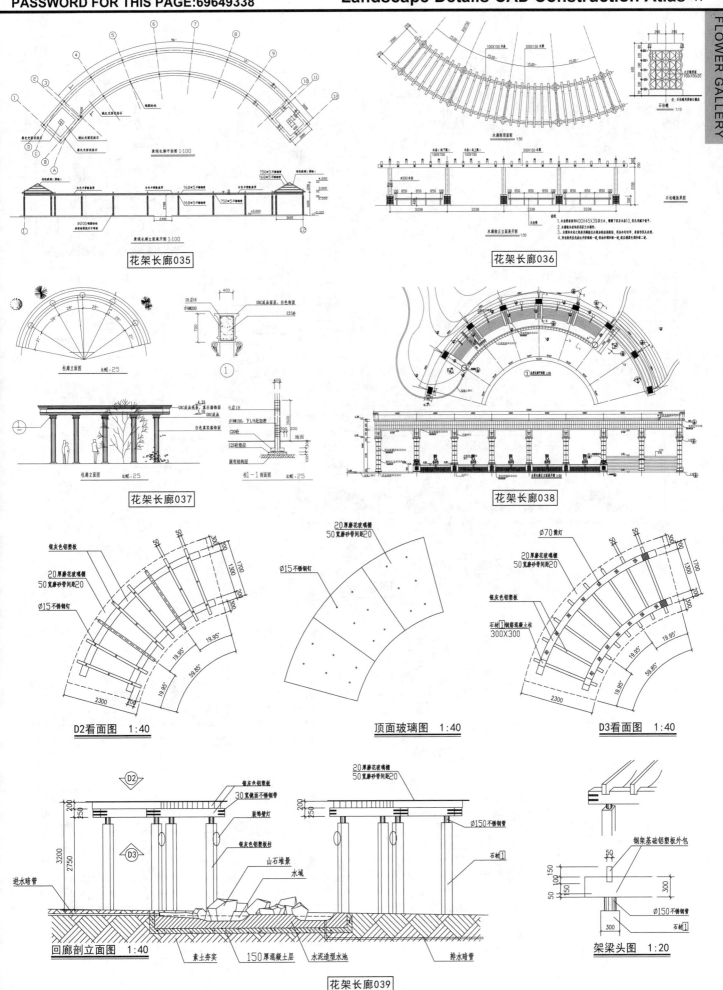

花架长廊035

花架长廊036

花架长廊037

花架长廊038

D2看面图　1:40

顶面玻璃图　1:40

D3看面图　1:40

回廊剖立面图　1:40

架梁头图　1:20

花架长廊039

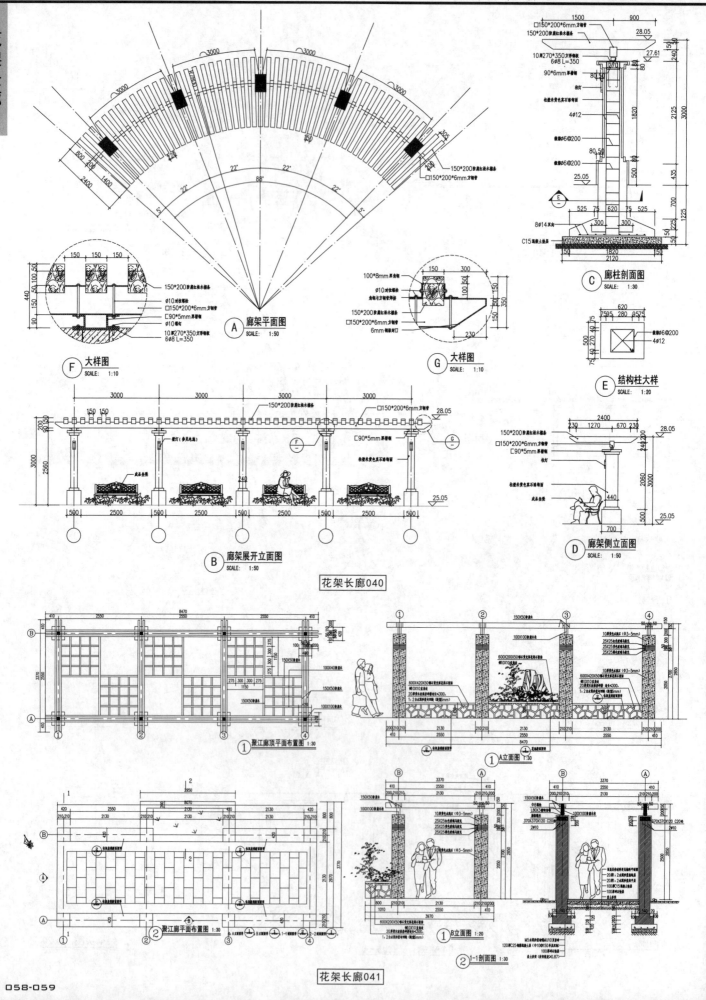

花架长廊040

花架长廊041

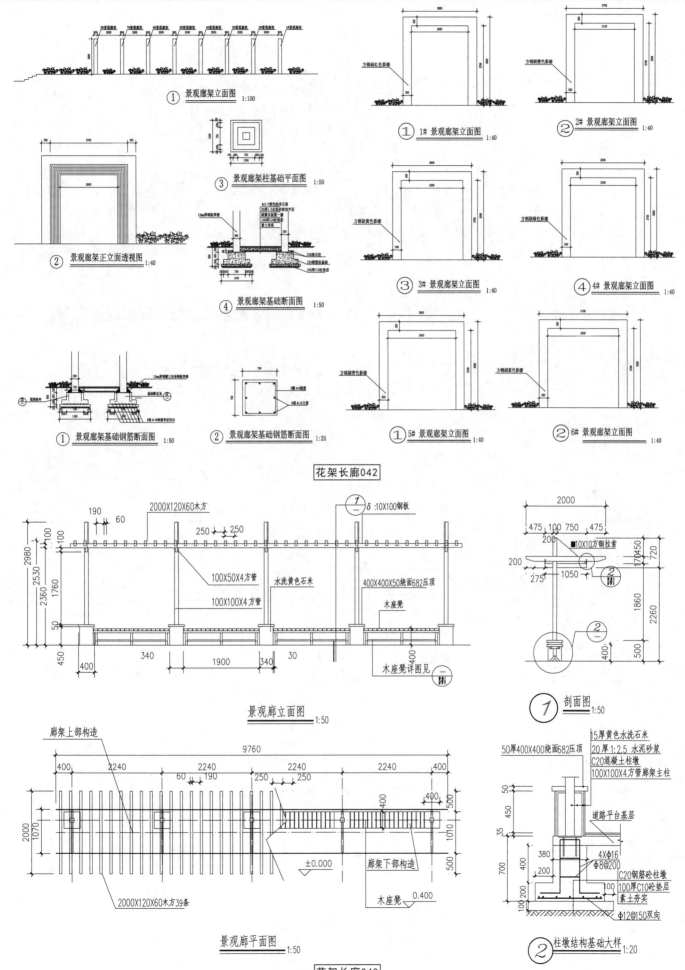

① 景观廊架立面图 1:100

① 1# 景观廊架立面图 1:40

② 2# 景观廊架立面图 1:40

② 景观廊架正立面透视图 1:40

③ 景观廊架柱基础平面图 1:50

④ 景观廊架基础断面图 1:50

③ 3# 景观廊架立面图 1:40

④ 4# 景观廊架立面图 1:40

① 景观廊架基础钢筋断面图 1:50

② 景观廊架基础钢筋断面图 1:25

① 5# 景观廊架立面图 1:40

② 6# 景观廊架立面图 1:40

花架长廊042

景观廊立面图 1:50

① 剖面图 1:50

景观廊平面图 1:50

② 柱墩结构基础大样 1:20

花架长廊043

花架长廊

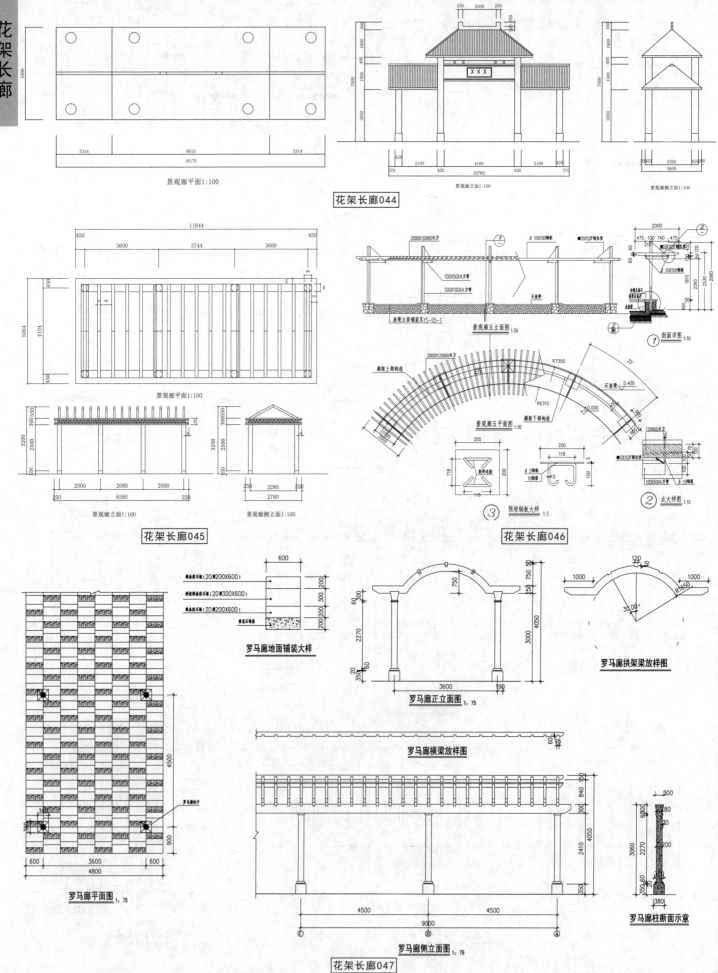

景观廊平面1:100

花架长廊044

景观廊立面1:100

景观廊侧立面1:100

景观廊平面1:100

景观廊立面1:100

景观廊侧立面1:100

花架长廊045

座凳立面铺装见YS-05-1

景观廊五立面图 1:50

剖面详图 1:50

景观廊五平面图 1:50

3 预埋钢板大样 1:5

2 点大样图 1:10

花架长廊046

罗马廊地面铺装大样

罗马廊正立面图 1:75

罗马廊拱架梁放样图

罗马廊横梁放样图

罗马廊平面图 1:75

罗马廊侧立面图 1:75

罗马廊柱断面示意

花架长廊047

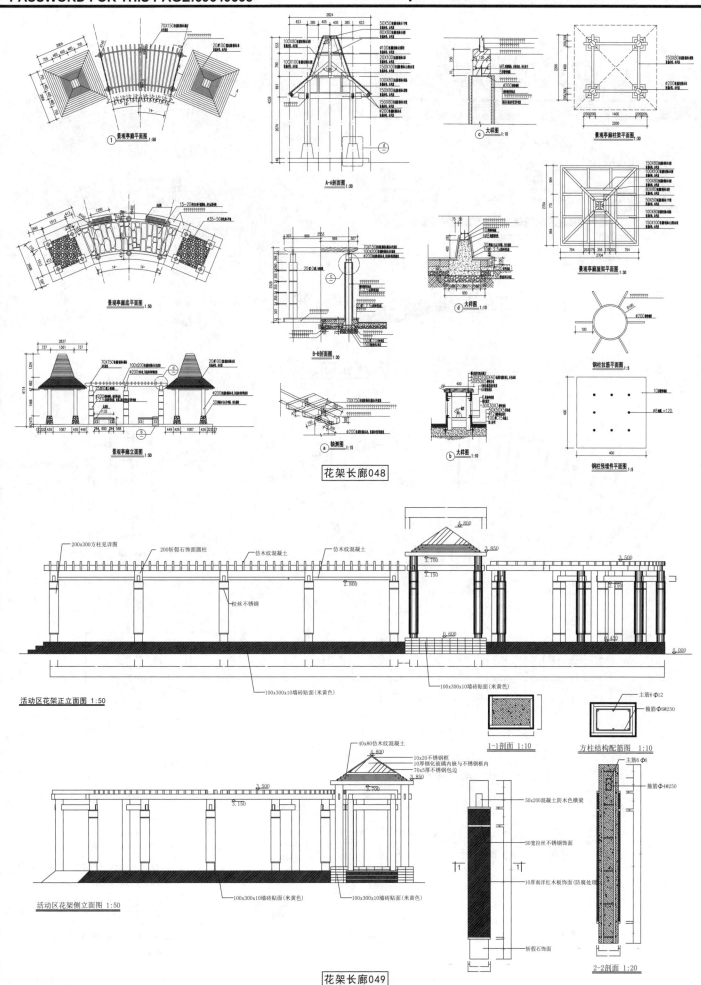

花架长廊048

花架长廊049

花架长廊

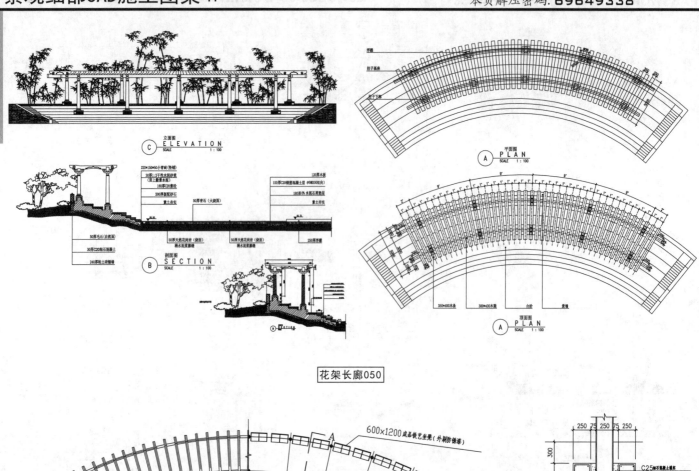

立面图
ELEVATION
SCALE 1:100

剖面图
SECTION
SCALE 1:100

平面图
PLAN
SCALE 1:100

顶面图
PLAN
SCALE 1:100

花架长廊050

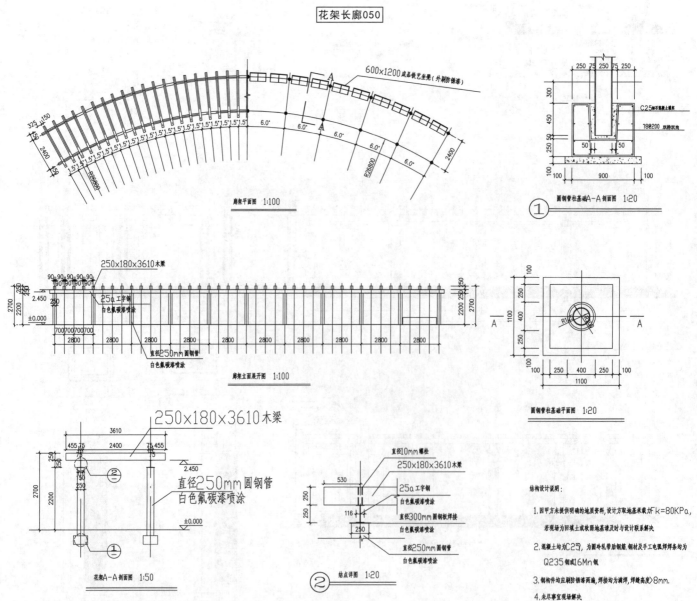

廊架平面图 1:100

圆钢管柱基础A-A剖面图 1:20

廊架立面展开图 1:100

圆钢管柱基础平面图 1:20

250×180×3610木梁

直径250mm圆钢管
白色氟碳漆喷涂

花架A-A剖面图 1:50

250×180×3610木梁

结点详图 1:20

结构设计说明:

1. 因甲方未提供明确的地质资料,设计方取地基承载力fk=80KPa,若现场为回填土或软弱地基请及时与设计联系解决.

2. 混凝土均为C25,为圆冷轧带肋钢筋,钢材及手工电弧焊焊条均为Q235钢或16Mn钢

3. 钢构件均应刷防锈漆两遍,焊接均为满焊,焊缝高度≥8mm.

4. 未尽事宜现场解决.

花架长廊051

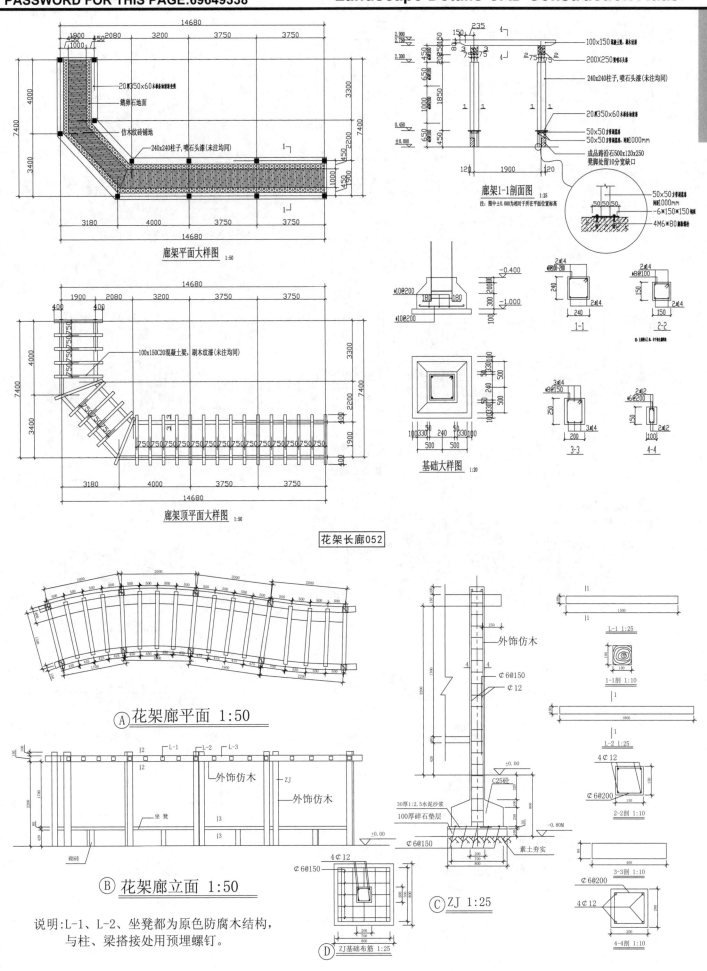

廊架平面大样图 1:50

廊架1-1剖面图 1:25

廊架顶平面大样图 1:50

基础大样图 1:20

花架长廊052

Ⓐ 花架廊平面 1:50

Ⓑ 花架廊立面 1:50

说明:L-1、L-2、坐凳都为原色防腐木结构,
与柱、梁搭接处用预埋螺钉。

Ⓒ ZJ 1:25

Ⓓ ZJ基础布筋 1:25

花架长廊053

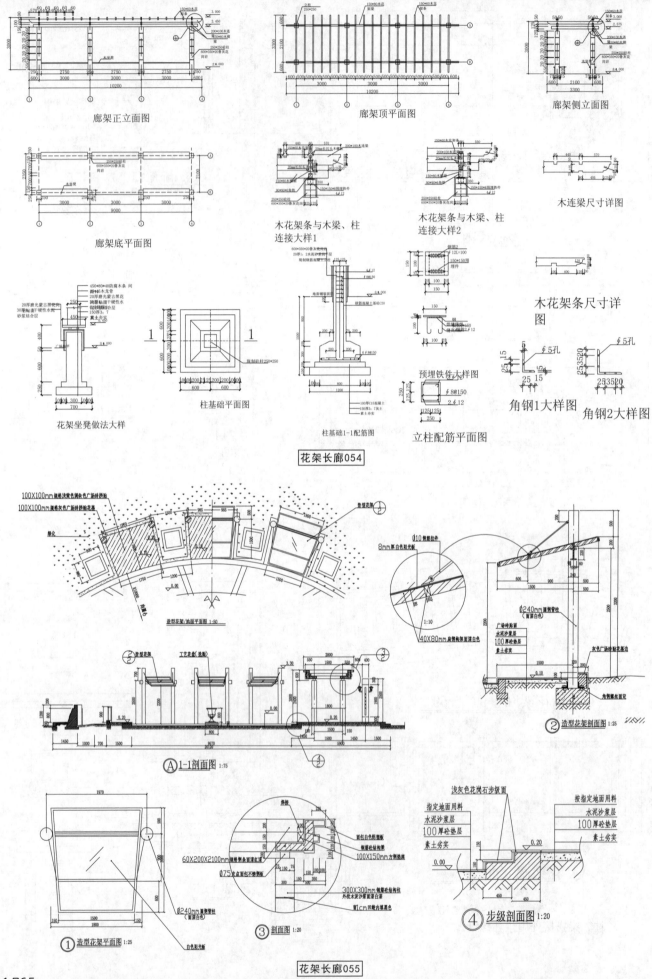

廊架正立面图

廊架顶平面图

廊架侧立面图

廊架底平面图

木花架条与木梁、柱连接大样1

木花架条与木梁、柱连接大样2

木连梁尺寸详图

花架坐凳做法大样

柱基础平面图

柱基础1-1配筋图

立柱配筋平面图

预埋铁件大样图

木花架条尺寸详图

角钢1大样图

角钢2大样图

花架长廊054

造型花架/地面平面图 1:50

造型花架剖面图 1:25

A 1-1剖面图 1:75

1 造型花架平面图 1:25

3 剖面图 1:20

4 步级剖面图 1:20

花架长廊055

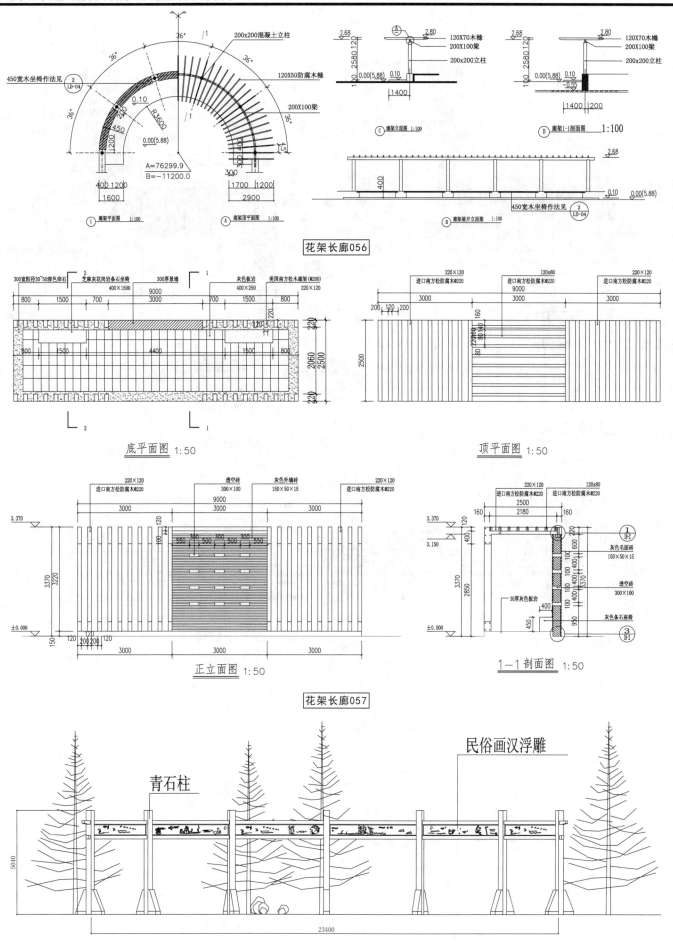

花架长廊056

底平面图 1:50

顶平面图 1:50

正立面图 1:50

1—1剖面图 1:50

花架长廊057

青石柱

民俗画汉浮雕

景观廊柱立面 1:100

花架长廊058

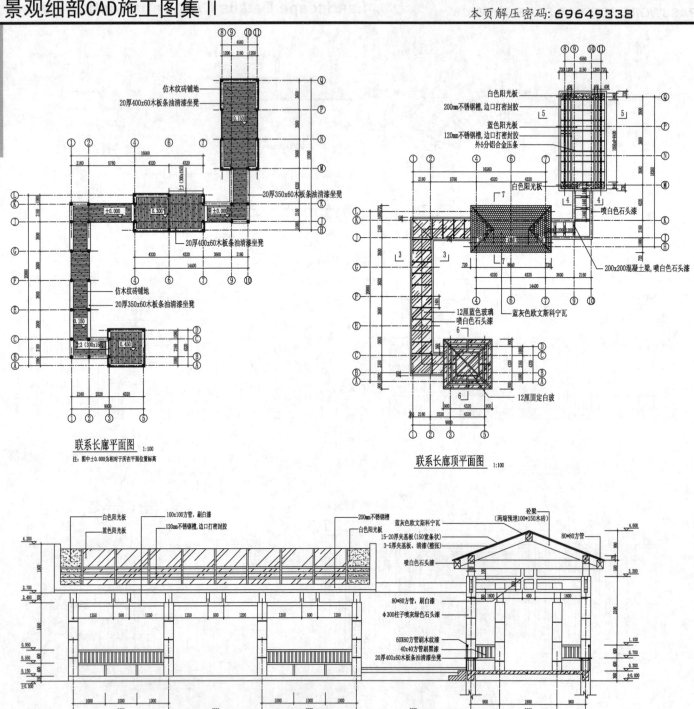

仿木纹砖铺地
20厚400x60木板条油清漆坐凳

20厚350x60木板条油清漆坐凳

20厚400x60木板条油清漆坐凳

仿木纹砖铺地
20厚350x60木板条油清漆坐凳

联系长廊平面图 1:100
注:图中±0.000为相对于所在平面位置标高

白色阳光板
200mm不锈钢槽,边口打密封胶
蓝色阳光板
120mm不锈钢槽,边口打密封胶
外5分铝合金压条

白色阳光板

喷白色石头漆

200x200混凝土梁,喷白色石头漆

蓝灰色欧文斯科宁瓦

12厘蓝色玻璃
喷白色石头漆

12厘固定白玻

联系长廊顶平面图 1:100

白色阳光板
蓝色阳光板
100x100方管,刷白漆
120mm不锈钢槽,边口打密封胶
200mm不锈钢槽
白色阳光板

砼梁(两端预埋100*150木砖)
蓝灰色欧文斯科宁瓦
15-20厚夹基板(150宽条状)
3-5厚夹基板,清漆(整张)
喷白色石头漆

80*80方管

80*80方管,刷白漆
Φ300柱子喷灰绿色石头漆
60X60方管刷木纹漆
40x40方管刷黑漆
20厚400x60木板条油清漆坐凳

联系长廊7-7剖面图 1:25
注:图中±0.000为相对于所在平面位置标高

100x100方管,刷白漆
200x200混凝土梁,喷白色石头漆
喷白色石头漆
白色涂料
喷灰绿色石头漆
Φ300柱子喷灰绿色石头漆
60X60方管刷木纹漆(未注均同)
40x40方管刷黑漆(未注均同)
成品路沿石500x120x250
50X50方管刷黑漆间距1200mm

联系长廊4-4剖面图 1:25
注:图中±0.000为相对于所在平面位置标高

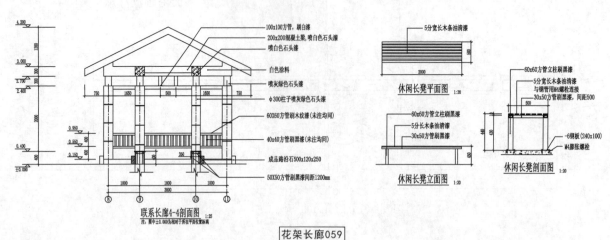

5分宽长木条油清漆

休闲长凳平面图 1:20

60x60方管立柱刷黑漆
5分宽长木条油清漆
30x50方管刷黑漆

休闲长凳立面图 1:20

60x60方管立柱刷黑漆
5分宽长木条油清漆
与钢管用M4螺栓连接
30x50方管刷黑漆,间距500

-6钢板(240x100)
M4膨胀螺栓

休闲长凳剖面图 1:20

花架长廊059

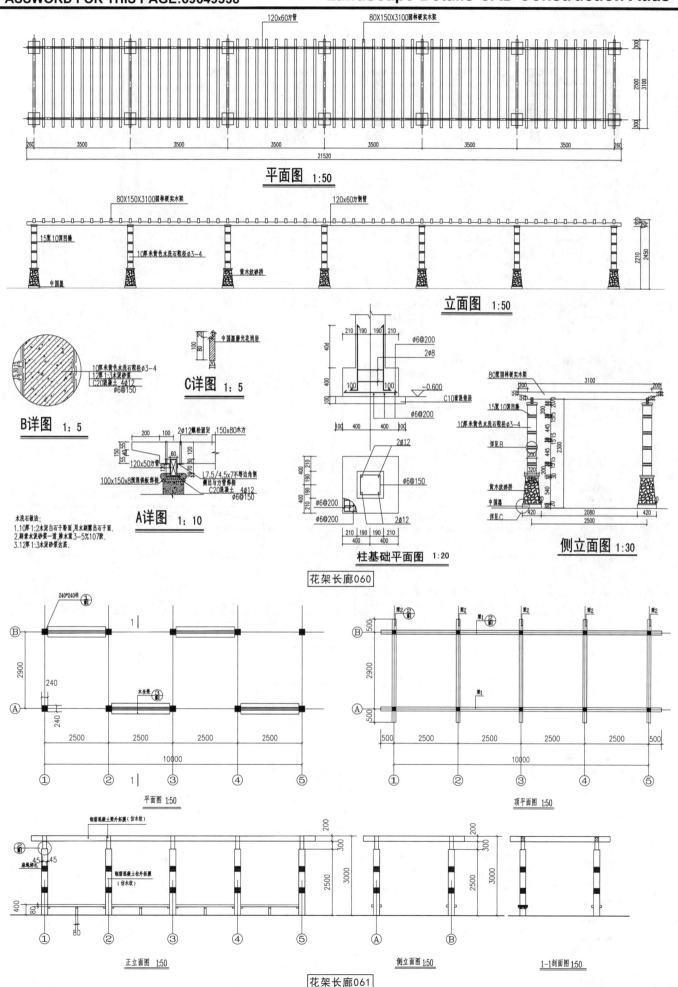

120x60方管　80X150X3100圆林硬实木梁

平面图 1:50

立面图 1:50

B详图 1:5

C详图 1:5

A详图 1:10

柱基础平面图 1:20

侧立面图 1:30

花架长廊060

平面图 1:50

顶平面图 1:50

正立面图 1:50　　　側立面图 1:50　　　1-1剖面图 1:50

花架长廊061

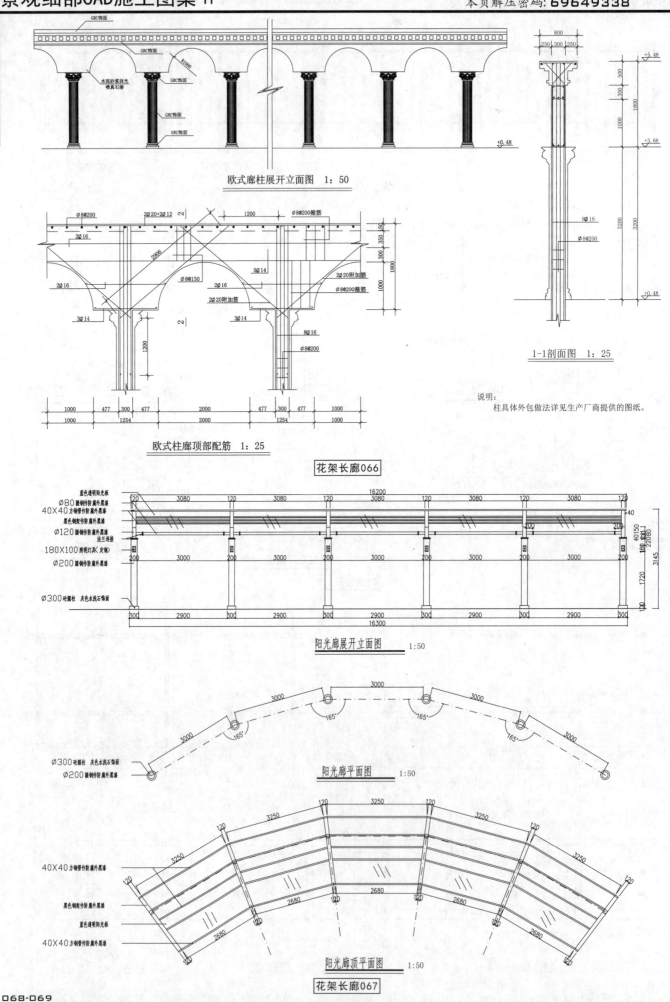

欧式廊柱展开立面图 1:50

1-1剖面图 1:25

说明:
柱具体外包做法详见生产厂商提供的图纸。

欧式柱廊顶部配筋 1:25

花架长廊066

阳光廊展开立面图 1:50

阳光廊平面图 1:50

阳光廊顶平面图 1:50

花架长廊067

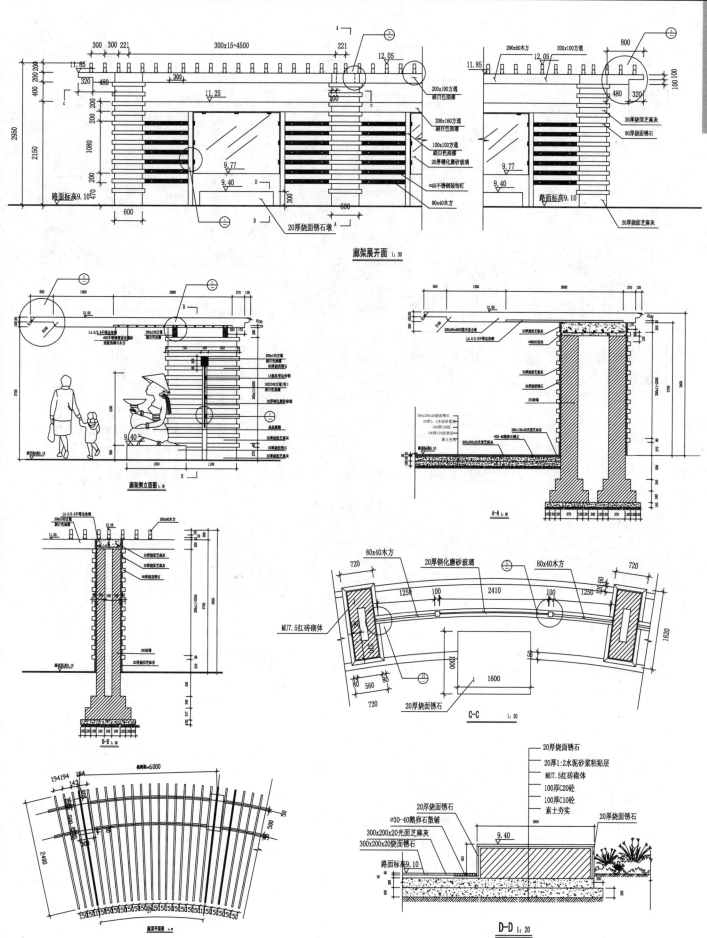

廊架展开面 1:30

A-A 1:20

B-B 1:20

C-C 1:30

D-D 1:20

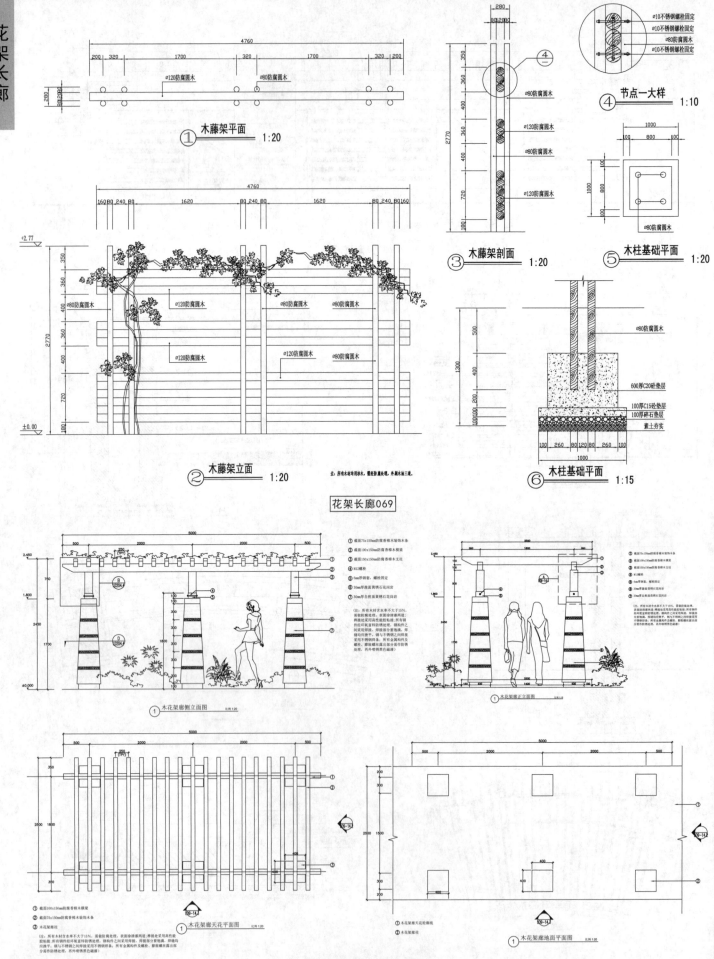

① 木藤架平面　1:20

② 木藤架立面　1:20

③ 木藤架剖面　1:20

④ 节点一大样　1:10

⑤ 木柱基础平面　1:20

⑥ 木柱基础平面　1:15

花架长廊069

① 木花架廊侧立面图

① 木花架廊正立面图

① 木花架廊天花平面图

① 木花架廊地面平面图

花架长廊070

070-071

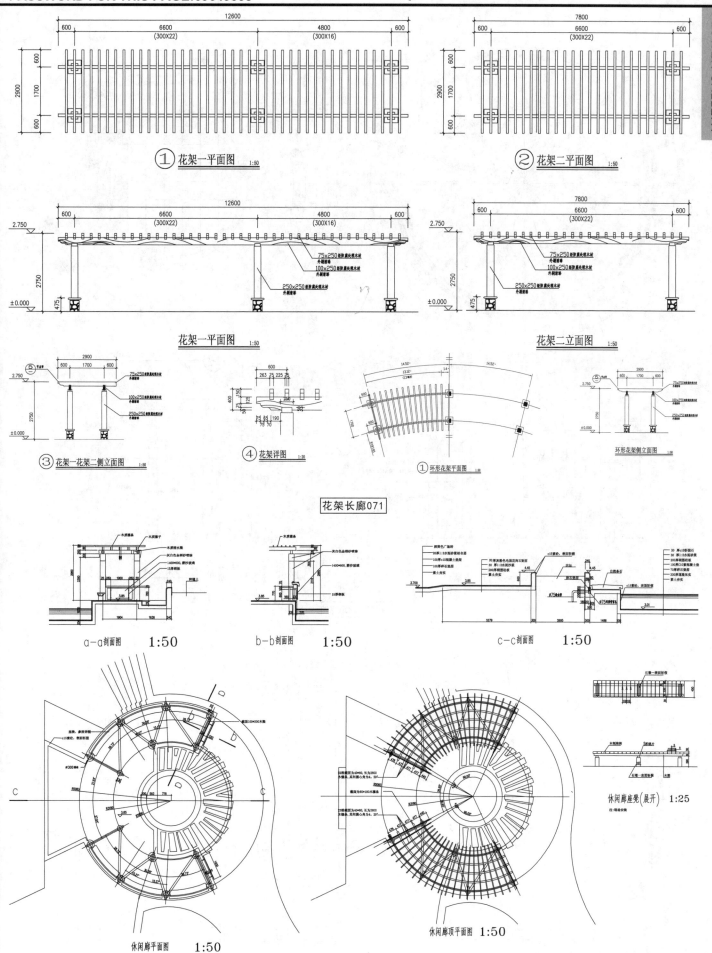

① 花架一平面图 1:50

② 花架二平面图 1:50

花架一平面图 1:50

花架二立面图 1:50

③ 花架一花架二侧立面图 1:50

④ 花架详图 1:20

① 环形花架平面图 1:50

环形花架侧立面图 1:50

花架长廊071

a-a剖面图 1:50

b-b剖面图 1:50

c-c剖面图 1:50

休闲廊座凳(展开) 1:25

休闲廊平面图 1:50

休闲廊顶平面图 1:50

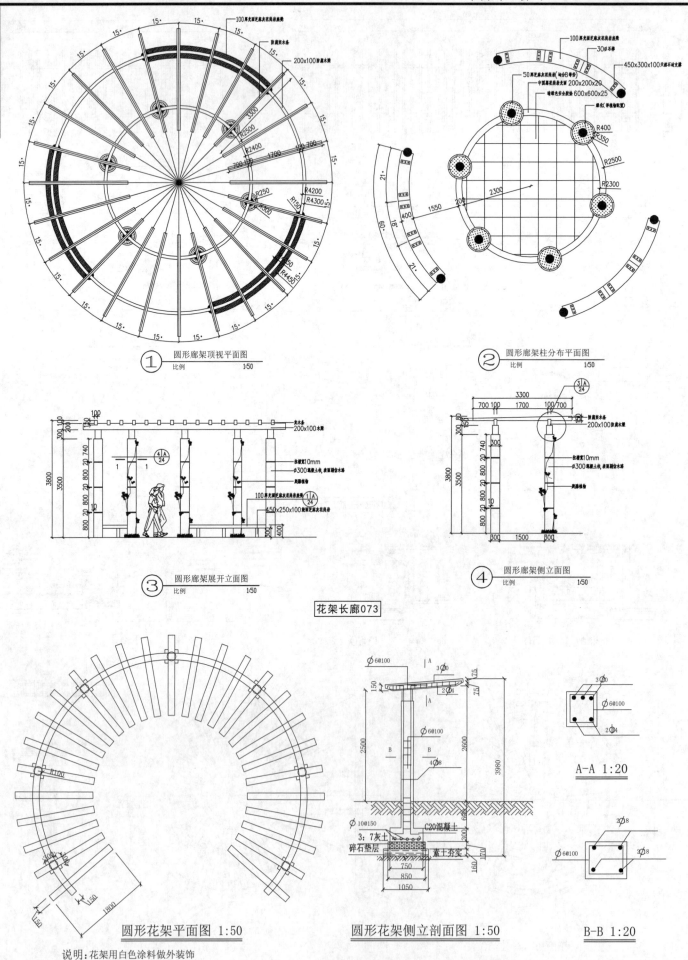

① 圆形廊架顶视平面图　比例　1:50

② 圆形廊架柱分布平面图　比例　1:50

③ 圆形廊架展开立面图　比例　1:50

④ 圆形廊架侧立面图　比例　1:50

花架长廊073

圆形花架平面图 1:50

圆形花架侧立剖面图 1:50

A-A 1:20

B-B 1:20

说明:花架用白色涂料做外装饰

花架长廊074

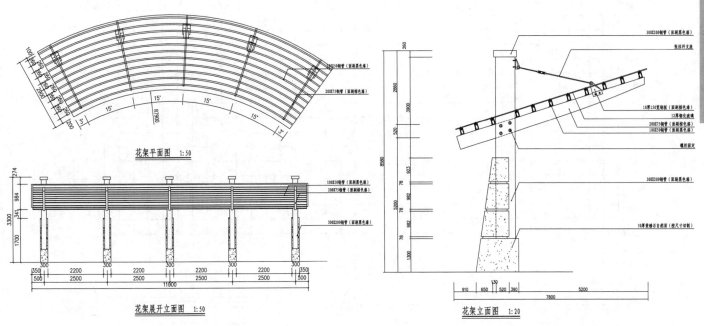

花架平面图 1:50

花架展开立面图 1:50

花架立面图 1:20

花架长廊075

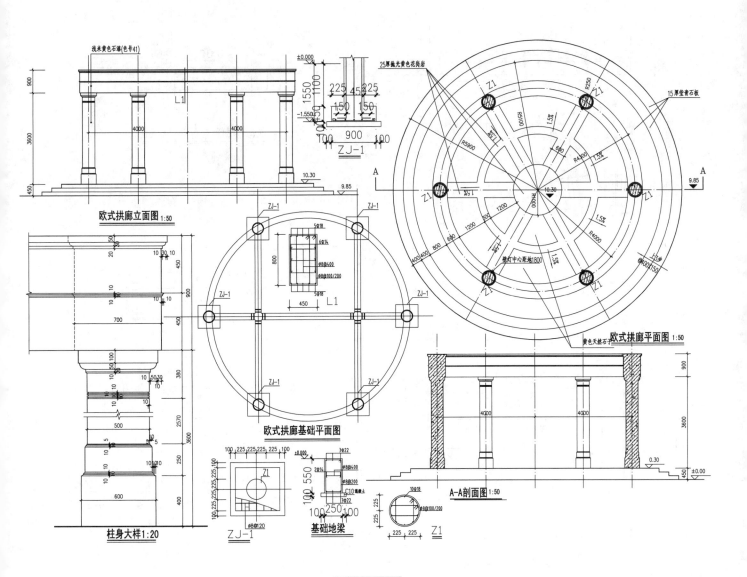

欧式拱廊立面图 1:50

柱身大样 1:20

ZJ-1

基础地梁

欧式拱廊基础平面图

欧式拱廊平面图 1:50

A-A剖面图 1:50

花架长廊076

花架长廊

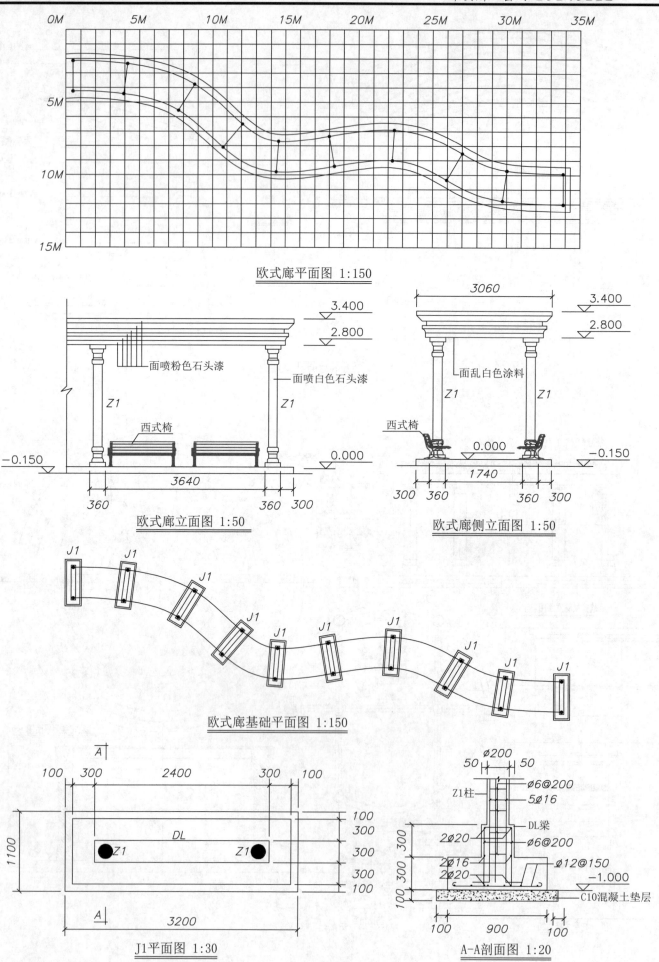

欧式廊平面图 1:150

面喷粉色石头漆
面喷白色石头漆
Z1
Z1
西式椅
3640
360
360 300
−0.150
0.000
3.400
2.800

欧式廊立面图 1:50

3060
面乱白色涂料
Z1
Z1
西式椅
0.000
1740
300 360
360 300
−0.150
3.400
2.800

欧式廊侧立面图 1:50

J1 J1 J1 J1 J1 J1 J1 J1 J1 J1

欧式廊基础平面图 1:150

A
100 300 2400 300 100
1100
DL
Z1 Z1
100
300
300
300
100
3200
A

J1平面图 1:30

ø200
50 50
Z1柱
ø6@200
5ø16
DL梁
2ø20
ø6@200
2ø16
2ø20
ø12@150
−1.000
C10混凝土垫层
100 300 300 300 100
100 900 100

A-A剖面图 1:20

花架长廊077

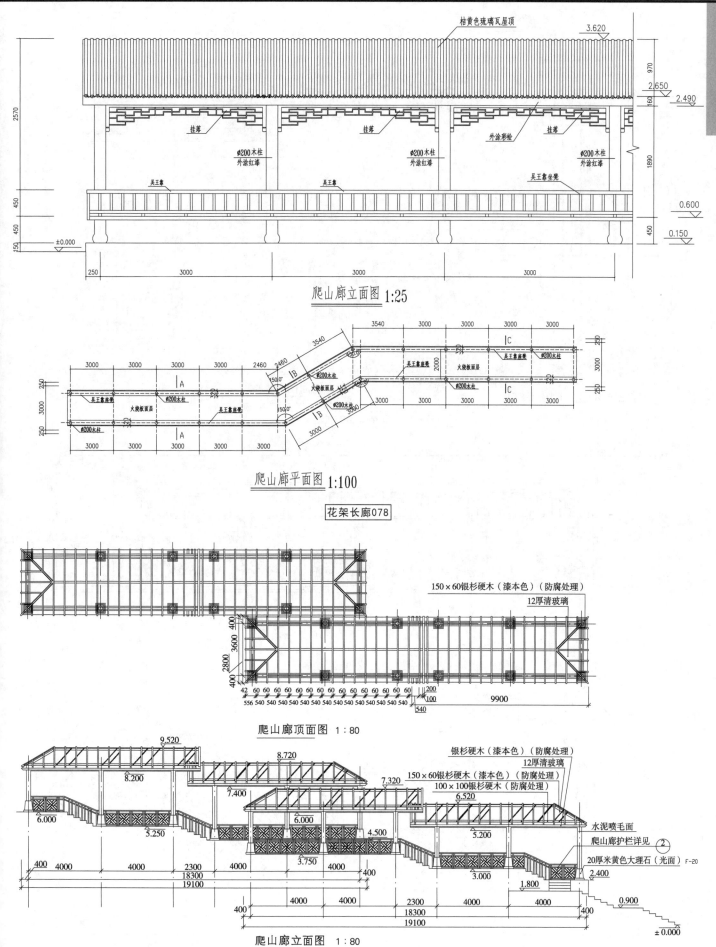

桔黄色琉璃瓦屋顶

挂落

外涂彩绘

挂落

φ200木柱
外涂红漆

φ200木柱
外涂红漆

φ200木柱
外涂红漆

吴王靠

吴王靠

吴王靠坐凳

爬山廊立面图 1:25

爬山廊平面图 1:100

花架长廊078

150×60银杉硬木（漆本色）（防腐处理）
12厚清玻璃

爬山廊顶面图 1:80

银杉硬木（漆本色）（防腐处理）
12厚清玻璃
150×60银杉硬木（漆本色）（防腐处理）
100×100银杉硬木（防腐处理）

水泥喷毛面
爬山廊护栏详见 ②
20厚米黄色大理石（光面）F-20

爬山廊立面图 1:80

花架长廊079

花架长廊

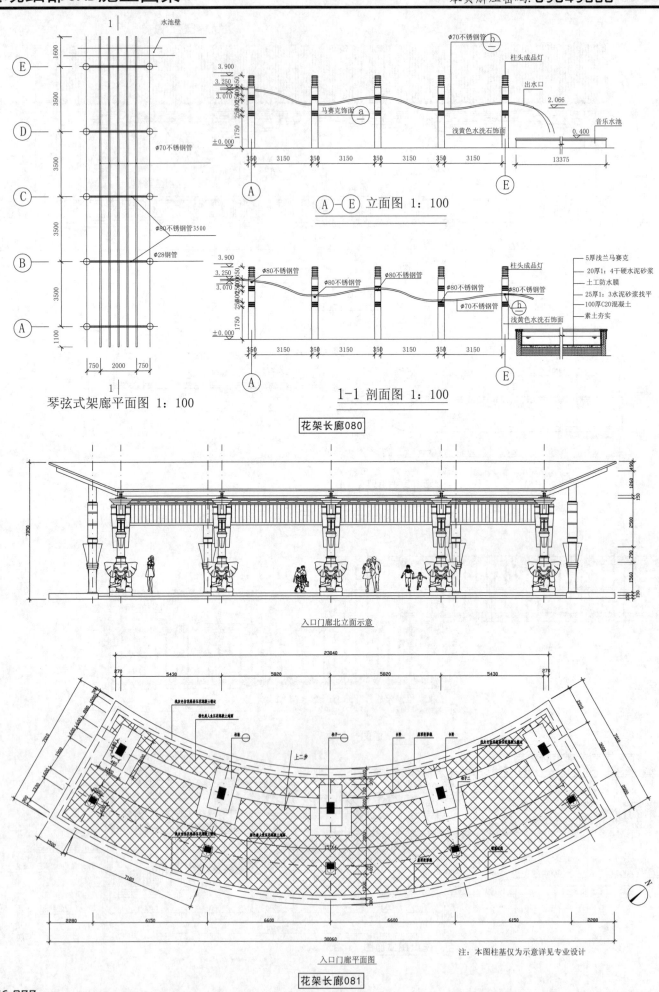

水池壁

φ70不锈钢管

φ80不锈钢管3500

φ28钢管

琴弦式架廊平面图 1：100

φ70不锈钢管

柱头成品灯

出水口

马赛克饰面 a

浅黄色水洗石饰面

2.066

0.400

音乐水池

A—E 立面图 1：100

φ80不锈钢管

φ80不锈钢管

φ80不锈钢管

φ80不锈钢管

φ80不锈钢管

柱头成品灯

φ70不锈钢管

浅黄色水洗石饰面

5厚浅兰马赛克
20厚1：4干硬水泥砂浆
土工防水膜
25厚1：3水泥砂浆找平
100厚C20混凝土
素土夯实

1-1 剖面图 1：100

花架长廊080

入口门廊北立面示意

入口门廊平面图

注：本图柱基仅为示意详见专业设计

花架长廊081

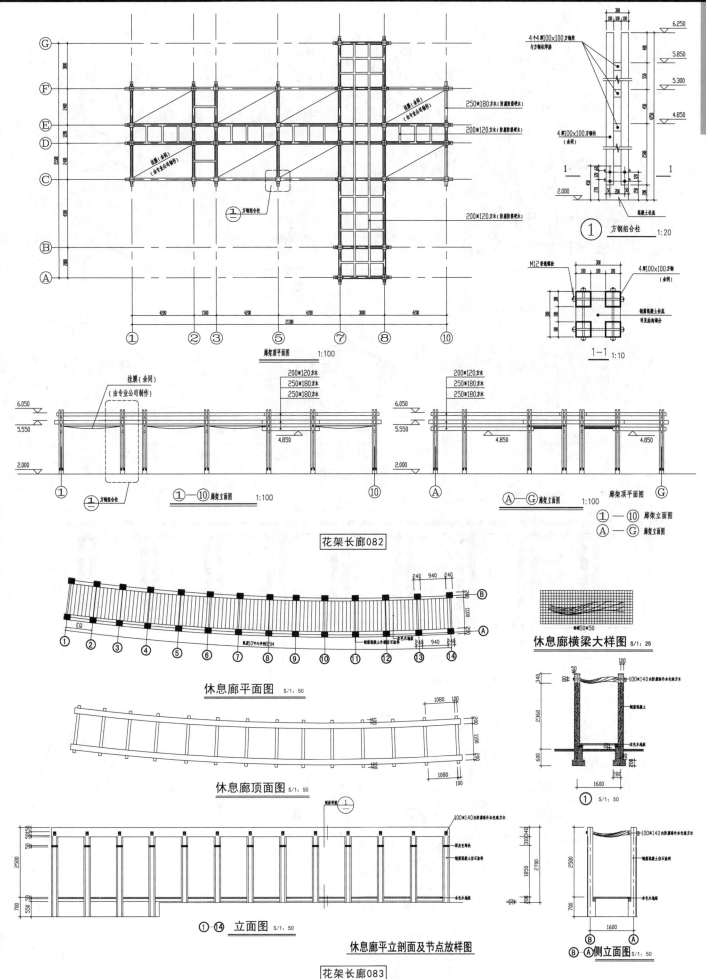

廊架顶平面图 1:100

① 方钢组合柱 1:20

1—1 1:10

花架长廊082

① 方钢组合柱

①—⑩ 廊架立面图 1:100

Ⓐ—Ⓖ 廊架立面图 1:100

廊架顶平面图

①—⑩ 廊架立面图

Ⓐ—Ⓖ 廊架立面图

休息廊平面图 S/1:50

休息廊顶面图 S/1:50

休息廊横梁大样图 S/1:25

① S/1:50

①—⑭ 立面图 S/1:50

休息廊平立剖面及节点放样图

Ⓑ—Ⓐ 侧立面图 S/1:50

花架长廊083

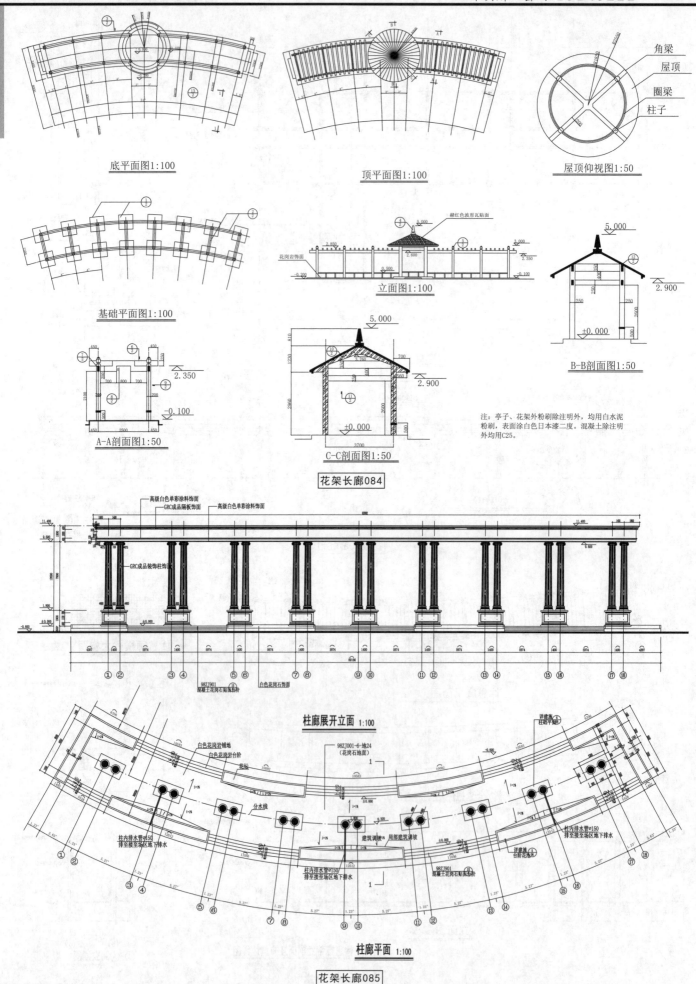

底平面图1:100

顶平面图1:100

屋顶仰视图1:50

角梁
屋顶
圈梁
柱子

基础平面图1:100

立面图1:100

B-B剖面图1:50

注：亭子、花架外粉刷除注明外，均用白水泥粉刷，表面涂白色日本漆二度。混凝土除注明外均用C25。

A-A剖面图1:50

C-C剖面图1:50

花架长廊084

柱廊展开立面 1:100

柱廊平面 1:100

花架长廊085

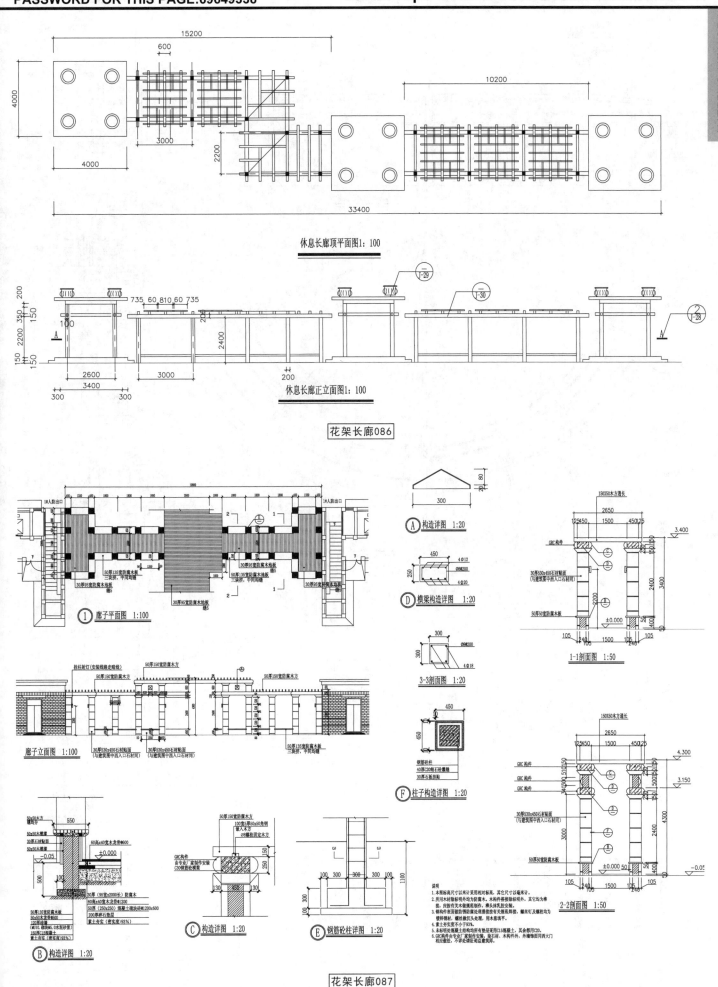

休息长廊顶平面图1：100

休息长廊正立面图1：100

花架长廊086

① 廊子平面图 1:100

A 构造详图 1:20

D 横梁构造详图 1:20

3-3剖面图 1:20

F 柱子构造详图 1:20

1-1剖面图 1:50

廊子立面图 1:100

B 构造详图 1:20

C 构造详图 1:20

E 钢筋砼柱详图 1:20

2-2剖面图 1:50

说明
1.本标高尺寸以米计采用相对标高,其它尺寸以毫米计。
2.所用木材除标明外均为防腐木。木构件表面接接标明外,其它均为棒形,应按有关木制作规范施工,棒大抹平安装。
3.钢构件表面除锈除锈后埋藏处理跟接没有无腹无焊接,连接钉及螺栓均为镀锌钢筋,螺丝扣头处理,用木漆平干。
4.其强度不小于93%。
5.未标明处混凝土结构均用所有垫层采用C15混凝土,其余都用C20。
6.GRC构件在专业厂家制作安装,除石材、木构件外,外墙面面两西大门相应敷设。不详处请详询各建筑图。

花架长廊087

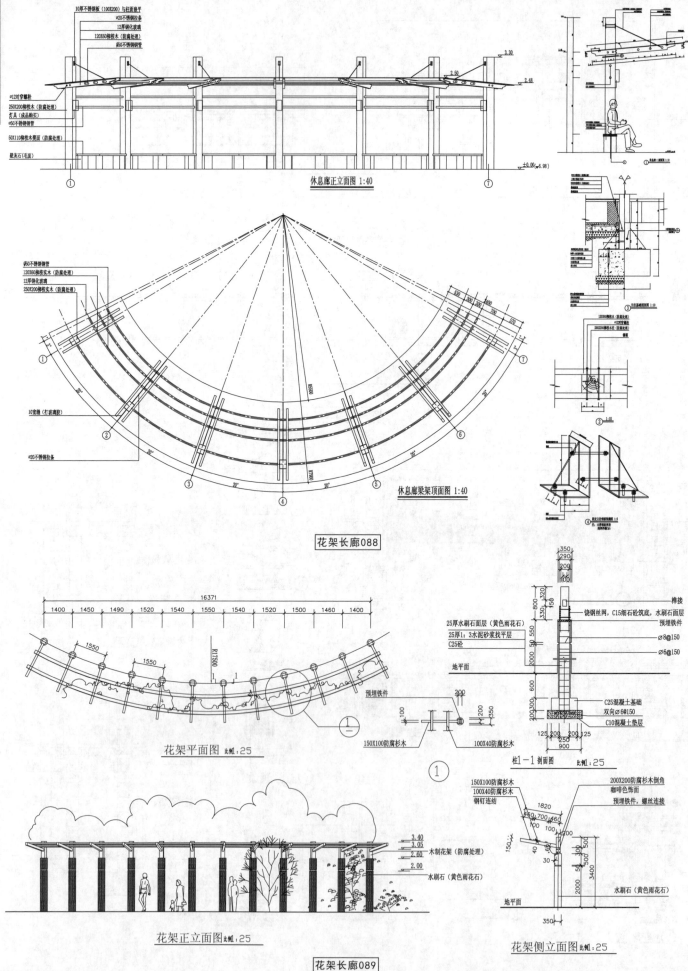

休息廊正立面图 1:40

休息廊梁架顶面图 1:40

花架长廊088

花架平面图 比例:25

柱1—1剖面图 比例:25

花架正立面图 比例:25

花架侧立面图 比例:25

花架长廊089

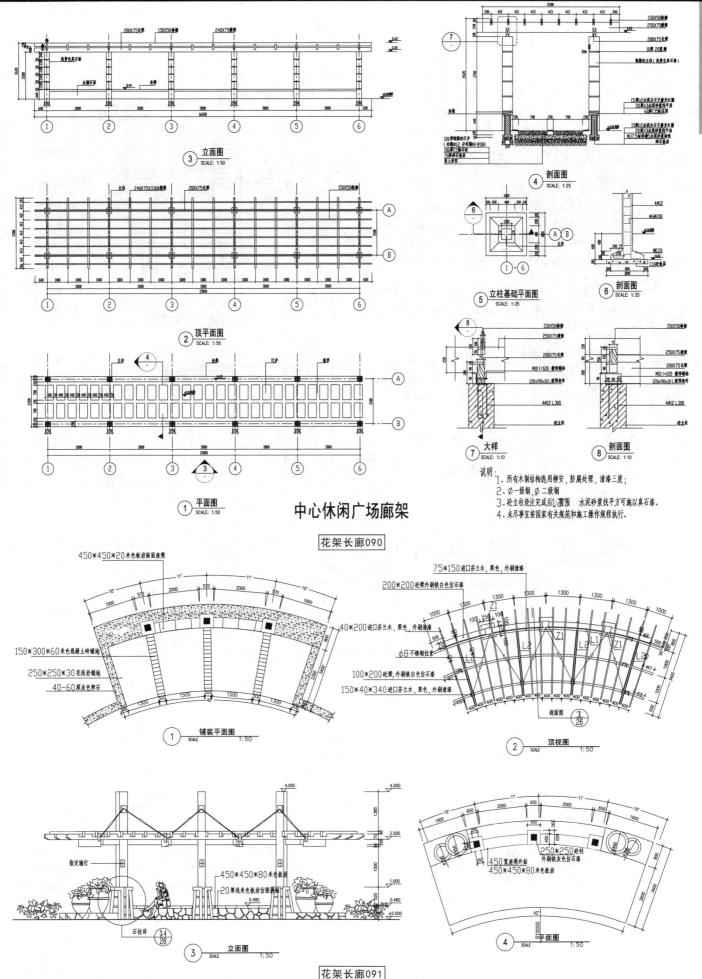

③ 立面图 SCALE 1:50

② 顶平面图 SCALE: 1:50

① 平面图 SCALE: 1:50

中心休闲广场廊架

花架长廊090

④ 剖面图 SCALE: 1:25

⑤ 立柱基础平面图 SCALE: 1:25

⑥ 剖面图 SCALE: 1:25

⑦ 大样 SCALE: 1:10

⑧ 剖面图 SCALE: 1:10

说明：
1、所有木倒结构选用柳安，防腐处理，清漆三度；
2、∅一级钢，Φ 二级钢
3、砼立柱浇注完成后,需 水泥砂浆找平方可施以真石漆。
4、未尽事宜按国家有关规范和施工操作规程执行。

① 铺装平面图 SCALE 1:50

② 顶视图 SCALE 1:50

③ 立面图 SCALE 1:50

④ 平面图 SCALE 1:50

花架长廊091

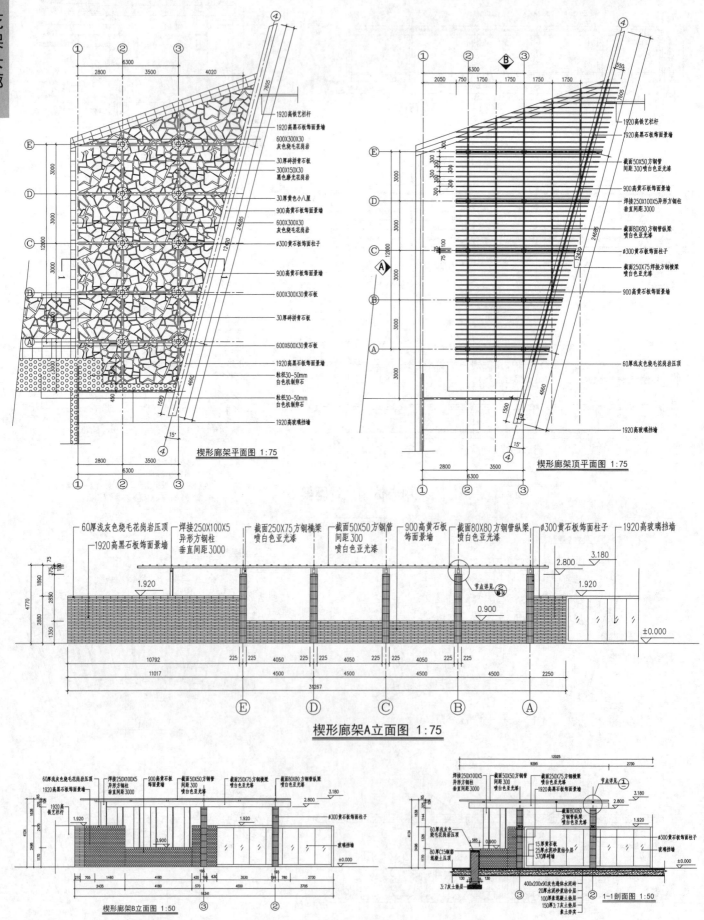

楔形廊架平面图 1:75

楔形廊架顶平面图 1:75

楔形廊架A立面图 1:75

楔形廊架B立面图 1:50

1-1剖面图 1:50

花架长廊092

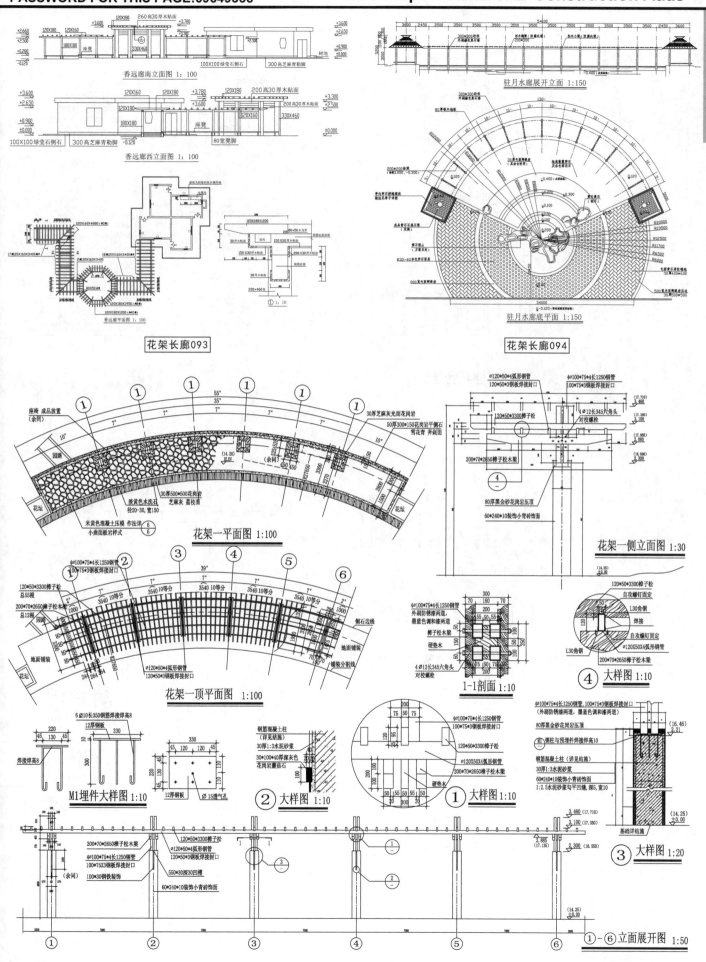

香远廊南立面图 1:100

香远廊西立面图 1:100

香远廊平面图 1:100

花架长廊093

驻月水廊展开立面 1:150

驻月水廊底平面 1:150

花架长廊094

花架一平面图 1:100

花架一顶平面图 1:100

花架一侧立面图 1:30

1-1剖面 1:10

④ 大样图 1:10

M1埋件大样图 1:10

② 大样图 1:10

① 大样图 1:10

③ 大样图 1:20

①-⑥ 立面展开图 1:50

花架长廊095

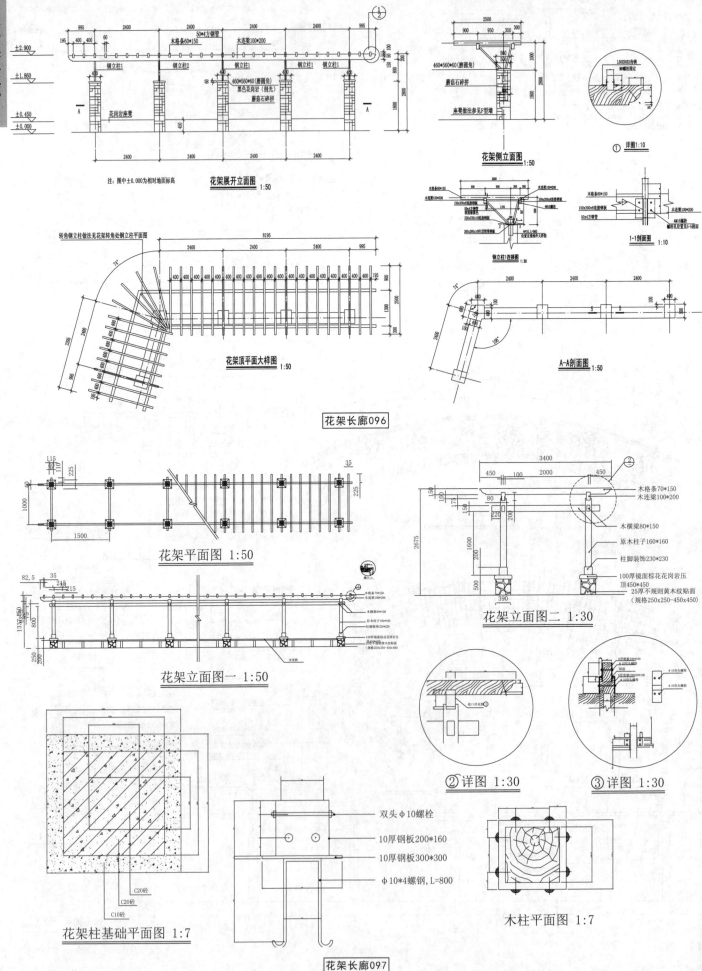

花架展开立面图 1:50

注: 图中±0.000为相对地面标高

花架侧立面图 1:50

① 详图1:10

钢立柱1连接图 1:30

1-1剖面图 1:10

转角钢立柱做法见花架转角处钢立柱平面图

花架顶平面大样图 1:50

A-A剖面图 1:50

花架长廊096

花架平面图 1:50

花架立面图一 1:50

花架立面图二 1:30

② 详图 1:30

③ 详图 1:30

双头φ10螺栓
10厚钢板200*160
10厚钢板300*300
φ10*4螺钢,L=800

花架柱基础平面图 1:7

木柱平面图 1:7

花架长廊097

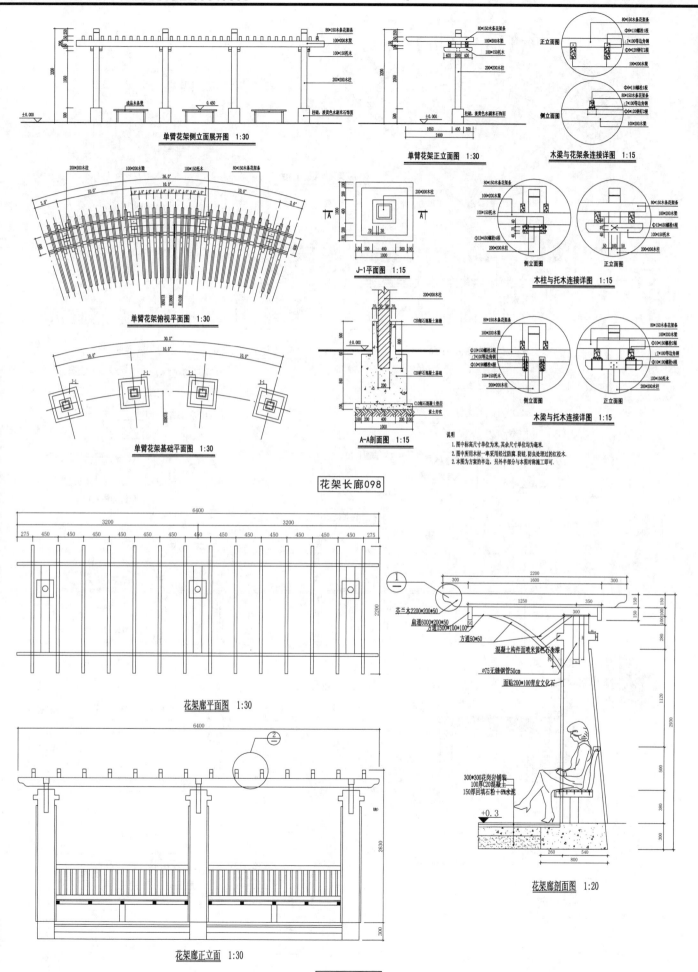

单臂花架侧立面展开图 1:30

单臂花架正立面图 1:30

木梁与花架条连接详图 1:15

单臂花架俯视平面图 1:30

J-1平面图 1:15

木柱与托木连接详图 1:15

单臂花架基础平面图 1:30

A-A剖面图 1:15

木梁与托木连接详图 1:15

说明
1. 图中标高尺寸单位为米，其余尺寸单位均为毫米。
2. 图中所用木材一率采用经过防腐、防蛀、防虫处理过的红松木。
3. 本图为方案的半边，另外半边对称本图对称施工即可。

花架长廊098

花架廊平面图 1:30

花架廊剖面图 1:20

花架廊正立面 1:30

花架长廊099

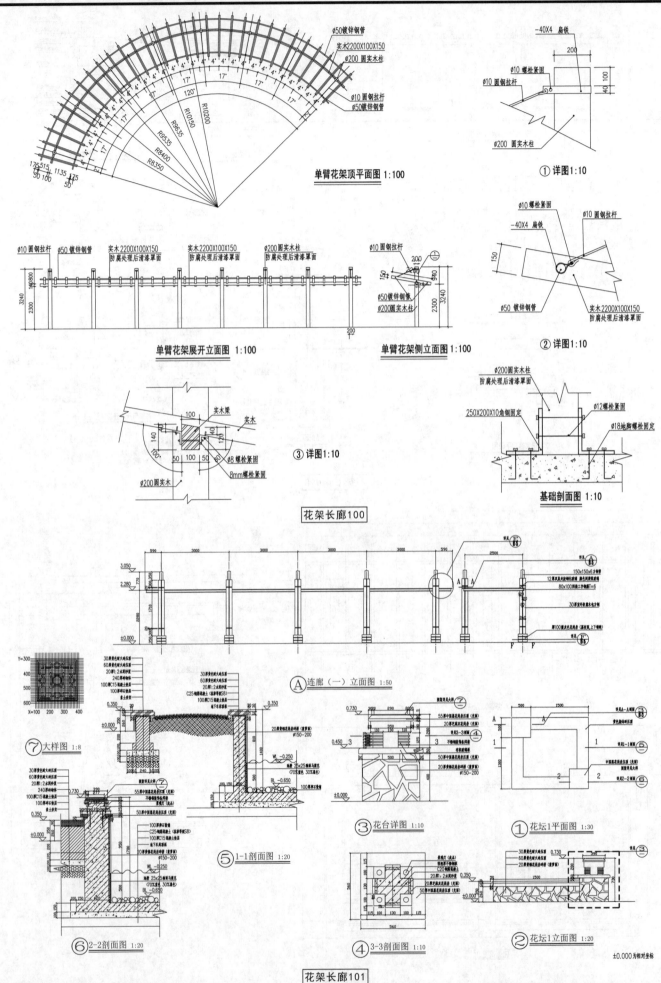

单臂花架顶平面图 1:100

① 详图 1:10

单臂花架展开立面图 1:100

单臂花架侧立面图 1:100

② 详图 1:10

③ 详图 1:10

基础剖面图 1:10

花架长廊100

Ⓐ 连廊（一）立面图 1:50

⑦ 大样图 1:8

⑤ 1-1剖面图 1:20

⑥ 2-2剖面图 1:20

③ 花台详图 1:10

④ 3-3剖面图 1:10

① 花坛1平面图 1:30

② 花坛1立面图 1:20

±0.000为相对坐标

花架长廊101

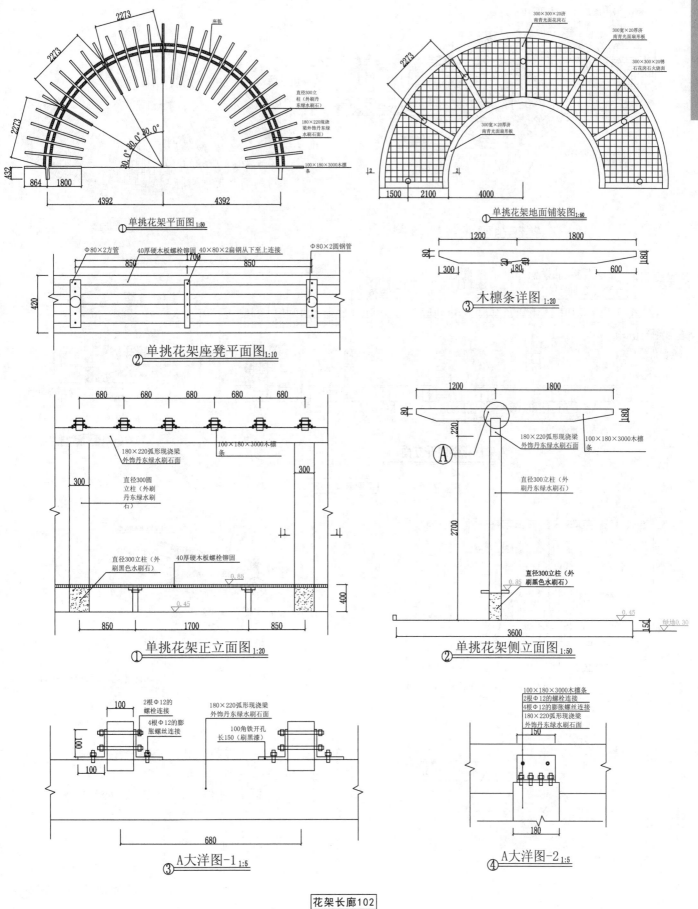

单挑花架平面图 1:50

单挑花架地面铺装图 1:50

木檩条详图 1:20

单挑花架座凳平面图 1:10

单挑花架正立面图 1:20

单挑花架侧立面图 1:50

A大洋图-1 1:5

A大洋图-2 1:5

FLOWER GALLERY

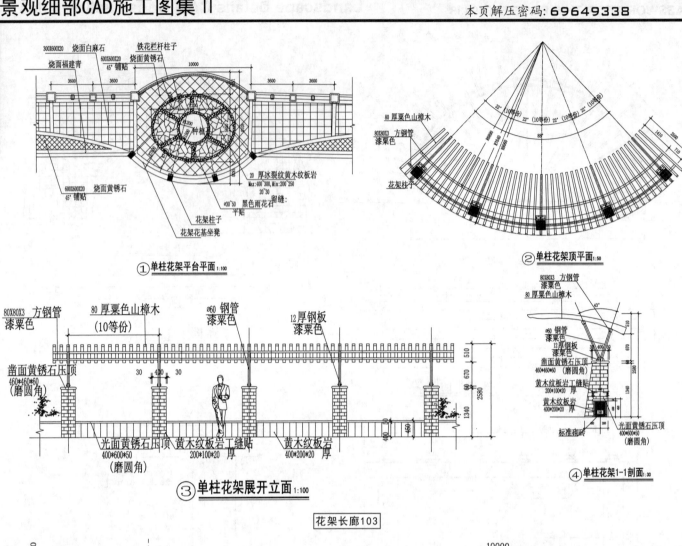

① 单柱花架平台平面 1:100

② 单柱花架顶平面 1:50

③ 单柱花架展开立面 1:100

④ 单柱花架1-1剖面 1:30

花架长廊103

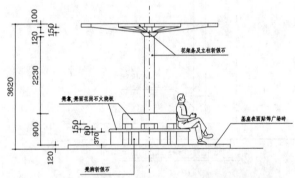

点式花架立面图 1:50

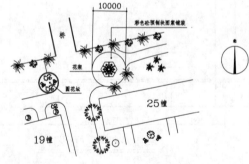

本花架在总平面中位置 1:500

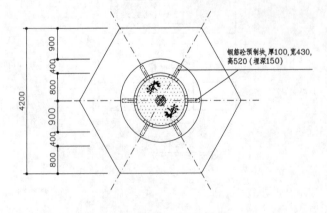

点式花架基座平面图 1:50

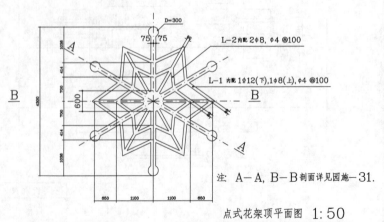

注: A-A, B-B剖面详见园施-31.

点式花架顶平面图 1:50

花架长廊104

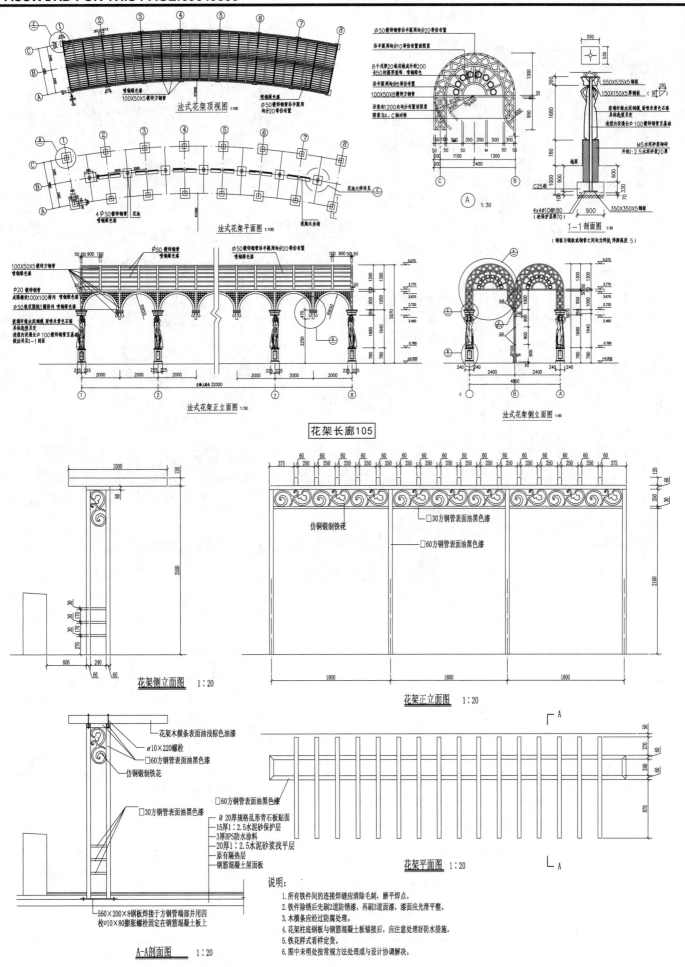

法式花架顶视图 1:100

法式花架平面图 1:100

A 1:30

1—1剖面图 1:30

法式花架正立面图 1:50

法式花架侧立面图 1:50

花架长廊105

花架侧立面图 1:20

花架正立面图 1:20

仿铜锻制铁花
□30方钢管表面油黑色漆
□60方钢管表面油黑色漆

A—A剖面图 1:20

花架木横条表面油浅棕色油漆
∅10×220螺栓
□60方钢管表面油黑色漆
仿铜锻制铁花
□30方钢管表面油黑色漆
□60方钢管表面油黑色漆
∅20厚规格乱形青石板贴面
15厚1:2.5水泥砂保护层
3厚BPS防水涂料
20厚1:2.5水泥砂浆找平层
原有隔热层
钢筋混凝土屋面板

花架平面图 1:20

560×200×8钢板焊接于方钢管端部并用四枚∅10×80膨胀螺栓固定在钢筋混凝土板上

说明:
1.所有铁件间的连接焊缝应清除毛刺,磨平焊点。
2.铁件除锈后先刷2道防锈漆,再刷3道面漆,漆面应光滑平整。
3.木横条应经过防腐处理。
4.花架柱底钢板与钢筋混凝土板锚接后,应注意处理好防水措施。
5.铁花样式看样定货。
6.图中未明处按常规方法处理或与设计协调解决。

花架长廊106

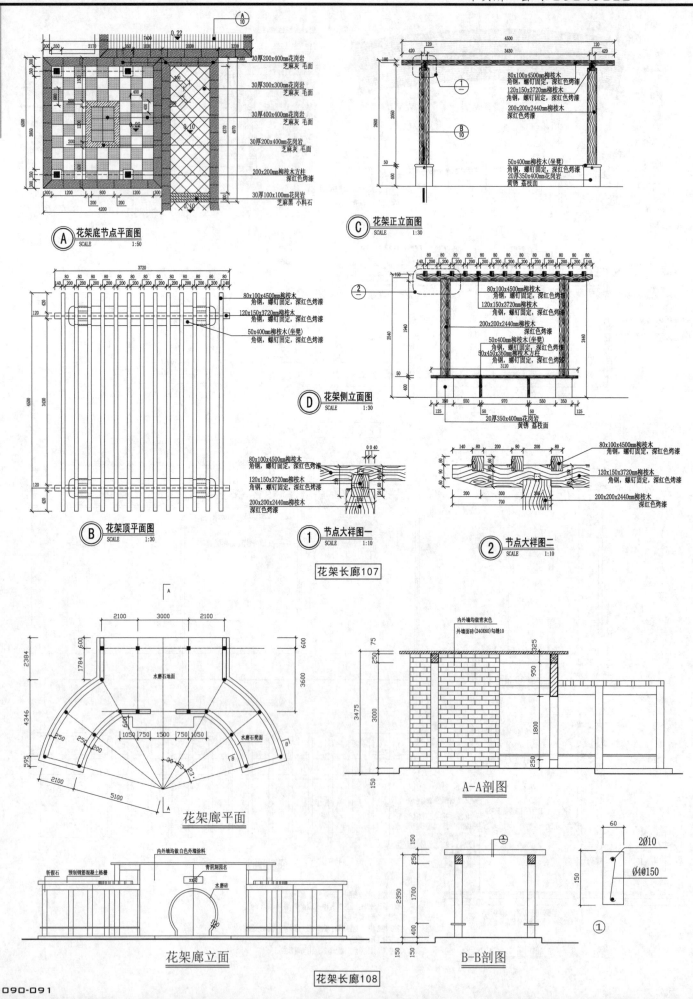

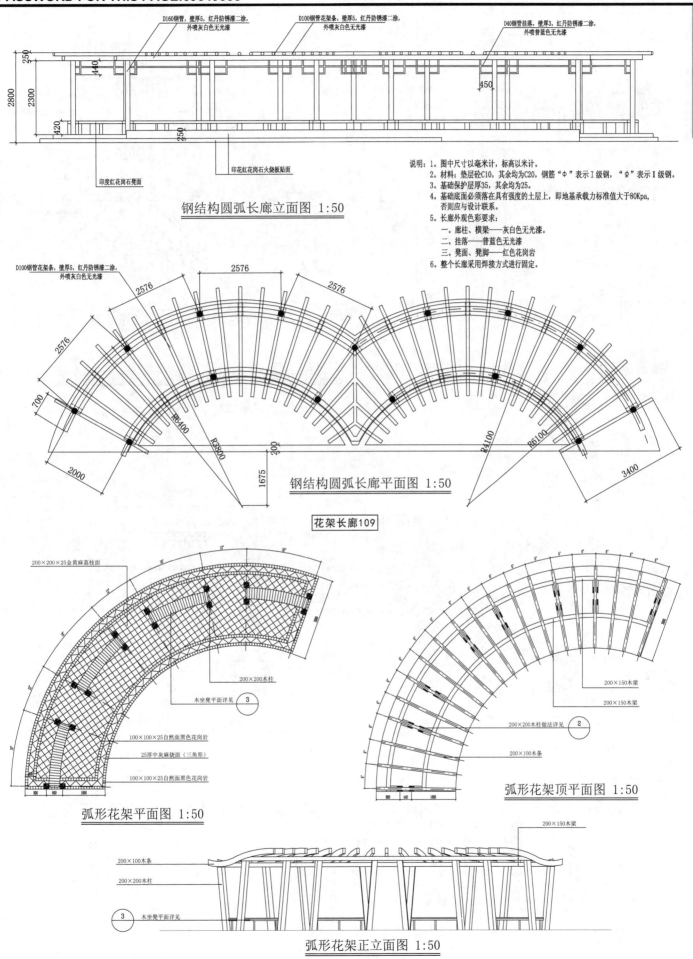

D160钢管，壁厚5，红丹防锈漆二涂，外喷灰白色无光漆

D100钢管架条，壁厚5，红丹防锈漆二涂，外喷灰白色无光漆

D40钢管挂落，壁厚3，红丹防锈漆二涂，外喷普蓝色无光漆

印度红花岗石凳面

印花红花岗石火烧板贴面

钢结构圆弧长廊立面图 1:50

说明：1．图中尺寸以毫米计，标高以米计。
　　　2．材料：垫层砼C10，其余均为C20，钢筋"Φ"表示Ⅰ级钢，"Φ"表示Ⅱ级钢。
　　　3．基础保护层厚35，其余均为25。
　　　4．基础底面必须落在具有强度的土层上，即地基承载力标准值大于80Kpa，否则应与设计联系。
　　　5．长廊外观色彩要求：
　　　　　一．廊柱、横梁——灰白色无光漆。
　　　　　二．挂落——普蓝色无光漆
　　　　　三．凳面、凳脚——红色花岗岩
　　　6．整个长廊采用焊接方式进行固定。

D100钢管花架条，壁厚5，红丹防锈漆二涂，外喷灰白色无光漆

钢结构圆弧长廊平面图 1:50

花架长廊109

200×200×25金黄麻荔枝面

200×200木柱

木坐凳平面详见 ③

100×100×25自然面黑色花岗岩

25厚中灰麻烧面（三角形）

100×100×25自然面黑色花岗岩

弧形花架平面图 1:50

200×150木梁

200×150木梁

200×200木柱做法详见 ②

200×100木条

弧形花架顶平面图 1:50

200×150木梁

200×100木条

200×200木柱

木坐凳平面详见 ③

弧形花架正立面图 1:50

花架长廊110

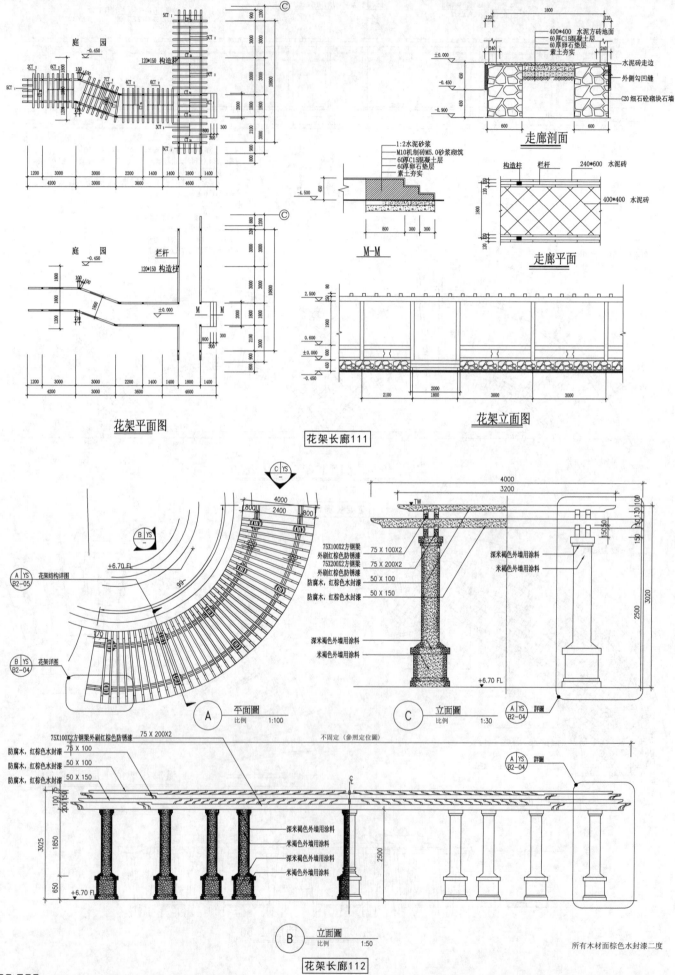

走廊剖面

400*400 水泥方砖地面
60厚C15混凝土层
60厚卵石垫层
素土夯实

水泥砖走边
外侧勾凹缝
C20细石砼砌块石墙

1:2水泥砂浆
M10机制砖M5.0砂浆砌筑
60厚C15混凝土层
60厚卵石垫层
素土夯实

M-M

构造柱　栏杆　240*600 水泥砖
400*400 水泥砖

走廊平面

庭园

120*150 构造柱

花架平面图

栏杆

花架立面图

花架长廊111

花架结构详图
B2-05

花架详图
B2-04

75X100X2方钢梁外刷红棕色防锈漆
75X200X2方钢梁外刷红棕色防锈漆
防腐木，红棕色水封漆
防腐木，红棕色水封漆

75 X 100X2
75 X 200X2
50 X 100
50 X 150

深褐色外墙用涂料
米褐色外墙用涂料

米褐色外墙用涂料
米褐色外墙用涂料

+6.70 FL

A 平面图 比例 1:100

C 立面图 比例 1:30

A YS 详图
B2-04

75X100X2方钢梁外刷红棕色防锈漆　75 X 200X2　　不固定 (参照定位图)

防腐木，红棕色水封漆　75 X 100
防腐木，红棕色水封漆　50 X 100
防腐木，红棕色水封漆　50 X 150

深米褐色外墙用涂料
米褐色外墙用涂料
深米褐色外墙用涂料
米褐色外墙用涂料

+6.70 FL

A YS 详图
B2-04

B 立面图 比例 1:50

所有木材面棕色水封漆二度

花架长廊112

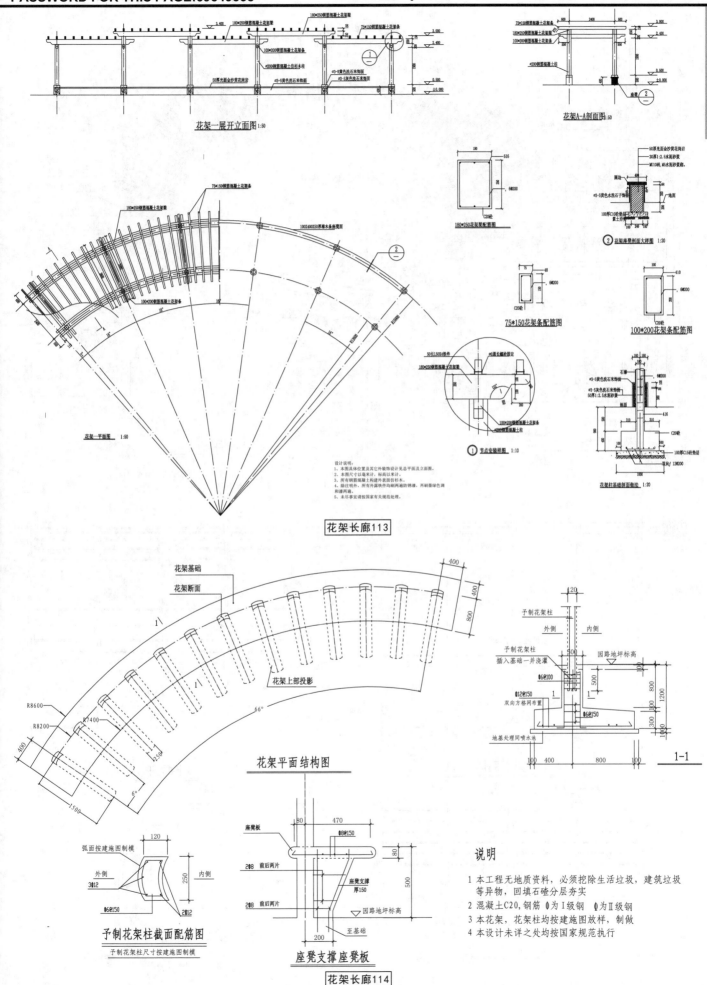

花架一展开立面图 1:50

花架A—A剖面图 1:50

180*250花架梁配筋图

花架座凳剖面大样图 1:20

75*150花架条配筋图

100*200花架条配筋图

设计说明：
1、本图具体位置及其它外装饰设计见总设计平面及立面图。
2、本图尺寸以毫米计，标高以米计。
3、所有钢筋混凝土构建外表面仿杉木。
4、除注明外，所有铁器件均烟雨防锈漆，再刷墨绿色调和漆两遍。
5、未尽事宜请按国家有关规范处理。

节点安装样图 1:10

花架柱基础剖面做法 1:20

花架长廊113

花架基础

花架断面

花架上部投影

予制花架柱

予制花架柱

予制花架柱插入基础一并浇灌

双向方格网布置

地基处理同喷水池

1—1

花架平面结构图

予制花架柱截面配筋图

予制花架柱尺寸按建施图制模

弧面按建施图制模

座凳支撑
厚150

座凳板

座凳支撑座凳板

说明

1 本工程无地质资料，必须挖除生活垃圾，建筑垃圾等异物，回填石碴分层夯实

2 混凝土C20,钢筋 Φ为Ⅰ级钢 Φ为Ⅱ级钢

3 本花架，花架柱均按建施图放样，制做

4 本设计未详之处均按国家规范执行

花架长廊114

花架长廊

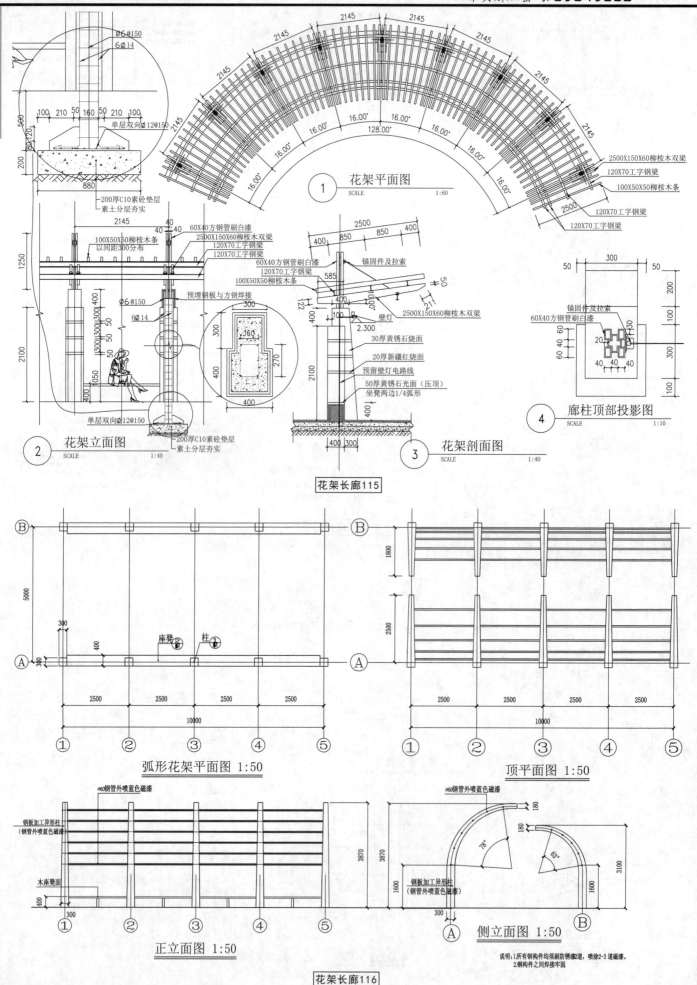

① 花架平面图 SCALE 1:60

② 花架立面图 SCALE 1:40

③ 花架剖面图 SCALE 1:40

④ 廊柱顶部投影图 SCALE 1:10

花架长廊115

弧形花架平面图 1:50

顶平面图 1:50

正立面图 1:50

侧立面图 1:50

说明:1.所有钢构件均须刷防锈漆2道, 喷涂2-3道磁漆。
2.钢构件之间焊接牢固

花架长廊116

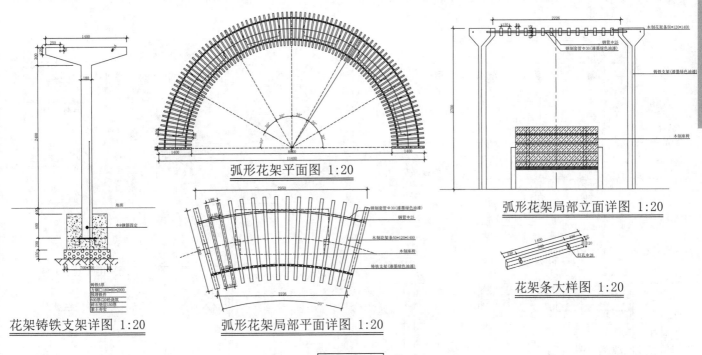

弧形花架平面图 1:20

弧形花架局部立面详图 1:20

花架铸铁支架详图 1:20

弧形花架局部平面详图 1:20

花架条大样图 1:20

花架长廊117

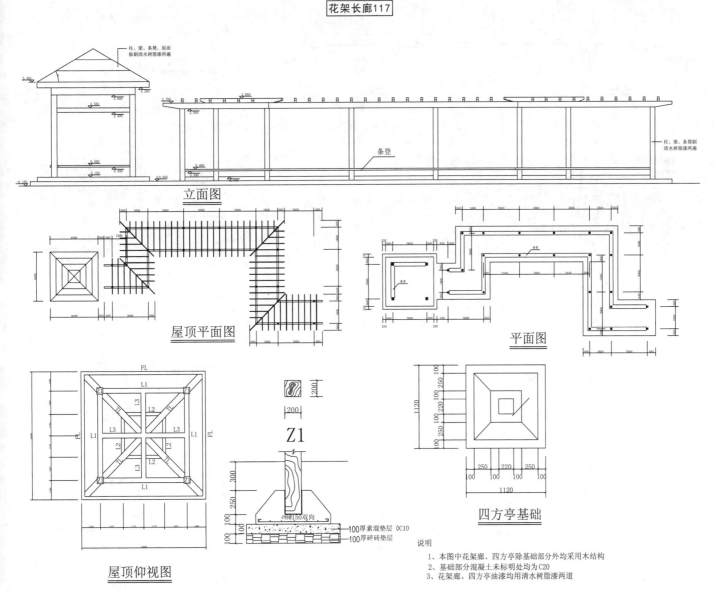

立面图

屋顶平面图

平面图

屋顶仰视图

四方亭基础

说明
1、本图中花架廊、四方亭基础部除基础部分外均采用木结构
2、基础部分混凝土未标明处均为C20
3、花架廊、四方亭油漆均用清水树脂漆两道

花架长廊118

花架长廊

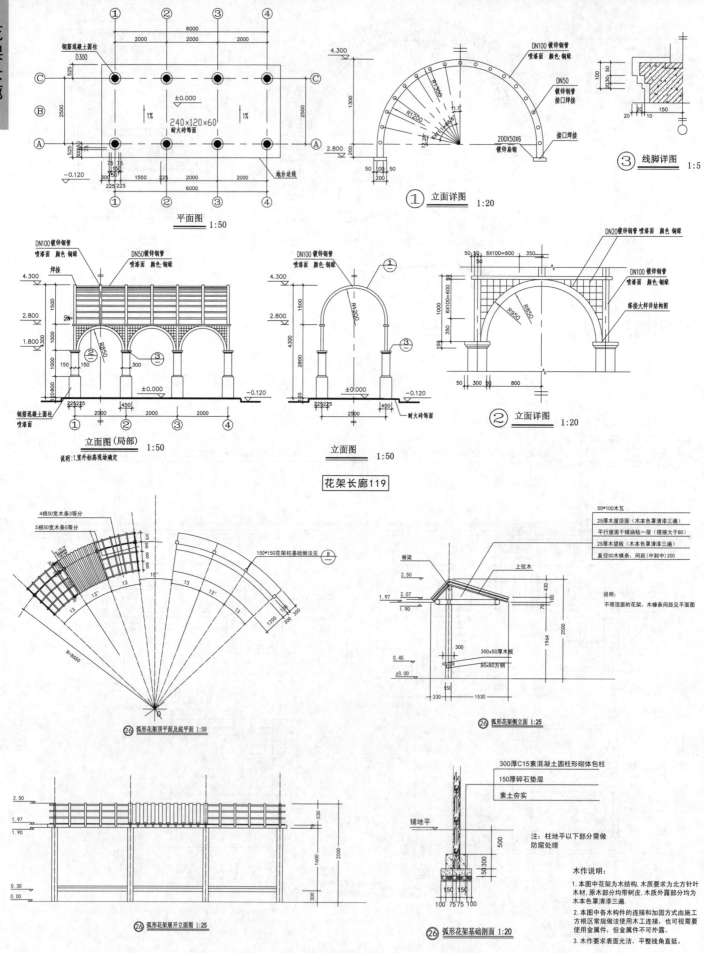

钢筋混凝土柱
D300

240×120×60
耐火砖饰面

1%

±0.000

地台边线

平面图 1:50

DN100镀锌钢管
喷漆面 颜色:铜绿

DN50镀锌钢管
接口焊接

接口焊接
镀锌扁钢
200X50X6

① 立面详图 1:20

③ 线脚详图 1:5

DN100镀锌钢管
喷漆面 颜色:铜绿

DN50镀锌钢管
喷漆面 颜色:铜绿

焊接

钢筋混凝土圆柱
喷漆面

立面图(局部) 1:50

说明:1.室外标高现场确定

DN100镀锌钢管
喷漆面 颜色:铜绿

耐火砖饰面

立面图 1:50

花架长廊119

DN20镀锌钢管 喷漆面 颜色:铜绿

DN100镀锌钢管
喷漆面 颜色:铜绿

搭接大样详图

② 立面详图 1:20

4根50宽木条3等分
5根50宽木条5等分

150*150花架柱基础做法见 B

R=8650

㉖ 弧形花架顶平面及底平面 1:50

50*100瓦
25厚木屋顶面(木本色罩清漆三遍)
平行屋面干铺油毡一层(搭接大于80)
25厚木望板(木本色罩清漆三遍)
直径50木椽条,间距(中到中)200

脊梁

上弦木

说明:
不带顶面的花架,木椽条间距见平面图

300x50厚木板
80x80方钢

㉖ 弧形花架侧立面 1:25

㉖ 弧形花架展开立面图 1:25

300厚C15素混凝土圆柱形砌体包柱
150厚碎石垫层
素土夯实

铺地平

注:柱地平以下部分需做
防腐处理

木作说明:
1.本图中花架为木结构,木质要求为北方针叶
木材,原木部分均带树皮,木质外露部分均为
木本色罩清漆三遍.
2.本图中各木构件的连接和加固方式由施工
方根据区常规做法使用木工连接,也可视需要
使用金属件,但金属件不可外露.
3.木作要求表面光洁,平整线角直挺.

㉖ 弧形花架基础剖面 1:20

花架长廊120

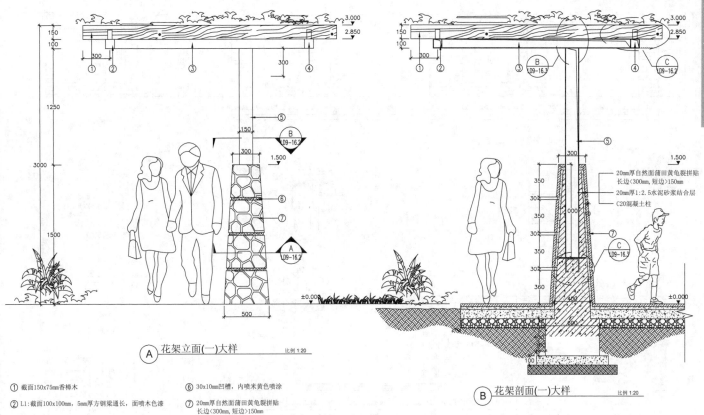

Ⓐ 花架立面(一)大样　　比例 1:20

① 截面150x75mm香樟木

② L1:截面100x100mm，5mm厚方钢梁通长，面喷木色漆

③ PL:截面100x100mm，5mm厚方钢梁通长，面喷木色漆

④ L2:截面100x100mm，5mm厚方钢梁通长，面喷木色漆

⑤ 截面150x150mm，5mm厚方钢支柱，面喷木色漆

⑥ 30x10mm凹槽，内喷米黄色喷涂

⑦ 20mm厚自然面蒲田黄龟裂拼贴
长边<300mm，短边>150mm

⑧ 10mm厚200x200mm钢板与截镀锌钢管焊接

(注：所有木材含水率不大于15%，需做防腐处理，表面涂清漆两道；所有钢件经环氧富锌防锈处理，钢构件之间采用焊接，焊接部分要饱满，焊缝均应捶平，钢与不锈钢之间焊接采用不锈钢焊条；所有金属构件及螺栓、膨胀螺丝露出部分需作防锈处理，再外喷木色磁漆)

20mm厚自然面蒲田黄龟裂拼贴
长边<300mm，短边>150mm
20mm厚1:2.5水泥砂浆结合层
C20混凝土柱

Ⓑ 花架剖面(一)大样　　比例 1:20

花架长廊121

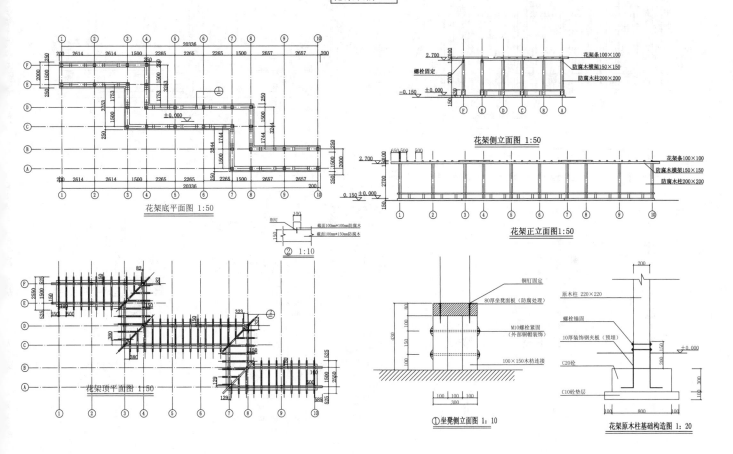

花架底平面图 1:50

② 1:10

花架侧立面图 1:50

花架正立面图1:50

花架顶平面图 1:50

①坐凳侧立面图 1:10

花架原木柱基础构造图 1:20

花架长廊122

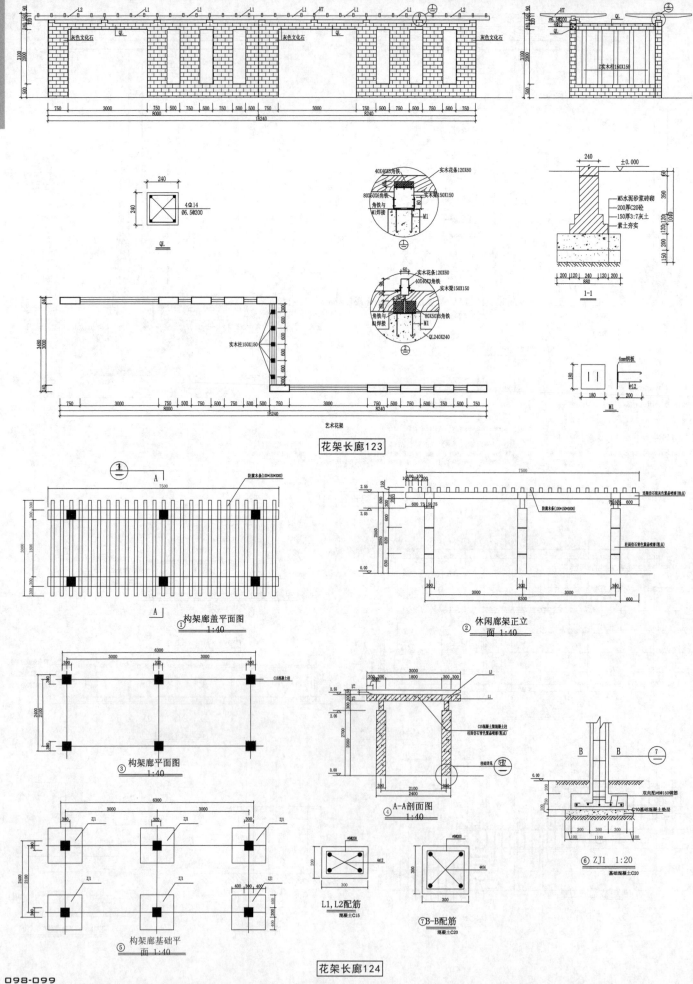

花架长廊123

花架长廊124

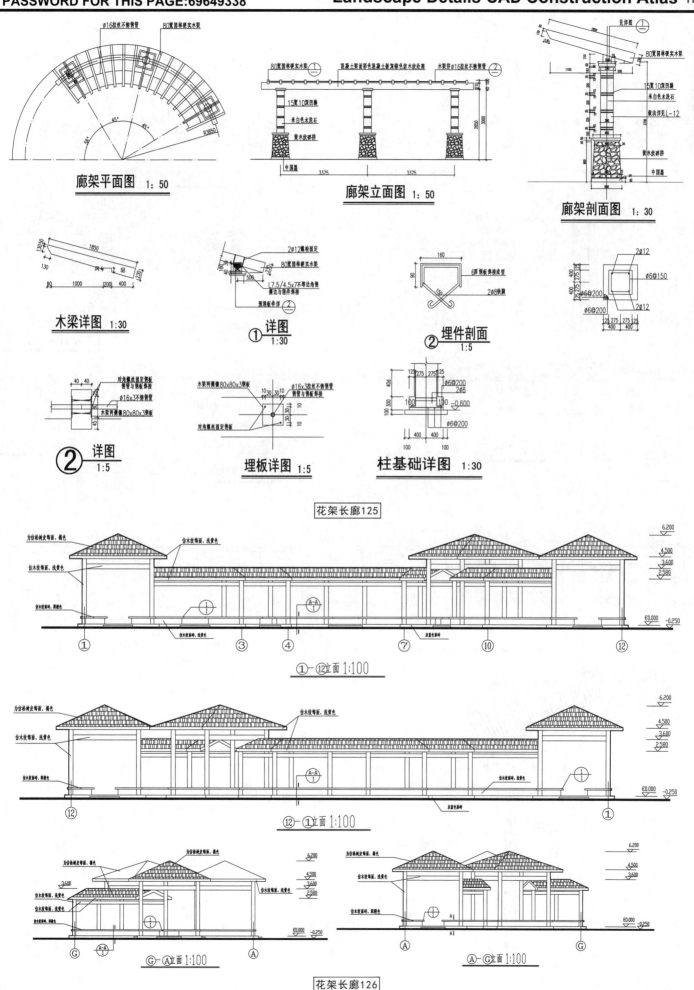

廊架平面图 1：50

廊架立面图 1：50

廊架剖面图 1：30

木梁详图 1：30

① 详图 1：30

② 埋件剖面 1：5

② 详图 1：5

埋板详图 1：5

柱基础详图 1：30

花架长廊125

①—⑫立面 1：100

⑫—①立面 1：100

G—A立面 1：100

A—G立面 1：100

花架长廊126

花架长廊

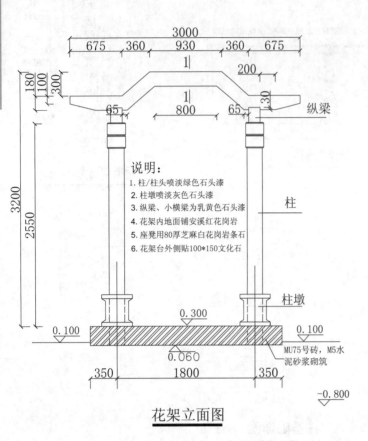

说明:
1. 柱/柱头喷淡绿色石头漆
2. 柱墩喷淡灰色石头漆
3. 纵梁、小横梁为乳黄色石头漆
4. 花架内地面铺安溪红花岗岩
5. 座凳用80厚芝麻白花岗岩条石
6. 花架台外侧贴100*150文化石

MU75号砖, M5水泥砂浆砌筑

花架立面图

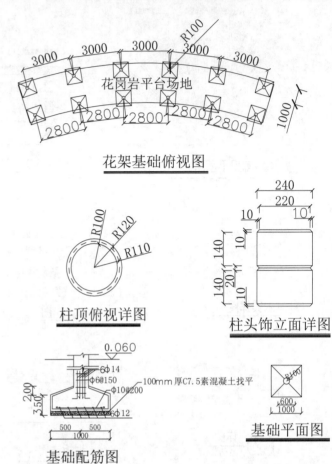

花架基础俯视图

柱顶俯视详图

柱头饰立面详图

100mm 厚C7.5素混凝土找平

基础配筋图

基础平面图

花架长廊127

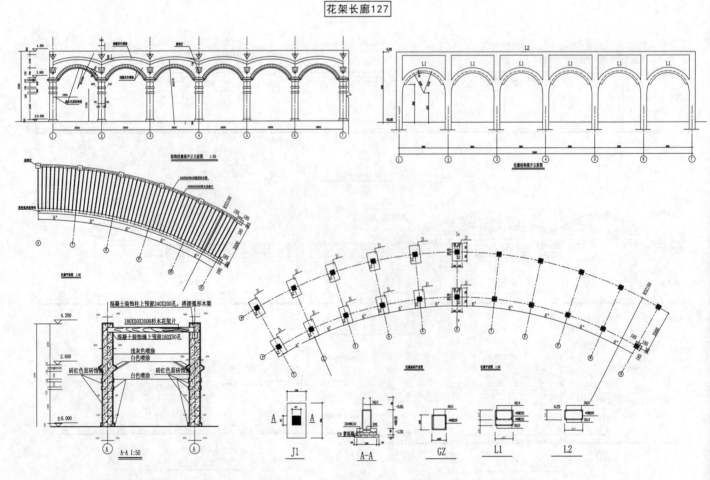

A-A 1:50

J1   A-A   GZ   L1   L2

花架长廊128

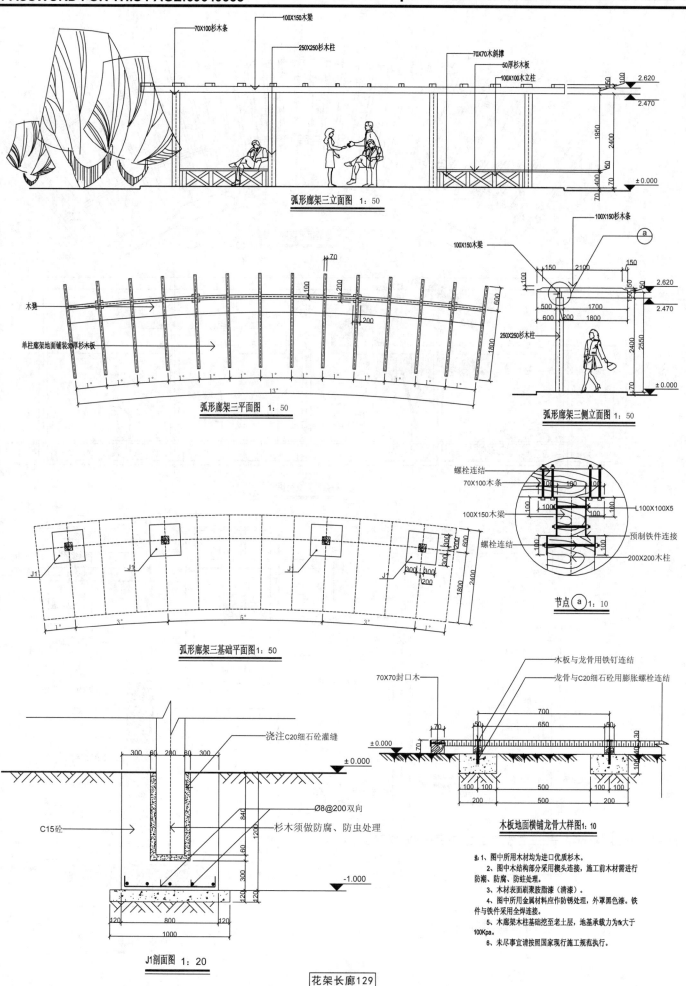

弧形廊架三立面图 1:50

弧形廊架三平面图 1:50

弧形廊架三侧立面图 1:50

弧形廊架三基础平面图 1:50

节点 a 1:10

木板地面横铺龙骨大样图 1:10

J1剖面图 1:20

1、图中所用木材均为进口优质杉木。
2、图中结构部分采用榫头连接，施工前木材需进行防潮、防腐、防蛀处理。
3、木材表面刷聚胺脂漆（清漆）。
4、图中所用金属材料应作防锈处理，外罩黑色漆。铁件与铁件采用全焊连接。
5、木廊架木柱基础挖至老土层，地基承载力为fk大于100Kpa。
6、未尽事宜请按照国家现行施工规范执行。

花架长廊

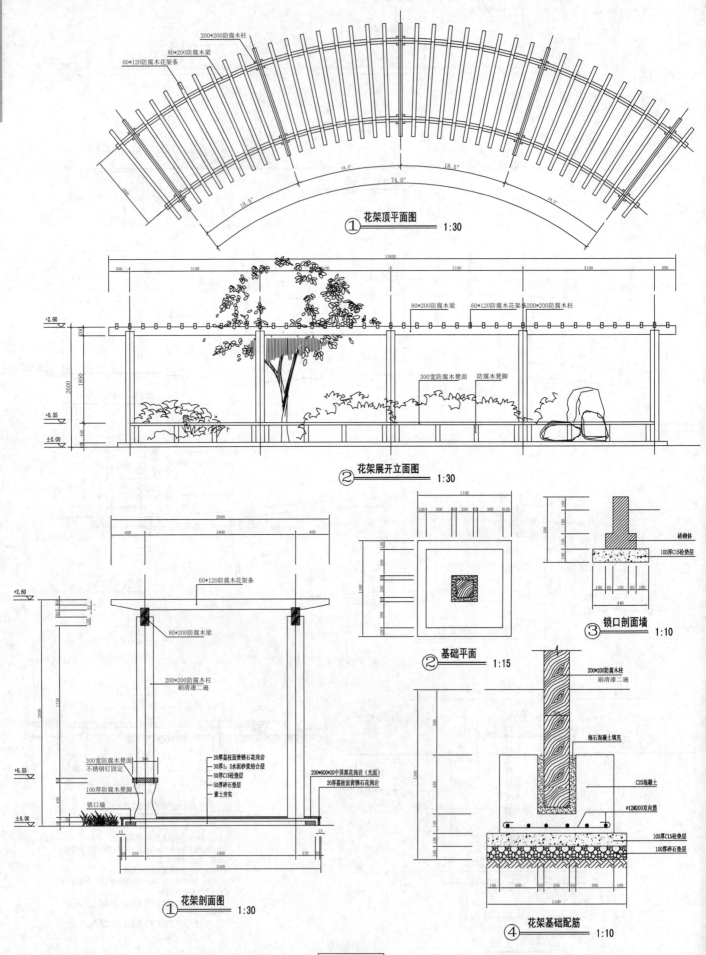

① 花架顶平面图 1:30

② 花架展开立面图 1:30

① 花架剖面图 1:30

② 基础平面 1:15

③ 锁口剖面墙 1:10

④ 花架基础配筋 1:10

花架长廊130

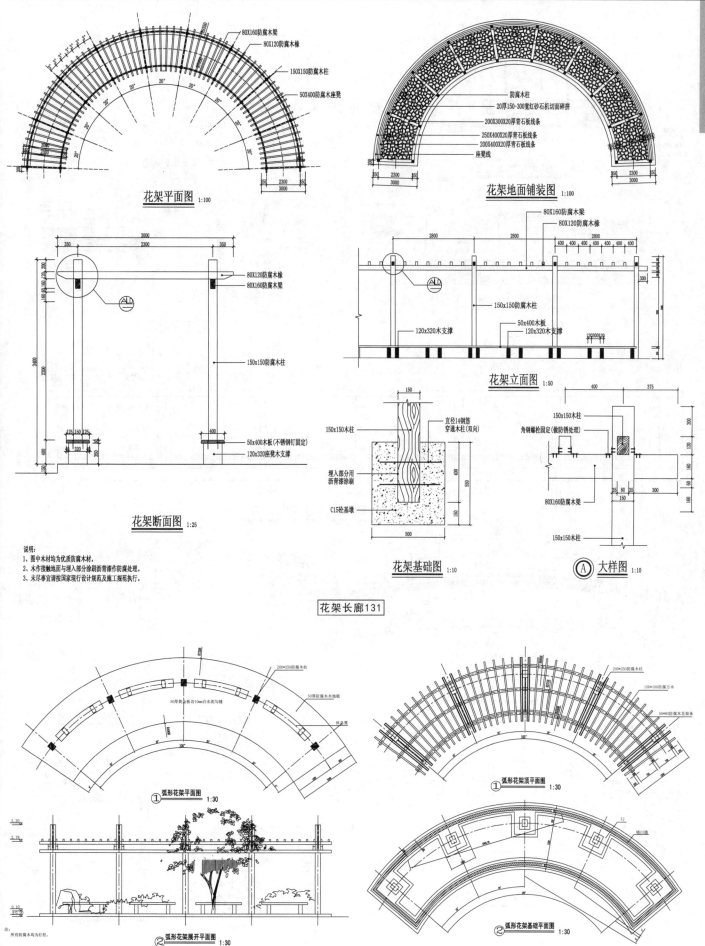

花架平面图 1:100

花架地面铺装图 1:100

80X160防腐木梁
80X120防腐木椽
150X150防腐木柱
50X400防腐木座凳

防腐木柱
20厚150-300宽红砂石机切面碎拼
200X300X20厚青石板线条
250X400X20厚青石板线条
200X400X20厚青石板线条
座凳线

80X120防腐木椽
80X160防腐木梁
150x150防腐木柱
50x400木板(不锈钢钉固定)
120x320座凳木支撑

花架断面图 1:25

80X160防腐木梁
80X120防腐木椽
150x150防腐木柱
120x320木支撑
50x400木板
120x320木支撑
120x300x120

花架立面图 1:50

150x150木柱
直径14钢筋穿通木柱(双向)
埋入部分用沥青漆涂刷
C15砼基墩

花架基础图 1:10

150x150木柱
角钢螺栓固定(做防锈处理)
80X160防腐木梁
150x150木柱

Ⓐ 大样图 1:10

说明:
1、图中木材均为优质防腐木材。
2、木作接触地面与埋入部分涂刷沥青漆作防腐处理。
3、未尽事宜请按国家现行设计规范及施工规范执行。

花架长廊131

200*250防腐木柱
30厚黄金板岩10mm白水泥勾缝
50厚防腐木地板
休息凳

① 弧形花架平面图 1:30

3.30
2.78

0.10

注:
所有防腐木均为红松。

② 弧形花架展开平面图 1:30

200*250防腐木柱
100*100防腐方木
50*80防腐木花架条

① 弧形花架顶平面图 1:30

② 弧形花架基础平面图 1:30

花架长廊132

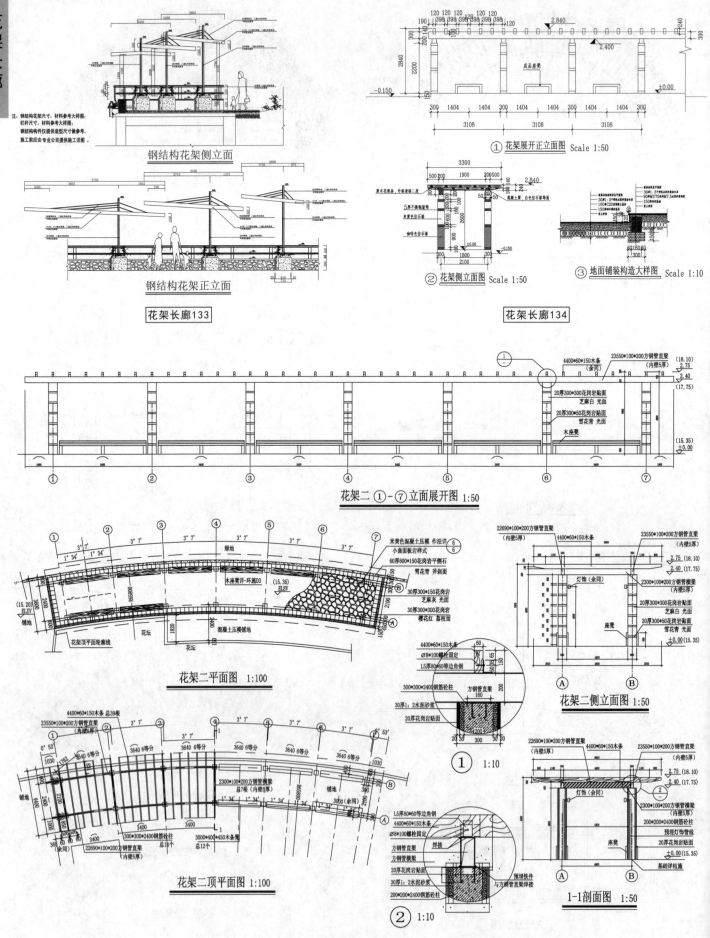

钢结构花架侧立面

钢结构花架正立面

花架长廊133

① 花架展开正立面图 Scale 1:50

② 花架侧立面图 Scale 1:50

③ 地面铺装构造大样图 Scale 1:10

花架长廊134

花架二 ①-⑦ 立面展开图 1:50

花架二平面图 1:100

花架二顶平面图 1:100

花架二侧立面图 1:50

① 1:10

② 1:10

1-1剖面图 1:50

FLOWER GALLERY

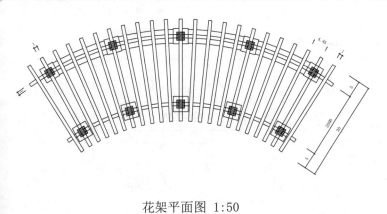

花架平面图 1:50

花架侧立面图 1:25

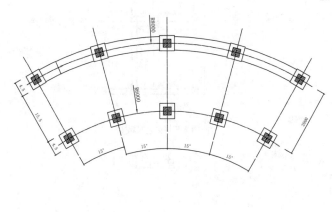

花架柱点布置平面图 1:50

花架正立面图 1:25

花架长廊136

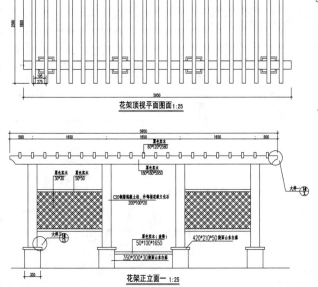

花架顶视平面图图面 1:25

花架正立面一 1:25

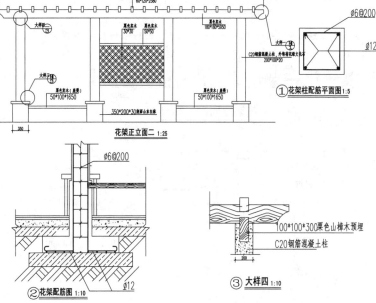

花架正立面二 1:25

① 花架柱配筋平面图1:5

② 花架配筋图 1:10

③ 大样四 1:10

花架长廊137

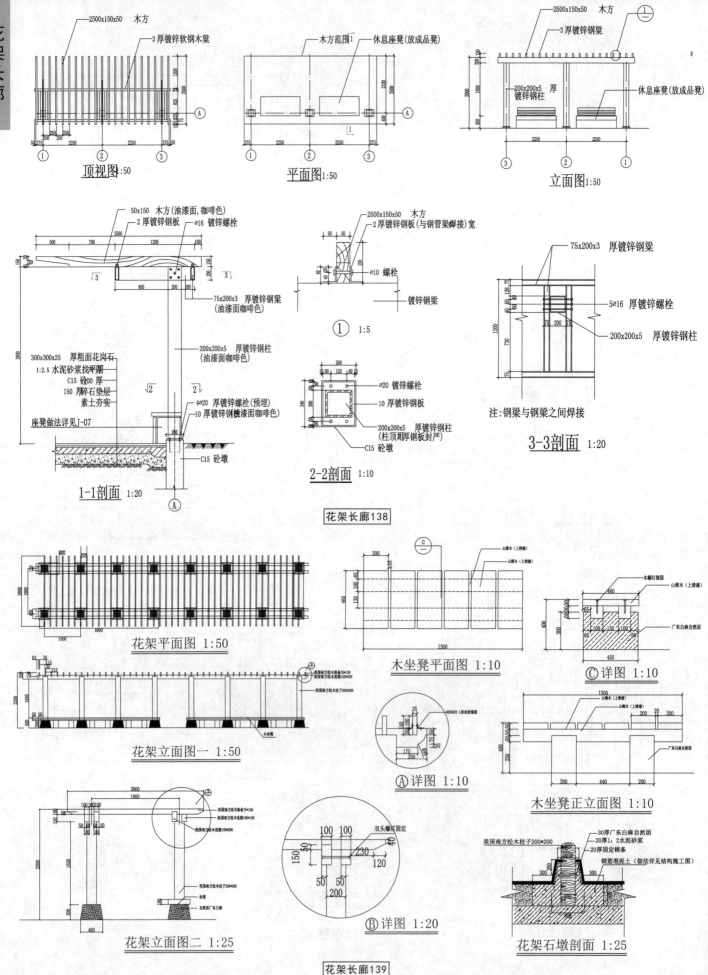

顶视图 1:50

平面图 1:50

立面图 1:50

1-1剖面 1:20

① 1:5

2-2剖面 1:10

3-3剖面 1:20

注:钢梁与钢梁之间焊接

花架长廊138

花架平面图 1:50

木坐凳平面图 1:10

© 详图 1:10

花架立面图一 1:50

Ⓐ 详图 1:10

木坐凳正立面图 1:10

花架立面图二 1:25

Ⓑ 详图 1:20

花架石墩剖面 1:25

花架长廊139

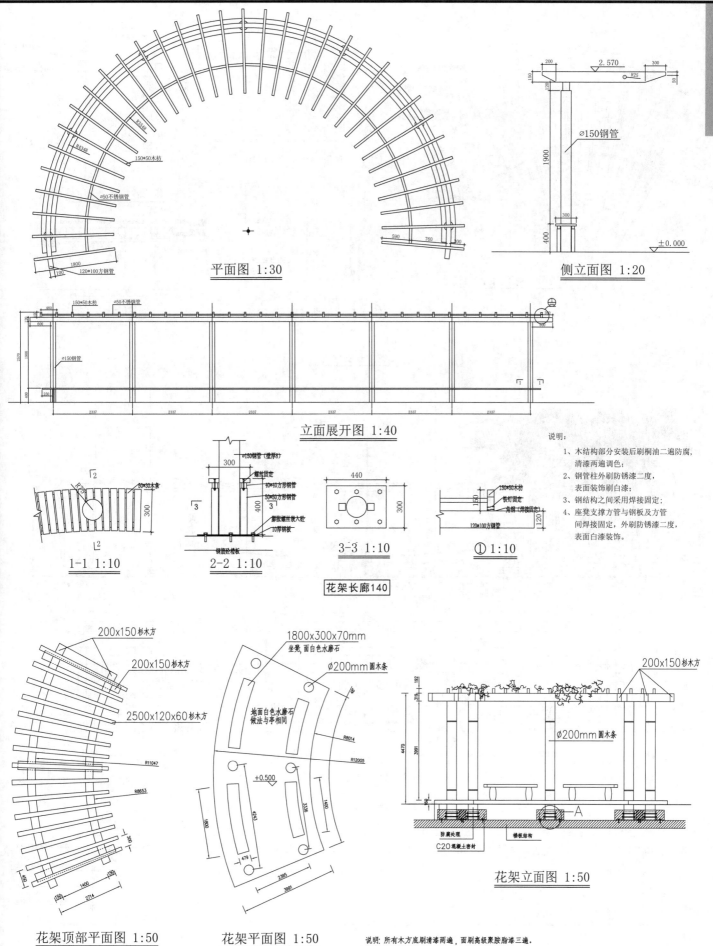

平面图 1:30

侧立面图 1:20

立面展开图 1:40

1-1 1:10

2-2 1:10

3-3 1:10

① 1:10

说明：
1、木结构部分安装后刷桐油二遍防腐，
　清漆两遍调色；
2、钢管柱外刷防锈漆二度，
　表面装饰刷白漆；
3、钢结构之间采用焊接固定；
4、座凳支撑方管与钢板及方管
　间焊接固定，外刷防锈漆二度，
　表面白漆装饰。

花架长廊140

花架顶部平面图 1:50

花架平面图 1:50

花架立面图 1:50

说明：所有木方底刷清漆两遍，面刷高级聚胺脂漆三遍。

花架长廊141

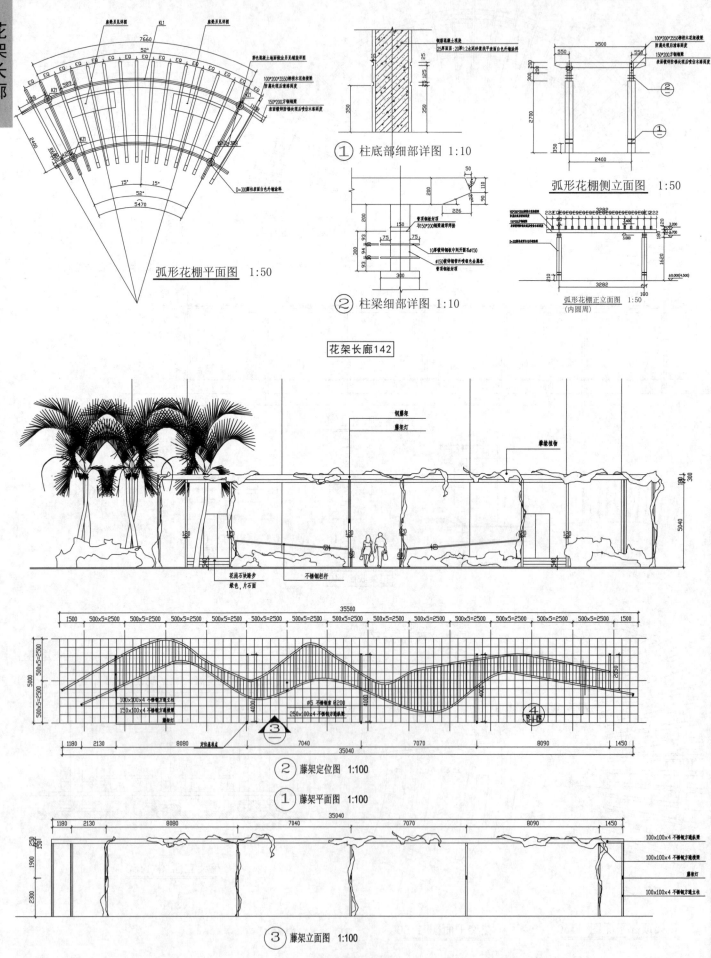

弧形花棚平面图 1:50

① 柱底部细部详图 1:10

② 柱梁细部详图 1:10

弧形花棚侧立面图 1:50

弧形花棚正立面图 1:50
(内圆周)

花架长廊142

② 藤架定位图 1:100

① 藤架平面图 1:100

③ 藤架立面图 1:100

花架长廊143

Landscape Details CAD Construction Atlas II

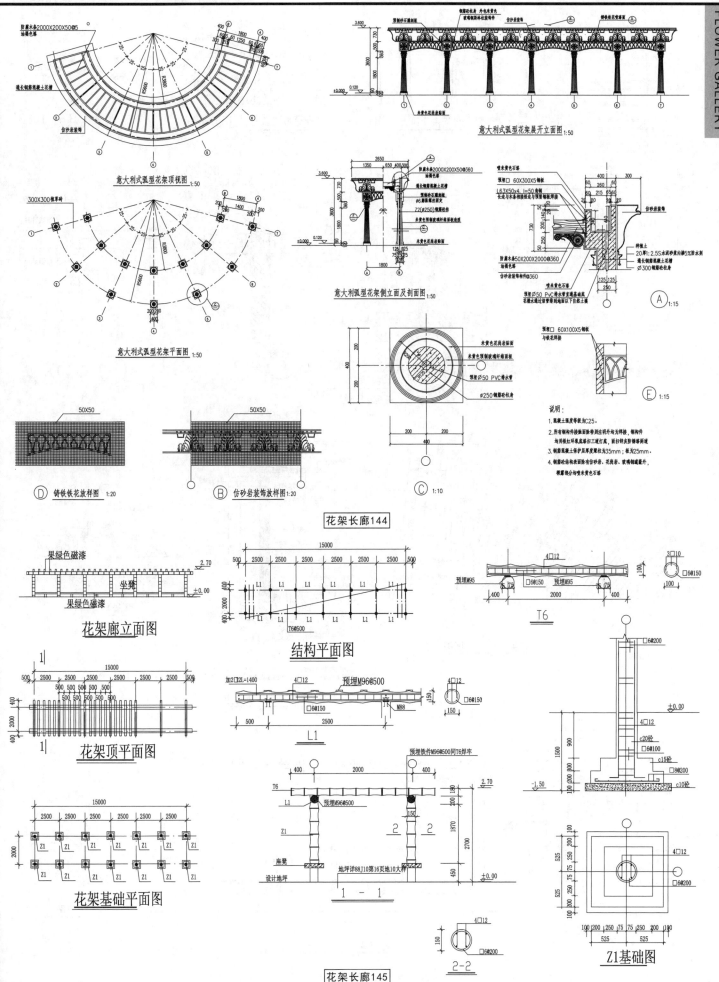

意大利式弧型花架顶视图 1:50

意大利式弧型花架平面图 1:50

意大利式弧型花架展开立面图 1:50

意大利式弧型花架侧立面及剖面图 1:50

D 铸铁花花放样图 1:20

B 仿砂岩装饰放样图 1:20

A 1:15

E 1:15

C 1:10

说明:
1. 混凝土强度等级为C25。
2. 所有钢构件接触面除特别注明外均为焊接,钢构件均用镀锌环氧底漆扫三遍打底,面扫锌铁灰磁漆两遍。
3. 钢筋混凝土保护层厚度梁板为35mm;柱为25mm。
4. 钢筋砼结构表面除有仿砂岩、花岗岩、玻璃钢褴外,裸露部分均为喷米黄色石漆。

花架长廊 144

花架廊立面图

花架顶平面图

花架基础平面图

结构平面图

L1

T6

1 - 1

2 - 2

Z1基础图

花架长廊 145

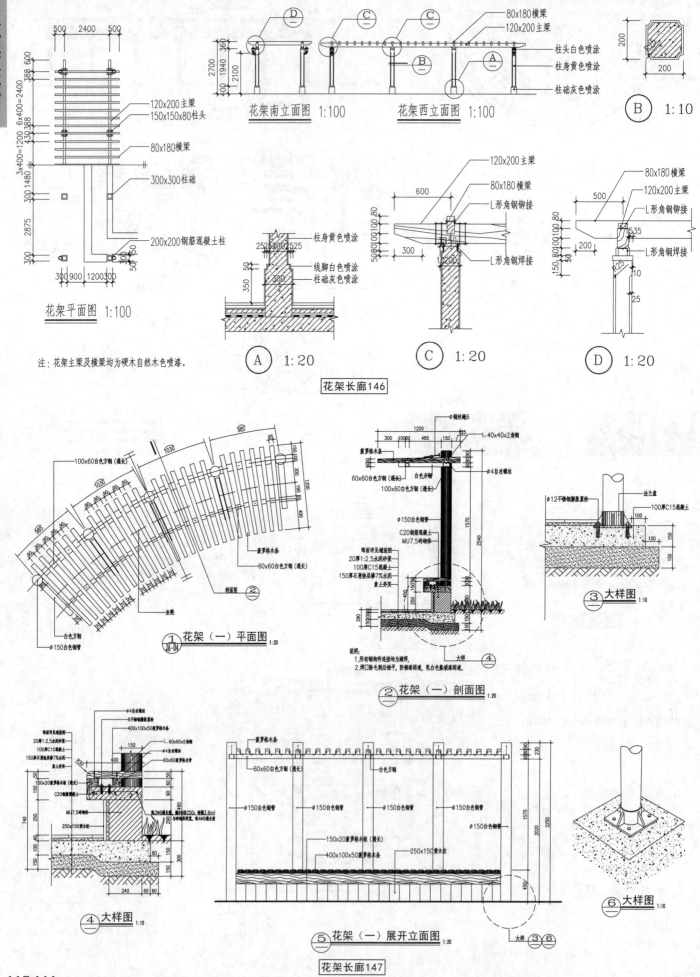

花架平面图 1:100

120x200主梁
150x150x80柱头
80x180横梁
300x300柱础
200x200钢筋混凝土柱

注: 花架主梁及横梁均为硬木自然色喷漆。

花架南立面图 1:100　　花架西立面图 1:100

80x180横梁
120x200主梁
柱头白色喷涂
柱身黄色喷涂
柱础灰色喷涂

200

B 1:10

柱身黄色喷涂
线脚白色喷涂
柱础灰色喷涂

A 1:20

120x200主梁
80x180横梁
L形角钢铆接
L形角钢焊接

C 1:20

80x180横梁
120x200主梁
L形角钢铆接
L形角钢焊接

D 1:20

花架长廊146

φ钢丝绳6
40x40x2角钢
菠萝格木条
60x60白色方钢(通长)
100x60白色方钢(通长)
φ4自攻螺丝
φ150白色钢管
C20钢筋混凝土
MU7.5砖砌体
每面详见锚装图
20厚1:2.5水泥砂浆
100厚C15混凝土
150厚石屑垫层夯7%水泥
素土夯实

花架（一）剖面图 1:20

说明:
1. 所有钢构件连接均为满焊。
2. 焊口毛刺后锉平, 防锈漆两遍, 乳白色氟碳漆两遍。

100x60白色方钢(通长)
菠萝格木条
60x60白色方钢(通长)
白色方钢
φ150白色钢管
坐凳

花架（一）平面图 1:20

φ12不锈钢膨胀螺栓
法兰盘
100厚C15混凝土

3 大样图 1:10

φ4自攻螺丝
6不锈钢膨胀螺栓
400x100x50菠萝格木条
L 60x60x5钢板
φ4自攻螺丝
60x60白色方钢龙骨
每面详见锚装图
20厚1:2.5水泥砂浆
100厚C15混凝土
150厚石屑垫层夯7%水泥
素土夯实
150x20菠萝格木板(通长)
C20钢筋混凝土
MU7.5砌体
250x150黄木纹

4 大样图 1:10

菠萝格木条
60x60白色方钢(通长)
白色方钢
φ150白色钢管
150x20菠萝格木板(通长)
400x100x50菠萝格木条
250x150黄木纹
φ150白色钢管

花架（一）展开立面图 1:20

6 大样图 1:10

花架长廊147

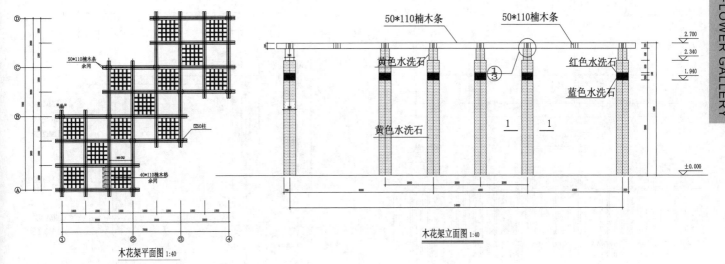

50*110楠木条　　　　50*110楠木条

黄色水洗石　　　　　红色水洗石

蓝色水洗石

黄色水洗石

木花架立面图 1:40

木花架平面图 1:40

花架长廊148

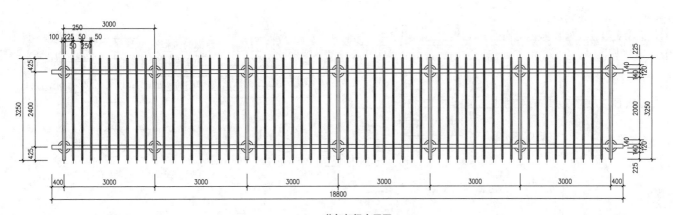

花架架梁布置图 1:50

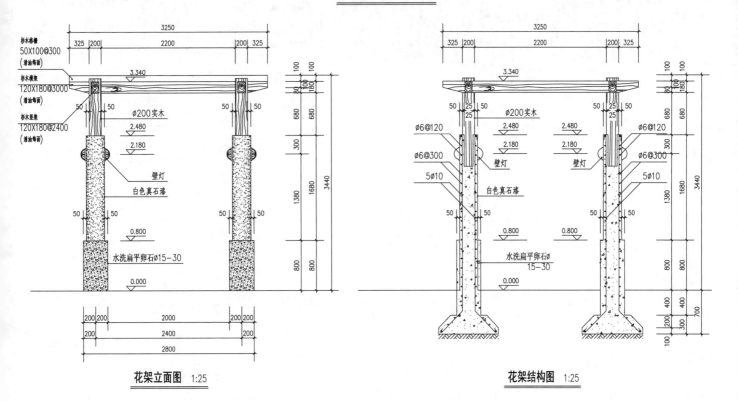

杉木格栅
50X100@300
(清油每面)

杉木横梁
120X180@3000
(清油每面)

杉木竖梁
120X180@2400
(清油每面)

Ø200实木

壁灯

白色真石漆

水洗扁平卵石Ø15—30

花架立面图 1:25

Ø200实木

Ø6@120

Ø6@300

5Ø10

壁灯

白色真石漆

水洗扁平卵石Ø
15—30

花架结构图 1:25

花架长廊149

花架长廊

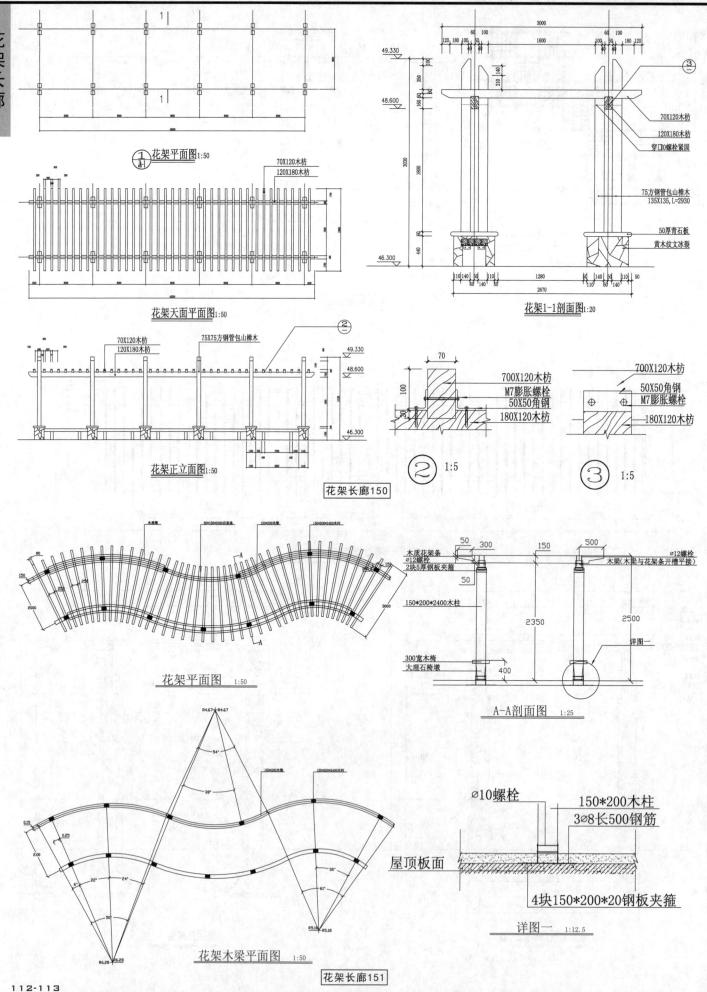

① 花架平面图 1:50

花架天面平面图 1:50

花架正立面图 1:50

花架长廊150

70X120木枋
120X180木枋
穿口10螺栓紧固

70X120木枋
120X180木枋

75方钢管包山樟木
135X135, L=2930

50厚青石板
黄木纹文冰裂

花架1-1剖面图 1:20

70X120木枋
120X180木枋
75X75方钢管包山樟木

700X120木枋
M7膨胀螺栓
50X50角钢
180X120木枋

② 1:5

700X120木枋
50X50角钢
M7膨胀螺栓
180X120木枋

③ 1:5

花架平面图 1:50

木质花架条
∅12螺栓
2块5厚钢板夹箍

150*200*2400木柱

300宽木椅
大理石椅墩

木梁(木梁与花架条开槽平接)
∅12螺栓

详图一

A-A剖面图 1:25

花架木梁平面图 1:50

花架长廊151

∅10螺栓
150*200木柱
3∅8长500钢筋

屋顶板面

4块150*200*20钢板夹箍

详图一 1:12.5

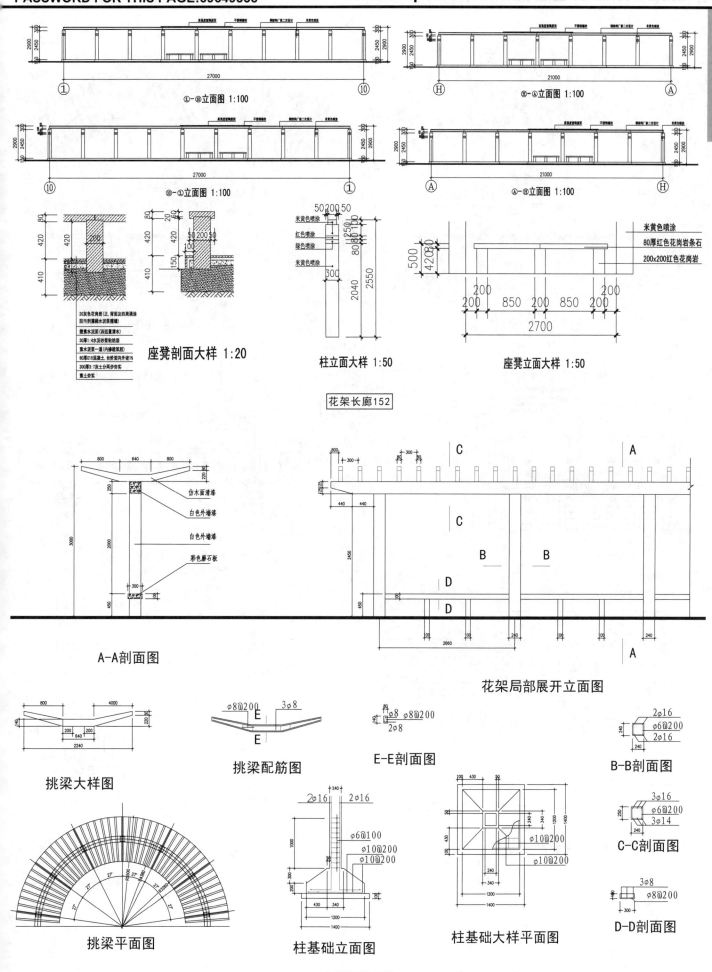

①-⑩立面图 1:100

⑪-⑪立面图 1:100

⑩-①立面图 1:100

⑪-⑪立面图 1:100

座凳剖面大样 1:20

柱立面大样 1:50

座凳立面大样 1:50

花架长廊152

A-A剖面图

花架局部展开立面图

挑梁大样图

挑梁配筋图

E-E剖面图

B-B剖面图

C-C剖面图

挑梁平面图

柱基础立面图

柱基础大样平面图

D-D剖面图

花架长廊153

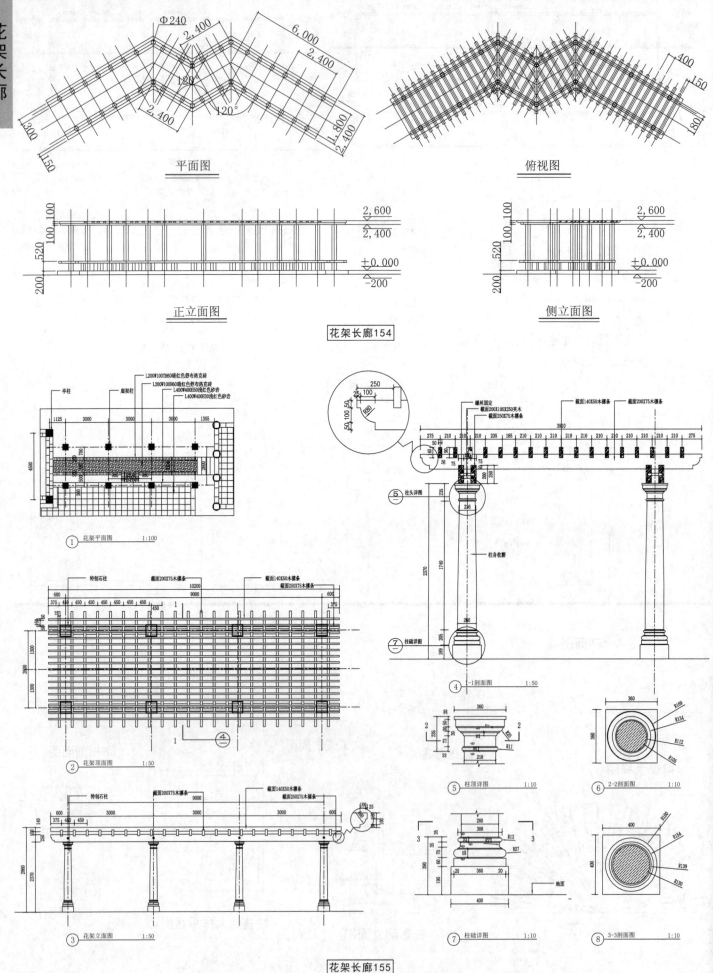

平面图

俯视图

正立面图

侧立面图

花架长廊154

① 花架平面图 1:100

② 花架顶面图 1:50

③ 花架立面图 1:50

④ -1剖面图 1:50

⑤ 柱顶详图 1:10

⑥ 2-2剖面图 1:10

⑦ 柱础详图 1:10

⑧ 3-3剖面图 1:10

花架长廊155

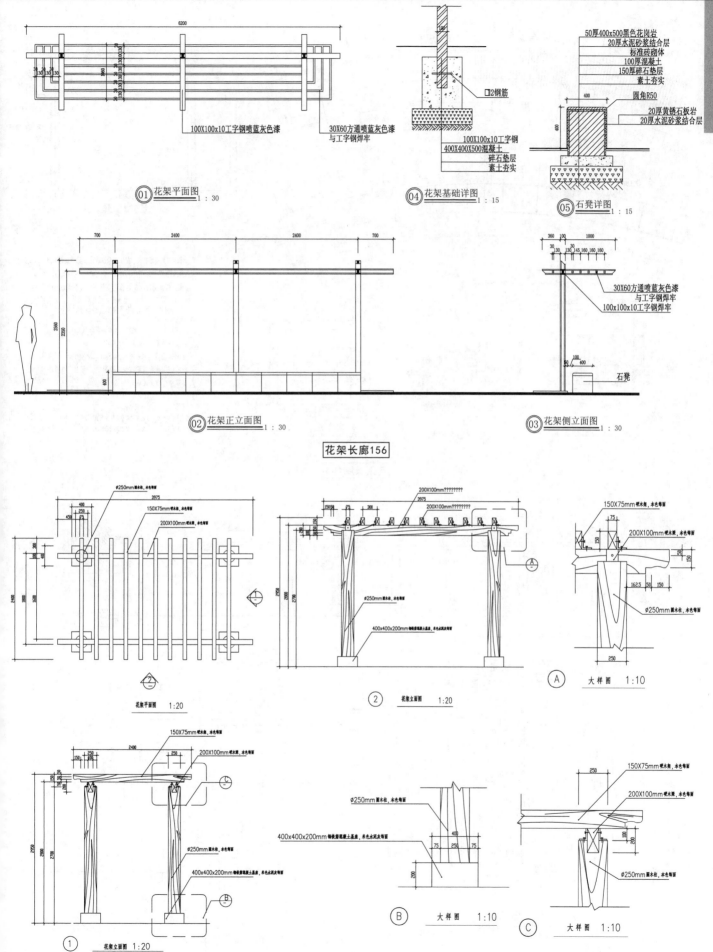

100X100x10工字钢喷蓝灰色漆

30X60方通喷蓝灰色漆
与工字钢焊牢

01 花架平面图 1:30

□2钢筋

100X100x10工字钢
400X400X500混凝土
碎石垫层
素土夯实

04 花架基础详图 1:15

50厚400x500黑色花岗岩
20厚水泥砂浆结合层
标准砖砌体
100厚混凝土
150厚碎石垫层
素土夯实

圆角R50

20厚黄锈石板岩
20厚水泥砂浆结合层

05 石凳详图 1:15

02 花架正立面图 1:30

30X60方通喷蓝灰色漆
与工字钢焊牢
100x100x10工字钢焊牢

石凳

03 花架侧立面图 1:30

花架长廊156

ø250mm圆木柱,本色每面
150X75mm硬木梁,本色每面
200X100mm硬木梁,本色每面

花架平面图 1:20

200X100mm????????
200X100mm????????
ø250mm圆木柱,本色每面
400x400x200mm钢铁磨混凝土基座,本色水泥灰每面

2 花架立面图 1:20

150X75mm硬木梁,本色每面
200X100mm硬木梁,本色每面
ø250mm圆木柱,本色每面

A 大样图 1:10

150X75mm硬木梁,本色每面
200X100mm硬木梁,本色每面
ø250mm圆木柱,本色每面
400x400x200mm钢铁磨混凝土基座,本色水泥灰每面

1 花架立面图 1:20

ø250mm圆木柱,本色每面
400x400x200mm钢铁磨混凝土基座,本色水泥灰每面

B 大样图 1:10

150X75mm硬木梁,本色每面
200X100mm硬木梁,本色每面
ø250mm圆木柱,本色每面

C 大样图 1:10

花架长廊157

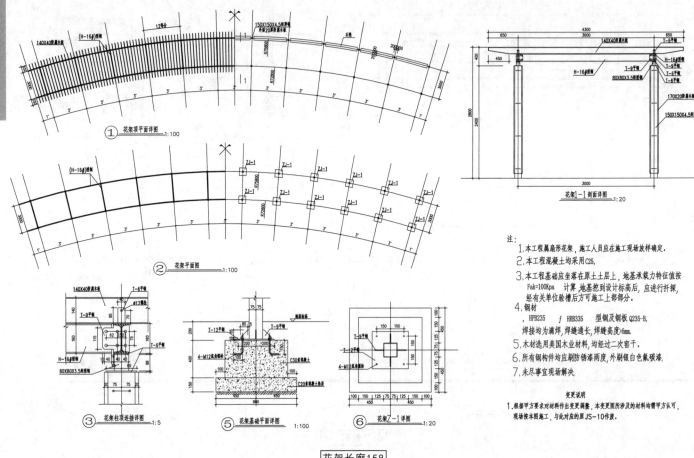

注:
1. 本工程属扇形花架, 施工人员应在施工现场放样确定.
2. 本工程混凝土均采用C25.
3. 本工程基础应坐落在原土土层上, 地基承载力特征值按 Fak=100Kpa 计算. 地基挖到设计标高后, 应进行钎探, 经有关单位验槽后方可施工上部部分.
4. 钢材
    , HPB235 f HRB335 型钢及钢板 Q235-B,
    焊接均为满焊, 焊缝通长, 焊缝高度6mm.
5. 木材选用美国木业材料, 均经过二次窑干.
6. 所有钢构件均应刷防锈漆两度, 外刷银白色氟碳漆.
7. 未尽事宜现场解决.

变更说明
1. 根据甲方要求对材料作出变更调整, 本变更图所涉及的材料均甲方认可, 现场按本图施工, 与此对应的原JS-10作废.

花架长廊158

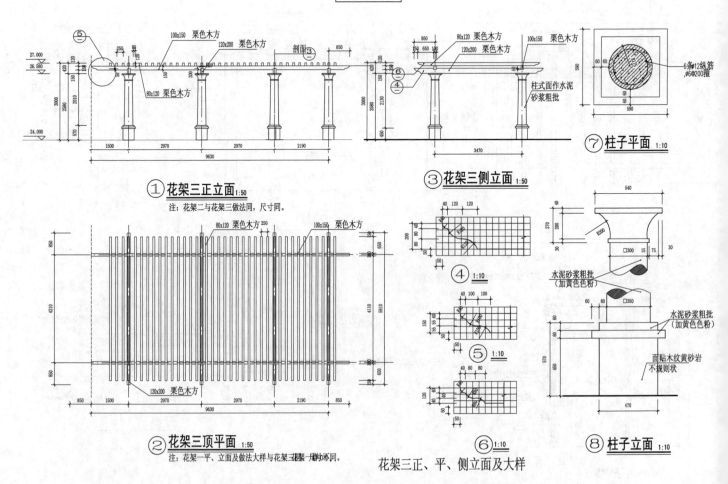

① 花架三正立面 1:50
注: 花架二与花架三做法同, 尺寸同.

③ 花架三侧立面 1:50

⑦ 柱子平面 1:10

② 花架三顶平面 1:50
注: 花架一平、立面及做法大样与花架三相同。

④ 1:10

⑤ 1:10

⑥ 1:10

⑧ 柱子立面 1:10

花架三正、平、侧立面及大样

花架长廊159

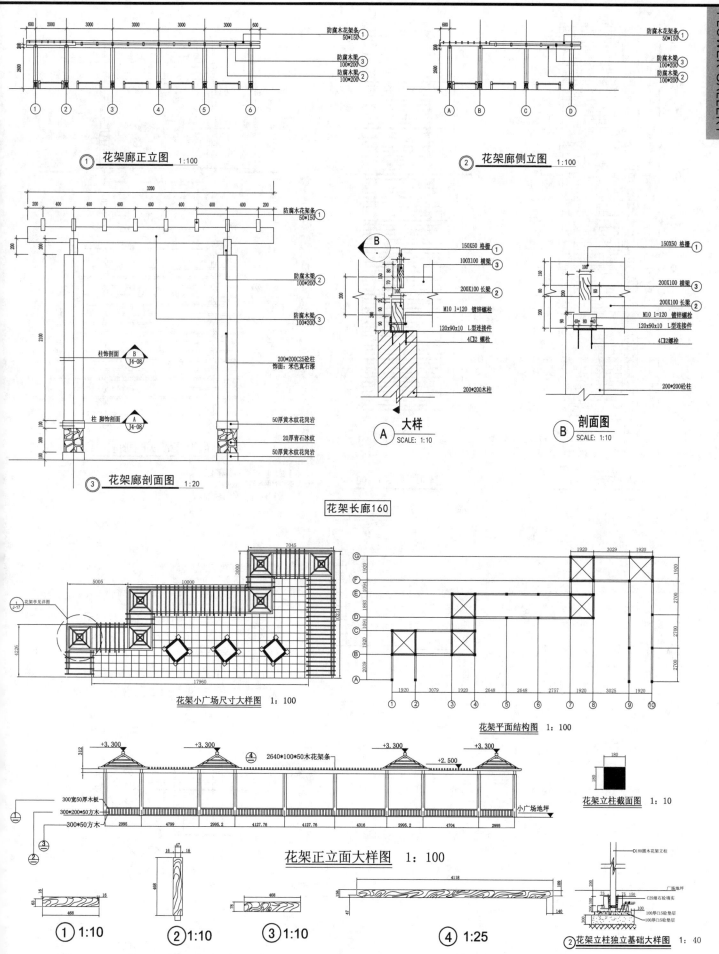

① 花架廊正立图 1:100

② 花架廊侧立图 1:100

防腐木花架条①
50*150

防腐木梁②
100*200

防腐木梁③
100*200

柱饰剖面 B
J4-08

柱 脚饰剖面 A
J4-08

200*200C25砼柱
饰面：米色真石漆

50厚黄木纹花岗岩
20厚青石冰纹
50厚黄木纹花岗岩

③ 花架廊剖面图 1:20

150X50 格栅①
100X100 横梁③
200X100 长梁②
M10 l=120 镀锌螺栓
120x90x10 L型连接件
4Φ2 螺栓
200*200木柱

A 大样
SCALE: 1:10

150X50 格栅①
200X100 横梁③
200X100 长梁②
M10 l=120 镀锌螺栓
120x90x10 L型连接件
4Φ2 螺栓
200*200砼柱

B 剖面图
SCALE: 1:10

花架长廊160

花架小广场尺寸大样图 1:100

花架平面结构图 1:100

+3.300 +3.300 ④ 2640*100*50木花架条 +3.300 +3.300
+2.500

300宽50厚木板
300*200*50方木
300*50方木

小广场地坪

花架正立面大样图 1:100

花架立柱截面图 1:10

① 1:10   ② 1:10   ③ 1:10   ④ 1:25   ② 花架立柱独立基础大样图 1:40

Φ180圆木花架立柱
广场地坪
C25细石砼填实
100厚C15砼垫层
100厚C15砼垫层

花架长廊161

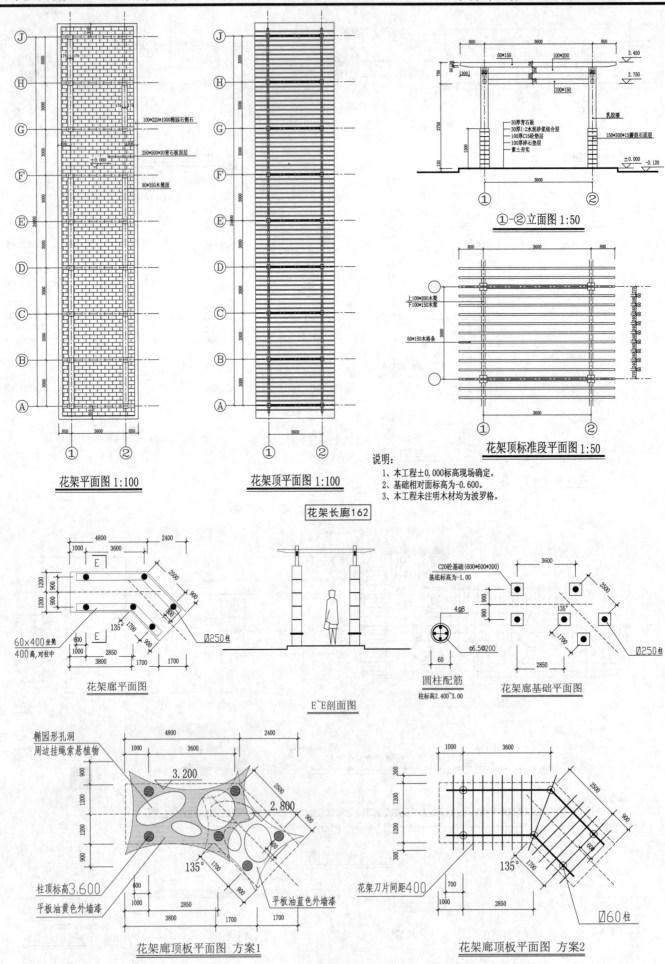

100*220*1000梅园侧石

250*500*30青石板面层

80*350木凳面

花架平面图 1:100

花架顶平面图 1:100

①-②立面图 1:50

30厚青石板
30厚1:2水泥砂浆结合层
100厚C15砼垫层
100厚碎石垫层
素土夯实

乳胶漆

150*300*15磨砒石面层

上100*200木梁
下100*150木梁

60*150木格条

花架顶标准段平面图 1:50

花架长廊162

说明:
1、本工程±0.000标高现场确定。
2、基础相对面标高为-0.600。
3、本工程未注明木材均为波罗格。

60×400坐凳
400高,对柱中

Ø250柱

花架廊平面图

E~E剖面图

C20砼基础(600*600*300)
基底标高为-1.00

4Φ8

Φ6.5@200

60

圆柱配筋
柱标高2.400~3.00

Ø250柱

花架廊基础平面图

椭圆形孔洞
周边挂绳索悬植物

3.200

2.800

135°

柱顶标高3.600
平板油黄色外墙漆

平板油蓝色外墙漆

花架廊顶板平面图 方案1

135°

花架刀片间距400

Ø60柱

花架廊顶板平面图 方案2

花架长廊163

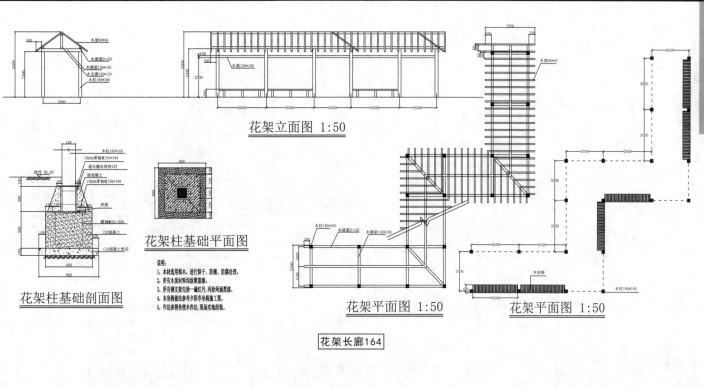

花架立面图 1:50

花架柱基础平面图

说明:
1、木材选用楸木,进行烘干、防潮、防腐处理。
2、所有木质材料均涂聚脂漆。
3、所有钢头先涂一遍红丹,再涂两遍黑漆。
4、木座椅做法参考夕阴亭座椅施工图。
5、作法参照传统木作法,现场实地组装。

花架柱基础剖面图

花架平面图 1:50

花架平面图 1:50

花架长廊164

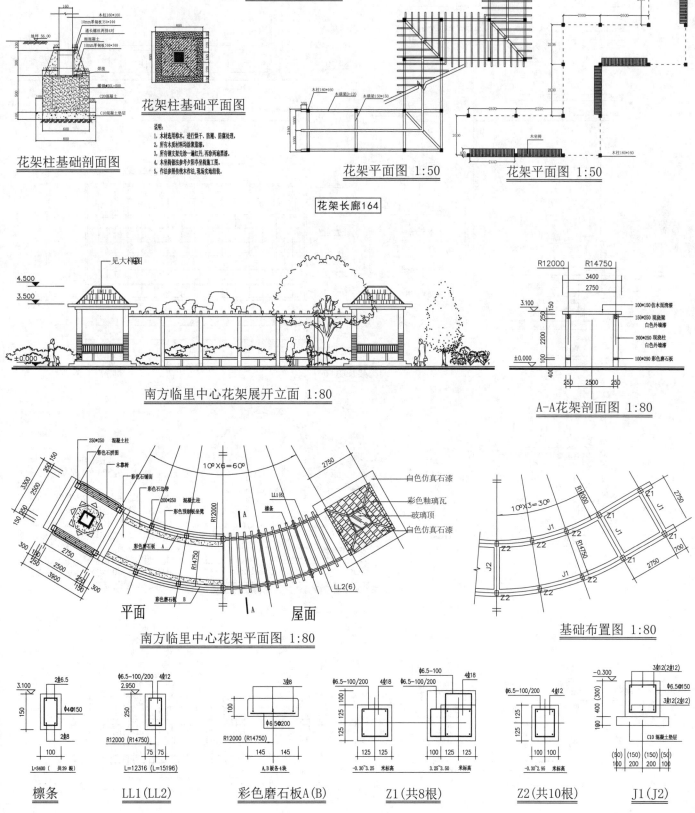

南方临里中心花架展开立面 1:80

A-A花架剖面图 1:80

南方临里中心花架平面图 1:80

基础布置图 1:80

標条   LL1(LL2)   彩色磨石板A(B)   Z1(共8根)   Z2(共10根)   J1(J2)

花架长廊165

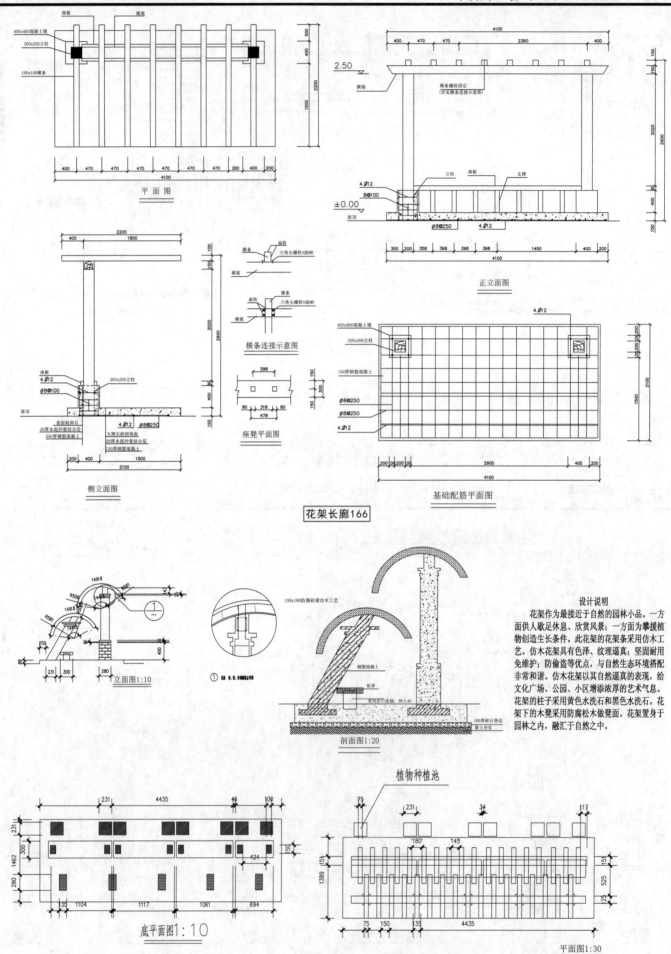

平 面 图

正立面图

横条连接示意图

座凳平面图

侧立面图

基础配筋平面图

花架长廊166

立面图1:10

剖面图1:20

设计说明

花架作为最接近于自然的园林小品。一方面供人歇足休息、欣赏风景；一方面为攀援植物创造生长条件。此花架的花架条采用仿木工艺。仿木花架具有色泽、纹理逼真；坚固耐用免维护；防偷盗等优点，与自然生态环境搭配非常和谐。仿木花架以其自然逼真的表现，给文化广场、公园、小区增添浓厚的艺术气息。花架的柱子采用黄色水洗石和黑色水洗石。花架下的木凳采用防腐松木做凳面。花架置身于园林之内，融汇于自然之中。

植物种植池

底平面图1:10

平面图1:30

花架长廊167

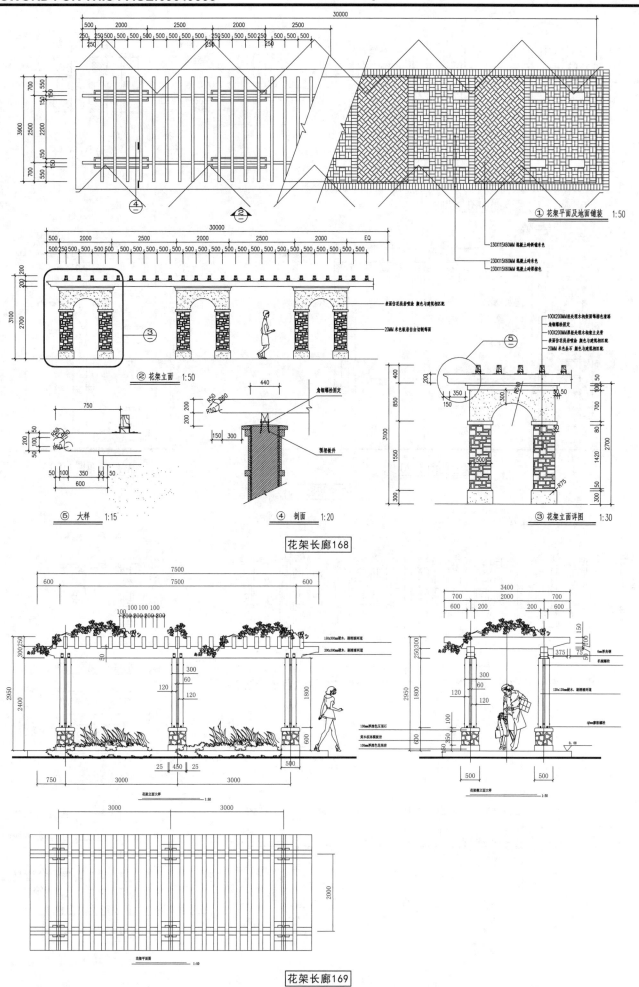

① 花架平面及地面铺装 1:50

230X115X60MM 混凝土砖斜铺米色
230X115X60MM 混凝土砖米色
230X115X60MM 混凝土砖深橙色

② 花架立面 1:50

③ 花架立面详图 1:30

⑤ 大样 1:15

④ 剖面 1:20

花架长廊168

花架立面大样 1:50

花架侧立面大样 1:50

花架平面图 1:50

花架长廊169

景观细部CAD施工图集 Ⅱ

本页解压密码: 69649338

花架长廊

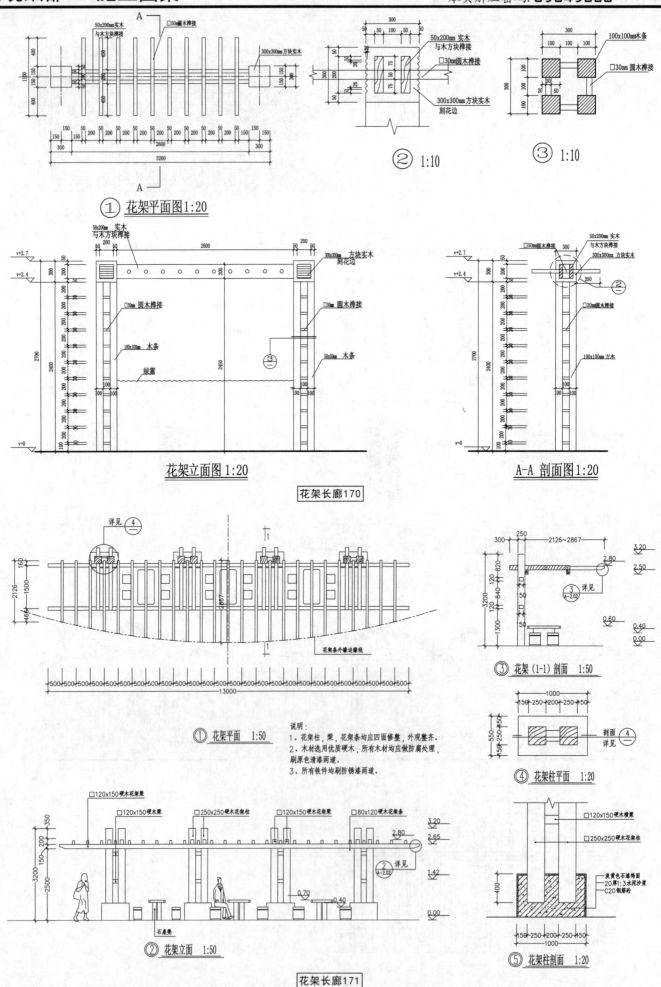

① 花架平面图1:20

② 1:10

③ 1:10

花架立面图 1:20

A-A 剖面图1:20

花架长廊170

① 花架平面 1:50

说明:
1、花架柱,梁,花架条均应四面修整,外观整齐。
2、木材选用优质硬木,所有木材均应做防腐处理,刷原色清漆两道。
3、所有铁件均刷防锈漆两道。

② 花架立面 1:50

③ 花架(1-1)剖面 1:50

④ 花架柱平面 1:20

⑤ 花架柱剖面 1:20

花架长廊171

122-123

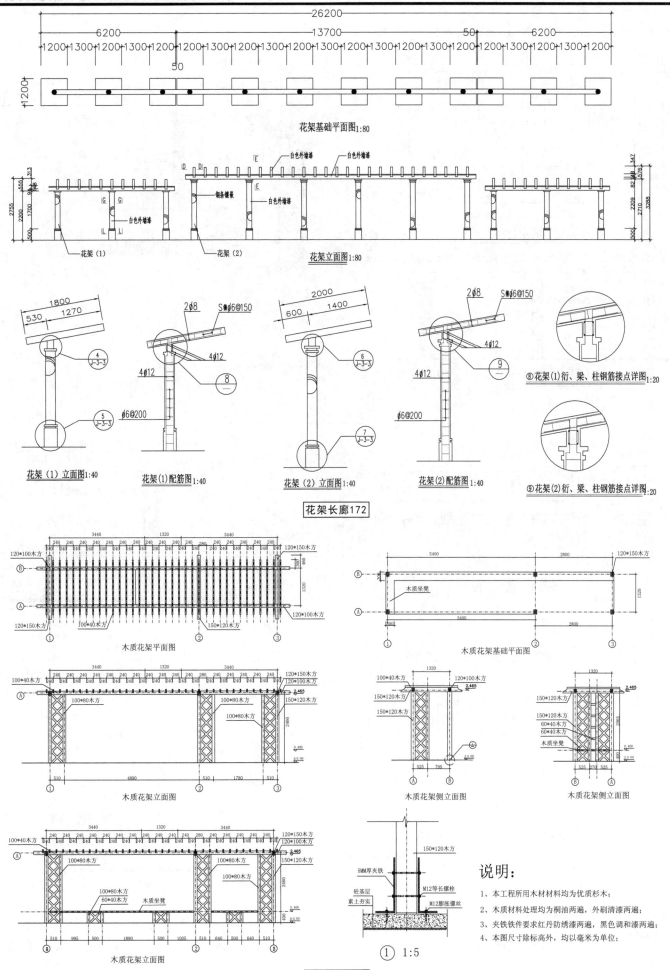

花架基础平面图1:80

花架立面图1:80

花架(1)立面图1:40

花架(1)配筋图1:40

花架(2)立面图1:40

花架(2)配筋图1:40

⑧花架(1)衍、梁、柱钢筋接点详图1:20

⑨花架(2)衍、梁、柱钢筋接点详图1:20

花架长廊172

木质花架平面图

木质花架基础平面图

木质花架立面图

木质花架侧立面图

木质花架侧立面图

木质花架立面图

① 1:5

说明:

1、本工程所用木材材料均为优质杉木;

2、木质材料处理均为桐油两遍,外刷清漆两遍;

3、夹铁铁件要求红丹防绣漆两遍,黑色调和漆两遍;

4、本图尺寸除标高外,均以毫米为单位;

花架长廊173

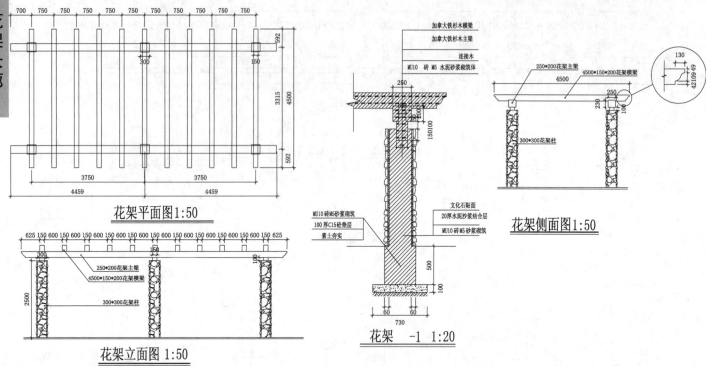

花架平面图1:50

花架立面图 1:50

花架侧面图1:50

花架 -1 1:20

加拿大铁杉木横梁
加拿大铁杉木主梁
连接木
MU10 砖 M5 水泥砂浆砌筑体

250*200花架主梁
4500*150*200花架横梁

300*300花架柱

文化石贴面
20厚水泥砂浆结合层
MU10 砖 M5 砂浆砌筑

MU10砖M5砂浆砌筑
100 厚C15砼垫层
素土夯实

花架长廊174

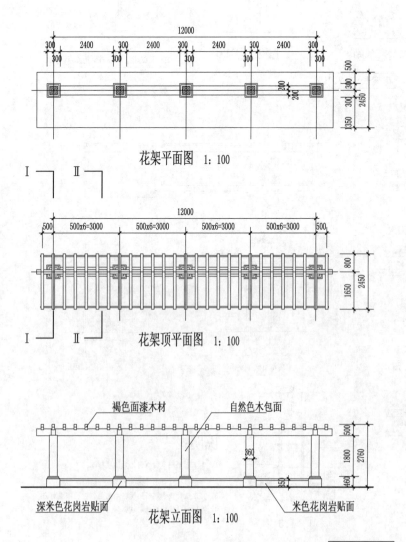

花架平面图 1:100

花架顶平面图 1:100

褐色面漆木材   自然色木包面

深米色花岗岩贴面   米色花岗岩贴面

花架立面图 1:100

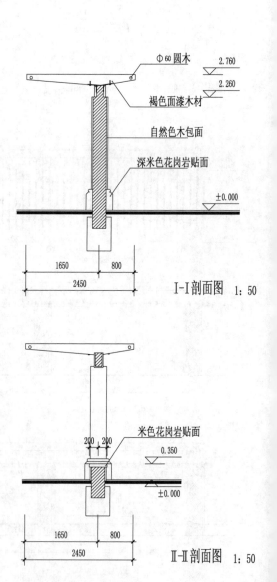

Φ60 圆木

褐色面漆木材

自然色木包面

深米色花岗岩贴面

I-I剖面图 1:50

米色花岗岩贴面

II-II剖面图 1:50

花架长廊175

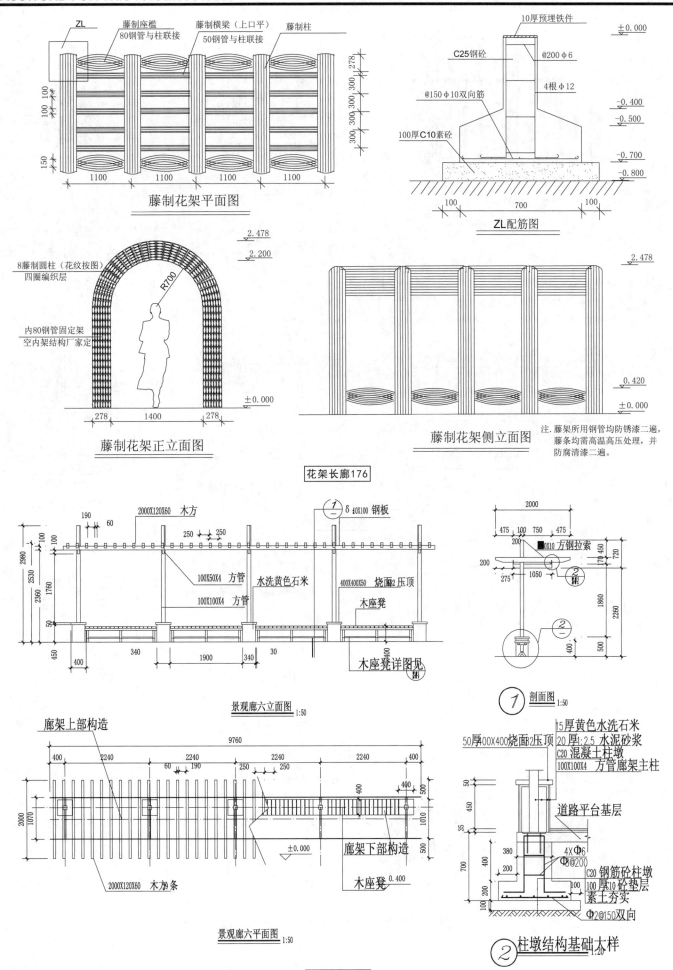

藤制花架平面图

ZL配筋图

藤制花架正立面图

藤制花架侧立面图

注.藤架所用钢管均需防锈漆二遍,
藤条均需高温高压处理,并
防腐清漆二遍。

花架长廊176

景观廊六立面图 1:50

剖面图 1:50

景观廊六平面图 1:50

柱墩结构基础大样

花架长廊177

花架长廊

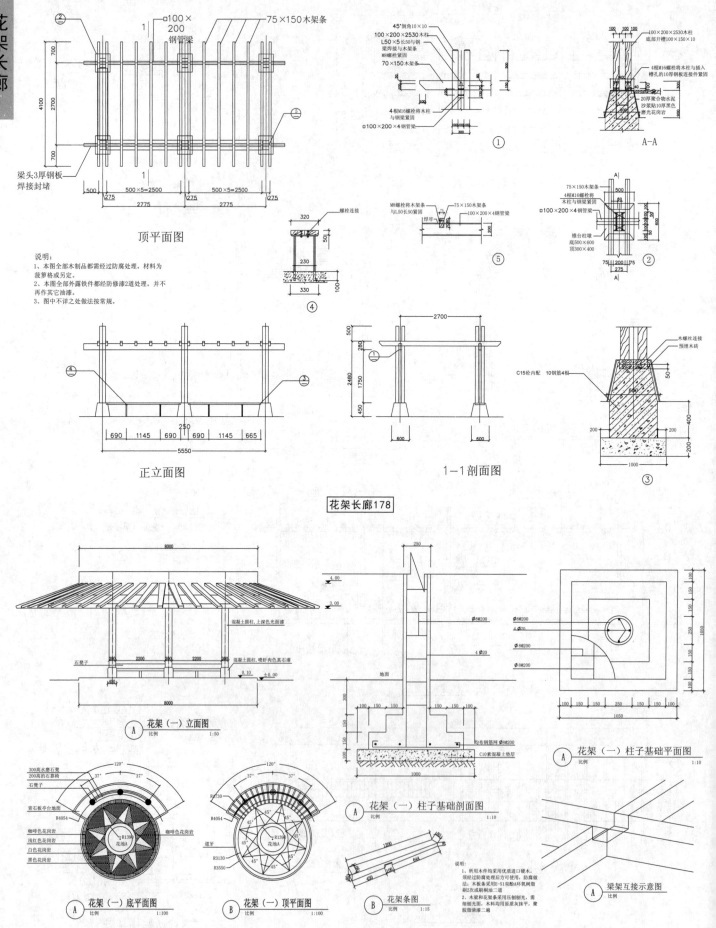

□100×200 钢管梁

75×150木架条

45°倒角10×10
100×200×2530木柱
L50×5长50与钢梁焊接与木架条
M8螺栓紧固
70×150木架条

4根M16螺栓将木柱与钢梁紧固
□100×200×4钢管梁

①

梁头3厚钢板焊接封堵

顶平面图

说明:
1、本图全部木制品都需经过防腐处理。材料为菠萝格或另定。
2、本图全部外露铁件经过防腐修漆2道处理。并不再作其它油漆。
3、图中不详之处做法按常规。

100×200×2530木柱
底部开槽100×150×10

4根M16螺栓将木柱与插入槽孔的10厚钢板连接件紧固

20厚聚合物水泥砂浆贴10厚黑色磨光花岗岩

A-A

75×150木架条
4根M16螺栓将木柱与钢梁紧固
□100×200×4钢管梁
锥台柱墩
底500×600
顶300×400

②

螺栓连接

④

M8螺栓将木架条与L50长50紧固
75×150木架条
100×200×4钢管梁
焊平

⑤

正立面图

1-1剖面图

木螺丝连接
预埋木砖

C15砼内配10钢筋4根

③

花架长廊178

花架(一)立面图 比例 1:50

混凝土圆柱，上深色光面漆
混凝土圆柱，喷咖啡肉色真石漆
石凳子

Ø8#200
4 Ø20
Ø8#200
Ø8#200
地面
均布钢筋网 Ø8#200
C10素混凝土垫层

花架(一)柱子基础剖面图 比例 1:10

花架(一)柱子基础平面图 比例 1:10

300高水磨石凳
200高的石靠椅
石凳子
青石板平台地面
咖啡色花岗岩
浅红色花岗岩
白色花岗岩
黑色花岗岩

花架(一)底平面图 比例 1:100

道牙

花架(一)顶平面图 比例 1:100

花架条图 比例 1:15

说明:
1、所用木件均采用优质进口硬木，现经过防腐处理后方可使用，防腐做法: 木板条采用E-51双酚A环氧树脂刷2次或刷桐油二道
2、木梁花架条采用压刨刨光，需细刨刨光，料木均用原浆灰刮平，聚脂腻清漆二遍

梁架互接示意图 比例

花架长廊179

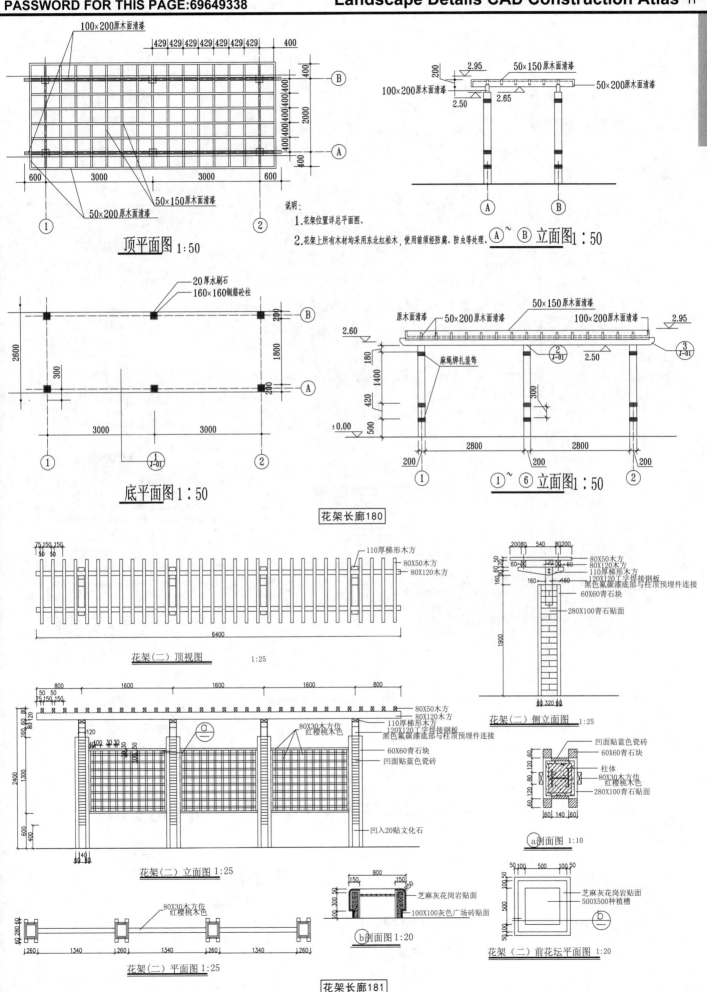

顶平面图 1:50

100×200原木面清漆
50×150原木面清漆
50×200原木面清漆

429 429 429 429 429 429 429 400

说明:
1.花架位置详总平面图.
2.花架上所有木材均采用东北红松木，使用前须经防腐、防虫等处理.

100×200原木面清漆
50×150原木面清漆
50×200原木面清漆

Ⓐ~Ⓑ 立面图 1:50

20 厚水刷石
160×160钢筋砼柱

底平面图 1:50

原木面清漆
50×200原木面清漆
50×150原木面清漆
100×200原木面清漆
麻绳绑扎装饰

①~⑥ 立面图 1:50

花架长廊180

110厚梯形木方
80X50木方
80X120木方

花架(二)顶视图 1:25

20080 540 80200
80X50木方
80X120木方
110厚梯形木方
120X120工字焊接钢板
黑色氟碳漆底部与柱顶预埋件连接
60X60青石块
280X100青石贴面

花架(二)侧立面图 1:25

80 320 80

80X50木方
80X120木方
110厚梯形木方
120X120工字焊接钢板
黑色氟碳漆底部与柱顶预埋件连接
80X30木方仿红樱桃木色
60X60青石块
凹面贴蓝色瓷砖
凹入20贴文化石

花架(二)立面图 1:25

凹面贴蓝色瓷砖
60X60青石块
柱体
80X30木方仿红樱桃木色
280X100青石贴面

ⓐ剖面图 1:10

80X30木方仿红樱桃木色

花架(二)平面图 1:25

芝麻灰花岗岩贴面
100X100灰色广场砖贴面

ⓑ剖面图 1:20

芝麻灰花岗岩贴面
500X500种植槽

花架(二)前花坛平面图 1:20

花架长廊181

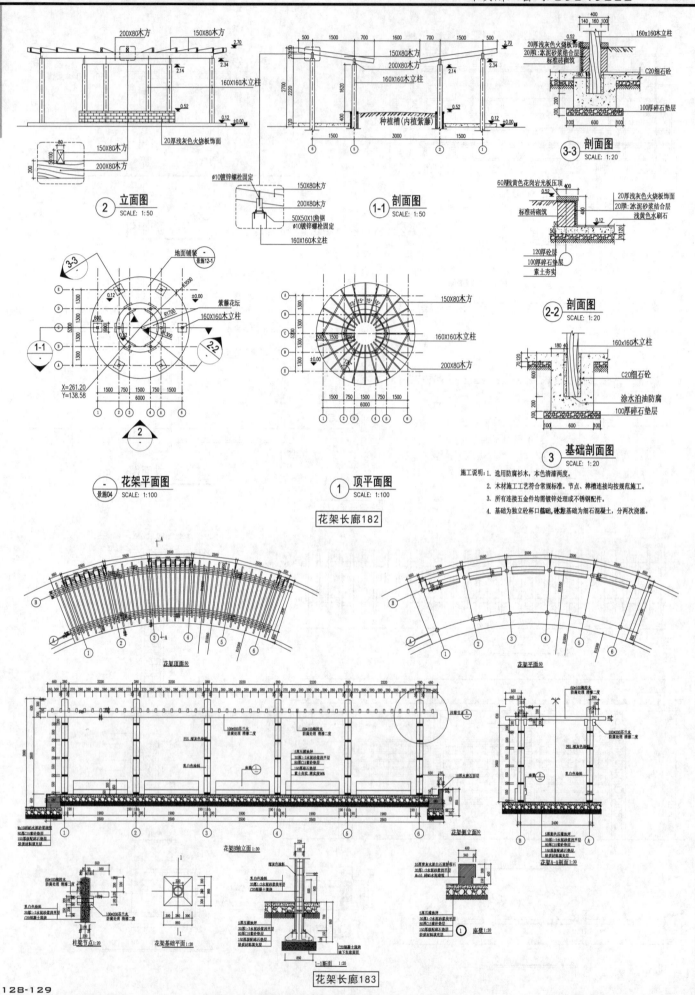

② 立面图 SCALE: 1:50

1-1 剖面图 SCALE: 1:50

3-3 剖面图 SCALE: 1:20

2-2 剖面图 SCALE: 1:20

③ 基础剖面图 SCALE: 1:20

花架平面图 SCALE: 1:100

① 顶平面图 SCALE: 1:100

施工说明: 1. 选用防腐衫木,本色清漆两度。
2. 木材施工工艺符合常规标准。节点、榫槽连接均按规范施工。
3. 所有连接五金件均需镀锌处理或不锈钢配件。
4. 基础为独立砼杯口砼础,木柱基础为细石混凝土,分两次浇灌。

花架长廊182

花架长廊183

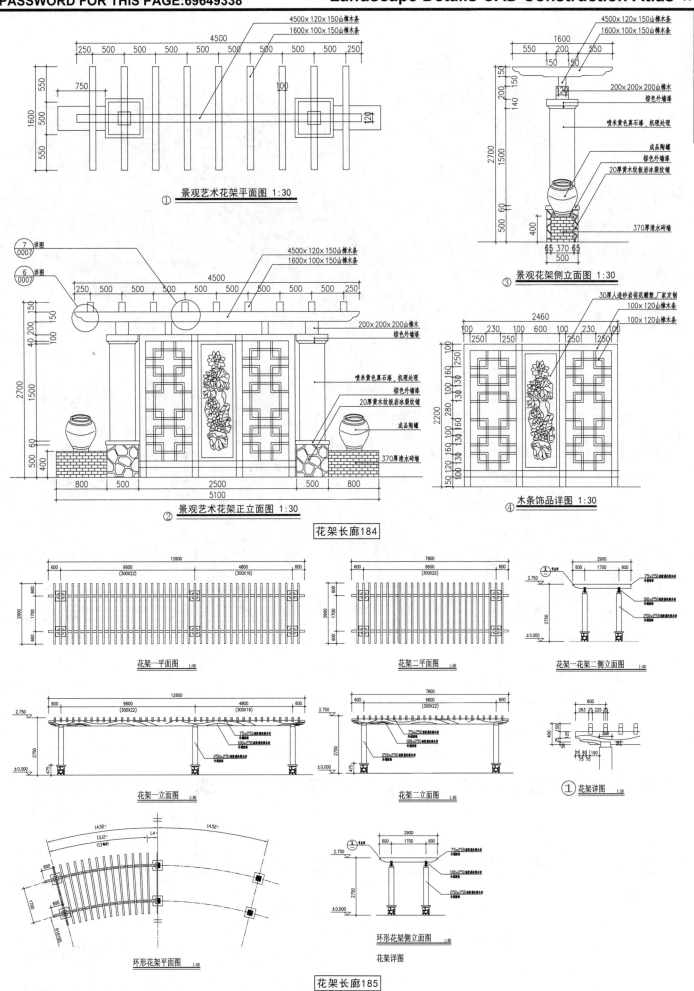

4500×120×150山樟木条
1600×100×150山樟木条

① 景观艺术花架平面图 1:30

4500×120×150山樟木条
1600×100×150山樟木条

200×200×200山樟木
棕色外墙漆

喷米黄色真石漆，机理处理

成品陶罐
棕色外墙漆
20厚黄木纹板岩冰裂纹铺

370厚清水砖墙

③ 景观花架侧立面图 1:30

4500×120×150山樟木条
1600×100×150山樟木条

200×200×200山樟木
棕色外墙漆

喷米黄色真石漆，机理处理
棕色外墙漆
20厚黄木纹板岩冰裂纹铺

成品陶罐

370厚清水砖墙

② 景观艺术花架正立面图 1:30

花架长廊184

30厚人造砂岩荷花雕塑，厂家定制
100×120山樟木条
100×120山樟木条

④ 木条饰品详图 1:30

花架一平面图 1:50

花架二平面图 1:50

花架一花架二侧立面图 1:50

花架一立面图 1:50

花架二立面图 1:50

① 花架详图 1:20

环形花架平面图 1:50

环形花架侧立面图 1:50

花架详图

花架长廊185

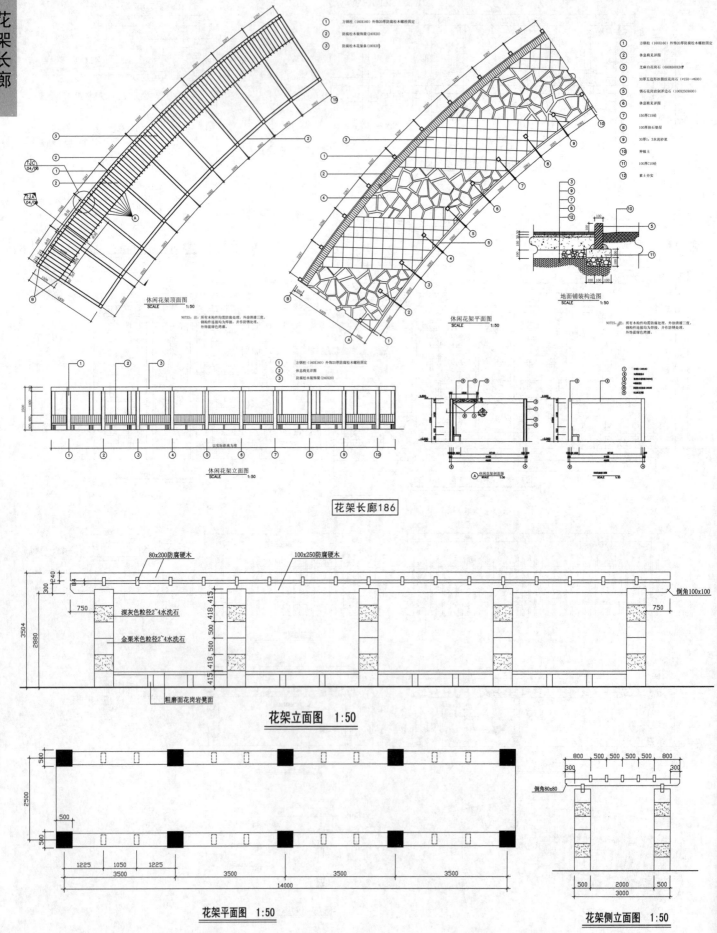

① 方钢柱(160X160) 外饰20厚防腐松木螺栓固定
② 防腐松木装饰梁 (240X20)
③ 防腐松木花架条 (180X20)

① 方钢柱(160X160) 外饰20厚防腐松木螺栓固定
② 休息椅见详图
③ 芝麻白花岗石 (600X600X30厚)
④ 30厚五边形冰裂纹花岗石 (Φ150~Φ600)
⑤ 锈石花岗岩剁斧边石 (100X250X800)
⑥ 休息椅见详图
⑦ 150厚C15砼
⑧ 100厚级石垫层
⑨ 30厚1:3水泥砂浆
⑩ 种植土
⑪ 100厚C10砼
⑫ 素土夯实

休闲花架顶面图
SCALE 1:50

休闲花架平面图
SCALE 1:50

地面铺装构造图
SCALE 1:50

NOTES: 注: 所有木构件均需防腐处理, 外涂清漆三度。
钢构件连接均为焊接, 并作防锈处理。
外饰墨绿色界漆。

NOTES: 注: 所有木构件均需防腐处理, 外涂清漆三度。
钢构件连接均为焊接, 并作防锈处理。
外饰墨绿色界漆。

① 方钢柱(160X160) 外饰20厚防腐松木螺栓固定
② 休息椅见详图
③ 防腐松木装饰梁 (240X20)

休闲花架立面图
SCALE 1:50

休闲花架侧面图

花架长廊186

80x200防腐硬木
100x250防腐硬木
倒角100x100

深灰色粒径2~4水洗石
金栗米色粒径2~4水洗石
3504
2880

粗磨面花岗岩凳面

花架立面图 1:50

倒角80x80

800 500 500 500 500 800
300
500 2000 500
3000

花架侧立面图 1:50

2500
500
500

1225 1050 1225
3500
3500
3500
3500
14000

花架平面图 1:50

花架长廊187

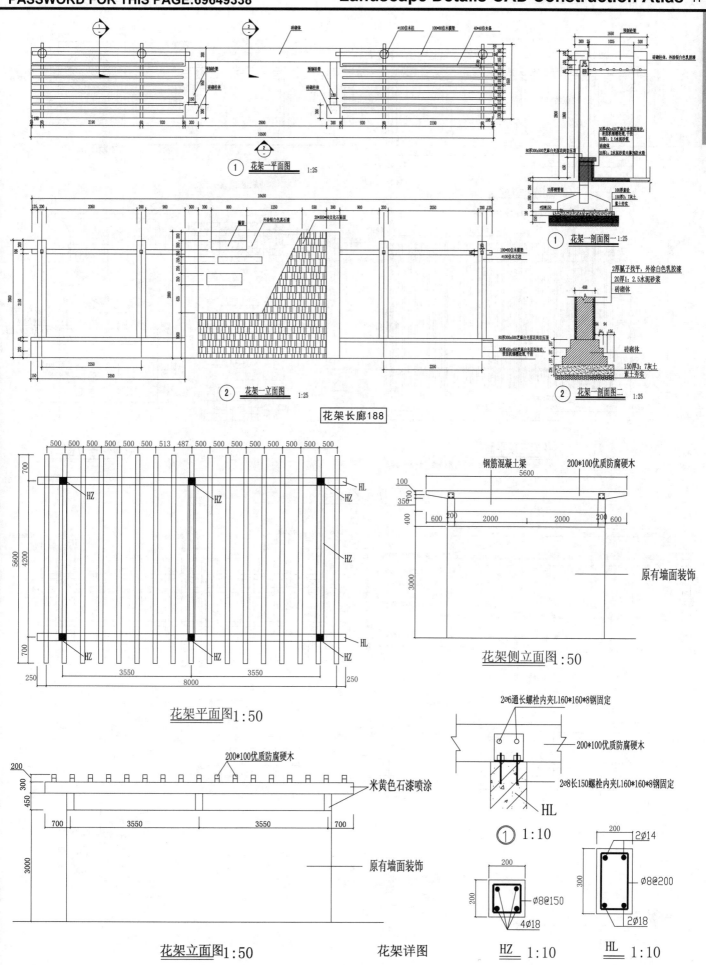

① 花架一平面图　1:25

② 花架一立面图　1:25

① 花架一剖面图一1:25

② 花架一剖面图二1:25

花架长廊188

花架平面图1:50

花架侧立面图:50

花架立面图1:50

花架详图

HZ　1:10

HL　1:10

花架长廊189

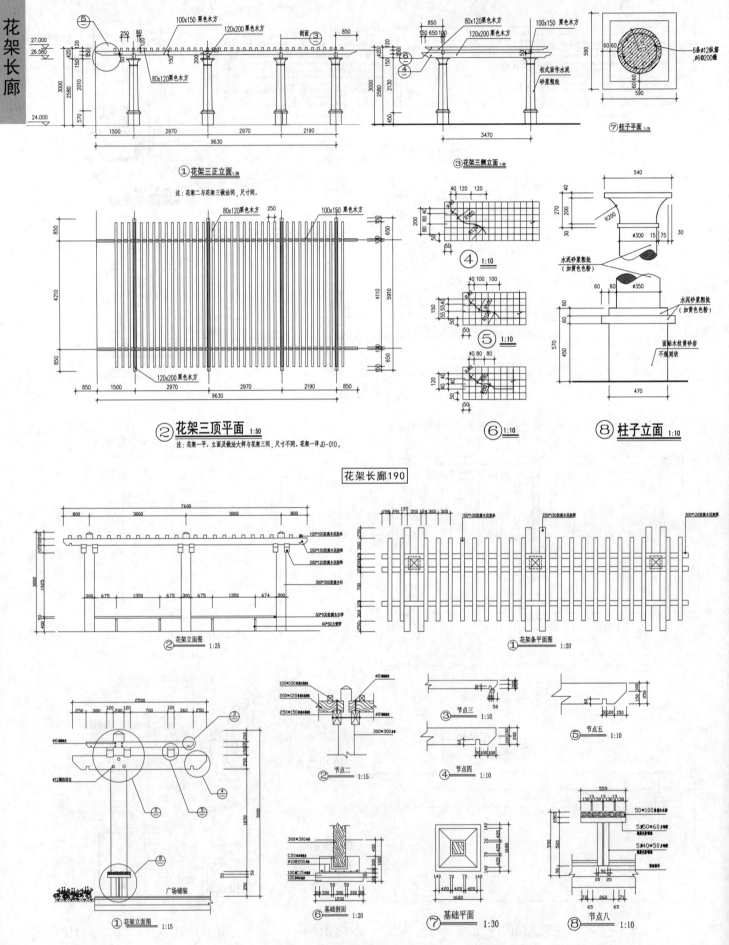

① 花架三正立面 1:50

注:花架二与花架三做法同,尺寸同.

③ 花架三侧立面 1:50

⑦ 柱子平面 1:10

② 花架三顶平面 1:50

注:花架一平、立面及做法大样与花架三同,尺寸不同.花架一详JD-010.

④ 1:10

⑤ 1:10

⑥ 1:10

⑧ 柱子立面 1:10

花架长廊190

② 花架立面图 1:25

① 花架条平面图 1:20

① 花架立面图 1:15

② 节点二 1:15

③ 节点三 1:10

⑤ 节点五 1:10

④ 节点四 1:10

⑥ 基础剖面 1:20

⑦ 基础平面 1:30

⑧ 节点八 1:10

花架长廊191

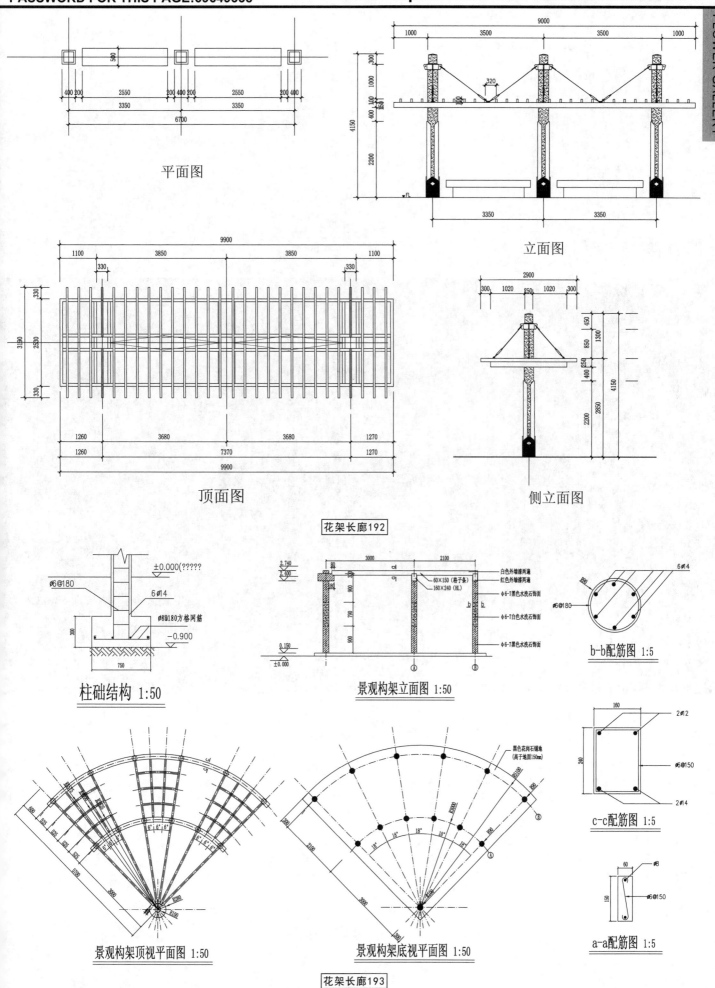

平面图

立面图

顶面图

侧立面图

花架长廊192

柱础结构 1:50

景观构架立面图 1:50

b-b配筋图 1:5

c-c配筋图 1:5

景观构架顶视平面图 1:50

景观构架底视平面图 1:50

a-a配筋图 1:5

花架长廊193

园凳树池

PLANTING POOL

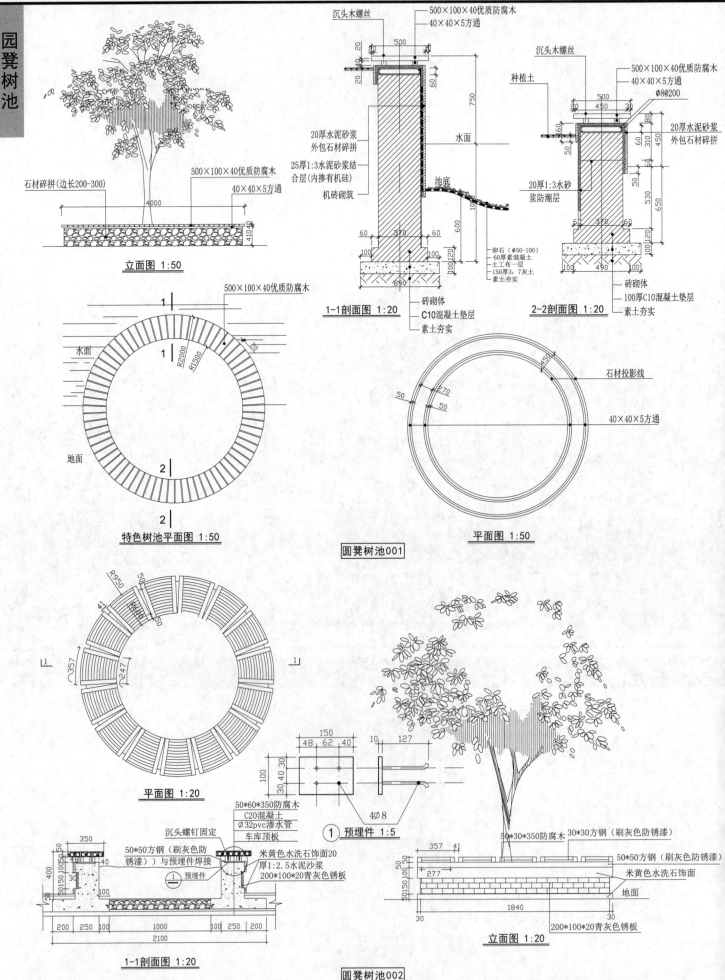

石材碎拼(边长200-300)
500×100×40优质防腐木
40×40×5方通

立面图 1:50

500×100×40优质防腐木

水面
R2000
R1500

地面

特色树池平面图 1:50

R950

平面图 1:20

沉头螺钉固定
50*50方钢(刷灰色防锈漆))与预埋件焊接
预埋件

50*60*350防腐木
C20混凝土
Ø32pvc渗水管
车库顶板

米黄色水洗石饰面20
厚1:2.5水泥沙浆
200*100*20青灰色锈板

1-1剖面图 1:20

沉头木螺丝
500×100×40优质防腐木
40×40×5方通

20厚水泥砂浆
外包石材碎拼
25厚1:3水泥砂浆结
合层(内掺有机硅)
机砖砌筑

水面

池底

砖砌体
C10混凝土垫层
素土夯实

1-1剖面图 1:20

卵石(Ø50-100)
60厚素混凝土
土工布一层
150厚3:7灰土
素土夯实

种植土

沉头木螺丝
500×100×40优质防腐木
40×40×5方通
Ø8@200

20厚水泥砂浆
外包石材碎拼

20厚1:3水砂
浆防潮层

砖砌体
100厚C10混凝土垫层
素土夯实

2-2剖面图 1:20

石材投影线
40×40×5方通

平面图 1:50

圆凳树池001

150
48 62 40
10
127

100
30 40 30

4Ø8

① 预埋件 1:5

50*30*350防腐木
30*30方钢(刷灰色防锈漆)
50*50方钢(刷灰色防锈漆)
米黄色水洗石饰面
地面

357 41
277
1840
30　　30
200*100*20青灰色锈板

立面图 1:20

圆凳树池002

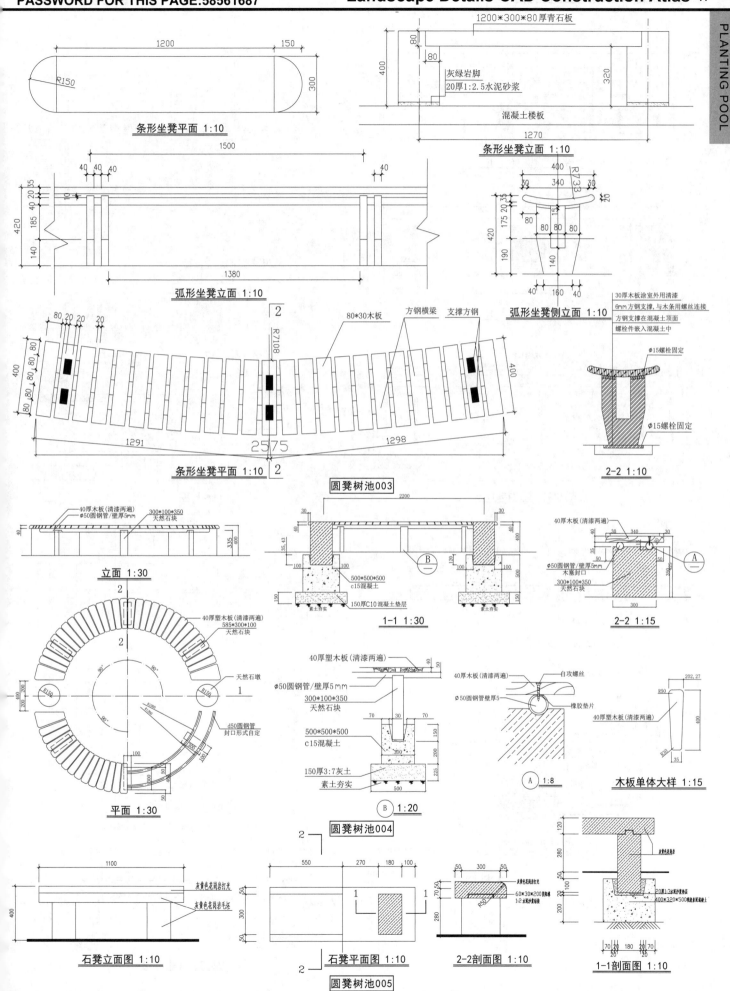

条形坐凳平面 1:10

1200*300*80厚青石板

灰绿岩脚
20厚1:2.5水泥砂浆

混凝土楼板

条形坐凳立面 1:10

弧形坐凳立面 1:10

弧形坐凳侧立面 1:10

30厚木板涂室外用清漆
6mm方钢支撑,与木条用螺丝连接
方钢支撑在混凝土顶面
螺栓件嵌入混凝土中

φ15螺栓固定

φ15螺栓固定

2-2 1:10

80*30木板   方钢横梁   支撑方钢

条形坐凳平面 1:10

圆凳树池003

40厚木板(清漆两遍)
φ50圆钢管/壁厚5mm
300*100*350
天然石块

立面 1:30

500*500*500
c15混凝土

150厚C10混凝土垫层
素土夯实

1-1 1:30

40厚木板(清漆两遍)

φ50圆钢管/壁厚5mm
木塞封口
300*100*350
天然石块

2-2 1:15

40厚塑木板(清漆两遍)
585*300*100
天然石块

天然石墩

天然石墩

d50圆钢管
封口形式自定

平面 1:30

40厚塑木板(清漆两遍)

φ50圆钢管/壁厚5mm
300*100*350
天然石块

500*500*500
c15混凝土

150厚3:7灰土
素土夯实

40厚木板(清漆两遍)   自攻螺丝

φ50圆钢管壁厚5   橡胶垫片

40厚塑木板(清漆两遍)

A 1:8   木板单体大样 1:15

B 1:20

圆凳树池004

灰黄色花岗岩打光
灰黄色花岗岩毛坯

石凳立面图 1:10

石凳平面图 1:10

圆凳树池005

灰黄色花岗岩打光
60*30*200圆钢
1:2水泥砂浆填缝

2-2剖面图 1:10

灰黄色花岗岩

20厚1:3水泥砂浆
400*320*500混凝土

1-1剖面图 1:10

园
凳
树
池

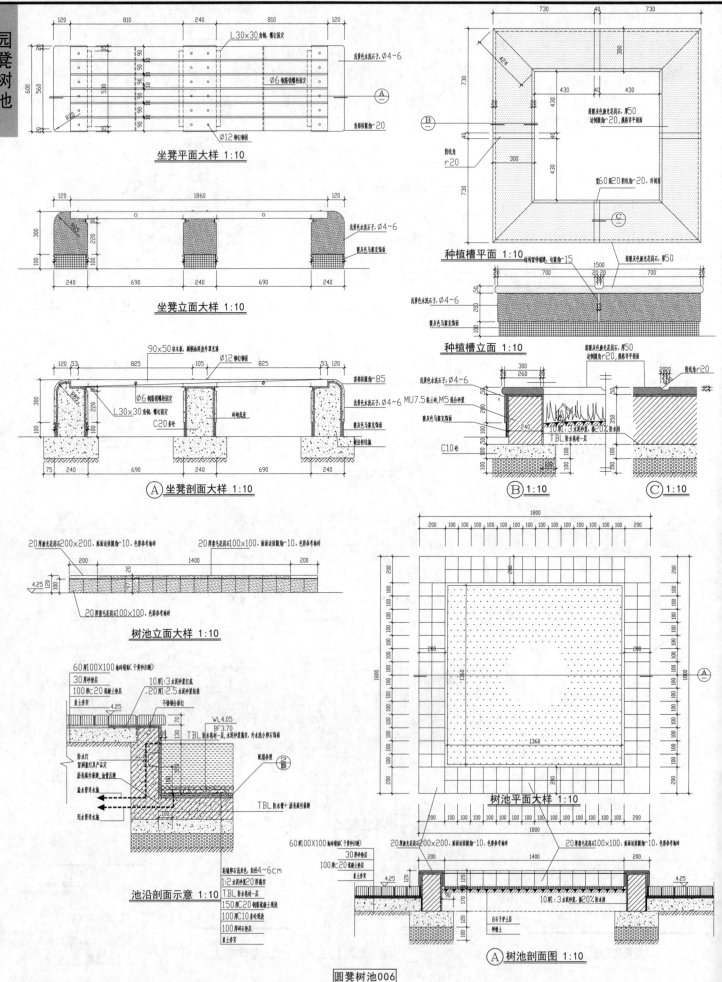

坐凳平面大样 1:10

坐凳立面大样 1:10

A 坐凳剖面大样 1:10

种植槽平面 1:10

种植槽立面 1:10

B 1:10

C 1:10

树池立面大样 1:10

池沿剖面示意 1:10

树池平面大样 1:10

A 树池剖面图 1:10

圆凳树池006

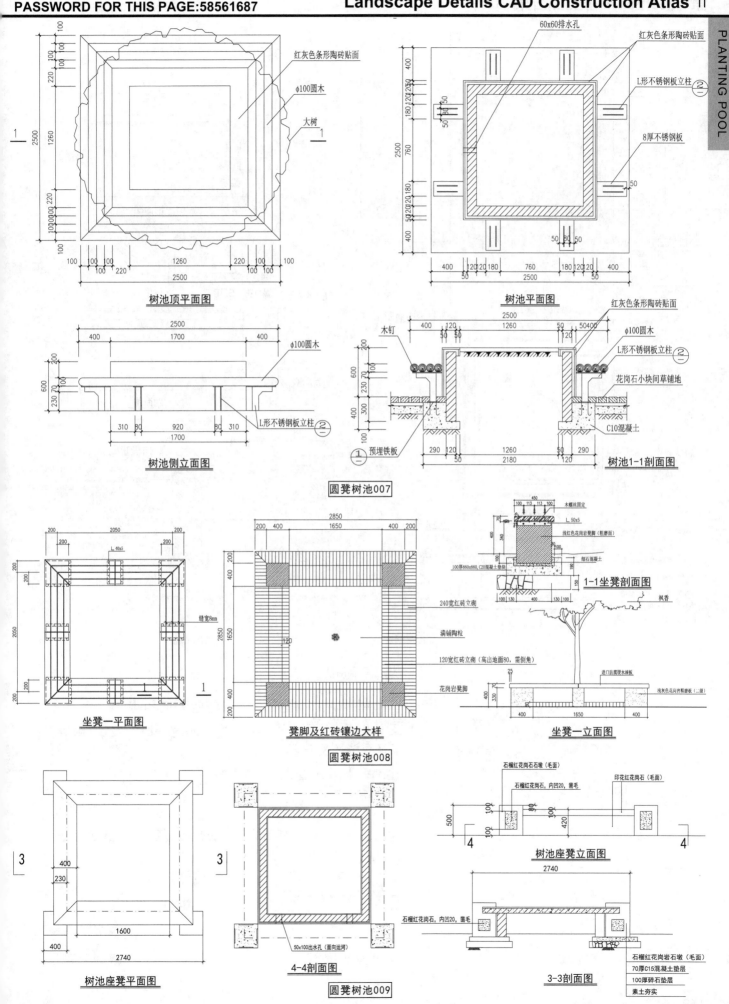

树池顶平面图

树池平面图

树池侧立面图

树池1-1剖面图

圆凳树池007

坐凳一平面图

凳脚及红砖镶边大样

圆凳树池008

1-1坐凳剖面图

坐凳一立面图

树池座凳平面图

4-4剖面图

圆凳树池009

树池座凳立面图

3-3剖面图

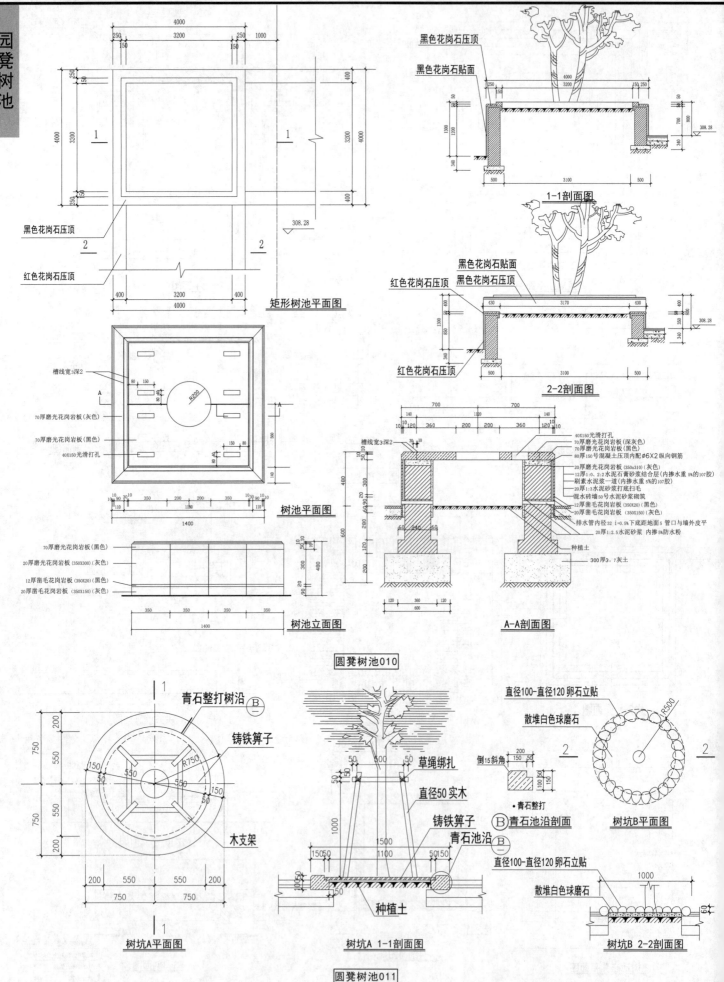

黑色花岗石压顶
红色花岗石压顶
矩形树池平面图

黑色花岗石压顶
黑色花岗石贴面
1-1剖面图

黑色花岗石贴面
红色花岗石压顶
黑色花岗石压顶
红色花岗石压顶
2-2剖面图

槽线宽3深2
70厚磨光花岗岩板(灰色)
70厚磨光花岗岩板(黑色)
40X150光滑打孔
树池平面图

70厚磨光花岗岩板(黑色)
20厚磨光花岗岩板(350X300)(灰色)
12厚凿毛花岗岩板(350X20)(黑色)
20厚凿毛花岗岩板(350X150)(灰色)
树池立面图

槽线宽3深2
40X150光滑打孔
70厚磨光花岗岩板(深灰色)
70厚磨光花岗岩板(黑色)
80厚150号混凝土压顶内配∅6X2纵向钢筋
20厚磨光花岗岩板(350x310)(灰色)
12厚1:0、2:2水泥石膏砂浆结合层(内掺水重5%的107胶)
刷素水泥浆一道(内掺水重5%的107胶)
20厚1:3水泥砂浆打底扫毛
混水砖墙厚50水泥砂浆砌筑
12厚凿毛花岗岩板(350X20)(黑色)
20厚凿毛花岗岩板(350X150)(灰色)
排水管内径32 i=0.5%下底距地面5 管口与墙外皮平
20厚1:2.5水泥砂浆 内掺5%防水粉
种植土
300厚3:7灰土
A-A剖面图

圆凳树池010

青石整打树沿 B
铸铁算子
木支架
树坑A平面图

草绳绑扎
直径50实木
铸铁算子
青石池沿 B
种植土
树坑A 1-1剖面图

直径100-直径120卵石立贴
散堆白色球磨石
倒15斜角
青石整打
B 青石池沿剖面
树坑B平面图

直径100-直径120卵石立贴
散堆白色球磨石
树坑B 2-2剖面图

圆凳树池011

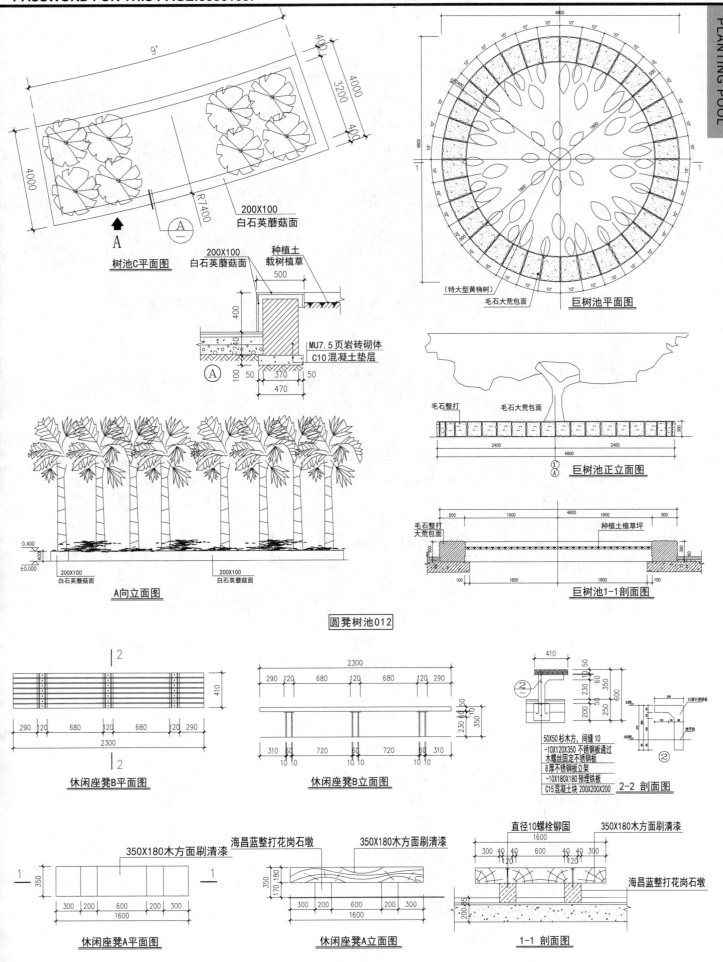

200X100
白石英蘑菇面

树池C平面图

200X100
白石英蘑菇面

种植土
载树植草

MU7.5页岩砖砌体
C10混凝土垫层

A向立面图

200X100
白石英蘑菇面

（特大型黄楠树）
毛石大荒面

巨树池平面图

毛石整打   毛石大荒面

巨树池正立面图

毛石整打
大荒包面   种植土植草坪

巨树池1-1剖面图

圆凳树池012

休闲座凳B平面图

休闲座凳B立面图

50X50杉木方，间缝10
-10X120X350 不锈钢板通过
木螺丝固定不锈钢板
8厚不锈钢板立架
-10X180X180 预埋铁板
C15混凝土块 200X200X200

2-2 剖面图

350X180木方面刷清漆

海昌蓝整打花岗石墩   350X180木方面刷清漆

休闲座凳A平面图

休闲座凳A立面图

直径10螺栓铆固   350X180木方面刷清漆

海昌蓝整打花岗石墩

1-1 剖面图

圆凳树池013

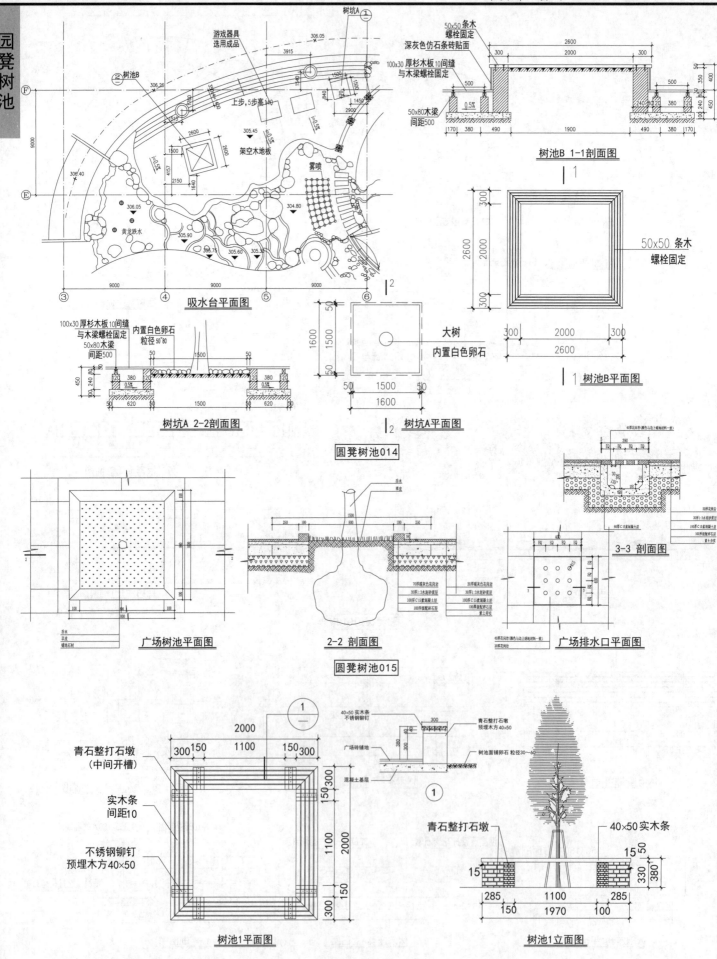

吸水台平面图

树池B 1-1剖面图

树池B平面图

50×50 条木
螺栓固定

树坑A 2-2剖面图

树坑A平面图

大树
内置白色卵石

圆凳树池014

广场树池平面图

2-2 剖面图

3-3 剖面图

广场排水口平面图

圆凳树池015

青石整打石墩
（中间开槽）

实木条
间距10

不锈钢铆钉
预埋木方40×50

树池1平面图

树池1立面图

青石整打石墩

40×50实木条

圆凳树池016

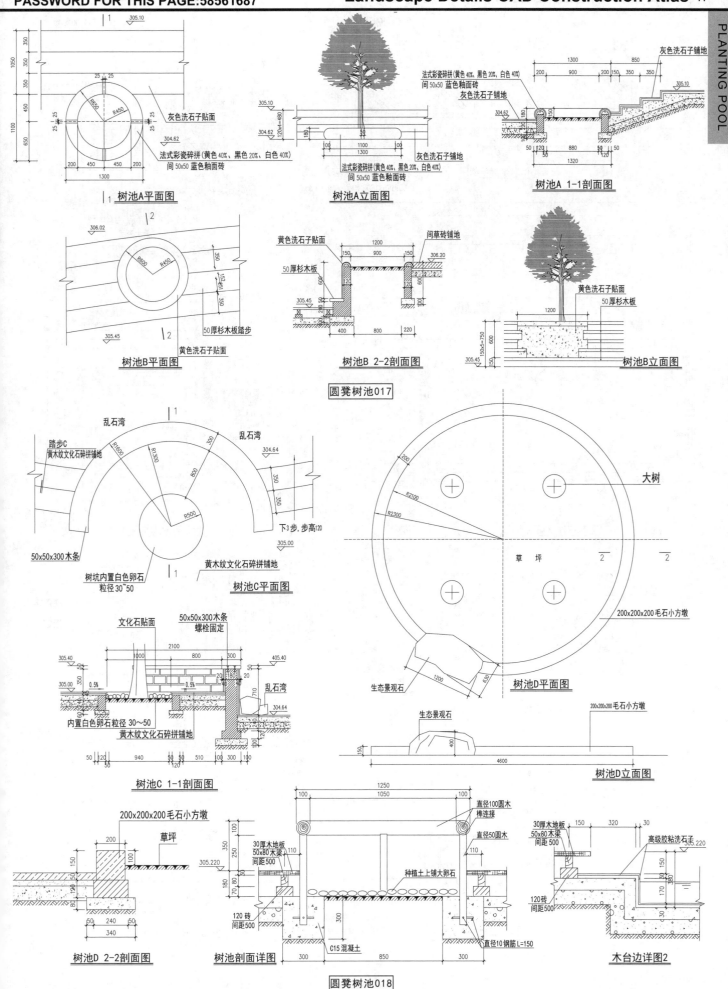

树池A平面图

树池A立面图

树池A 1-1剖面图

树池B平面图

树池B 2-2剖面图

树池B立面图

圆凳树池017

树池C平面图

树池D平面图

树池C 1-1剖面图

树池D立面图

树池D 2-2剖面图

树池剖面详图

木台边详图2

圆凳树池018

园凳树池

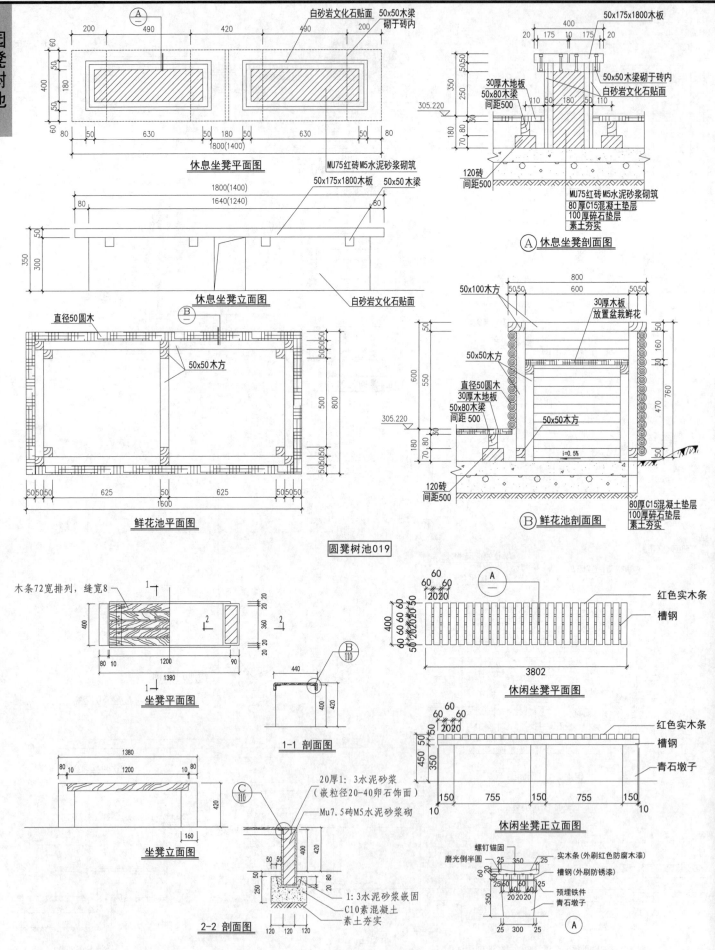

白砂岩文化石贴面　50x50木梁
砌于砖内

50x175x1800木板

休息坐凳平面图

50x50木梁砌于砖内
白砂岩文化石贴面

30厚木地板
50x80木梁
间距500

MU75红砖M5水泥砂浆砌筑

MU75红砖M5水泥砂浆砌筑
80厚C15混凝土垫层
100厚碎石垫层
素土夯实

120砖
间距500

A 休息坐凳剖面图

50x175x1800木板　50x50木梁

白砂岩文化石贴面

休息坐凳立面图

50x100木方
30厚木板
放置盆栽鲜花

50x50木方

直径50圆木
30厚木地板
50x80木梁
间距500

50x50木方

直径50圆木

50x50木方

i=0.5%

鲜花池平面图

120砖
间距500

80厚C15混凝土垫层
100厚碎石垫层
素土夯实

B 鲜花池剖面图

圆凳树池019

木条72宽排列，缝宽8

坐凳平面图

1-1 剖面图

坐凳立面图

20厚1：3水泥砂浆
(嵌粒径20-40卵石饰面)
Mu7.5砖M5水泥砂浆砌

1：3水泥砂浆嵌固
C10素混凝土
素土夯实

2-2 剖面图

红色实木条
槽钢

休闲坐凳平面图

红色实木条
槽钢
青石墩子

休闲坐凳正立面图

螺钉锚固
磨光倒半圆
实木条(外刷红色防腐木漆)
槽钢(外刷防锈漆)
预埋铁件
青石墩子

A

圆凳树池020

144-145

PLANTING POOL

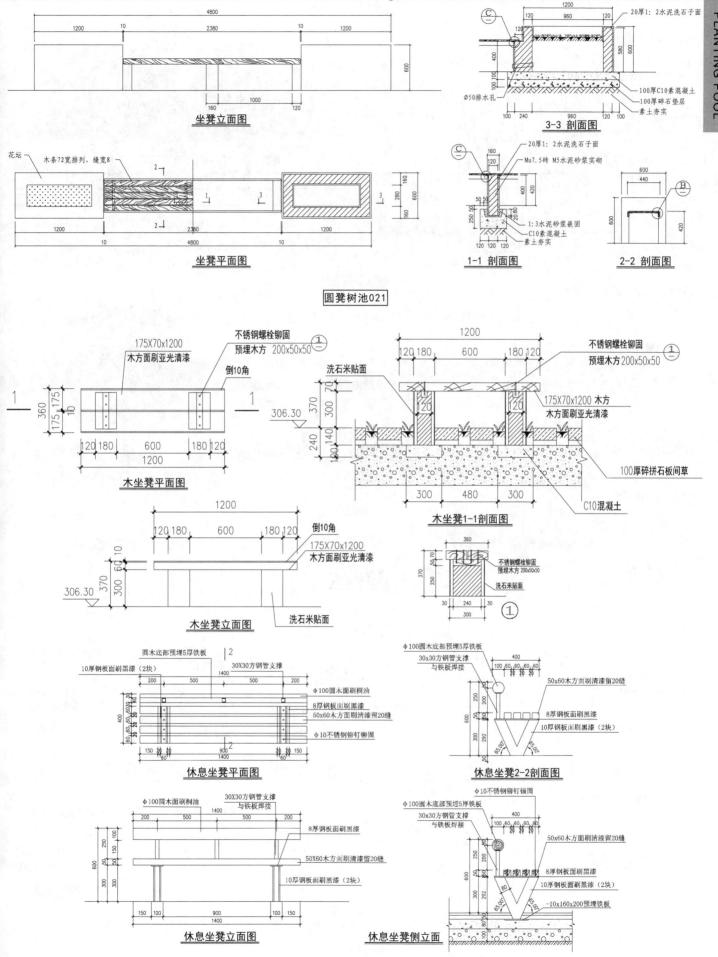

坐凳立面图

坐凳平面图

3-3 剖面图

1-1 剖面图

2-2 剖面图

圆凳树池021

木坐凳平面图

木坐凳1-1剖面图

木坐凳立面图

休息坐凳平面图

休息坐凳2-2剖面图

休息坐凳立面图

休息坐凳侧立面

圆凳树池022

园凳树池

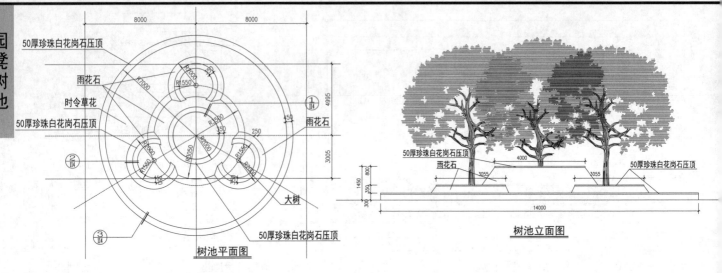

50厚珍珠白花岗石压顶
雨花石
时令草花
50厚珍珠白花岗石压顶
大树
50厚珍珠白花岗石压顶

树池平面图

50厚珍珠白花岗石压顶
雨花石
50厚珍珠白花岗石压顶

树池立面图

圆凳树池023

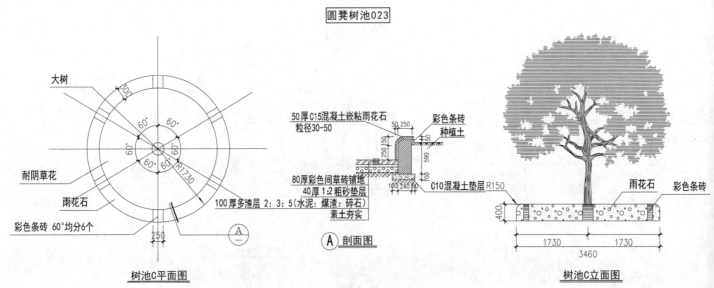

大树
耐阴草花
雨花石
彩色条砖60°均分6个

树池C平面图

50厚C15混凝土嵌粘雨花石
粒径30-50
彩色条砖
种植土
80厚彩色间草砖铺地
40厚1:2粗砂垫层
100厚多渣层 2：3：5（水泥：煤渣：碎石）
素土夯实
C10混凝土垫层 R150

Ⓐ 剖面图

雨花石
彩色条砖

树池C立面图

圆凳树池024

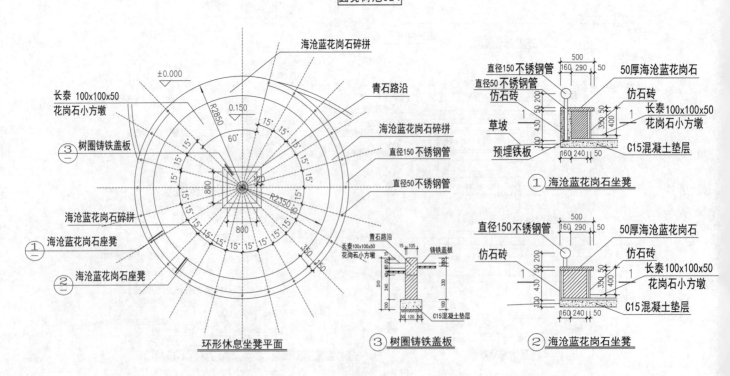

海沧蓝花岗石碎拼
青石路沿
海沧蓝花岗石碎拼
直径150不锈钢管
直径50不锈钢管

长泰 100x100x50
花岗石小方墩
树圈铸铁盖板
海沧蓝花岗石碎拼
海沧蓝花岗石座凳
海沧蓝花岗石座凳

环形休息坐凳平面

青石路沿
长泰100x100x50
花岗石小方墩
铸铁盖板
C15混凝土垫层

③ 树圈铸铁盖板

直径150不锈钢管
直径50不锈钢管
仿石砖
草坡
预埋铁板
50厚海沧蓝花岗石
仿石砖
长泰100x100x50
花岗石小方墩
C15混凝土垫层

① 海沧蓝花岗石坐凳

直径150不锈钢管
仿石砖
50厚海沧蓝花岗石
仿石砖
长泰100x100x50
花岗石小方墩
C15混凝土垫层

② 海沧蓝花岗石坐凳

圆凳树池025

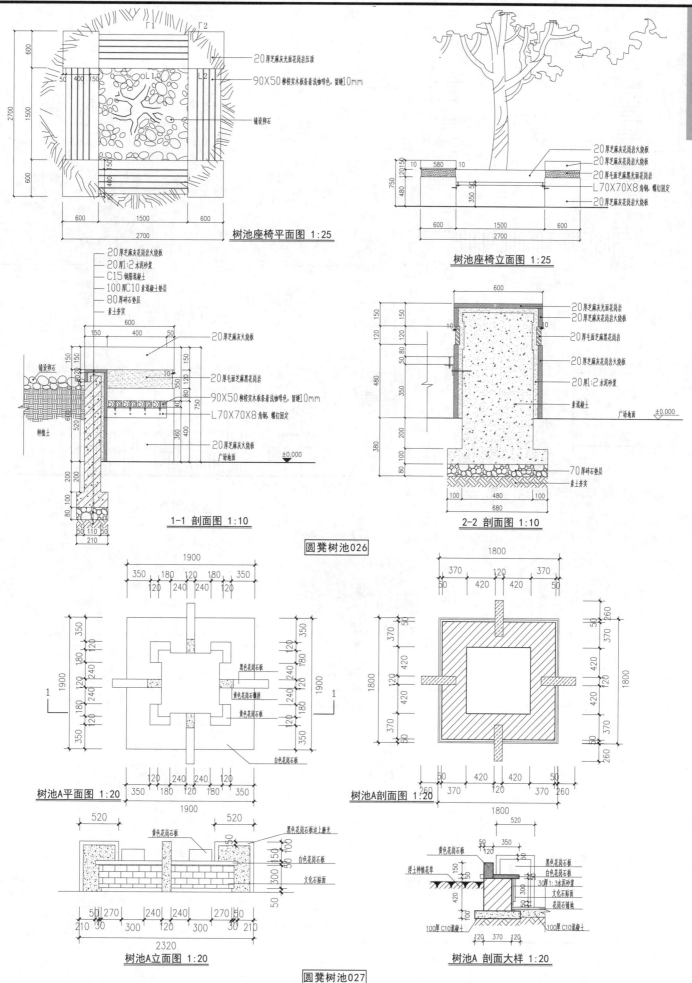

20厚芝麻灰面花岗岩压顶

90×50柳桉实木板条着淡咖啡色,留缝10mm

铺设卵石

树池座椅平面图 1:25

20厚芝麻灰花岗岩火烧板
20厚芝麻灰花岗岩火烧板
20厚毛面芝麻黑面花岗岩
L70×70×8角钢,螺钉固定
20厚芝麻灰花岗岩火烧板

树池座椅立面图 1:25

20厚芝麻灰花岗岩火烧板
20厚1:2水泥砂浆
C15钢筋混凝土
100厚C10素混凝土垫层
80厚碎石垫层
素土夯实

20厚芝麻灰火烧板

铺设卵石

20厚毛面芝麻黑花岗岩

90×50柳桉实木板条着淡咖啡色,留缝10mm

L70×70×8角钢,螺钉固定

种植土

20厚芝麻灰火烧板

广场地面

±0.000

1-1 剖面图 1:10

20厚芝麻光面花岗岩
20厚芝麻灰花岗岩火烧板
20厚毛面芝麻黑面花岗岩
20厚芝麻灰花岗岩火烧板
20厚1:2水泥砂浆
素混凝土
广场地面 ±0.000

70厚碎石垫层
素土夯实

2-2 剖面图 1:10

圆凳树池026

黑色花岗石板
黄色花岗石镶拼
黄色花岗石板

白色花岗石板

树池A平面图 1:20

树池A剖面图 1:20

黄色花岗石板
黑色花岗石板过上磨光
白色花岗石板
文化石贴面

树池A立面图 1:20

黑色花岗石板过上磨光
白色花岗石板
浮土种植花草
黄色花岗石板
30厚1:3水泥砂浆
文化石贴面
花岗石铺地
100厚C10混凝土
100厚C10混凝土

树池A 剖面大样 1:20

圆凳树池027

园凳树池

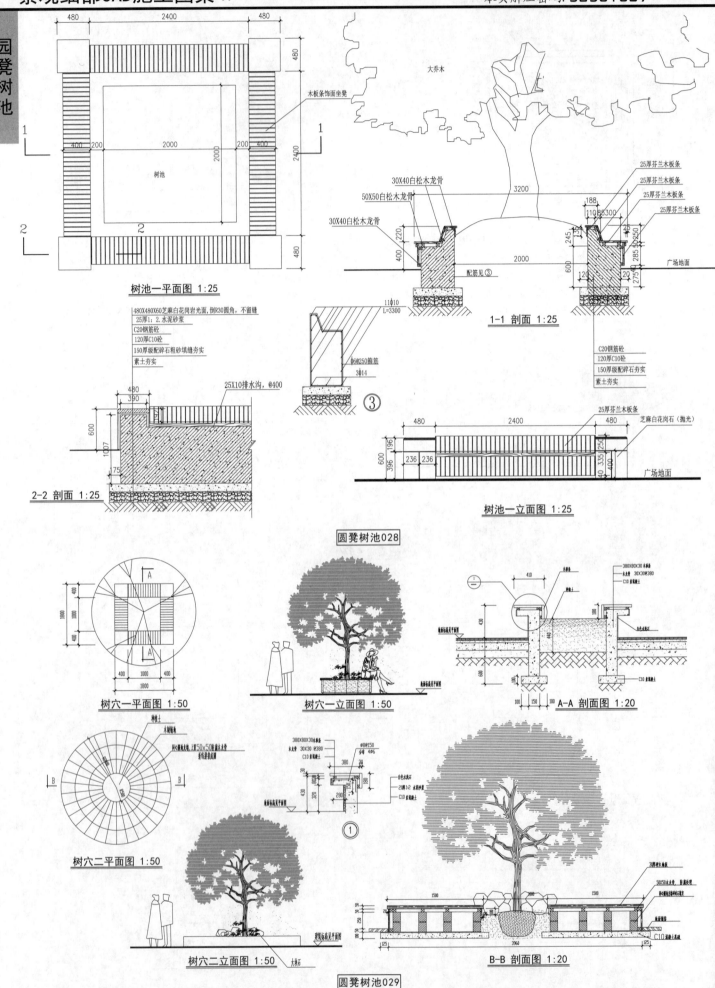

树池一平面图 1:25

480X480X60芝麻白花岗岩光面,倒R30圆角,不留缝
25厚1: 2.水泥砂浆
C20钢筋砼
120厚C10砼
150厚级配碎石粗砂填缝夯实
素土夯实

木板条饰面坐凳

大乔木

30X40白松木龙骨
50X50白松木龙骨
30X40白松木龙骨

25厚芬兰木板条
25厚芬兰木板条
25厚芬兰木板条
25厚芬兰木板条

配筋见③

1-1 剖面 1:25

C20钢筋砼
120厚C10砼
150厚级配碎石夯实
素土夯实

25X10排水沟,@400

2-2 剖面 1:25

11Φ10
L=3300

Φ6@250箍筋
3Φ14

③

25厚芬兰木板条
芝麻白花岗石(抛光)

广场地面

树池一立面图 1:25

圆凳树池028

树穴一平面图 1:50

树穴一立面图 1:50

380X80X30木条板
木龙骨 30X30@380
C10 素砼垫层
种植土

白色水泥浆
20厚1:2水泥砂浆
C10 素砼垫层

A-A 剖面图 1:20

380X80X30木条板
木龙骨 30X30@380
C10 素砼垫层

白色水泥浆
20厚1:2水泥砂浆
C10 素砼垫层

①

树穴二平面图 1:50

回心圆粗龙骨,1层50X50南北方木
折射排接成圆

种植土
木板铺底

树穴二立面图 1:50
大块石

30厚芬兰木板条
50X50方木龙骨,折射排列
回心圆粗龙骨南北方木折射排列

B-B 剖面图 1:20

C10混凝土垫层

圆凳树池029

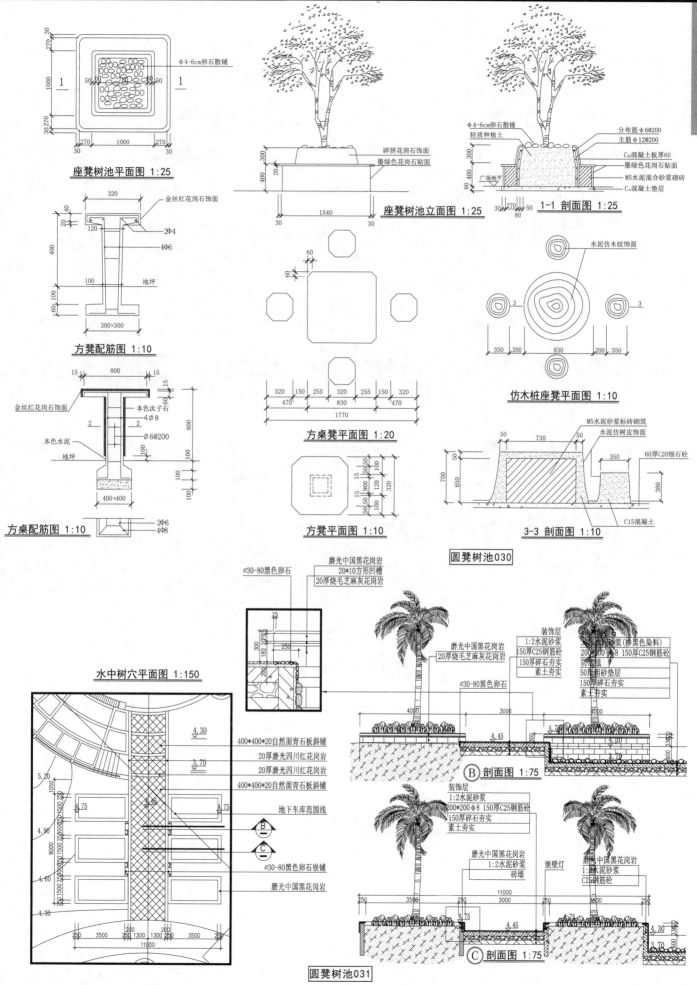

座凳树池平面图 1:25

座凳树池立面图 1:25

1-1 剖面图 1:25

方凳配筋图 1:10

方桌配筋图 1:10

方桌凳平面图 1:20

方凳平面图 1:10

仿木桩座凳平面图 1:10

3-3 剖面图 1:10

圆凳树池030

水中树穴平面图 1:150

B 剖面图 1:75

C 剖面图 1:75

圆凳树池031

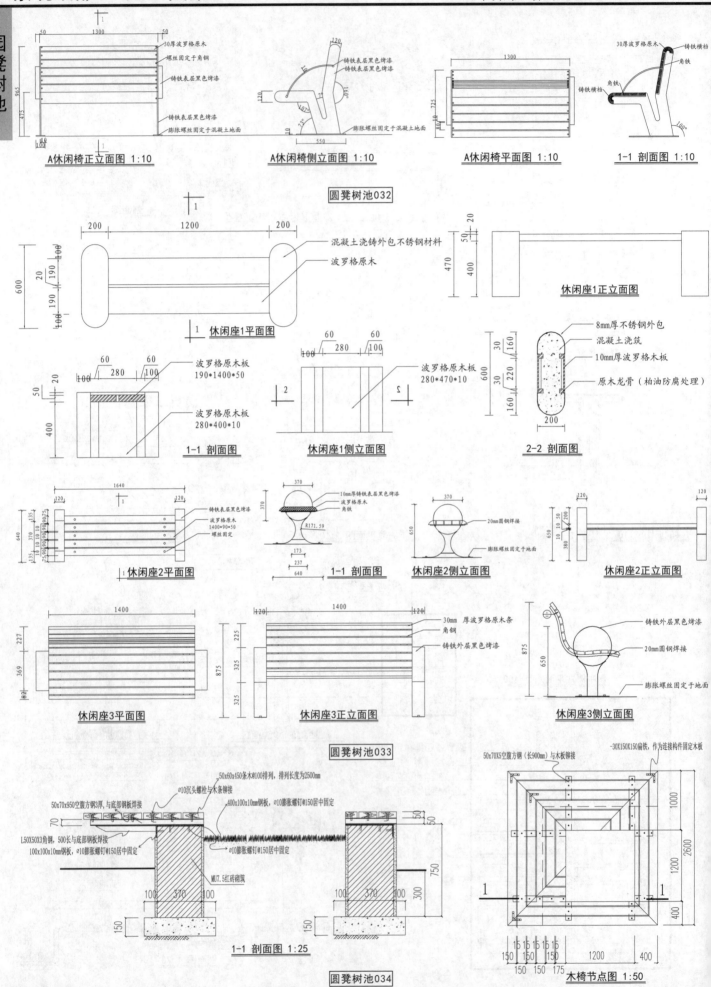

A休闲椅正立面图 1:10

A休闲椅侧立面图 1:10

A休闲椅平面图 1:10

1-1 剖面图 1:10

圆凳树池032

休闲座1平面图

休闲座1正立面图

1-1 剖面图

休闲座1侧立面图

2-2 剖面图

休闲座2平面图

1-1 剖面图

休闲座2侧立面图

休闲座2正立面图

休闲座3平面图

休闲座3正立面图

休闲座3侧立面图

圆凳树池033

1-1 剖面图 1:25

圆凳树池034

木椅节点图 1:50

Landscape Details CAD Construction Atlas Ⅱ

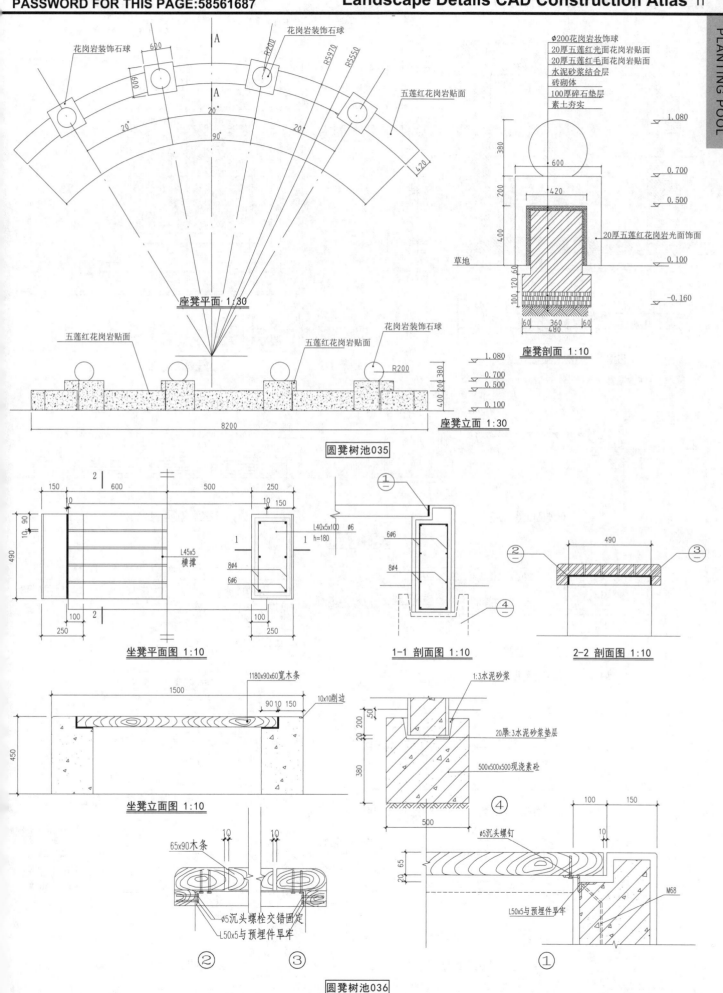

花岗岩装饰石球

花岗岩装饰石球

五莲红花岗岩贴面

座凳平面 1:30

五莲红花岗岩贴面

五莲红花岗岩贴面

花岗岩装饰石球

座凳立面 1:30

Φ200花岗岩妆饰球
20厚五莲红光面花岗岩贴面
20厚五莲红毛面花岗岩贴面
水泥砂浆结合层
砖砌体
100厚碎石垫层
素土夯实

20厚五莲红花岗岩光面饰面

草地

座凳剖面 1:10

圆凳树池035

L45x5
横撑

L40x5x100
h=180

8Φ4
6Φ6

坐凳平面图 1:10

6Φ6

8Φ4

1-1 剖面图 1:10

2-2 剖面图 1:10

1180x90x60宽木条

10x10削边

坐凳立面图 1:10

65x90木条

Φ5沉头螺栓交错固定
L50x5与预埋件旱牢

1:3水泥砂浆

20厚3水泥砂浆垫层

500x500x500现浇素砼

Φ5沉头螺钉

L50x5与预埋件旱牢

M68

圆凳树池036

园凳树池

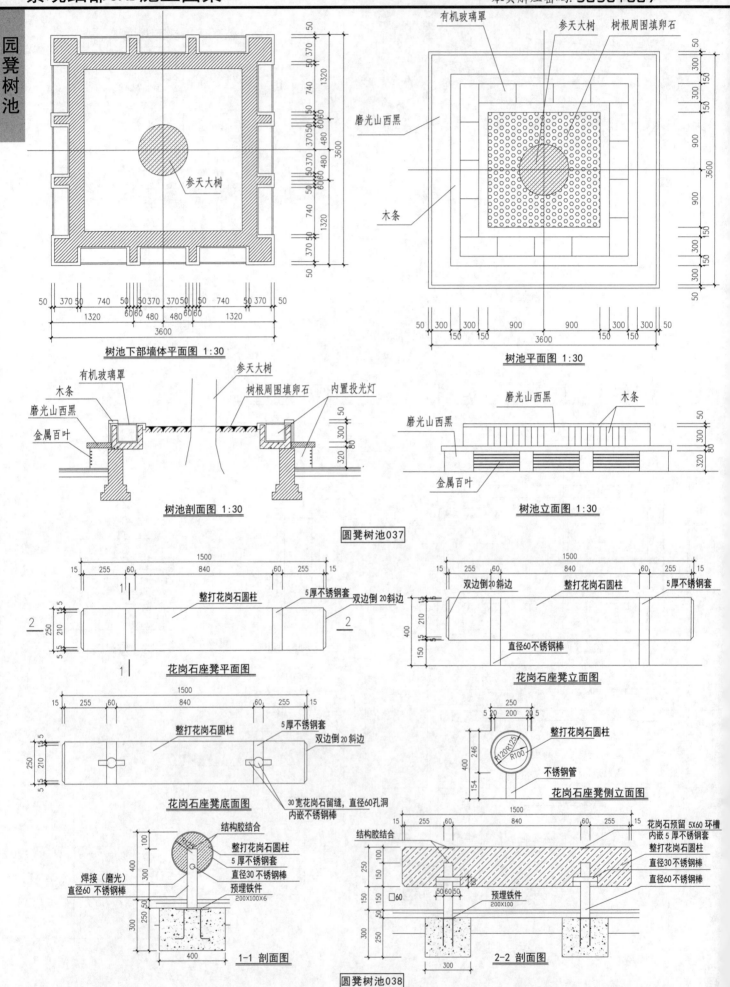

树池下部墙体平面图 1:30

树池平面图 1:30

有机玻璃罩
参天大树
树根周围填卵石
磨光山西黑
木条

树池剖面图 1:30

有机玻璃罩
参天大树
木条
树根周围填卵石
磨光山西黑
内置投光灯
金属百叶

树池立面图 1:30

磨光山西黑
木条
金属百叶

圆凳树池037

花岗石座凳平面图

整打花岗石圆柱
5厚不锈钢套
双边倒20斜边

花岗石座凳立面图

双边倒20斜边
整打花岗石圆柱
5厚不锈钢套
直径60不锈钢棒

花岗石座凳底面图

整打花岗石圆柱
5厚不锈钢套
双边倒20斜边
30宽花岗石留缝, 直径60孔洞
内嵌不锈钢棒

花岗石座凳侧立面图

整打花岗石圆柱
不锈钢管

1-1 剖面图

结构胶结合
整打花岗石圆柱
5厚不锈钢套
直径30不锈钢棒
焊接（磨光）
直径60不锈钢棒
预埋铁件
200X100X6

2-2 剖面图

结构胶结合
花岗石预留 5X60 环槽
内嵌 5 厚不锈钢套
整打花岗石圆柱
直径30不锈钢棒
直径60不锈钢棒
预埋铁件
200X100

圆凳树池038

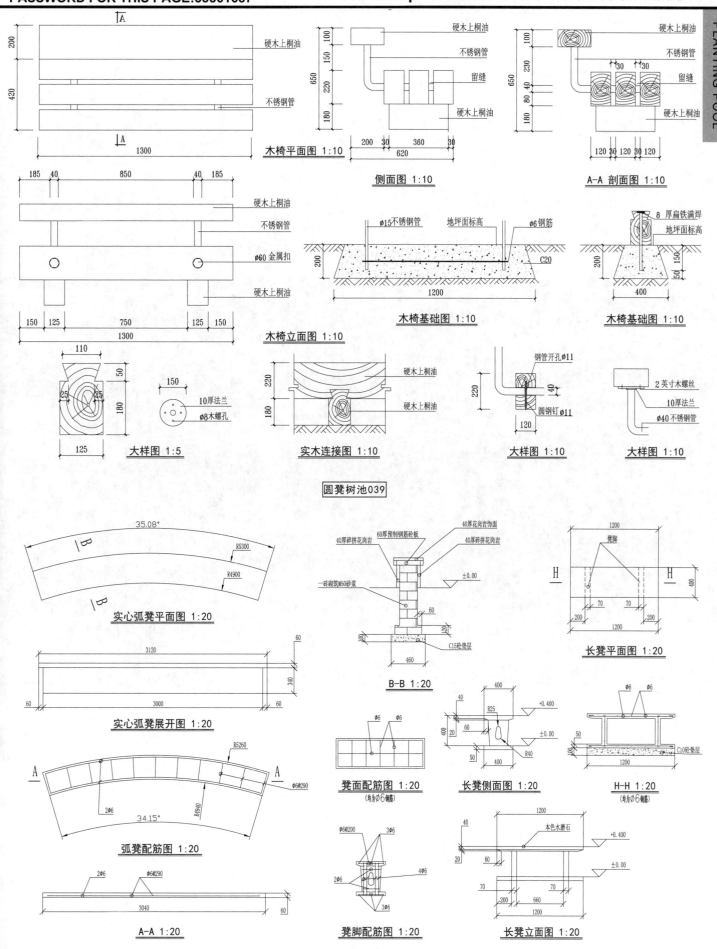

木椅平面图 1:10

侧面图 1:10

A-A 剖面图 1:10

木椅立面图 1:10

木椅基础图 1:10

木椅基础图 1:10

大样图 1:5

实木连接图 1:10

大样图 1:10

大样图 1:10

圆凳树池039

实心弧凳平面图 1:20

实心弧凳展开图 1:20

B-B 1:20

长凳平面图 1:20

弧凳配筋图 1:20

凳面配筋图 1:20

长凳侧面图 1:20

H-H 1:20

A-A 1:20

凳脚配筋图 1:20

长凳立面图 1:20

圆凳树池040

景观灯柱

LANDSCAPE LAMP

本页解压密码: 10594214

景观灯柱

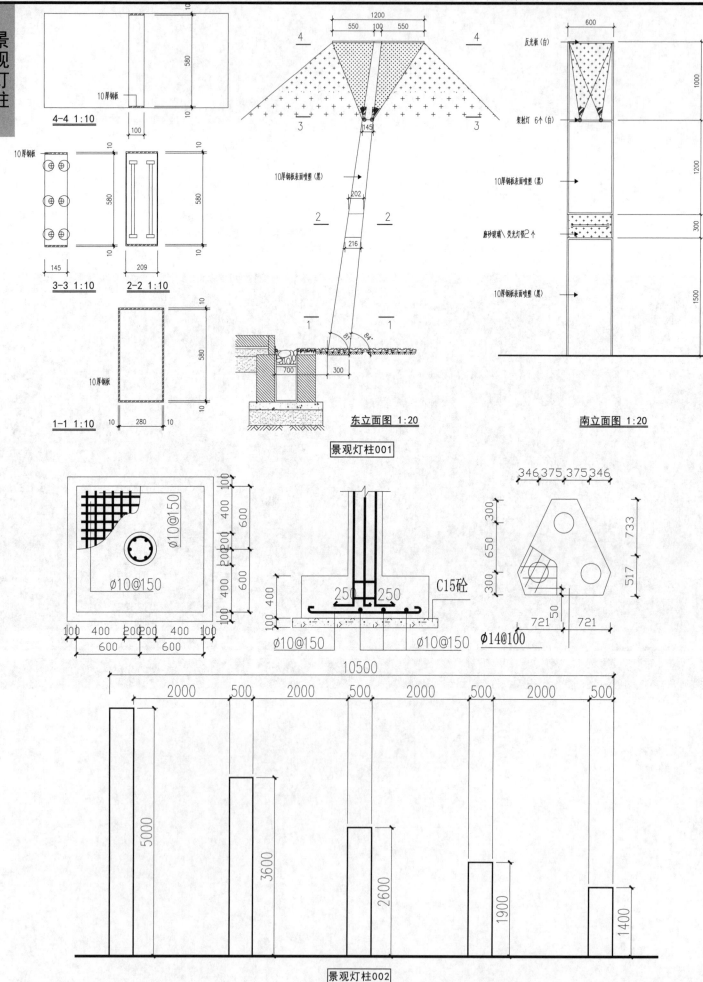

4-4 1:10

10厚钢板

3-3 1:10   2-2 1:10

10厚钢板

1-1 1:10

10厚钢板表面喷塑(黑)

东立面图 1:20

景观灯柱001

反光板(白)
架射灯 6个(白)
10厚钢板表面喷塑(黑)
磨砂玻璃\荧光灯管2个
10厚钢板表面喷塑(黑)

南立面图 1:20

Ø10@150

Ø10@150

C15砼

Ø10@150   Ø10@150

Ø14@100

景观灯柱002

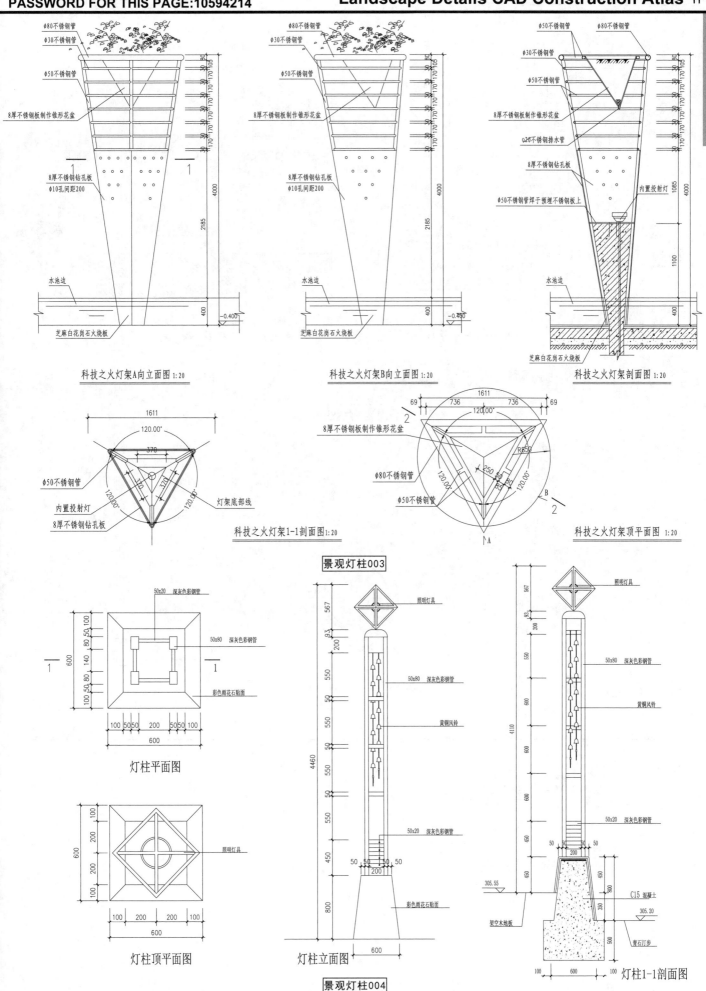

科技之火灯架A向立面图 1:20

科技之火灯架B向立面图 1:20

科技之火灯架剖面图 1:20

科技之火灯架1-1剖面图 1:20

科技之火灯架顶平面图 1:20

景观灯柱003

灯柱平面图

灯柱顶平面图

灯柱立面图

景观灯柱004

灯柱1-1剖面图

景观灯柱

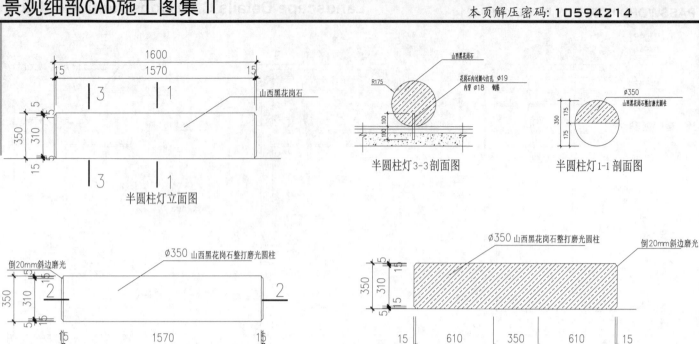

半圆柱灯立面图

半圆柱灯3-3剖面图

半圆柱灯1-1剖面图

半圆柱灯平面图

半圆柱灯2-2剖面图

景观灯柱005

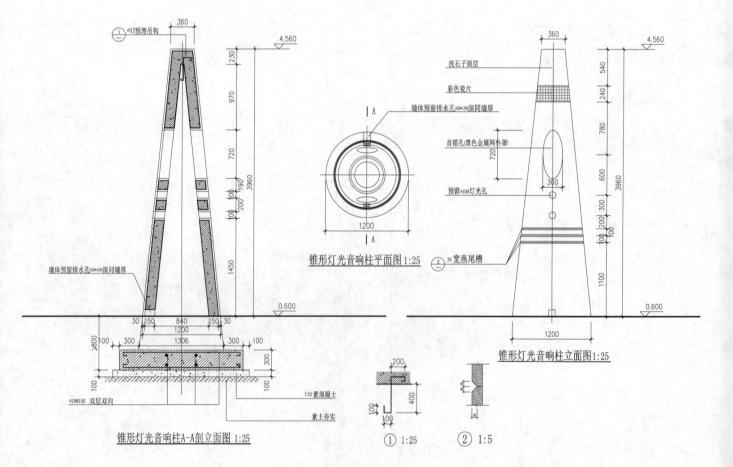

锥形灯光音响柱A-A剖立面图 1:25

锥形灯光音响柱平面图 1:25

锥形灯光音响柱立面图 1:25

① 1:25   ② 1:5

景观灯柱006

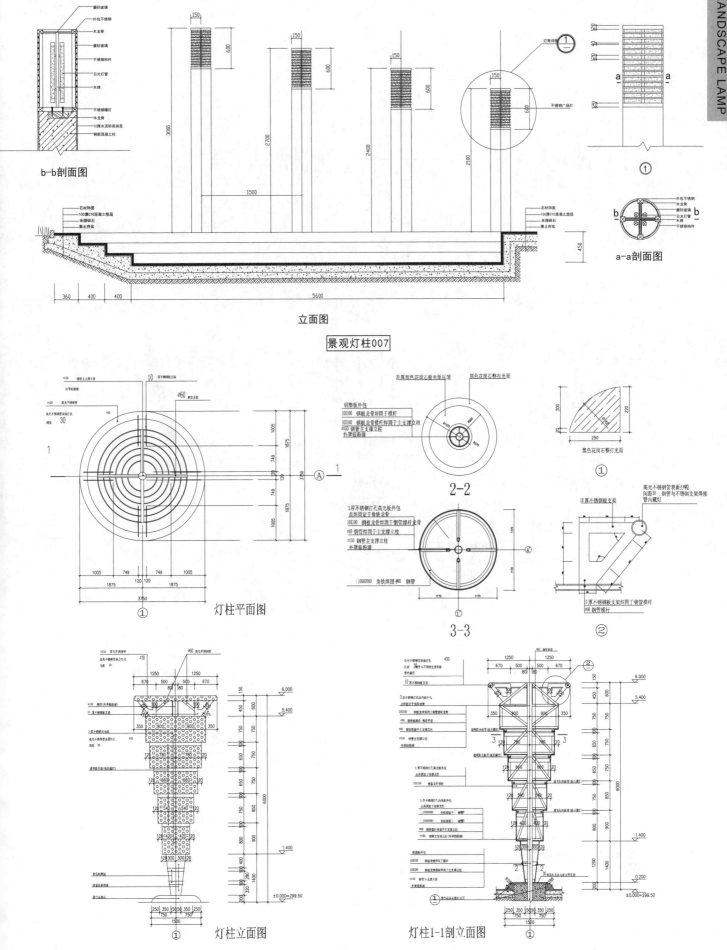

b-b剖面图

a-a剖面图

立面图

景观灯柱007

灯柱平面图

2-2

3-3

灯柱立面图

灯柱1-1剖立面图

景观灯柱008

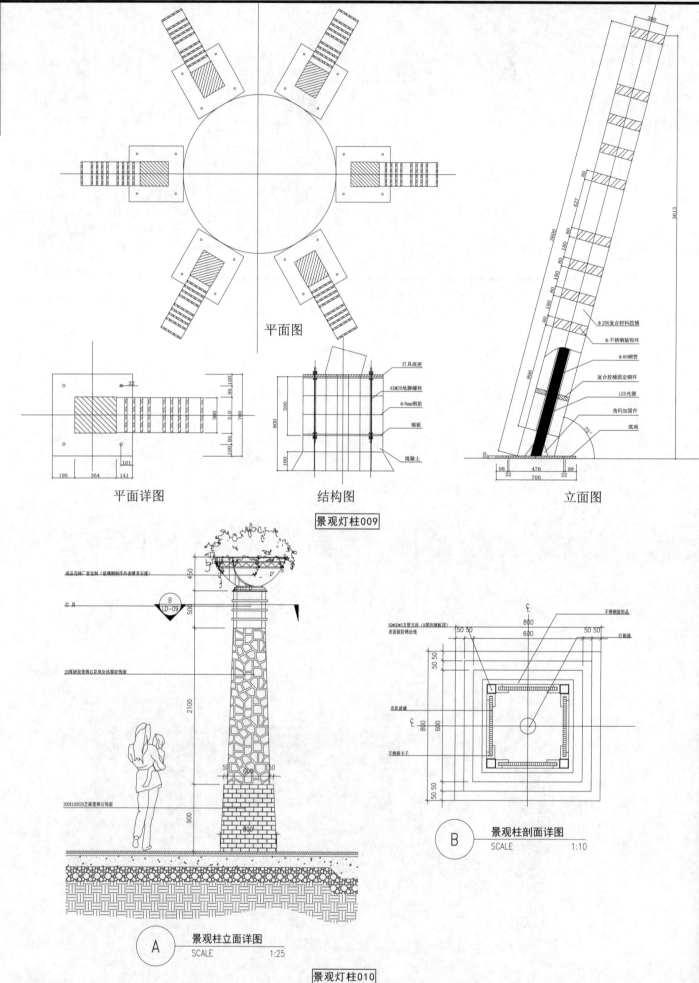

平面图

平面详图

结构图

灯具底座
4XM20地脚螺栓
Φ8mm钢筋
锚板
混凝土

景观灯柱009

立面图

Φ280复合材料胶桶
Φ不锈钢装饰环
Φ89钢管
复合胶桶固定钢环
LED光源
角码加固件
底座

成品花钵厂家定制（玻璃钢制作外表喷真石漆）

灯具

20厚烧面黄锈石花岗岩冰裂纹饰面

200X100X20芝麻黑弹石饰面

50X50X3方管支柱（8厚的钢板顶）
表面做防锈处理

不锈钢装饰品

灯照源

有机玻璃

不锈钢卡子

景观柱剖面详图
B   SCALE   1:10

A   景观柱立面详图
    SCALE   1:25

景观灯柱010

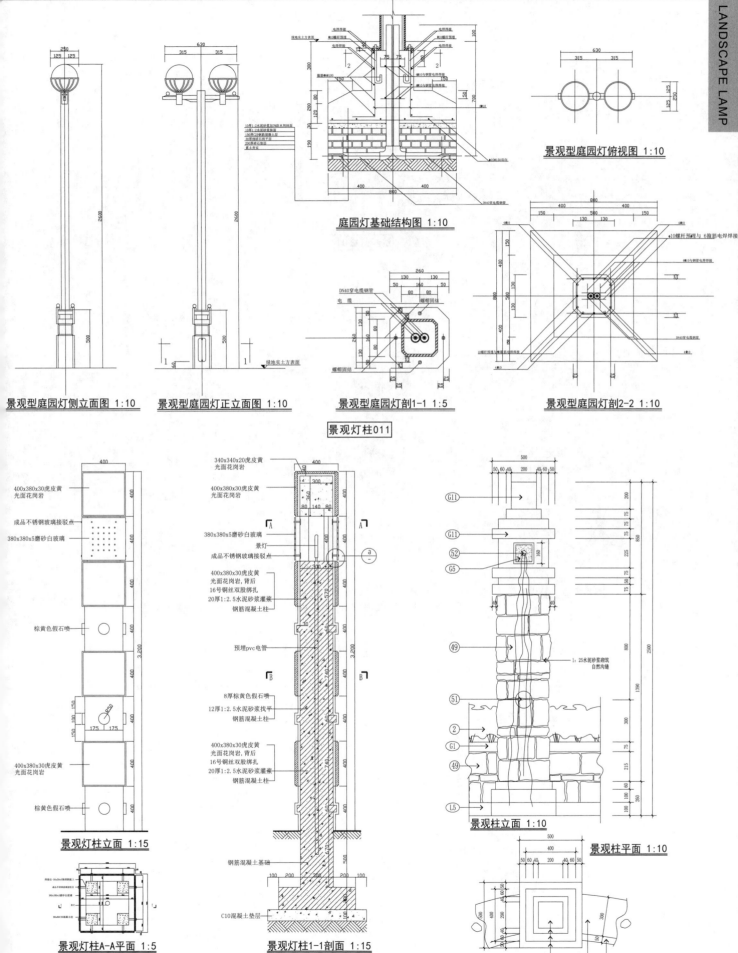

景观型庭园灯侧立面图 1:10

景观型庭园灯正立面图 1:10

庭园灯基础结构图 1:10

景观型庭园灯俯视图 1:10

景观型庭园灯剖1-1 1:5

景观型庭园灯剖2-2 1:10

景观灯柱011

景观灯柱立面 1:15

景观灯柱A-A平面 1:5

景观灯柱012

景观灯柱1-1剖面 1:15

景观柱立面 1:10

景观柱平面 1:10

景观灯柱013

景观灯柱

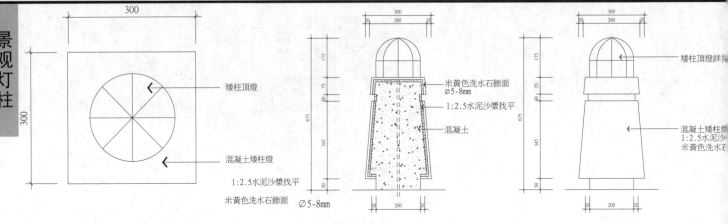

矮柱顶燈

混凝土矮柱燈

1:2.5水泥沙漿找平

米黃色洗水石飾面 ∅5-8mm

米黃色洗水石飾面 ∅5-8mm
1:2.5水泥沙漿找平
混凝土

矮柱顶燈詳見

混凝土矮柱燈
1:2.5水泥沙
米黃色洗水石

景观灯柱014

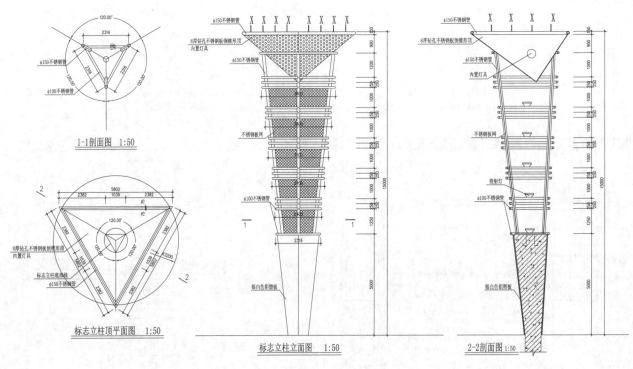

φ150不锈钢管

8厚钻孔不锈钢板倒锥形顶
内置灯具

φ150不锈钢管

不锈钢板网

φ100不锈钢管

极白色铝塑板

1-1剖面图 1:50

8厚钻孔不锈钢板倒锥形顶
内置灯具

标志立柱底部轮廓
φ150不锈钢管

标志立柱顶平面图 1:50

标志立柱立面图 1:50

φ150不锈钢管

8厚钻孔不锈钢板倒锥形顶
内置灯具

φ150不锈钢管

内置灯具

不锈钢板网

投射灯

φ100不锈钢管

极白色铝塑板

2-2剖面图 1:50

景观灯柱015

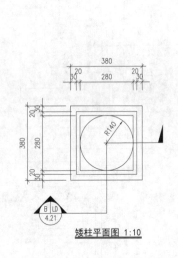

矮柱平面图 1:10

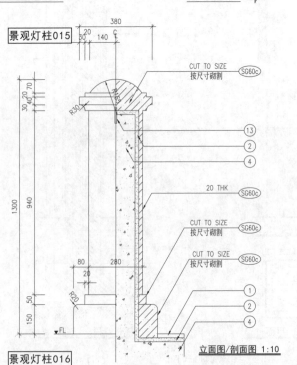

CUT TO SIZE
按尺寸砌割 (SG60c)

(13)
(2)
(4)

20 THK (SG60c)

CUT TO SIZE
按尺寸砌割 (SG60c)

CUT TO SIZE
按尺寸砌割 (SG60c)

(1)
(2)
(4)

立面图/剖面图 1:10

景观灯柱016

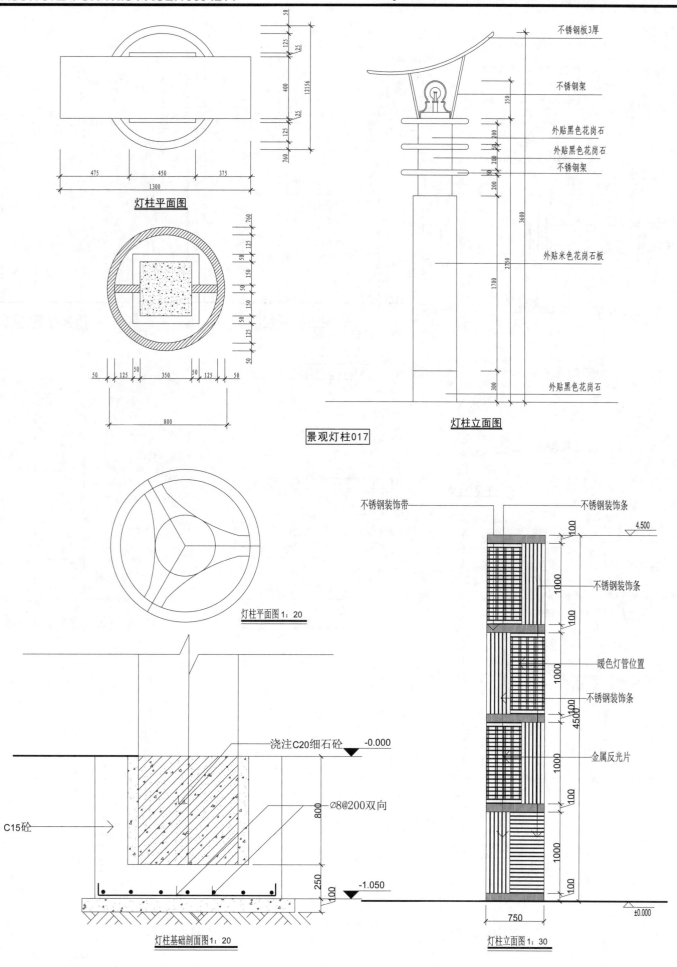

灯柱平面图

不锈钢板3厚

不锈钢架

外贴黑色花岗石
外贴黑色花岗石
不锈钢架

外贴米色花岗石板

外贴黑色花岗石

灯柱立面图

景观灯柱017

灯柱平面图 1：20

浇注C20细石砼　　-0.000

∅8@200双向

C15砼

灯柱基础剖面图1：20

不锈钢装饰带　　　　　　　不锈钢装饰条

4.500

不锈钢装饰条

暖色灯管位置

不锈钢装饰条

金属反光片

±0.000

灯柱立面图1：30

景观灯柱018

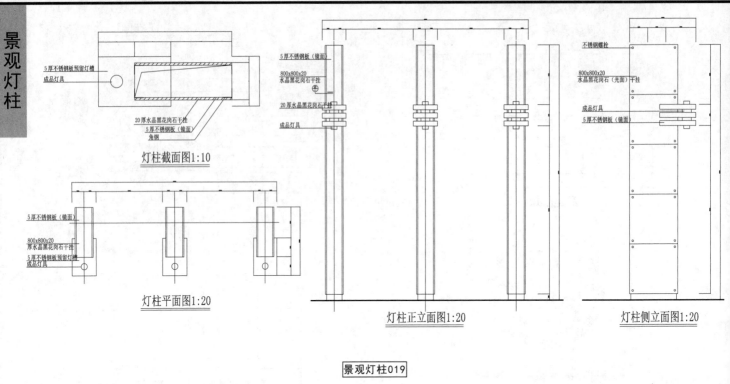

5厚不锈钢板预留灯槽
成品灯具

20厚水晶黑花岗石干挂
5厚不锈钢板(镜面)
角钢

灯柱截面图1:10

5厚不锈钢板(镜面)
800x800x20
厚水晶黑花岗石干挂
5厚不锈钢板预留灯槽
成品灯具

灯柱平面图1:20

5厚不锈钢板(镜面)
800x800x20
水晶黑花岗石干挂
20厚水晶黑花岗石干挂
成品灯具

灯柱正立面图1:20

不锈钢螺栓
800x800x20
水晶黑花岗石(光面)干挂
成品灯具
5厚不锈钢板(镜面)

灯柱侧立面图1:20

景观灯柱019

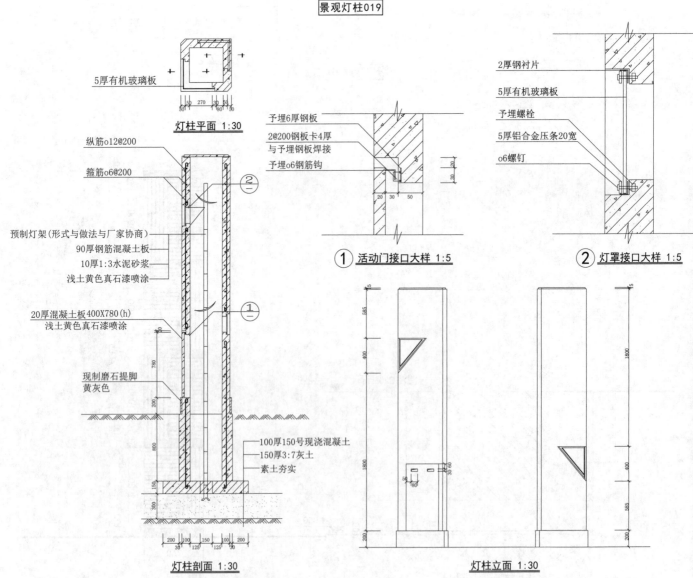

5厚有机玻璃板

灯柱平面 1:30

纵筋o12@200
箍筋o6@200

预制灯架(形式与做法与厂家协商)
90厚钢筋混凝土板
10厚1:3水泥砂浆
浅土黄色真石漆喷涂

20厚混凝土板400X780(h)
浅土黄色真石漆喷涂

现制磨石提脚
黄灰色

100厚150号现浇混凝土
150厚3:7灰土
素土夯实

灯柱剖面 1:30

予埋6厚钢板
2@200钢板卡4厚
与予埋钢板焊接
予埋o6钢筋钩

① 活动门接口大样 1:5

2厚钢衬片
5厚有机玻璃板
予埋螺栓
5厚铝合金压条20宽
o6螺钉

② 灯罩接口大样 1:5

灯柱立面 1:30

景观灯柱020

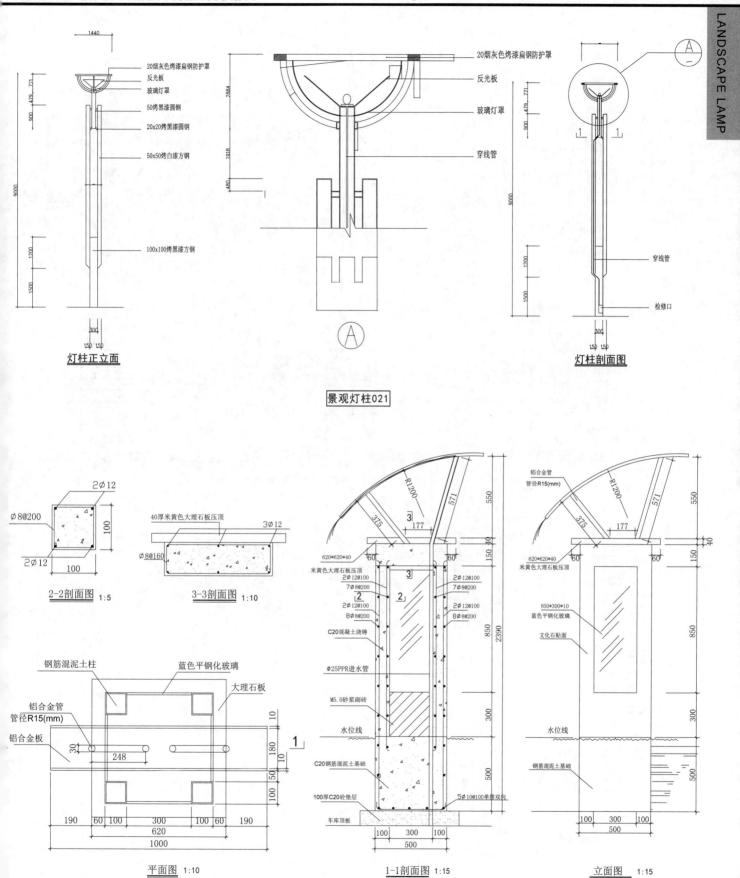

灯柱正立面

20烟灰色烤漆扁钢防护罩
反光板
玻璃灯罩
50烤黑漆圆钢
20x20烤黑漆圆钢
50x50烤白漆方钢
100x100烤黑漆方钢

20烟灰色烤漆扁钢防护罩
反光板
玻璃灯罩
穿线管

灯柱剖面图

穿线管
检修口

景观灯柱021

2-2剖面图 1:5
2Ø12
Ø8@200
2Ø12

3-3剖面图 1:10
40厚米黄色大理石板压顶
3Ø12
Ø8@160

平面图 1:10
钢筋混泥土柱
蓝色平钢化玻璃
大理石板
铝合金管
管径R15(mm)
铝合金板

1-1剖面图 1:15
R1200
铝合金管 管径R15(mm)
620*620*40
米黄色大理石板压顶
2Ø12@100
7Ø8@200
2Ø12@100
8Ø8@200
C20混凝土浇铸
Ø25PPR进水管
M5.0砂浆砌砖
水位线
C20钢筋混泥土基础
100厚C20砼垫层
车库顶板
5Ø10@100单排双向

立面图 1:15
铝合金管 管径R15(mm)
620*620*40
米黄色大理石板压顶
850*300*10
蓝色平钢化玻璃
文化石贴面
水位线
钢筋混泥土基础

景观灯柱022

景观灯柱

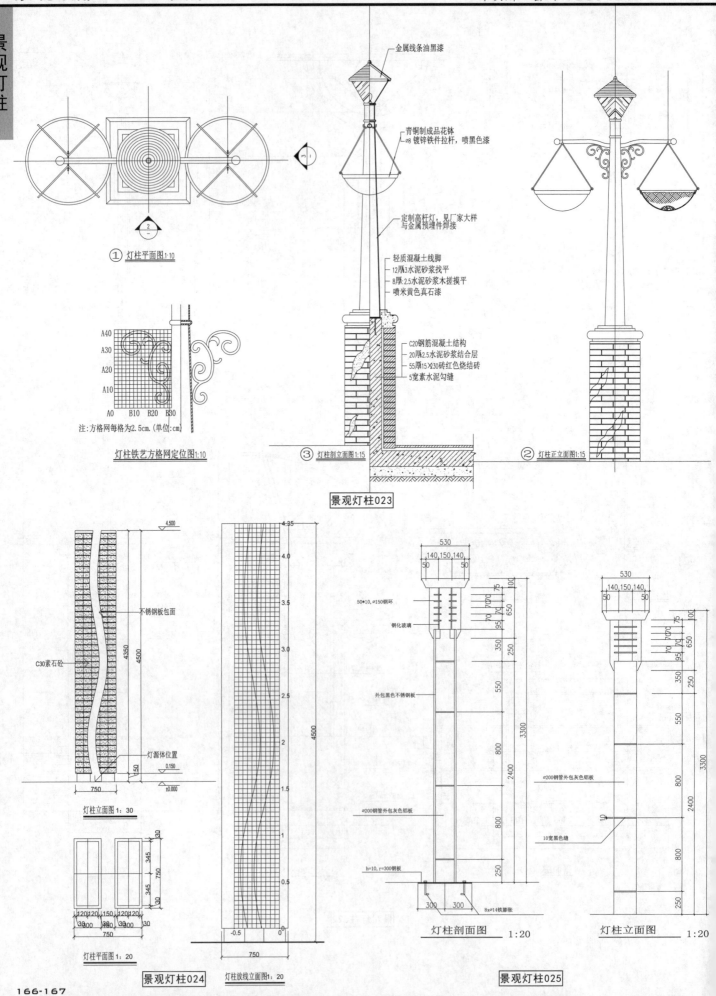

① 灯柱平面图1:10

A40
A30
A20
A10
A0 B10 B20 B30

注:方格网每格为2.5cm.(单位:cm)

灯柱铁艺方格网定位图1:10

金属线条油黑漆

青铜制成品花钵
∅8 镀锌铁件拉杆,喷黑色漆

定制高杆灯,见厂家大样
与金属预埋件焊接

轻质混凝土线脚
12厚1:3水泥砂浆找平
8厚1:2.5水泥砂浆木搓摸平
喷米黄色真石漆

C20钢筋混凝土结构
20厚2.5水泥砂浆结合层
55厚15×30砖红色烧结砖
5宽素色水泥勾缝

③ 灯柱剖立面图1:15

② 灯柱正立面图1:15

景观灯柱023

不锈钢板包面

C30素石砼

灯源体位置

灯柱立面图 1:30

灯柱平面图1:20

灯柱放线立面图 1:20

景观灯柱024

50*10, ∅150钢环

钢化玻璃

外包黑色不锈钢板

∅200钢管外包灰色铝板

h=10, r=300钢板

8×∅14铁膨胀

灯柱剖面图   1:20

∅200钢管外包灰色铝板

10宽黑色缝

灯柱立面图   1:20

景观灯柱025

Landscape Details CAD Construction Atlas Ⅱ

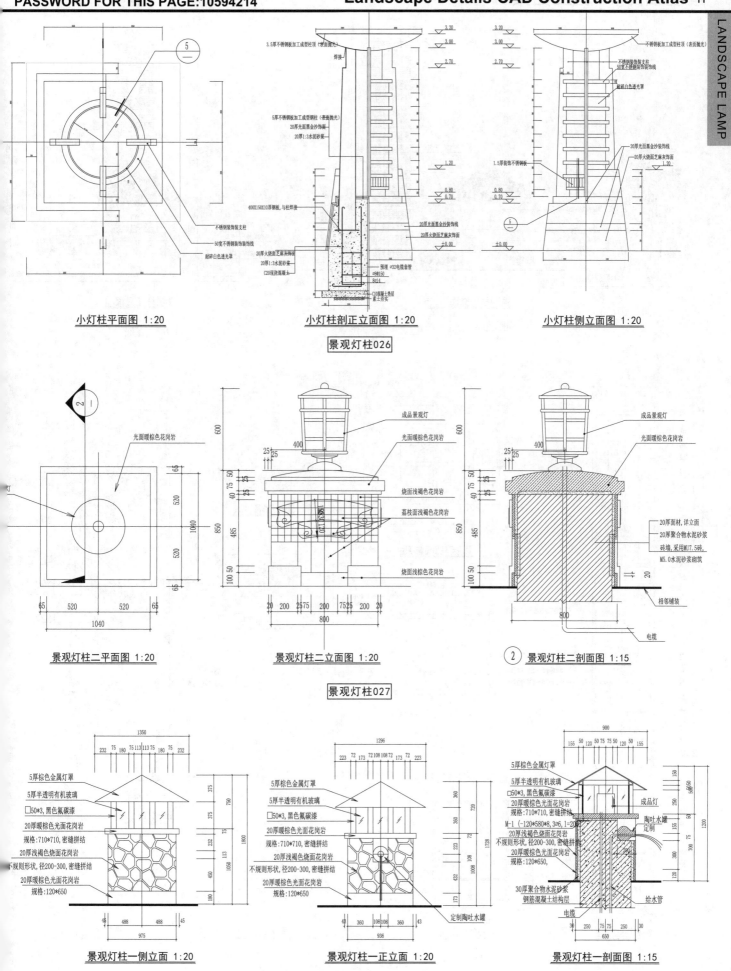

小灯柱平面图 1:20

小灯柱剖正立面图 1:20

小灯柱侧立面图 1:20

景观灯柱026

景观灯柱二平面图 1:20

景观灯柱二立面图 1:20

景观灯柱二剖面图 1:15

景观灯柱027

景观灯柱一侧立面 1:20

景观灯柱一正立面 1:20

景观灯柱一剖面图 1:15

景观灯柱028

景观灯柱

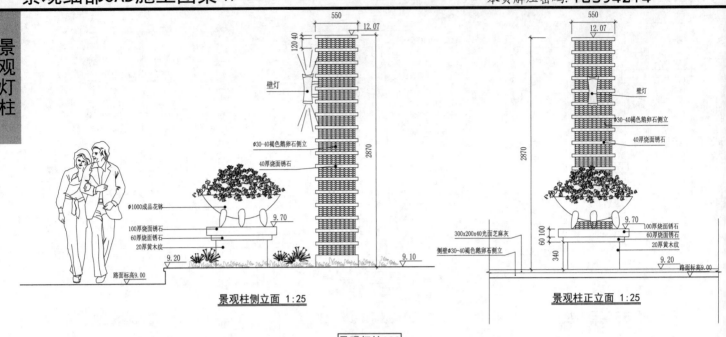

550
12.07
120 40
壁灯
Φ30-40褐色鹅卵石侧立
40厚烧面锈石
2870
Φ1000成品花钵
100厚烧面锈石
60厚烧面锈石
20厚黄木纹
9.70
9.20
路面标高9.00
9.10

景观柱侧立面 1:25

550
12.07
壁灯
Φ30-40褐色鹅卵石侧立
40厚烧面锈石
2870
300x200x40光面芝麻灰
侧壁Φ30-40褐色鹅卵石侧立
9.70
100厚烧面锈石
60厚烧面锈石
20厚黄木纹
60 100
340
9.20
路面标高9.00

景观柱正立面 1:25

景观灯柱029

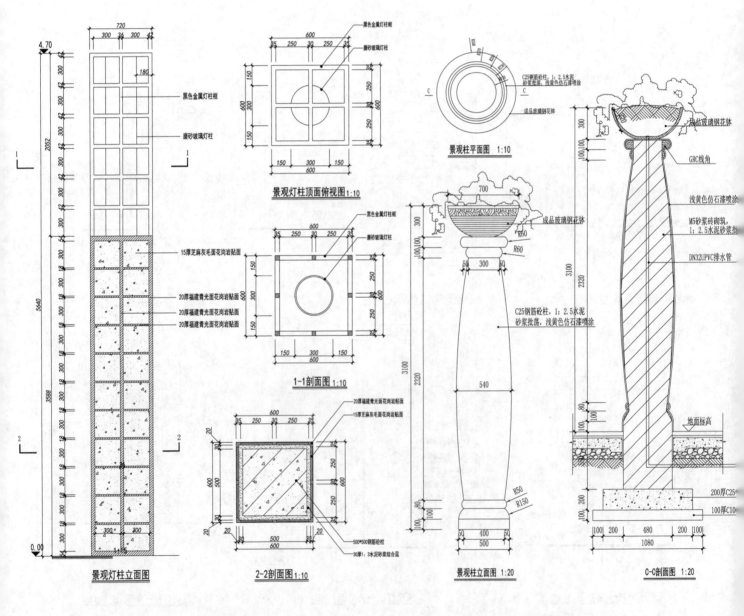

景观灯柱立面图

2-2剖面图1:10

景观柱平面图 1:10

景观灯柱顶面俯视图1:10

1-1剖面图1:10

景观柱立面图 1:20

C-C剖面图 1:20

景观灯柱030

景观灯柱031

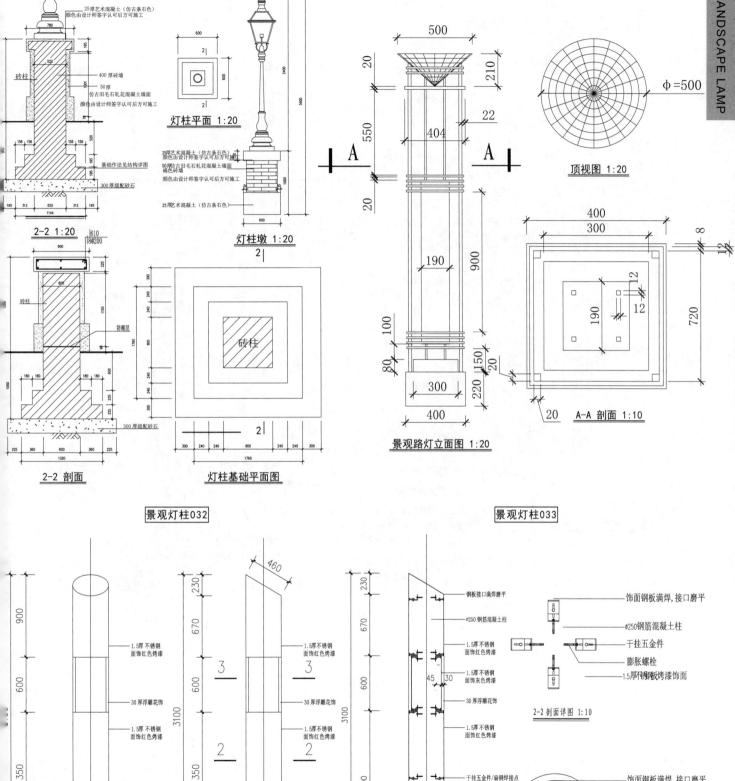

灯柱平面 1:20

灯柱墩 1:20

2-2 1:20

2-2 剖面

灯柱基础平面图

顶视图 1:20

景观路灯立面图 1:20

A-A 剖面 1:10

景观灯柱032　　　　　景观灯柱033

景观柱正立面图 1:25　景观柱侧立面图 1:25　3-3 剖面详图 1:10　1-1 断面图 1:25

2-2 剖面详图 1:10

景观灯柱034

景观灯柱

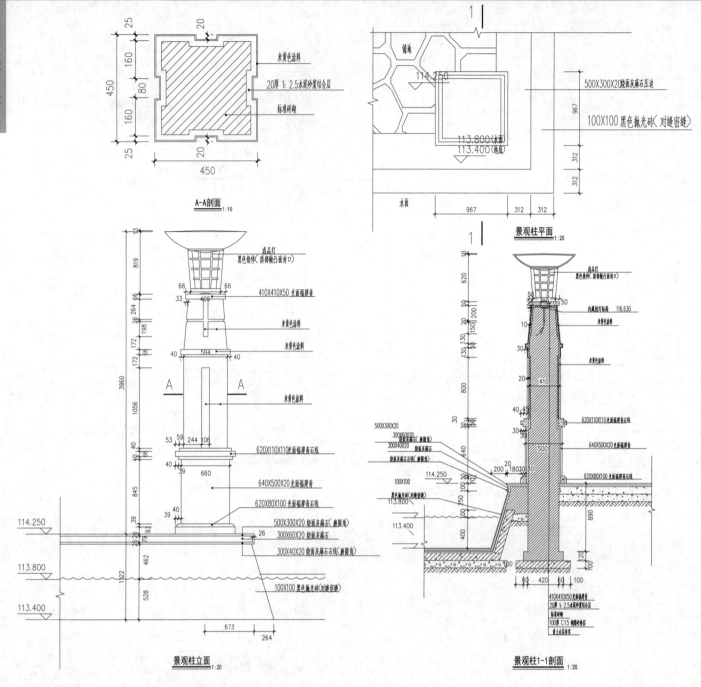

A-A剖面 1:10

景观柱平面 1:20

景观柱立面 1:20

景观柱1-1剖面 1:20

米黄色涂料

20厚 1:2.5水泥砂浆结合层

标准砖砌

500X300X20烧面灰麻石压边

100X100 黑色抛光砖(对缝密缝)

成品灯
黑色铁件(顶部做凸面封口)

410X410X50 光面福建青

620X110X110 洗面福建青石线

640X500X20 光面福建青

620X80X100 光面福建青石线

500X300X20烧面灰麻石(磨圆角)

300X60X20烧面灰麻石

300X40X20烧面灰麻石线(磨圆角)

景观灯柱035

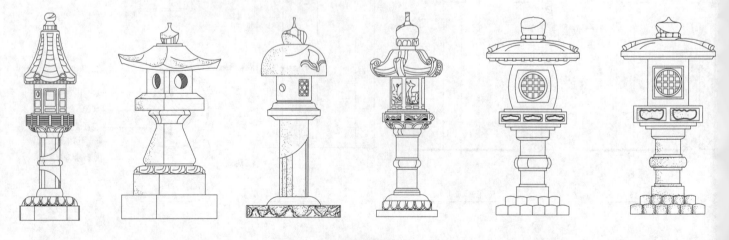

景观灯柱036

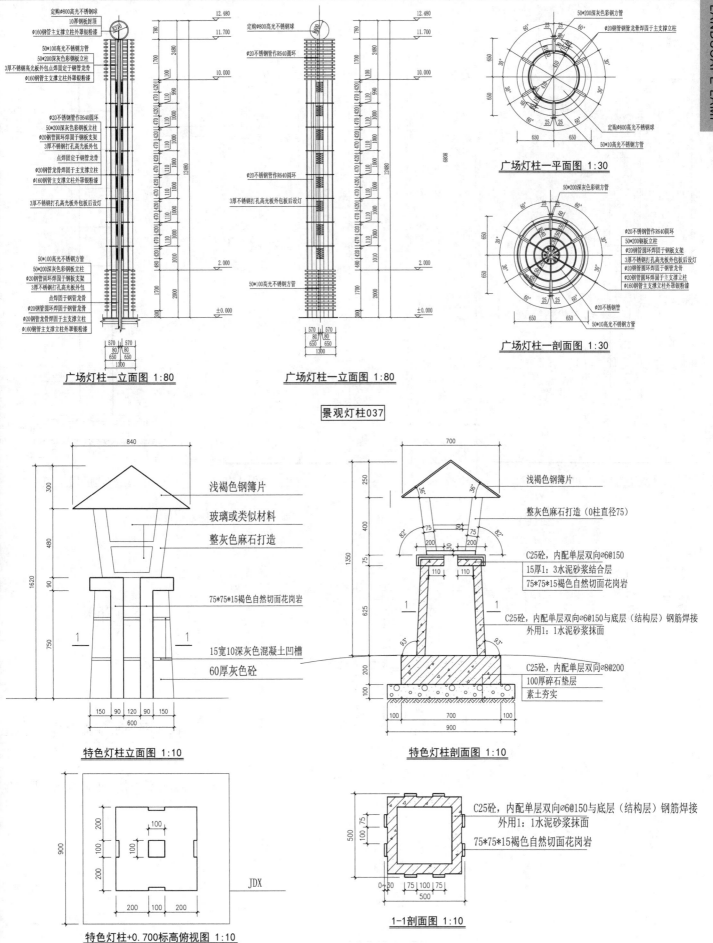

定购Φ800高光不锈钢球
10厚钢板封顶
Φ160钢管主支撑立柱外罩银粉漆
50*100高光不锈钢方管
50*200深灰色影钢板立柱
3厚不锈钢高光板外包点焊固定于钢管龙骨
Φ160钢管主支撑立柱外罩银粉漆

Φ20不锈钢管作R640圆环
50*200深灰色影钢板立柱
Φ20钢管圆环焊固于钢板支架
3厚不锈钢打孔高光板外包
点焊固定于钢管龙骨
Φ20钢管龙骨焊固于主支撑立柱
Φ160钢管主支撑立柱外罩银粉漆

3厚不锈钢打孔高光板外包板后设灯

50*100高光不锈钢方管
50*200深灰色影钢板立柱
Φ20钢管圆环焊固于钢板支架
3厚不锈钢打孔高光板外包
点焊固定于钢管龙骨
Φ20钢管圆环焊固于钢管龙骨
Φ20钢管龙骨焊固于主支撑立柱
Φ160钢管主支撑立柱外罩银粉漆

广场灯柱一立面图 1:80

定购Φ800高光不锈钢球

Φ20不锈钢管作R640圆环

Φ20不锈钢管作R640圆环

3厚不锈钢打孔高光板外包板后设灯

50*100高光不锈钢方管

广场灯柱一立面图 1:80

景观灯柱037

50*200深灰色影钢方管
Φ20钢管钢管龙骨焊固于主支撑立柱

定购Φ800高光不锈钢球
50*10高光不锈钢管

广场灯柱一平面图 1:30

50*200深灰色影钢方管
Φ20不锈钢管作R640圆环
50*200钢板立柱
Φ20钢管圆环焊固于钢板支架
3厚不锈钢打孔高光板外包板后设灯
Φ20钢管圆环焊固于钢管龙骨
Φ20钢管龙骨焊固于主支撑立柱
Φ160钢管主支撑立柱外罩银粉漆
Φ20不锈钢管
50*10高光不锈钢管

广场灯柱一剖面图 1:30

浅褐色钢薄片
玻璃或类似材料
整灰色麻石打造
75*75*15褐色自然切面花岗岩
15宽10深灰色混凝土凹槽
60厚灰色砼

特色灯柱立面图 1:10

浅褐色钢薄片
整灰色麻石打造(O柱直径75)
C25砼，内配单层双向Φ6@150
15厚1：3水泥砂浆结合层
75*75*15褐色自然切面花岗岩
C25砼，内配单层双向Φ6@150与底层(结构层)钢筋焊接
外用1：1水泥砂浆抹面
C25砼，内配单层双向Φ8@200
100厚碎石垫层
素土夯实

特色灯柱剖面图 1:10

JDX

特色灯柱+0.700标高俯视图 1:10

C25砼，内配单层双向Φ6@150与底层(结构层)钢筋焊接
外用1：1水泥砂浆抹面
75*75*15褐色自然切面花岗岩

1-1剖面图 1:10

景观灯柱038

景观灯柱

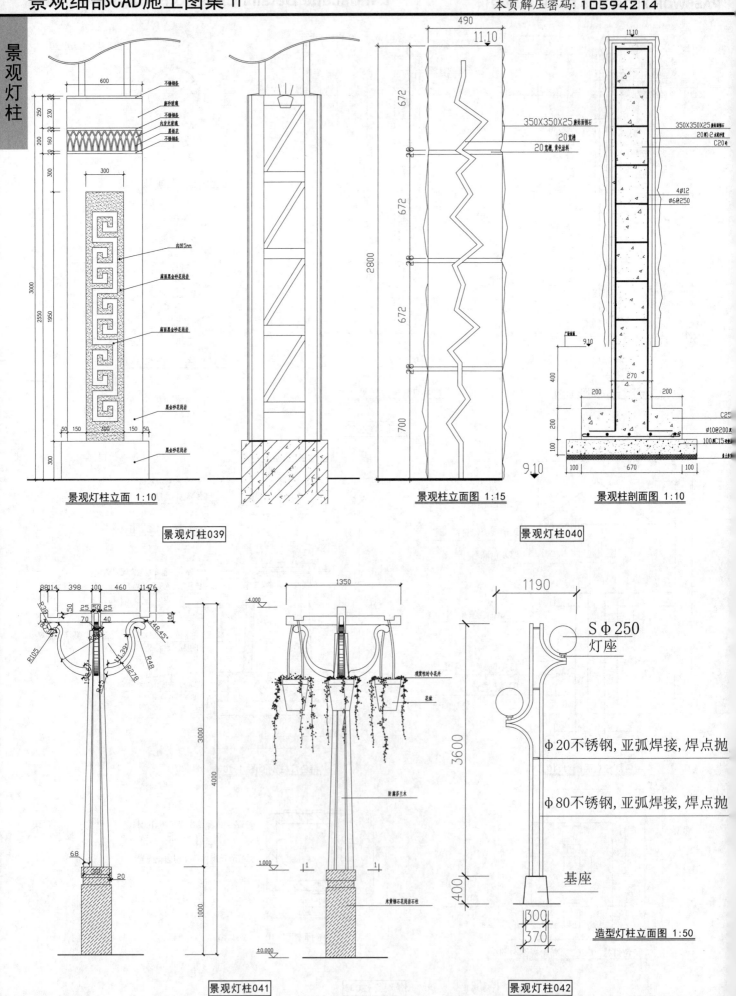

景观灯柱立面 1:10

景观灯柱039

景观柱立面图 1:15

景观柱剖面图 1:10

景观灯柱040

景观灯柱041

造型灯柱立面图 1:50

景观灯柱042

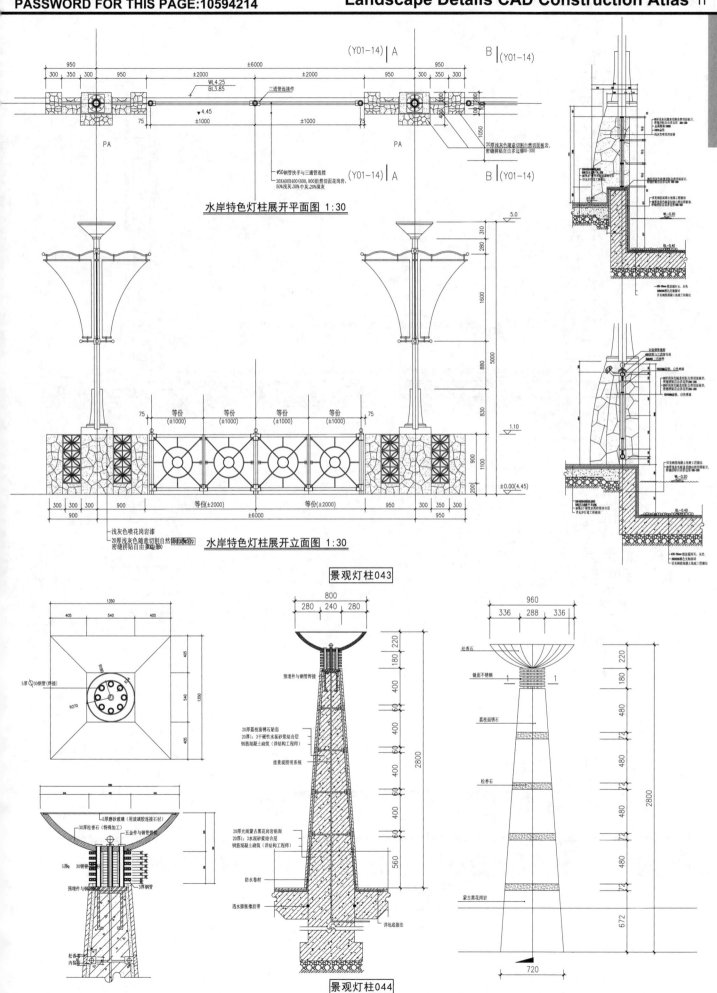

水岸特色灯柱展开平面图 1:30

水岸特色灯柱展开立面图 1:30

景观灯柱043

景观灯柱044

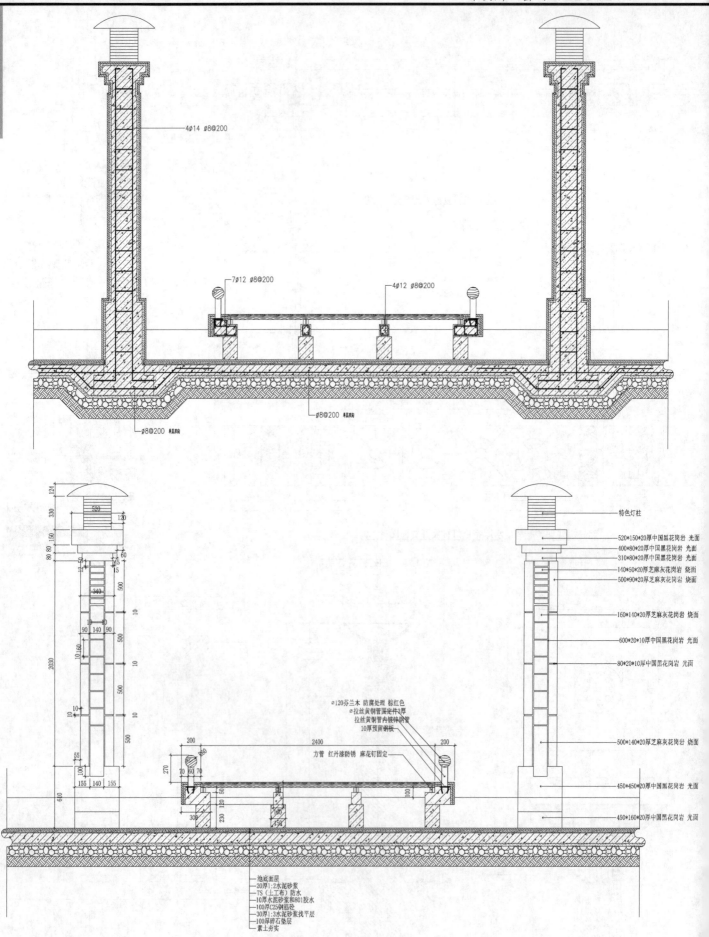

4φ14 φ8@200

7φ12 φ8@200

4φ12 φ8@200

φ8@200 单层双向

φ8@200 单层双向

特色灯柱
520*150*20厚中国黑花岗岩 光面
400*80*20厚中国黑花岗岩 光面
310*80*20厚中国黑花岗岩 光面
140*50*20厚芝麻灰花岗岩 烧面
500*90*20厚芝麻灰花岗岩 烧面
160*140*20厚芝麻灰花岗岩 烧面
600*20*10厚中国黑花岗岩 光面
80*20*10厚中国黑花岗岩 光面
500*140*20厚芝麻灰花岗岩 烧面
450*450*20厚中国黑花岗岩 光面
450*160*20厚中国黑花岗岩 光面

φ120芬兰木 防腐处理 棕红色
φ拉丝黄铜管固定件3厚
拉丝黄铜管内镀锌钢管
10厚预留钢板

方管 红丹漆防锈 麻花钉固定

池底面层
20厚1:2水泥砂浆
TS（土工布）防水
10厚水泥砂浆和801胶水
100厚C25钢筋砼
30厚1:3水泥砂浆找平层
100厚碎石垫层
素土夯实

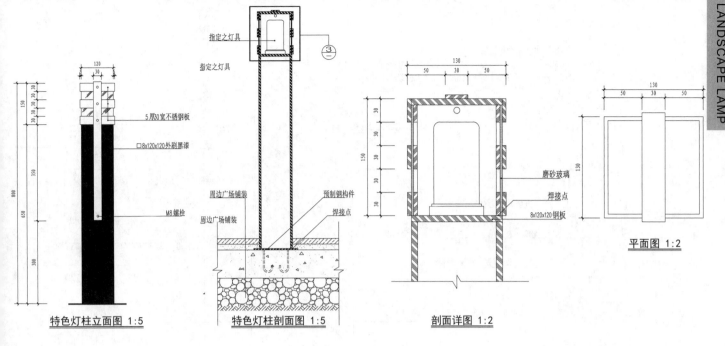

指定之灯具

指定之灯具

5厚30宽不锈钢板

口8x120x120外刷黑漆

M8螺栓

周边广场铺装

周边广场铺装

预制钢构件

焊接点

磨砂玻璃

焊接点

8x120x120钢板

特色灯柱立面图 1:5

特色灯柱剖面图 1:5

剖面详图 1:2

平面图 1:2

景观灯柱046

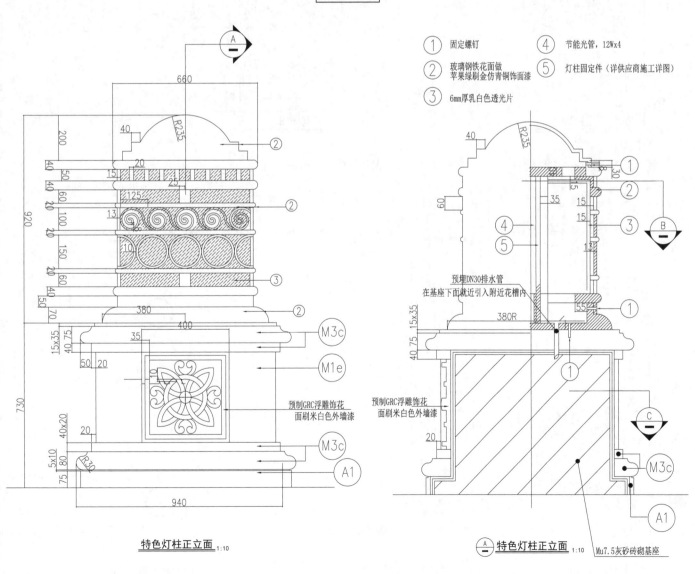

① 固定螺钉

② 玻璃钢铁花面做苹果绿刷金仿青铜饰面漆

③ 6mm厚乳白色透光片

④ 节能光管，12Wx4

⑤ 灯柱固定件（详供应商施工详图）

预制GRC浮雕饰花面刷米白色外墙漆

预埋DN30排水管
在基座下面就近引入附近花槽内

预制GRC浮雕饰花面刷米白色外墙漆

特色灯柱正立面 1:10

特色灯柱正立面 1:10 Mu7.5灰砂砖砌基座

景观灯柱047

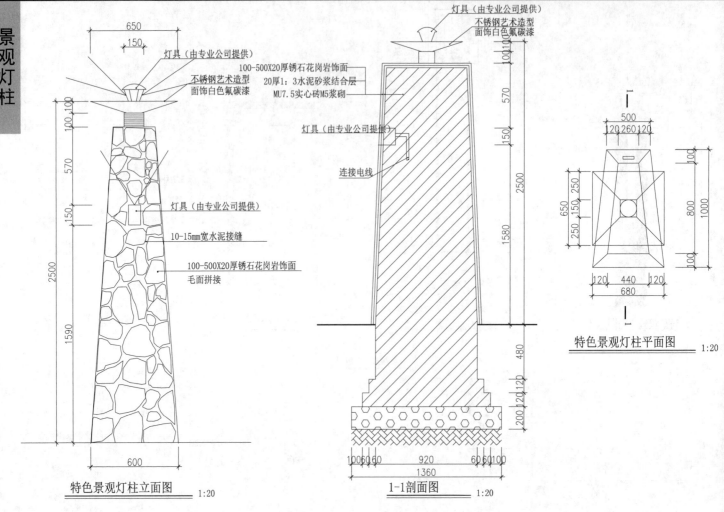

灯具（由专业公司提供）
不锈钢艺术造型
面饰白色氟碳漆

100-500X20厚锈石花岗岩饰面
20厚1：3水泥砂浆结合层
MU7.5实心砖M5浆砌

灯具（由专业公司提供）

连接电线

灯具（由专业公司提供）
不锈钢艺术造型
面饰白色氟碳漆

灯具（由专业公司提供）

10-15mm宽水泥接缝

100-500X20厚锈石花岗岩饰面
毛面拼接

特色景观灯柱立面图 　1:20

1-1剖面图 　1:20

特色景观灯柱平面图 　1:20

景观灯柱048

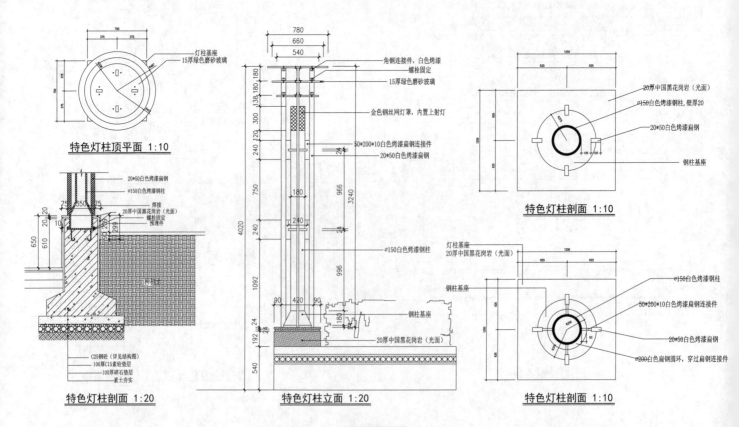

灯柱基座
15厚绿色磨砂玻璃

特色灯柱顶平面 1:10

角钢连接件，白色烤漆
螺栓固定
15厚绿色磨砂玻璃

金色钢丝网灯罩，内置上射灯

50*200*10白色烤漆扁钢连接件
20*50白色烤漆扁钢

ø150白色烤漆钢柱

钢柱基座

20*50白色烤漆扁钢
ø150白色烤漆钢柱
20厚中国黑花岗岩（光面）
螺栓固定
预埋件

焊接

C25钢砼（详见结构图）
100厚C15素砼垫层
100厚碎石垫层
素土夯实

特色灯柱剖面 1:20

钢柱基座

20厚中国黑花岗岩（光面）

特色灯柱立面 1:20

20厚中国黑花岗岩（光面）

ø150白色烤漆钢柱，壁厚20

20*50白色烤漆扁钢

钢柱基座

特色灯柱剖面 1:10

灯柱基座
20厚中国黑花岗岩（光面）

钢柱基座

ø150白色烤漆钢柱

50*200*10白色烤漆扁钢连接件

20*50白色烤漆扁钢

ø200白色扁钢圆环，穿过扁钢连接件

特色灯柱剖面 1:10

景观灯柱049

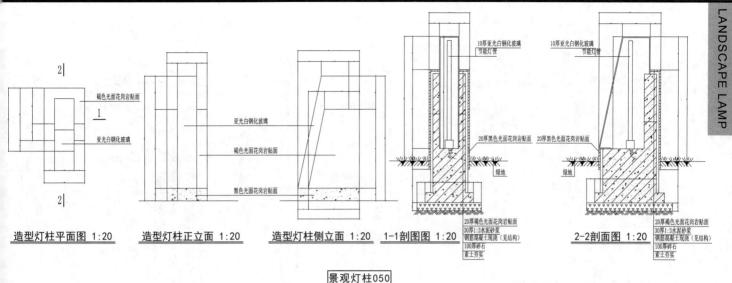

褐色光面花岗岩贴面

亚光白钢化玻璃

10厚亚光白钢化玻璃
节能灯管

10厚亚光白钢化玻璃
节能灯管

亚光白钢化玻璃

褐色光面花岗岩贴面

20厚黑色面花岗岩贴面

20厚黑色面花岗岩贴面

黑色光面花岗岩贴面

绿地

绿地

造型灯柱平面图 1:20　造型灯柱正立面 1:20　造型灯柱侧立面 1:20　1-1剖图图 1:20

20厚褐色光面花岗岩贴面
30厚1:3水泥砂浆
钢筋混凝土现浇(见结构)
100厚碎石
素土夯实

2-2剖面图 1:20

20厚褐色光面花岗岩贴面
30厚1:3水泥砂浆
钢筋混凝土现浇(见结构)
100厚碎石
素土夯实

景观灯柱050

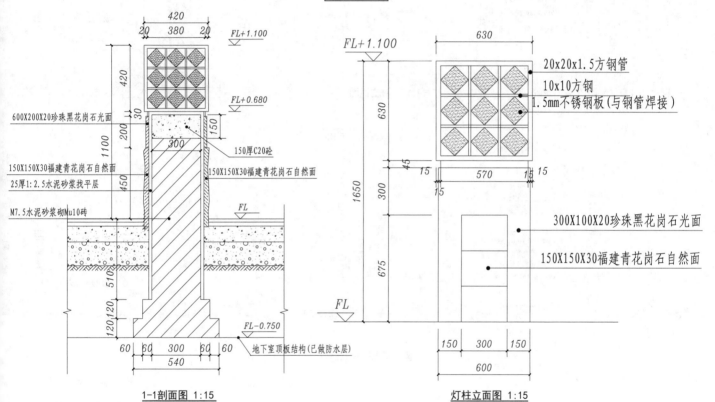

FL+1.100

420
20 380 20

FL+0.680

600X200X20珍珠黑花岗石光面

150厚C20砼

150X150X30福建青花岗石自然面

150X150X30福建青花岗石自然面

25厚1:2.5水泥砂浆找平层

M7.5水泥砂浆砌Mu10砖

FL

FL-0.750

地下室顶板结构(已做防水层)

60 60 300 60 60
540

1-1剖面图 1:15

FL+1.100

630

20x20x1.5方钢管

10x10方钢

1.5mm不锈钢板(与钢管焊接)

300X100X20珍珠黑花岗石光面

150X150X30福建青花岗石自然面

FL

15 570 15
15

150 300 150
600

灯柱立面图 1:15

景观灯柱051

景观灯柱052

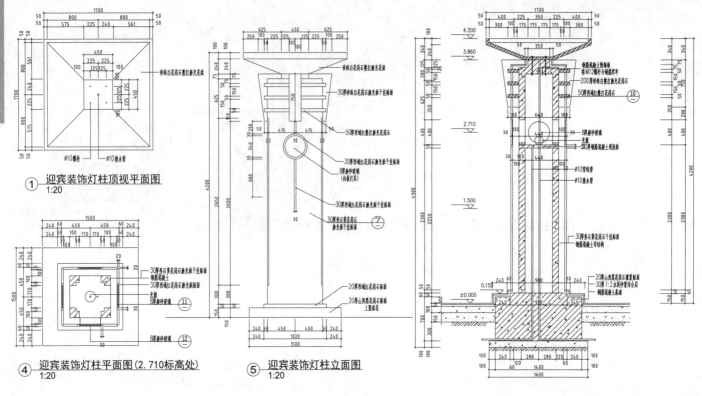

① 迎宾装饰灯柱顶视平面图 1:20

④ 迎宾装饰灯柱平面图(2.710标高处) 1:20

⑤ 迎宾装饰灯柱立面图 1:20

景观灯柱053

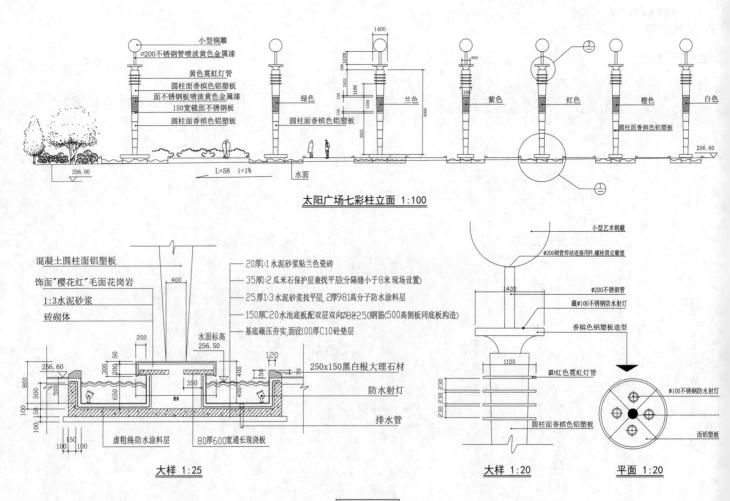

太阳广场七彩柱立面 1:100

大样 1:25

大样 1:20

平面 1:20

景观灯柱054

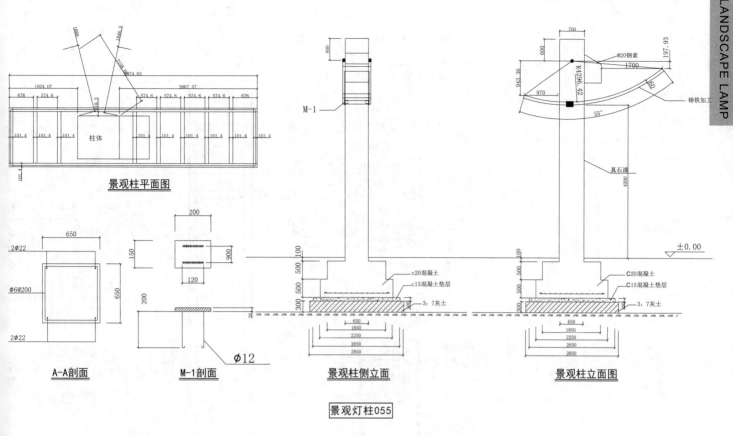

景观柱平面图

A-A剖面   M-1剖面   景观柱侧立面   景观柱立面图

景观灯柱055

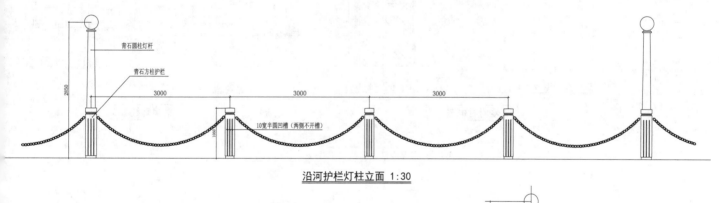

沿河护栏灯柱立面 1:30

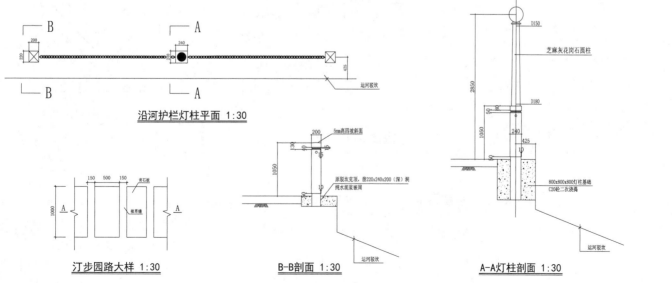

沿河护栏灯柱平面 1:30

汀步园路大样 1:30   B-B剖面 1:30   A-A灯柱剖面 1:30

景观灯柱056

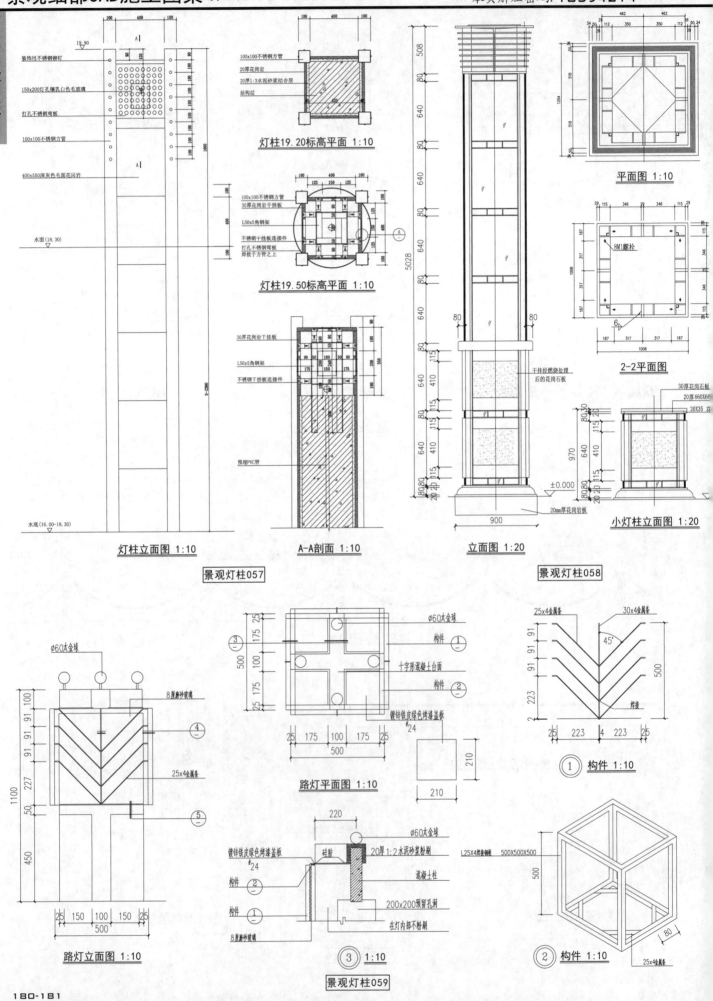

装饰用不锈钢铆钉

150x200孔镶乳白色毛玻璃

打孔不锈钢弯板

100x100不锈钢方管

400x550深灰色毛面花岗岩

水面(18.30)

水底(16.00-18.30)

灯柱立面图 1:10

100x100不锈钢方管
20厚花岗岩
20厚1:3水泥砂浆结合层
结构层

灯柱19.20标高平面 1:10

100x100不锈钢方管
30厚花岗岩干挂板
L50x5角钢架
不锈钢干挂板连接件
打孔不锈钢弯板
焊接于方管之上

灯柱19.50标高平面 1:10

30厚花岗岩干挂板
L50x5角钢架
不锈钢干挂板连接件

预埋PVC管

A-A剖面 1:10

景观灯柱057

干挂经燃烧处理
后的花岗石板

20mm厚花岗岩板

立面图 1:20

平面图 1:10

RM1螺栓

2-2平面图

30厚花岗石板
20厚 660X66
20X35 石

小灯柱立面图 1:20

景观灯柱058

Ø60太金球

8厚磨砂玻璃

25x4金属条

路灯立面图 1:10

Ø60太金球
构件 ①
十字形混凝土台面
构件 ②
镀锌铁皮绿色烤漆盖板

路灯平面图 1:10

镀锌铁皮绿色烤漆盖板
构件 ②
构件 ①
8厚磨砂玻璃

Ø60太金球
20厚1:2水泥砂浆粉刷
硅胶
混凝土柱
200x200预留孔洞
在灯内部不粉刷

③ 1:10

景观灯柱059

25x4金属条
30x4金属条
45°
焊接

① 构件 1:10

L25X4焊接钢框
500X500X500

② 构件 1:10

25x4金属条

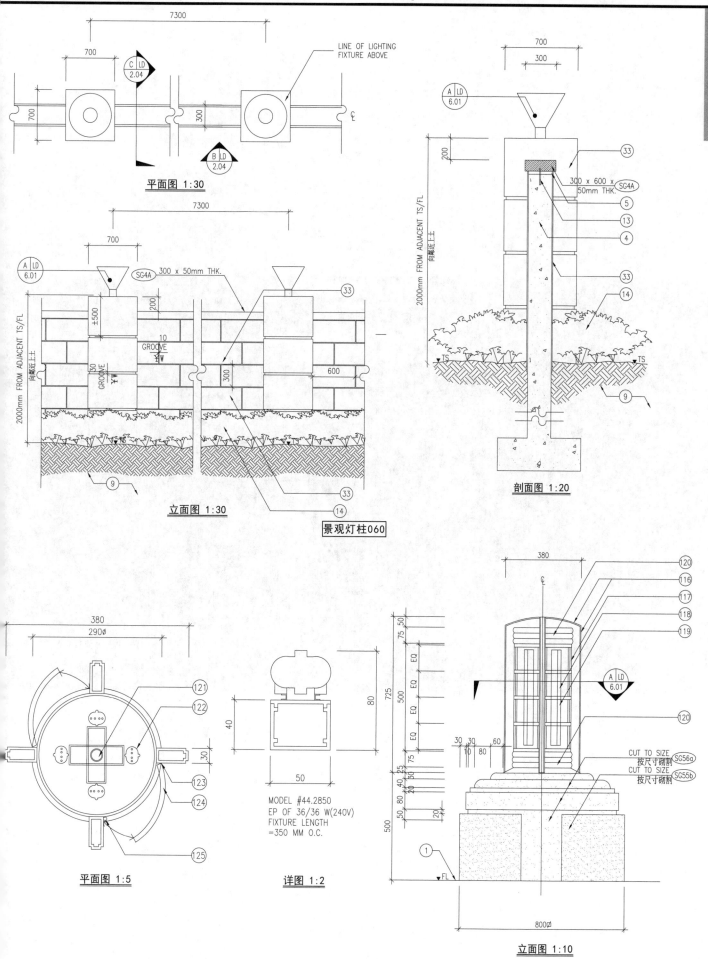

LINE OF LIGHTING FIXTURE ABOVE

平面图 1:30

300 × 50mm THK.

立面图 1:30

景观灯柱060

300 × 600 × 50mm THK.

剖面图 1:20

MODEL #44.2850
EP OF 36/36 W(240V)
FIXTURE LENGTH
=350 MM O.C.

平面图 1:5

详图 1:2

CUT TO SIZE
按尺寸砌割

CUT TO SIZE
按尺寸砌割

立面图 1:10

景观灯柱061

童叟乐园
PLAYGROUND

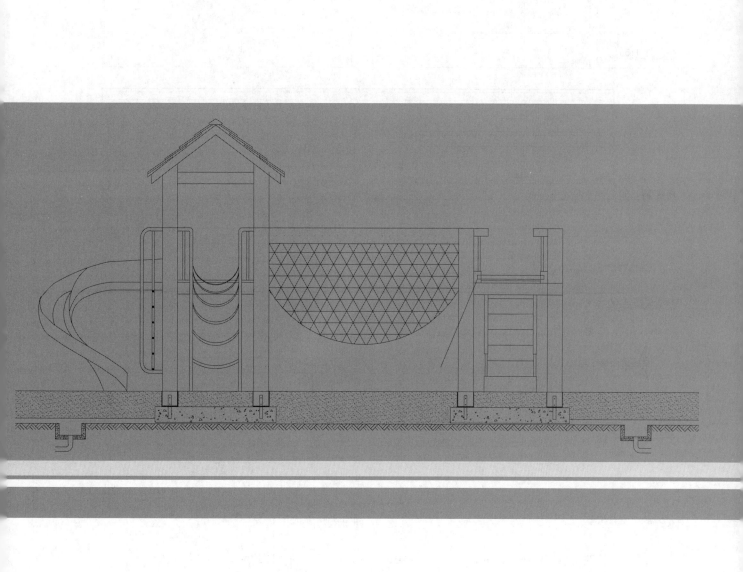

童叟乐园

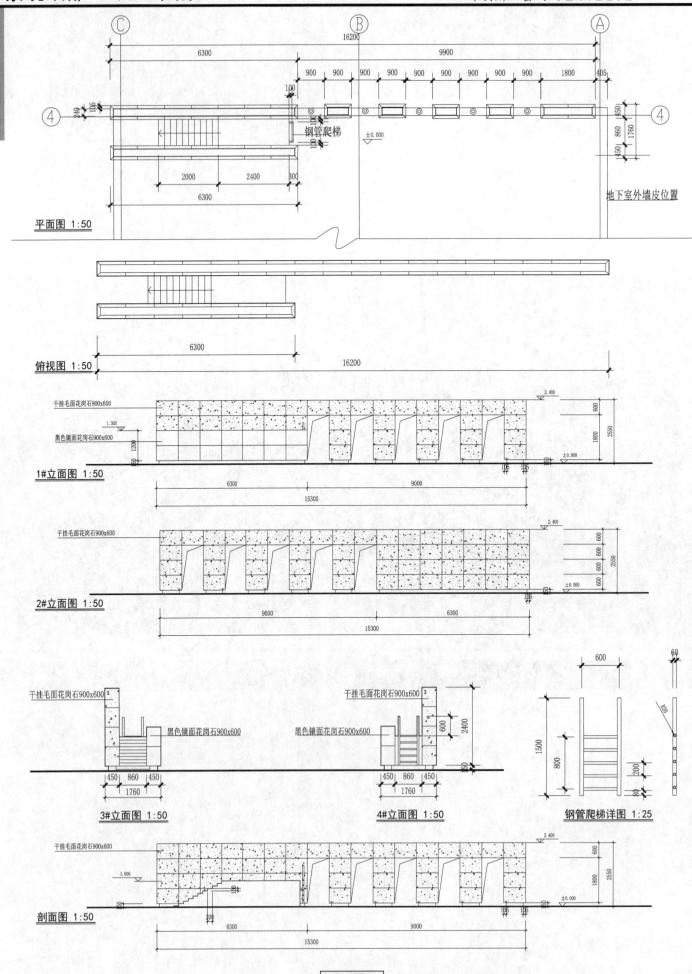

平面图 1:50

钢管爬梯

地下室外墙皮位置

俯视图 1:50

干挂毛面花岗石900x600
黑色镜面花岗石900x600

1#立面图 1:50

干挂毛面花岗石900x600

2#立面图 1:50

干挂毛面花岗石900x600
黑色镜面花岗石900x600

3#立面图 1:50

干挂毛面花岗石900x600
黑色镜面花岗石900x600

4#立面图 1:50

钢管爬梯详图 1:25

干挂毛面花岗石900x600

剖面图 1:50

童叟乐园001

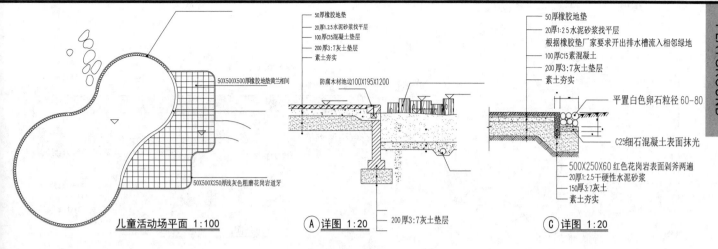

50厚橡胶地垫
20厚1:2.5水泥砂浆找平层
100厚C15混凝土垫层
200厚3:7灰土垫层
素土夯实

防腐木材池边100X195X1200

50X500X500厚橡胶地垫黄兰相间

50X500X250厚浅灰色粗磨花岗岩道牙

儿童活动场平面 1:100

Ⓐ 详图 1:20

200厚3:7灰土垫层

50厚橡胶地垫
20厚1:2.5水泥砂浆找平层
根据橡胶垫厂家要求开出排水槽流入相邻绿地
100厚C15素混凝土
200厚3:7灰土垫层
素土夯实

平置白色卵石粒径 60-80

C25细石混凝土表面抹光

500X250X60 红色花岗岩表面剁斧两遍
20厚1:2.5干硬性水泥砂浆
150厚3:7灰土
素土夯实

Ⓒ 详图 1:20

童叟乐园002

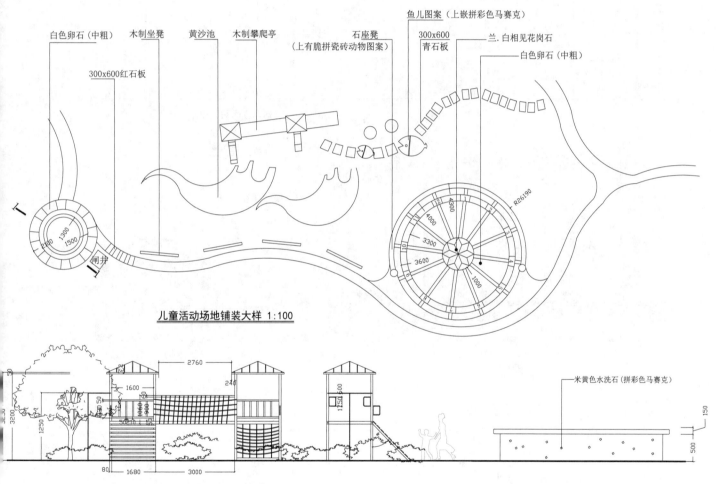

白色卵石（中粗）　木制坐凳　黄沙池　木制攀爬亭

300x600红石板

鱼儿图案（上嵌拼彩色马赛克）

300x600
青石板

石座凳
（上有脆拼瓷砖动物图案）

兰.白相见花岗石

白色卵石（中粗）

儿童活动场地铺装大样 1:100

攀爬架立面图 1:50

米黄色水洗石(拼彩色马赛克)

水池立面图 1:20

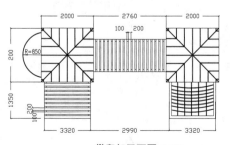

攀爬架平面图 1:50

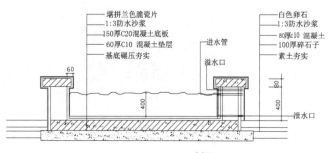

堪拼兰色脆瓷片
1:3防水沙浆
150厚C20混凝土底板
60厚C10混凝土垫层
基底碾压夯实

进水管

溢水口

白色卵石
1:3防水沙浆
80厚c10 混凝土
100厚碎石子
素土夯实

泄水口

1-1 剖面

童叟乐园003

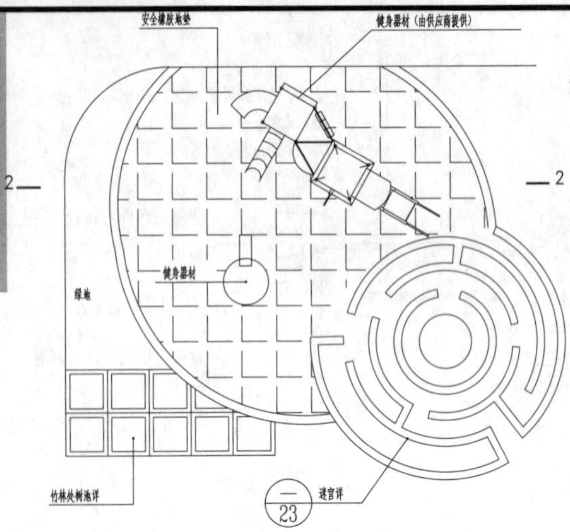

童叟乐园

安全橡胶地垫
健身器材(由供应商提供)

绿地

健身器材

竹林炭树池详

迷宫详
23

儿童乐园平面图 1:100

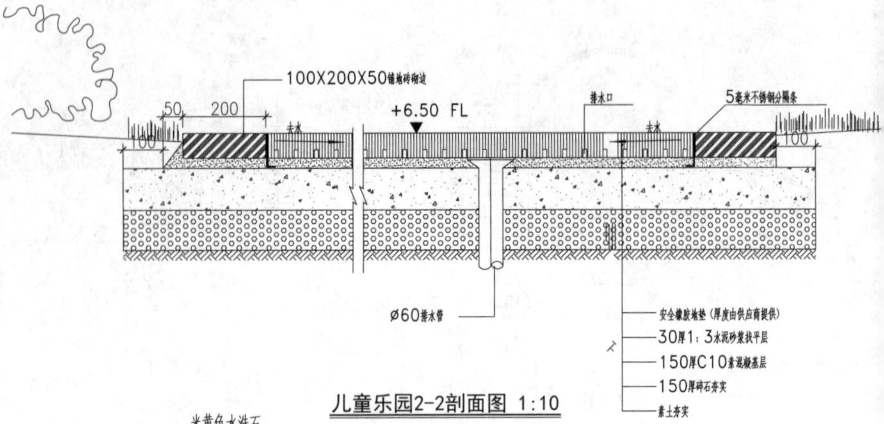

100X200X50铺地砖砌边
50 200
+6.50 FL
排水口
5毫米不锈钢分隔条

Ø60落水管

儿童乐园2-2剖面图 1:10

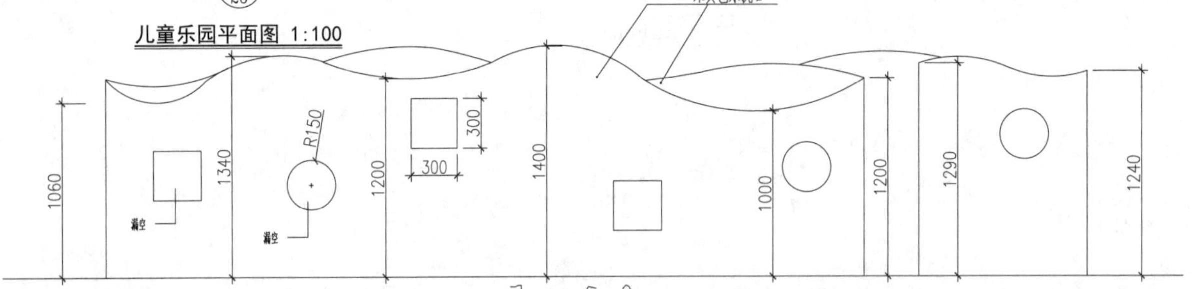

安全橡胶地垫(厚度由供应商提供)
30厚1:3水泥砂浆找平层
150厚C10素混凝垫层
150厚碎石夯实
素土夯实

米黄色水洗石

1060
1340
R150
1200
300
300
1400
1000
1200
1290
1240

漏空
漏空

迷宫立面图 1:25

童叟乐园004

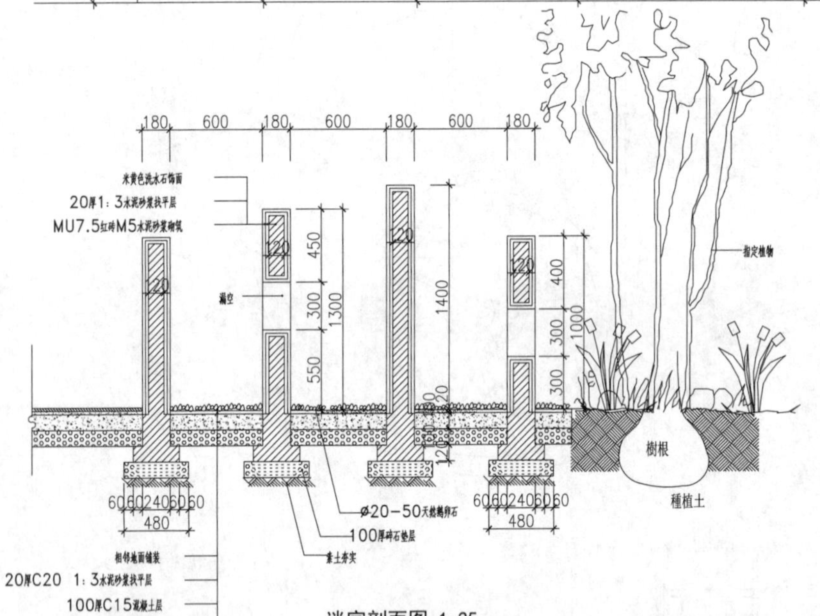

180 600 180 600 180 600 180

米黄色洗水石饰面
20厚1:3水泥砂浆找平层
MU7.5红砖M5水泥砂浆砌筑

漏空

450
300
1300
550
1400
400
300
1000

固定植物

种植土
树根

60 60 240 60 60
480

Ø20-50天然鹅卵石
100厚碎石垫层
素土夯实

60 60 240 60 60
480

相邻地面铺装
20厚C20 1:3水泥砂浆找平层
100厚C15混凝土层
100厚碎石垫层

迷宫剖面图 1:25

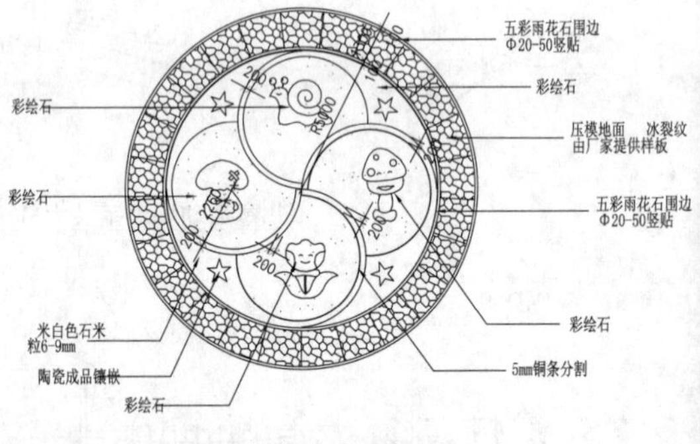

五彩雨花石围边
Ø20-50竖贴
彩绘石

彩绘石

压模地面 冰裂纹
由厂家提供样板

五彩雨花石围边
Ø20-50竖贴

彩绘石

彩绘石

米白色石米
粒6-9mm
陶瓷成品镶嵌

5mm铜条分割

13M标准游戏广场平面 1:150

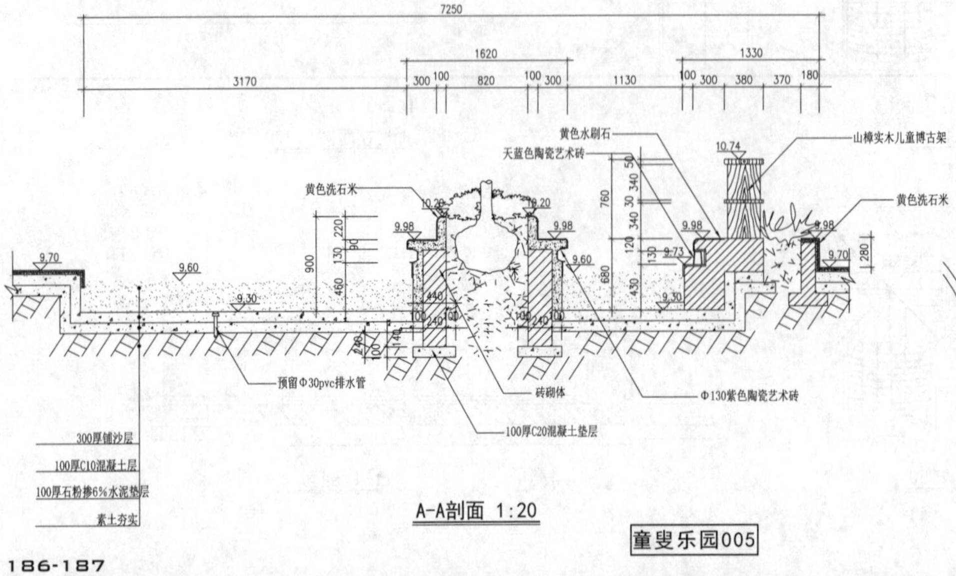

7250

1620
1330

3170
300 100 820 100 300 1130 100 300 380 370 180

黄色水刷石
天蓝色陶瓷艺术砖
黄色洗石米
山樟实木儿童博古架

黄色洗石米

预留Φ30pvc排水管
砖砌体
Φ130紫色陶瓷艺术砖

300厚铺沙层
100厚C10混凝土层
100厚石粉掺6%水泥垫层
素土夯实

100厚C20混凝土垫层

A-A剖面 1:20

童叟乐园005

45°

山樟实木儿童博古架

X=89181.692
Y=20718.964

180×60海青色麻石片

儿童坐凳(黄色洗石米)

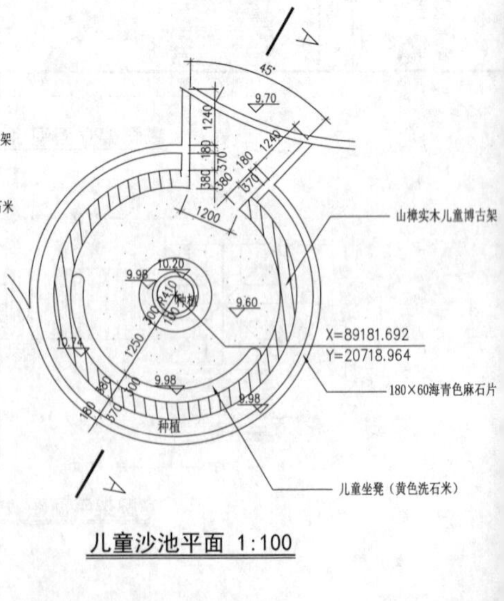

儿童沙池平面 1:100

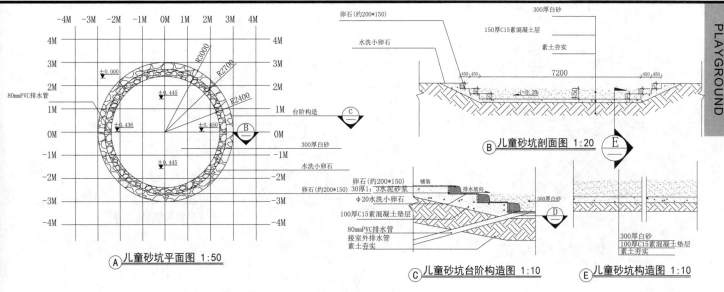

80mmPVC排水管

儿童砂坑平面图 1:50 Ⓐ

台阶构造 Ⓒ

300厚白砂

水洗小卵石

卵石(约200*150)

卵石(约200*150)
30厚1:3水泥砂浆
φ20水洗小卵石
100厚C15素混凝土垫层
80mmPVC排水管
接室外排水管
素土夯实

儿童砂坑台阶构造图 1:10 Ⓒ

卵石(约200*150)

水洗小卵石

300厚白砂

150厚C15素混凝土层

素土夯实

7200

儿童砂坑剖面图 1:20 Ⓑ

铺装
排水坡向

300厚白砂

300厚白砂
100厚C15素混凝土垫层
素土夯实

儿童砂坑构造图 1:10 Ⓔ

童叟乐园006

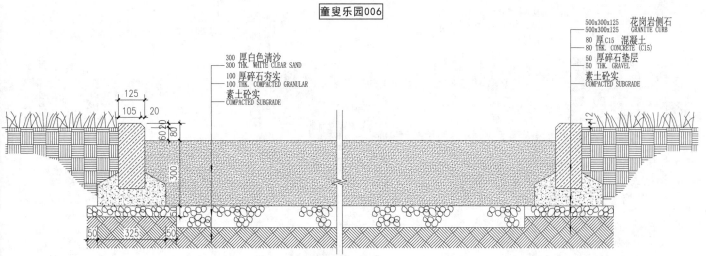

300 厚白色清沙
300 THK. WHITE CLEAR SAND
100 厚碎石夯实
100 THK. COMPACTED GRANULAR
素土砼实
COMPACTED SUBGRADE

500x300x125 花岗岩侧石
500x300x125 GRANITE CURB
80 厚C15 混凝土
80 THK. CONCRETE (C15)
50 厚碎石垫层
50 THK. GRAVEL
素土砼实
COMPACTED SUBGRADE

儿童戏沙池详图 1:10

童叟乐园007

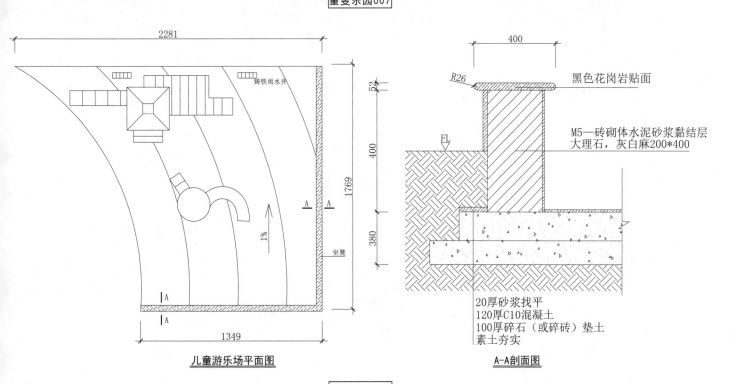

2281

铸铁雨水井

1769

1%

坐凳

1349

儿童游乐场平面图

400

R26

黑色花岗岩贴面

M5—砖砌体水泥砂浆黏结层
大理石,灰白麻200*400

FL

400

380

20厚砂浆找平
120厚C10混凝土
100厚碎石(或碎砖)垫土
素土夯实

A-A剖面图

童叟乐园008

童叟乐园

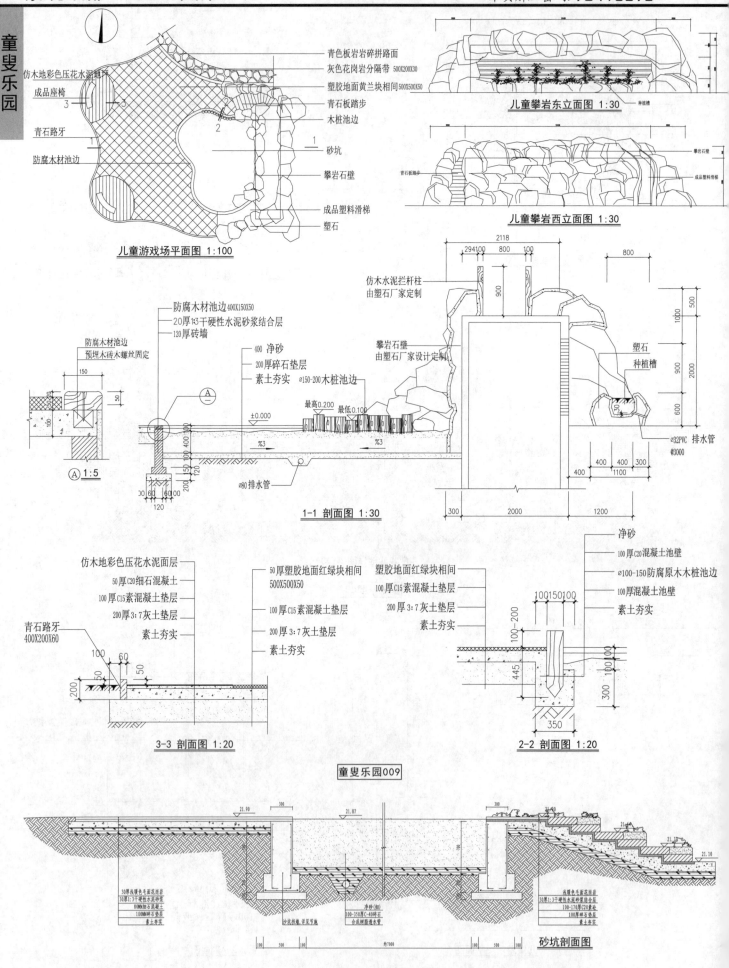

仿木地彩色压花水泥地坪
成品座椅
青石路牙
防腐木材池边

青色板岩岩碎拼路面
灰色花岗岩分隔带 500X200X30
塑胶地面黄兰块相间500X500X50
青石板踏步
木桩池边
砂坑
攀岩石壁
成品塑料滑梯
塑石

儿童游戏场平面图 1:100

儿童攀岩东立面图 1:30

儿童攀岩西立面图 1:30

防腐木材池边
预埋木砖木螺丝固定

防腐木材池边 400X150X50
20厚13干硬性水泥砂浆结合层
120厚砖墙

400 净砂
200厚碎石垫层
素土夯实

仿木水泥栏杆柱
由塑石厂家定制

攀岩石壁
由塑石厂家设计定制

Ø150-200 木桩池边

塑石
种植槽

Ø32PVC 排水管
@3000

Ø80排水管

A 1:5

1-1 剖面图 1:30

仿木地彩色压花水泥面层
50厚C20细石混凝土
100厚C15素混凝土垫层
200厚3:7灰土垫层
素土夯实
青石路牙
400X200X60

3-3 剖面图 1:20

50厚塑胶地面红绿块相间
500X500X50
100厚C15素混凝土垫层
200厚3:7灰土垫层
素土夯实

塑胶地面红绿块相间
100厚C15素混凝土垫层
200厚3:7灰土垫层
素土夯实

净砂
100厚C20混凝土池壁
Ø100-150防腐原木木桩池边
100厚混凝土池壁
素土夯实

2-2 剖面图 1:20

童叟乐园009

砂坑剖面图

童叟乐园010

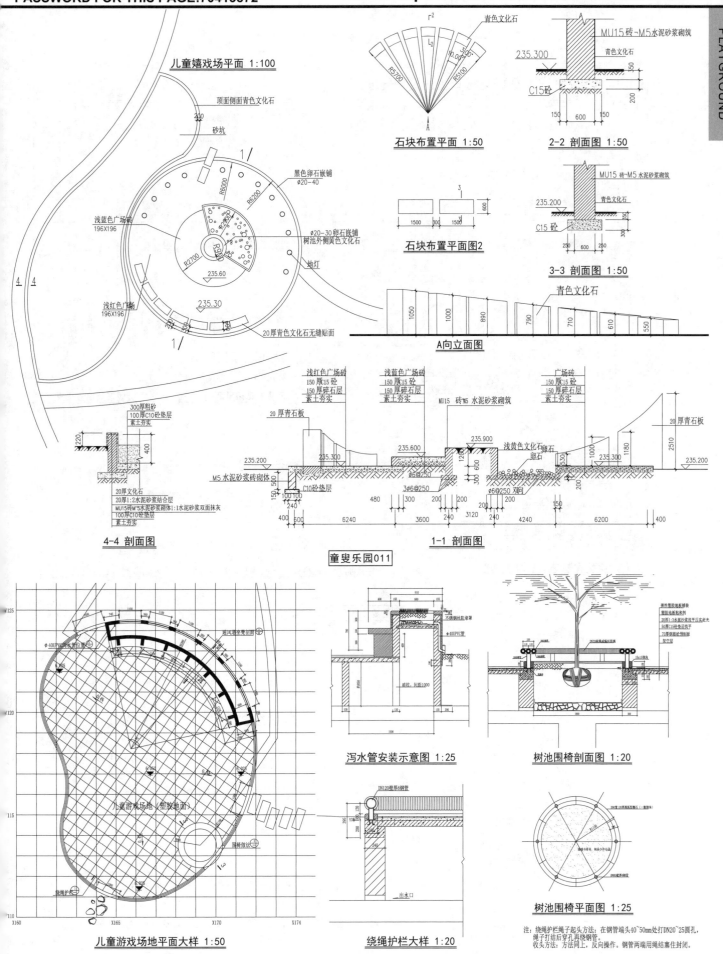

儿童嬉戏场平面 1:100

顶面侧面青色文化石

砂坑

黑色卵石嵌铺
∅20-40

浅蓝色广场砖
196X196

∅20-30卵石嵌铺
树池外侧黄色文化石

地灯

浅红色广场
196X196

20厚青色文化石无缝贴面

石块布置平面 1:50

石块布置平面图2

A向立面图

青色文化石

MU15 砖-M5水泥砂浆砌筑

青色文化石

C15砼

2-2 剖面图 1:50

MU15 砖-M5 水泥砂浆砌筑

青色文化石

C15砼

3-3 剖面图 1:50

300厚粗砂
100厚C10砼垫层
素土夯实

20厚文化石
20厚1:2水泥砂浆结合层
MU15砖M5水泥砂浆砌体1:1水泥砂浆双面抹灰
100厚C10砼垫层
素土夯实

4-4 剖面图

浅红色广场砖
150 厚15 砼
150 厚碎石层
素土夯实

浅蓝色广场砖
150 厚15 砼
150 厚碎石层
素土夯实

广场砖
150 厚15 砼
150 厚碎石层
素土夯实

20 厚青石板

MU15 砖M5 水泥砂浆砌筑

浅黄色文化石卵石
卵石

20 厚青石板

M5 水泥砂浆砖砌体

C10砼垫层

1-1 剖面图

童叟乐园011

儿童游戏场地平面大样 1:50

儿童游戏场地 (塑胶地面)

围椅做法

泻水管安装示意图 1:25

树池围椅剖面图 1:20

绕绳护栏大样 1:20

出水口

树池围椅平面图 1:25

注:绕绳护栏绳子起头方法:在钢管端头40~50mm处打DN20~25圆孔,
绳子打结后穿孔再绕钢管。
收头方法:方法同上,反向操作。钢管两端用绳结塞住封闭。

童叟乐园012

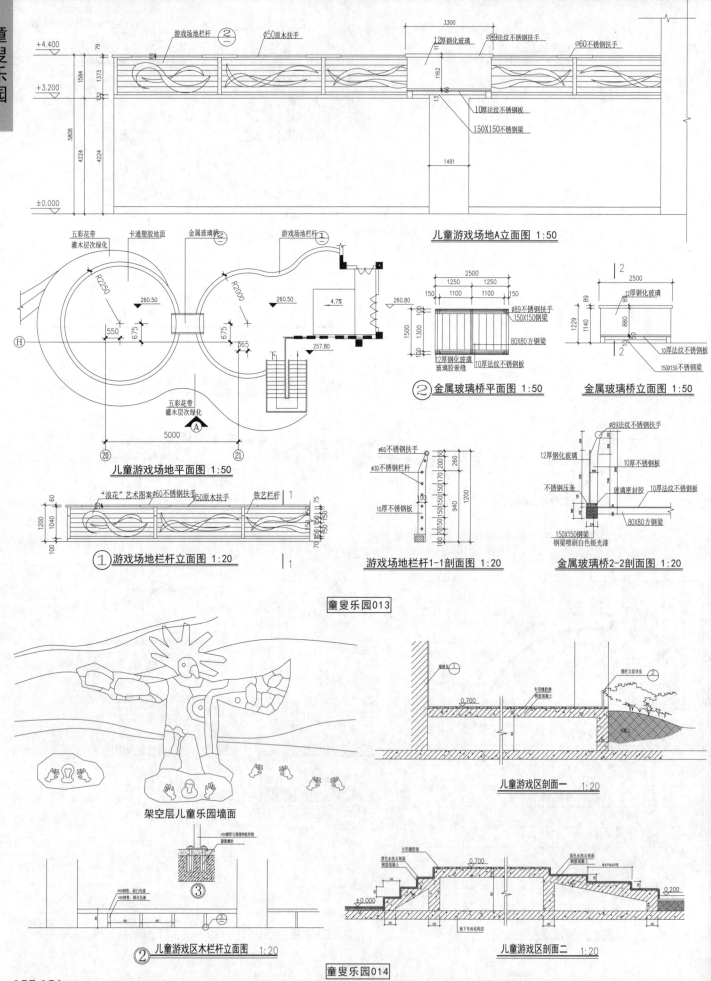

儿童游戏场地A立面图 1:50

儿童游戏场地平面图 1:50

② 金属玻璃桥平面图 1:50

金属玻璃桥立面图 1:50

① 游戏场地栏杆立面图 1:20

游戏场地栏杆1-1剖面图 1:20

金属玻璃桥2-2剖面图 1:20

童叟乐园013

架空层儿童乐园墙面

儿童游戏区剖面一 1:20

② 儿童游戏区木栏杆立面图 1:20

儿童游戏区剖面二 1:20

童叟乐园014

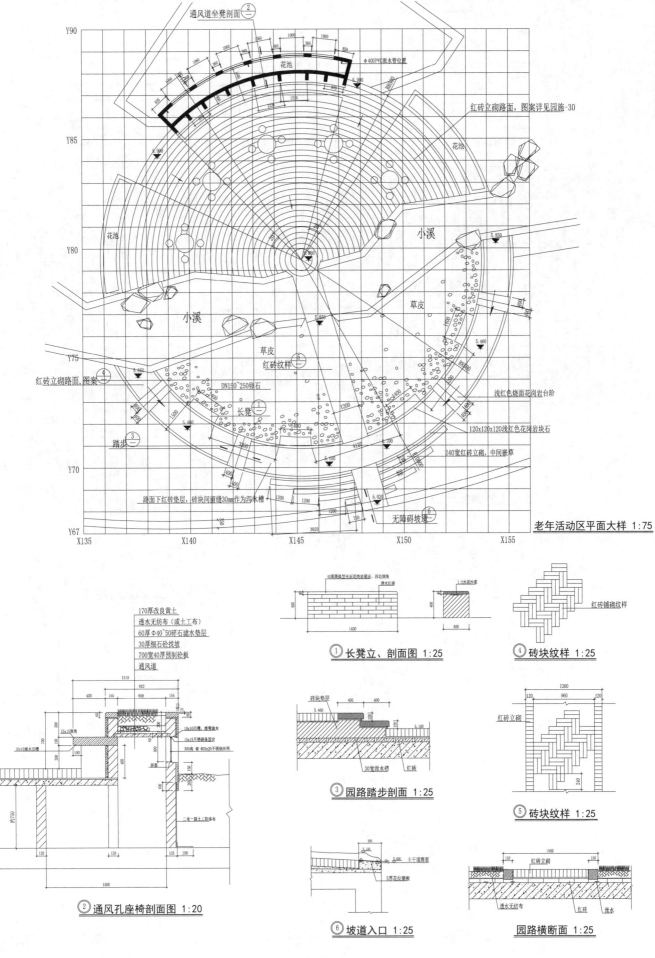

老年活动区平面大样 1:75

① 长凳立、剖面图 1:25

④ 砖块纹样 1:25

③ 园路踏步剖面 1:25

⑤ 砖块纹样 1:25

② 通风孔座椅剖面图 1:20

⑥ 坡道入口 1:25

园路横断面 1:25

童叟乐园015

童叟乐园

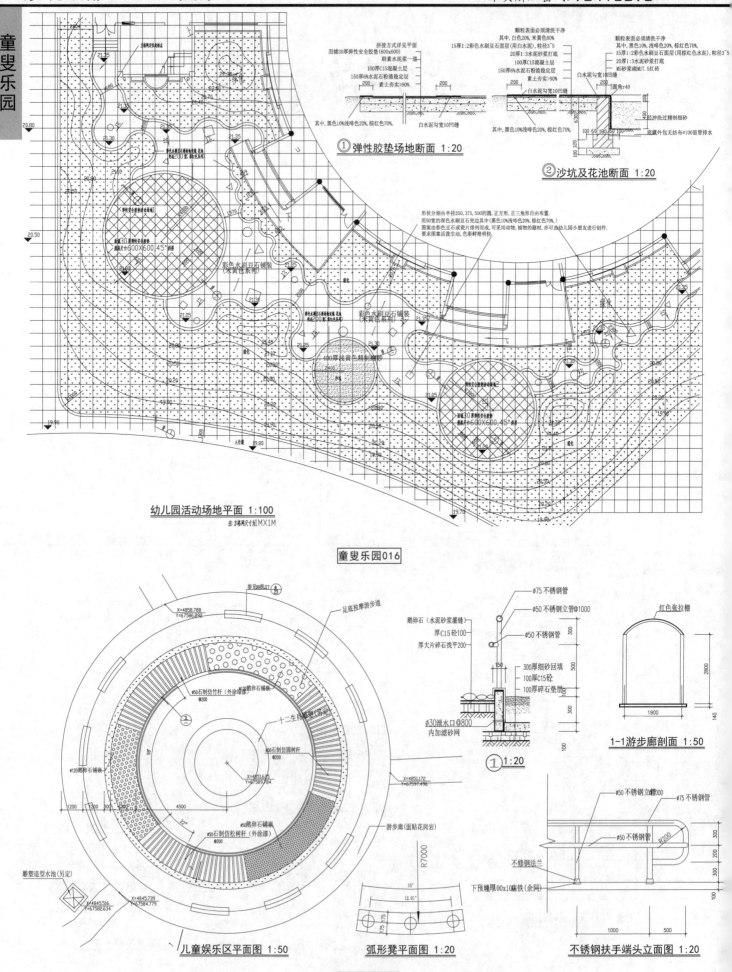

① 弹性胶垫场地断面 1:20

② 沙坑及花池断面 1:20

幼儿园活动场地平面 1:100

童叟乐园016

儿童娱乐区平面图 1:50

弧形凳平面图 1:20

1-1游步廊剖面 1:50

不锈钢扶手端头立面图 1:20

童叟乐园017

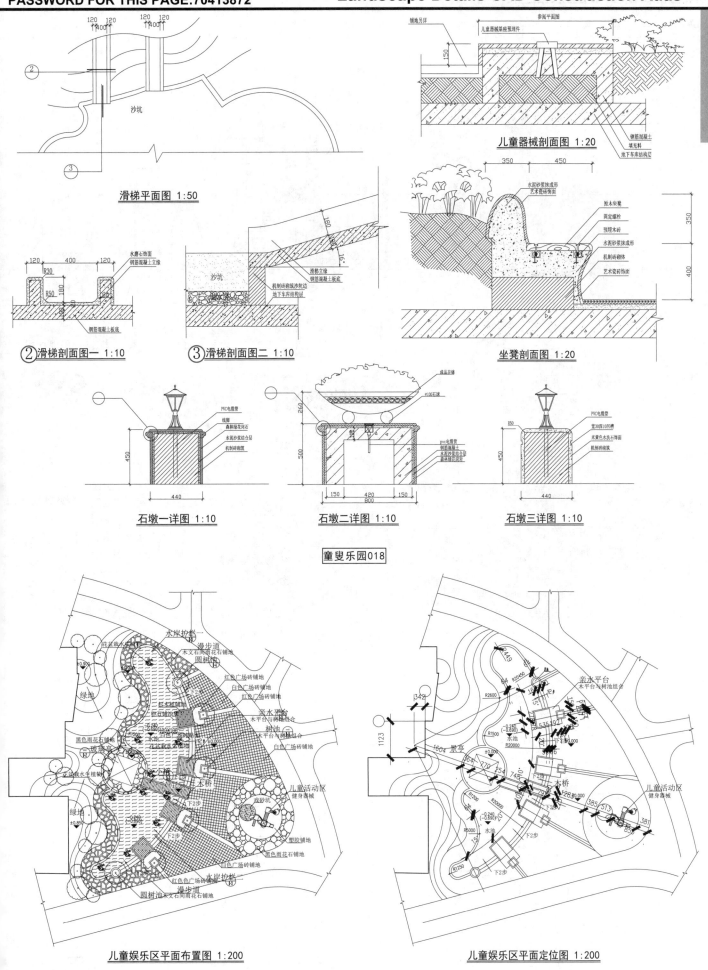

沙坑

滑梯平面图 1:50

② 滑梯剖面图一 1:10

③ 滑梯剖面图二 1:10

儿童器械剖面图 1:20

坐凳剖面图 1:20

石墩一详图 1:10

石墩二详图 1:10

石墩三详图 1:10

童叟乐园018

儿童娱乐区平面布置图 1:200

儿童娱乐区平面定位图 1:200

童叟乐园019

童叟乐园

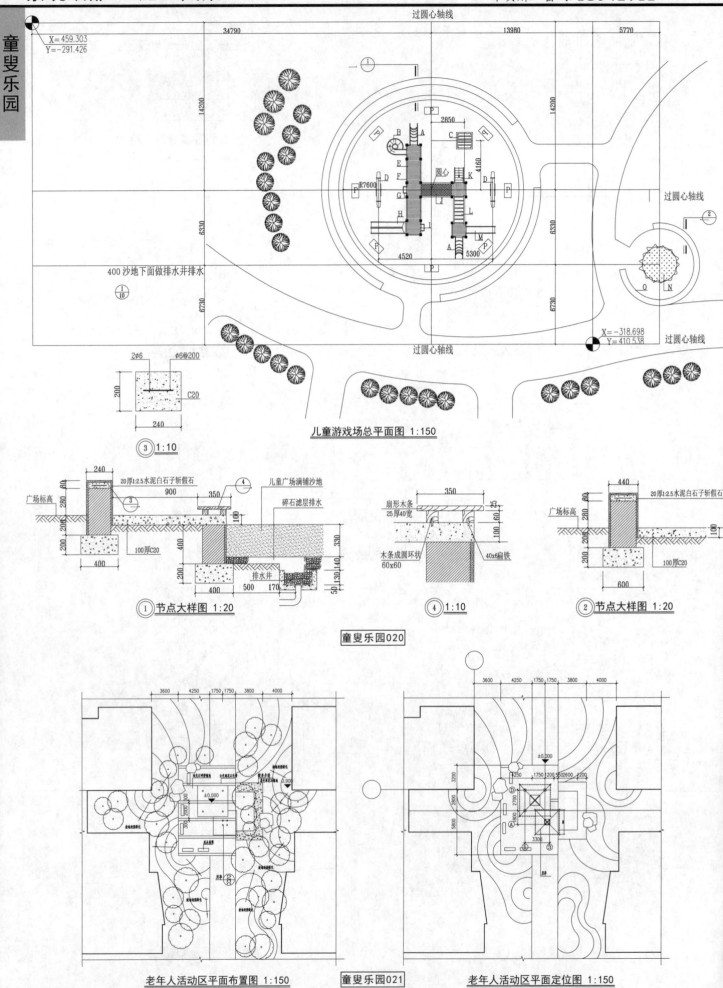

过圆心轴线

X=459.303
Y=-291.426

400 沙地下面做排水井排水

儿童游戏场总平面图 1:150

③ 1:10

① 节点大样图 1:20

④ 1:10

② 节点大样图 1:20

童叟乐园020

老年人活动区平面布置图 1:150

童叟乐园021

老年人活动区平面定位图 1:150

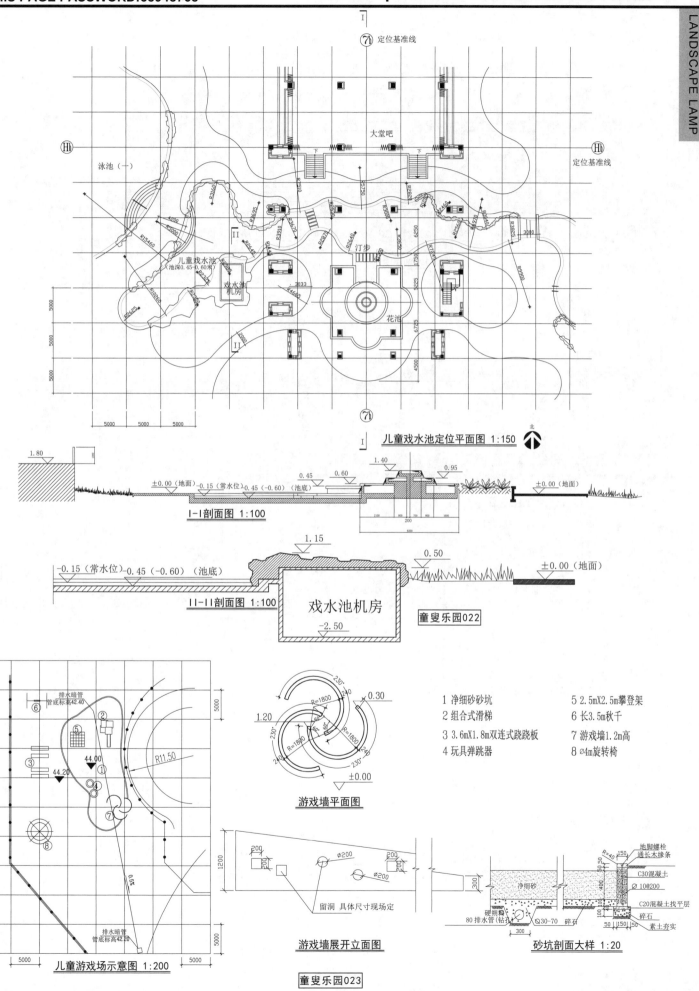

儿童戏水池定位平面图 1:150

I-I剖面图 1:100

II-II剖面图 1:100

戏水池机房

童叟乐园022

1 净细砂砂坑
2 组合式滑梯
3 3.6mX1.8m双连式跷跷板
4 玩具弹跳器

5 2.5mX2.5m攀登架
6 长3.5m秋千
7 游戏墙1.2m高
8 Ø4m旋转椅

游戏墙平面图

儿童游戏场示意图 1:200

游戏墙展开立面图

砂坑剖面大样 1:20

童叟乐园023

童叟乐园

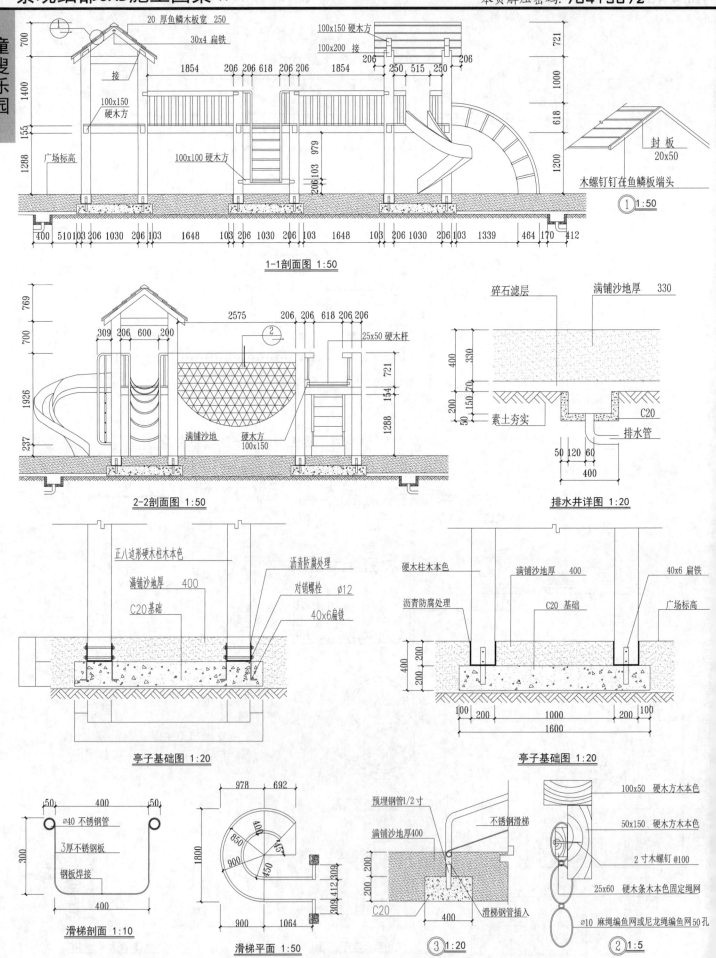

20 厚鱼鳞木板宽 250

30x4 扁铁

接

100x150
硬木方

100x150 硬木方
100x200 接

广场标高

100x100 硬木方

封板
20x50

木螺钉钉在鱼鳞板端头

① 1:50

1-1剖面图 1:50

2575

25x50 硬木杆

满铺沙地
硬木方
100x150

2-2剖面图 1:50

碎石滤层   满铺沙地厚   330

素土夯实

C20

排水管

排水井详图 1:20

正八边形硬木柱木本色

满铺沙地厚   400

C20 基础

沥青防腐处理

对销螺栓   ø12

40x6扁铁

亭子基础图 1:20

硬木柱木本色   满铺沙地厚   400

40x6 扁铁

沥青防腐处理   C20 基础

广场标高

亭子基础图 1:20

ø40 不锈钢管

3厚不锈钢板

钢板焊接

滑梯剖面 1:10

滑梯平面 1:50

预埋钢管1/2寸

满铺沙地厚400

不锈钢滑梯

C20

滑梯钢管插入

③ 1:20

100x50 硬木方木本色

50x150 硬木方木本色

2 寸木螺钉 @100

25x60 硬木条木本色固定绳网

ø10 麻绳编鱼网或尼龙绳编鱼网50孔

② 1:5

童叟乐园024

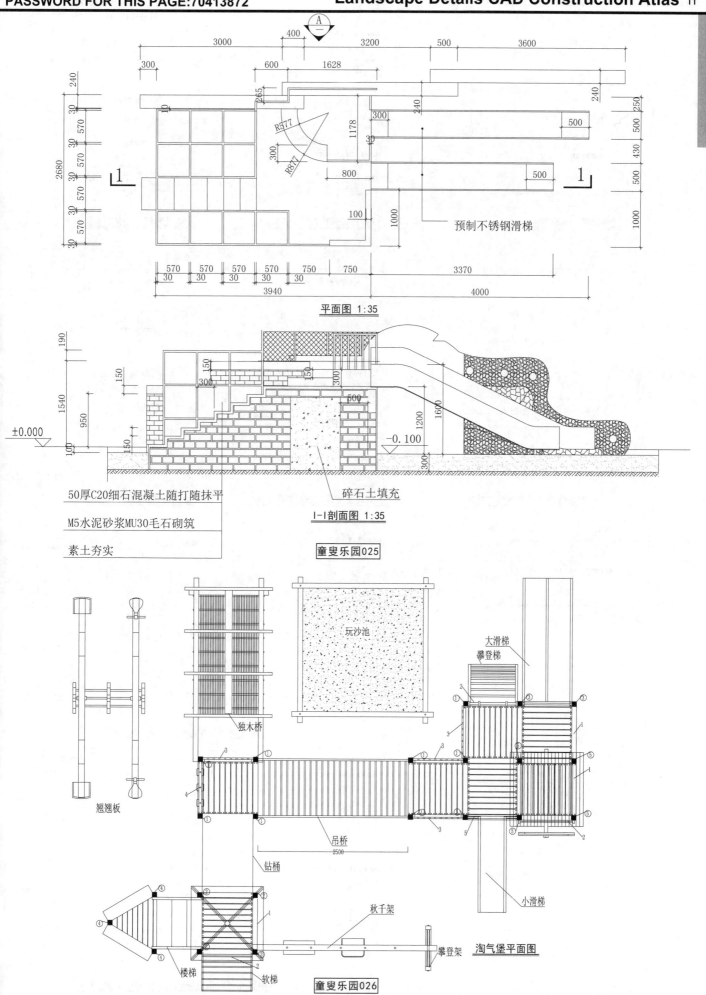

平面图 1:35

预制不锈钢滑梯

50厚C20细石混凝土随打随抹平

M5水泥砂浆MU30毛石砌筑

素土夯实

碎石土填充

I-I剖面图 1:35

童叟乐园025

玩沙池

独木桥

翘翘板

大滑梯

攀登梯

吊桥

钻桶

小滑梯

秋千架

攀登架

楼梯

软梯

淘气堡平面图

童叟乐园026

童
叟
乐
园

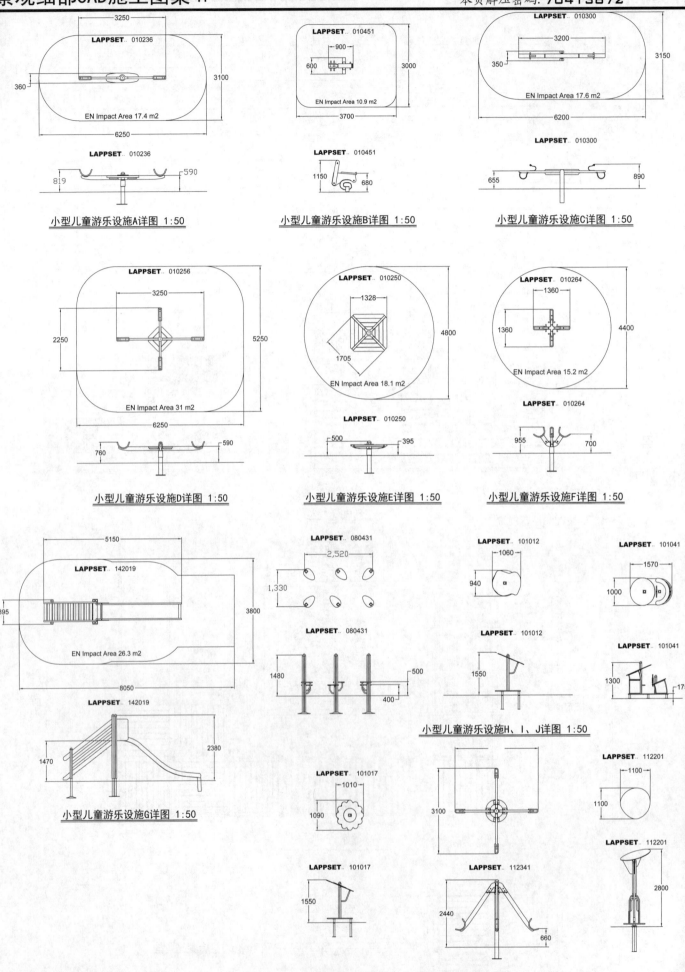

小型儿童游乐设施A详图 1:50

小型儿童游乐设施B详图 1:50

小型儿童游乐设施C详图 1:50

小型儿童游乐设施D详图 1:50

小型儿童游乐设施E详图 1:50

小型儿童游乐设施F详图 1:50

小型儿童游乐设施G详图 1:50

小型儿童游乐设施H、I、J详图 1:50

童叟乐园027

小型儿童游乐设施K、L、M详图 1:50

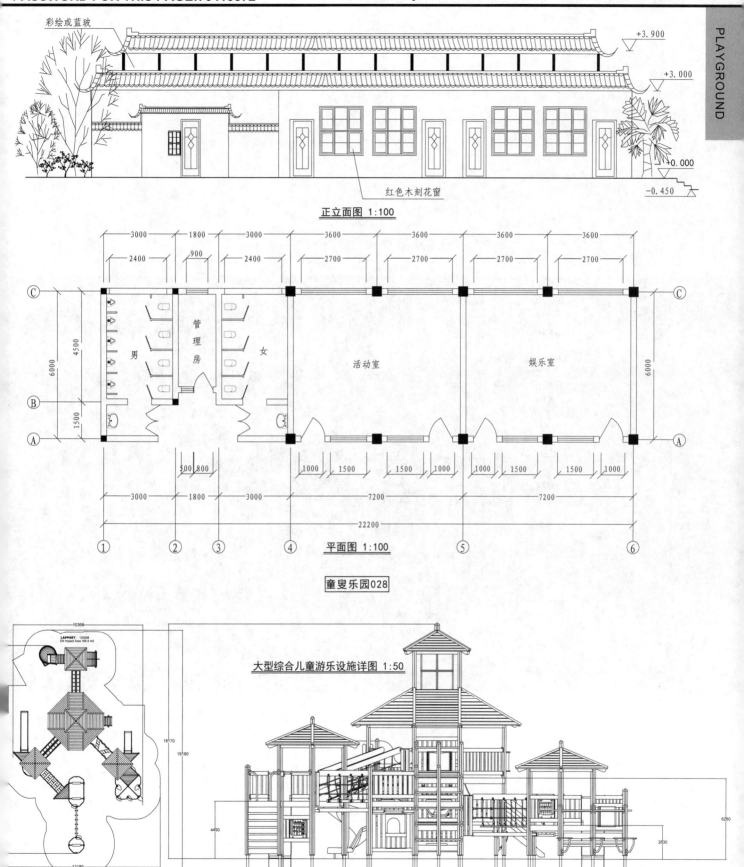

彩绘或蓝玻

+3.900

+3.000

红色木刻花窗

+0.000

−0.450

正立面图 1:100

3000　1800　3000　3600　3600　3600　3600

2400　900　2400　2700　2700　2700　2700

C

管理房

男　　　　女

活动室　　　娱乐室

4500

6000

6000

1500

B

A

500 800　1000 1500　1500 1000　1000 1500　1500 1000

3000　1800　3000　7200　7200

22200

① ② ③ ④ ⑤ ⑥

平面图 1:100

童叟乐园028

大型综合儿童游乐设施详图 1:50

童叟乐园029

体育健身

SPORTS FIELD

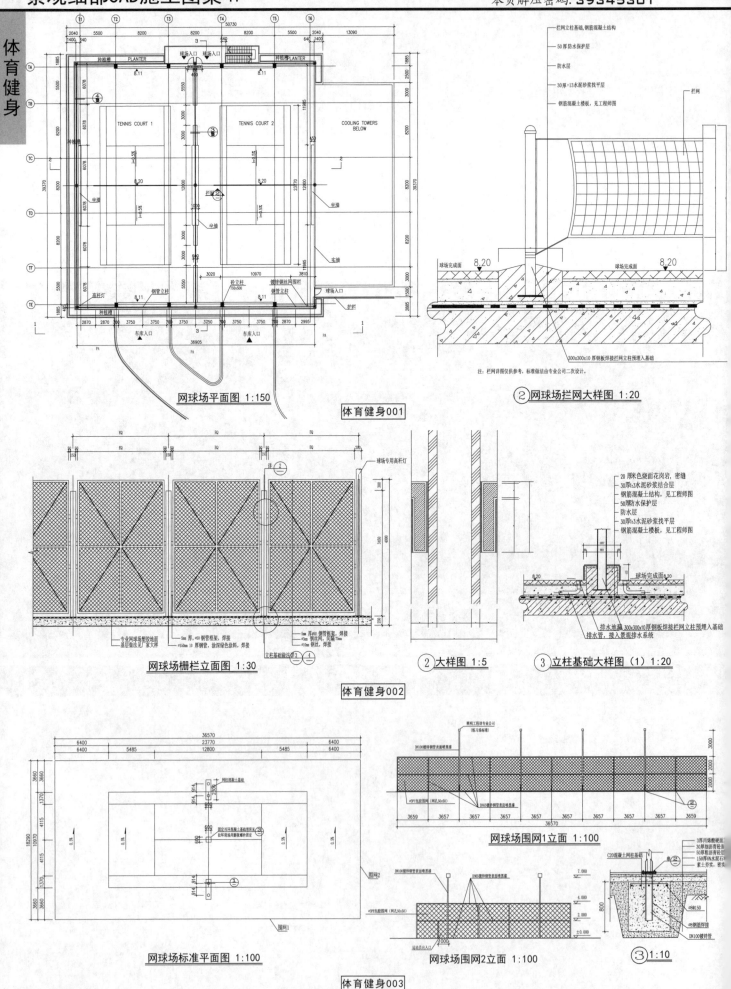

网球场平面图 1:150

体育健身001

② 网球场拦网大样图 1:20

注: 栏网详图仅供参考, 标准做法由专业公司二次设计。

网球场栅栏立面图 1:30

体育健身002

② 大样图 1:5

③ 立柱基础大样图 (1) 1:20

网球场标准平面图 1:100

体育健身003

网球场围网1立面 1:100

网球场围网2立面 1:100

③ 1:10

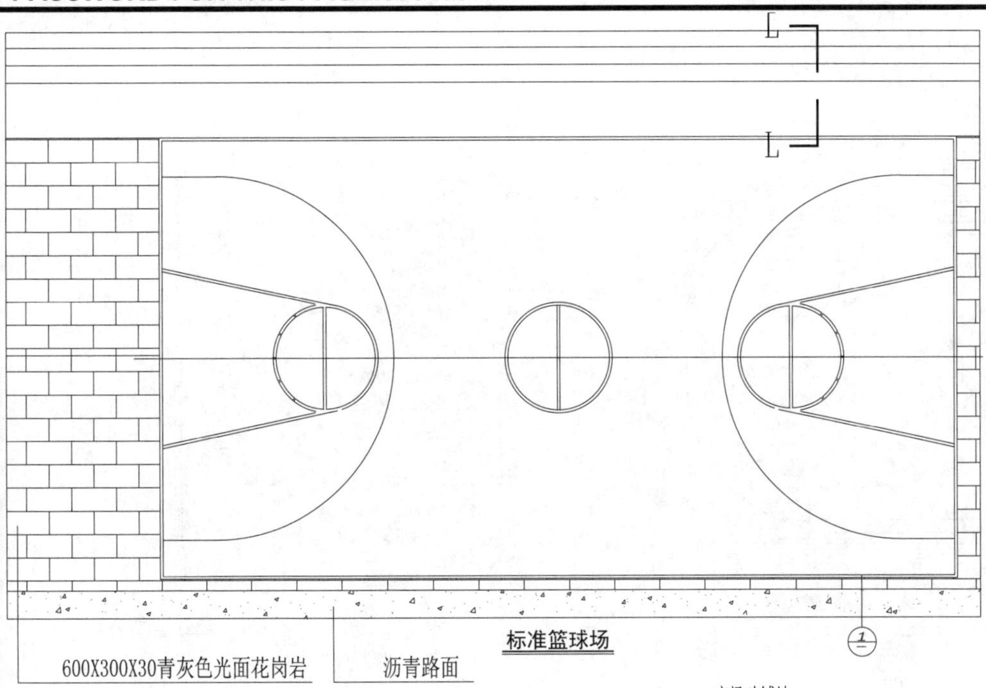

30厚1:2.5水泥砂浆
M5水泥砂浆MU7.5砖
150厚3:7灰土
素土夯实>90%

30厚1:2.5水泥砂浆
M5水泥砂浆MU7.5砖
60厚C10混凝土
素土夯实>90%

600

600

240
360

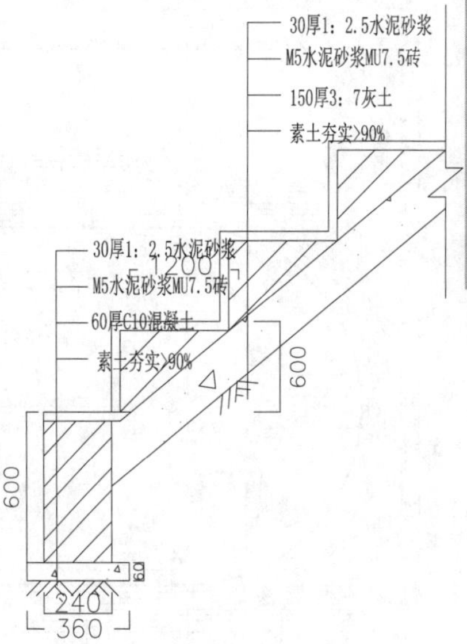

L-L（篮球场看台）剖面做法大样

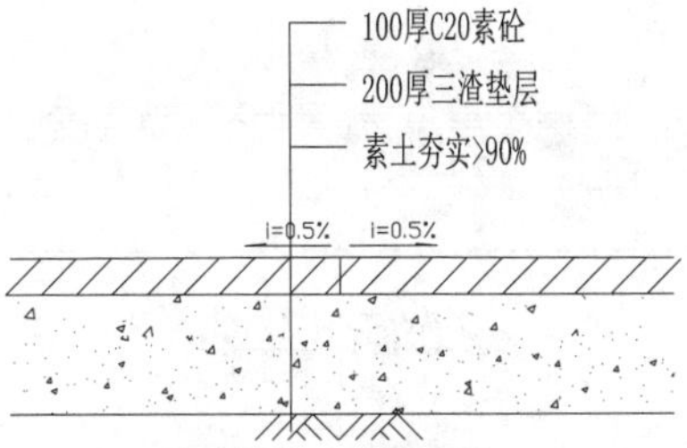

600X300X30青灰色光面花岗岩   沥青路面

标准篮球场   ①

100厚C20素砼
200厚三渣垫层
素土夯实>90%

i=0.5%   i=0.5%

篮球场做法剖面大样

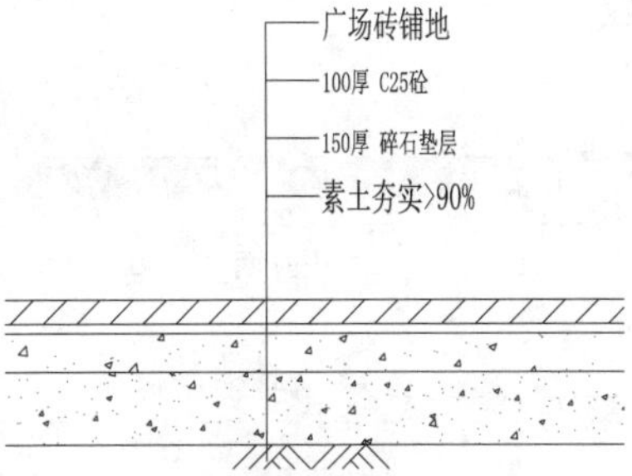

广场砖铺地
100厚 C25砼
150厚 碎石垫层
素土夯实>90%

广场砖做法剖面大样

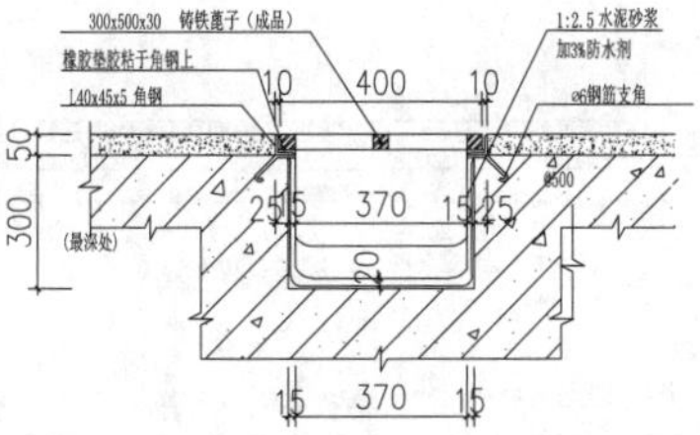

300x500x30 钢铁盖子(成品)
铺胶垫胶粘于角钢上
140x65x5 角钢
1:2.5水泥砂浆
加3%防水剂
∅8膨胀支角

400

300
50

255   370   15 25

15   370   15

① **篮球场边沟详图**

体育健身004

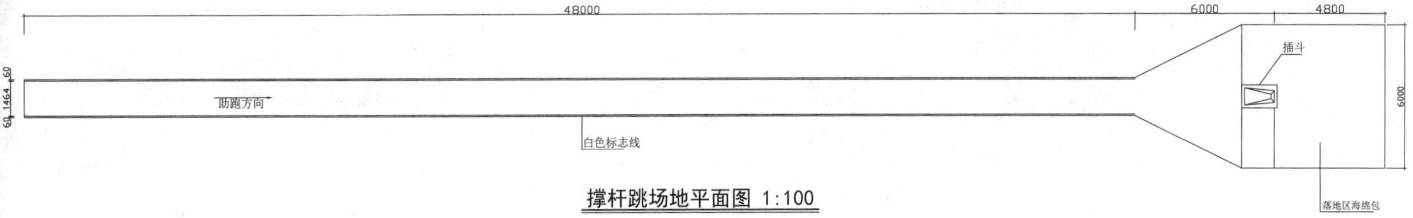

48000   6000   4800

插斗

助跑方向

白色标志线

落地区海绵包

撑杆跳场地平面图 1:100

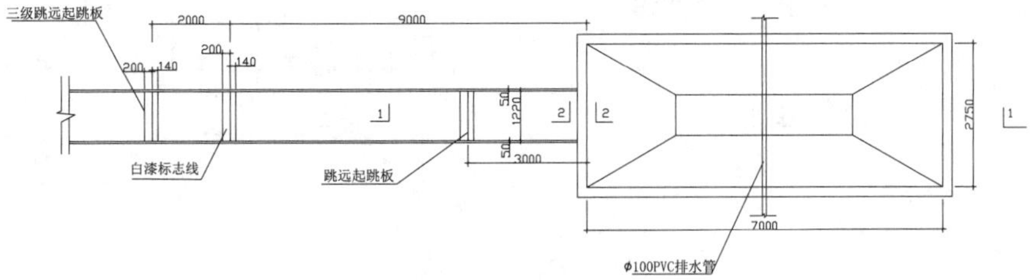

三级跳远起跳板

2000   9000

200 140   200 140

白漆标志线   跳远起跳板

∅100PVC排水管

跳远及三级跳远场地详图 1:75

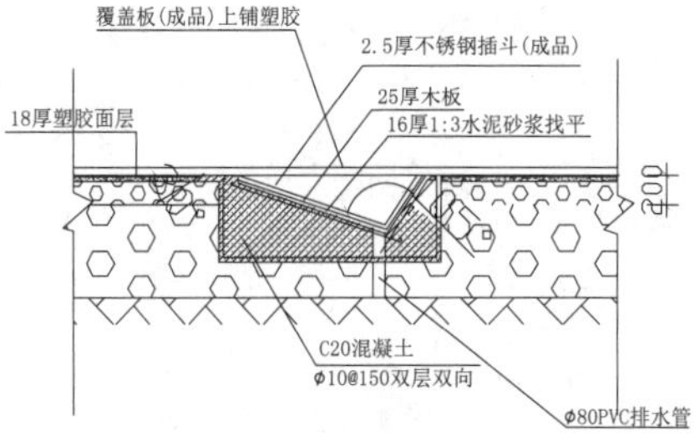

覆盖板(成品)上铺塑胶
2.5厚不锈钢插斗(成品)
18厚塑胶面层
25厚木板
16厚1:3水泥砂浆找平

C20混凝土
∅10@150双层双向
∅80PVC排水管

撑杆插斗详图 1:10

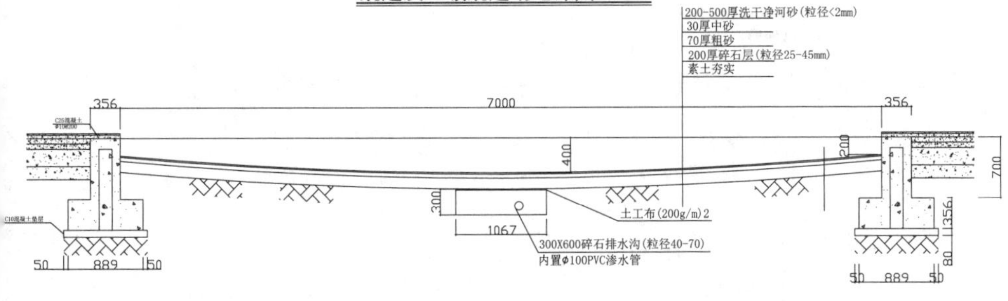

200-500厚洗干净河砂(粒径<2mm)
30厚中砂
70厚粗砂
200厚碎石层(粒径25-45mm)
素土夯实

7000   356

356

土工布(200g/m)2

300X600碎石排水沟(粒径40-70)
内置∅100PVC渗水管

1067

50 889 150

2-2 剖面 1:25

18厚塑胶助跑道   跳远起跳板

356

C25混凝土
∅10@200

C10混凝土垫层

50 889 150

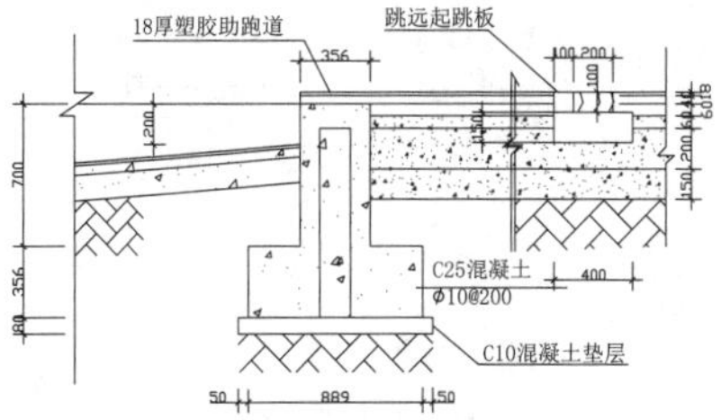

1-1 剖面 1:25

体育健身005

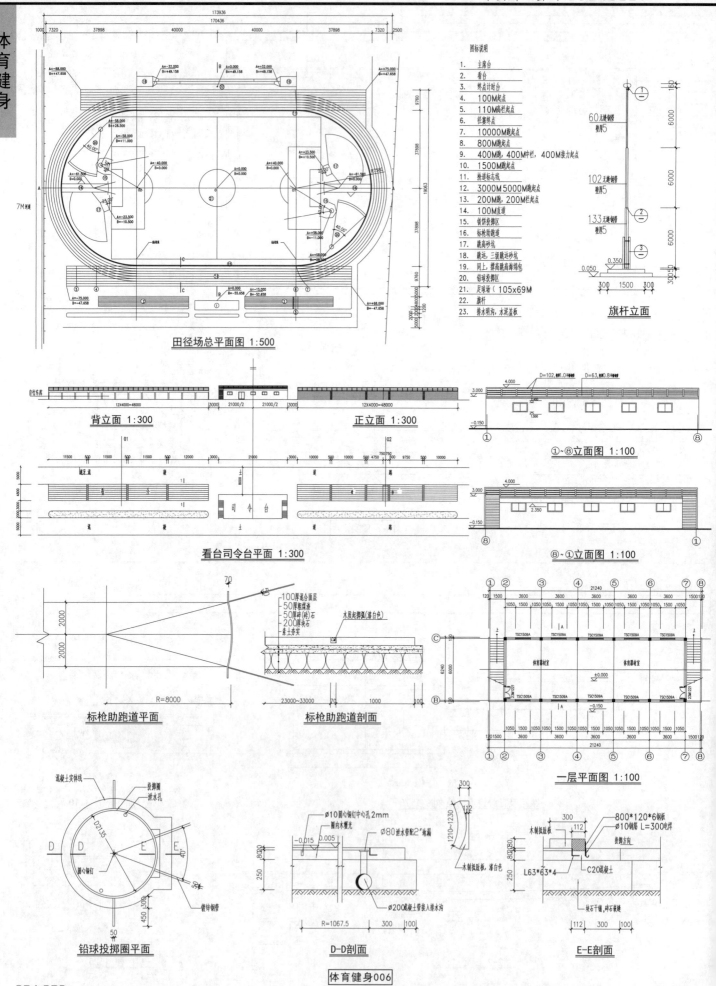

图标说明
1. 主席台
2. 看台
3. 终点计时台
4. 100M起点
5. 110M高栏起点
6. 径赛终点
7. 10000M跑起点
8. 800M跑起点
9. 400M跑，400M中栏，400M接力起点
10. 1500M跑起点
11. 抢道标志线
12. 3000M5000M跑起点
13. 200M跑，200M栏起点
14. 100M直道
15. 铁饼投掷区
16. 标枪助跑道
17. 跳高砂坑
18. 跳远，三级跳远砂坑
19. 同上，撑高跳高海绵包
20. 铅球投掷区
21. 足球场（105x69M）
22. 旗杆
23. 排水明沟，水泥盖板

旗杆立面

田径场总平面图 1:500

背立面 1:300

正立面 1:300

①~⑧立面图 1:100

看台司令台平面 1:300

⑧~①立面图 1:100

标枪助跑道平面

标枪助跑道剖面

一层平面图 1:100

铅球投掷圈平面

D-D剖面

E-E剖面

体育健身006

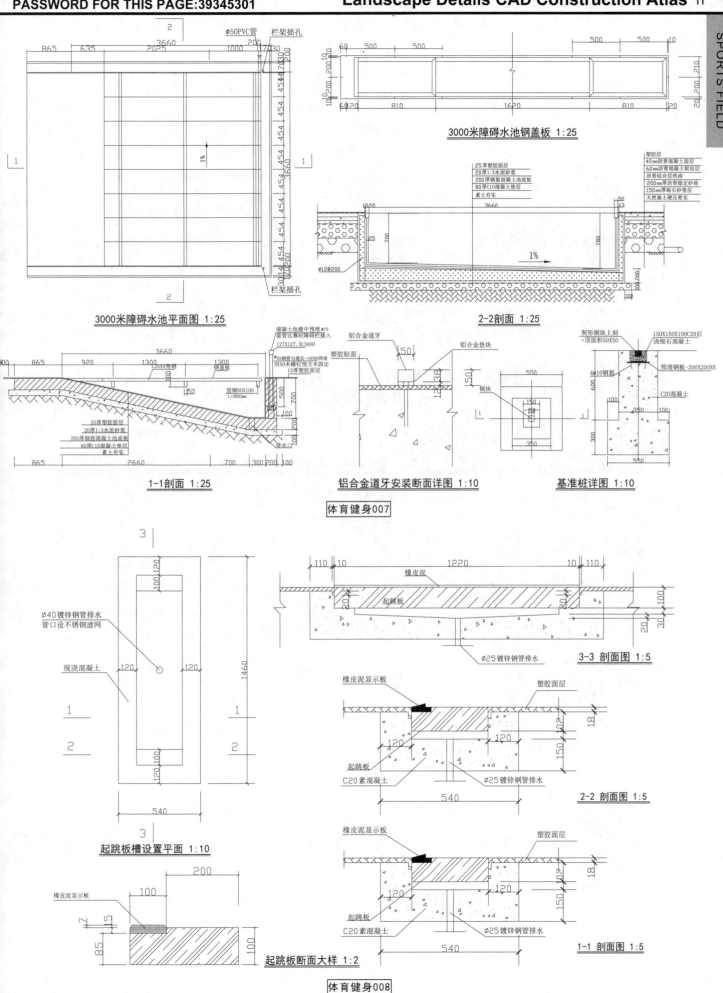

3000米障碍水池钢盖板 1:25

3000米障碍水池平面图 1:25

2-2剖面 1:25

1-1剖面 1:25

铝合金道牙安装断面详图 1:10

基准桩详图 1:10

体育健身007

起跳板槽设置平面 1:10

起跳板断面大样 1:2

3-3 剖面图 1:5

2-2 剖面图 1:5

1-1 剖面图 1:5

体育健身008

本页解压密码：**39345301**

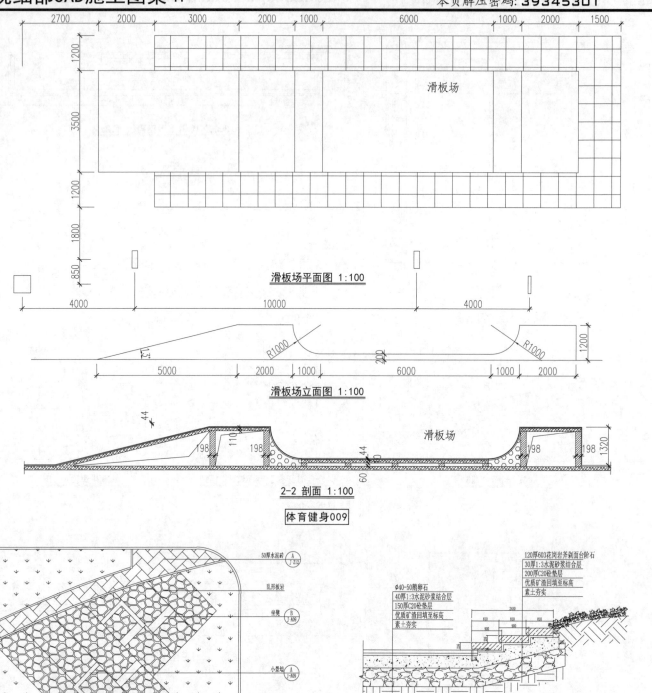

滑板场

滑板场平面图 1:100

滑板场立面图 1:100

滑板场

2-2 剖面 1:100

体育健身009

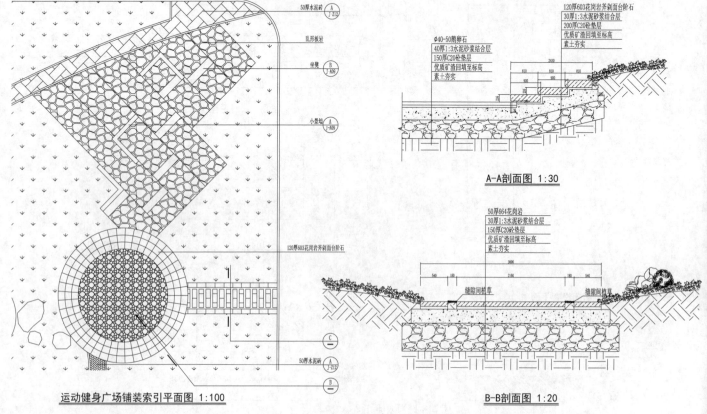

50厚水泥砖
乱形板岩
坐凳
小景墙

120厚603花岗岩斧剁面台阶石

50厚水泥砖

运动健身广场铺装索引平面图 1:100

120厚603花岗岩斧剁面台阶石
30厚1:3水泥砂浆结合层
200厚C20砼垫层
优质矿渣回填至标高
素土夯实

φ40-50鹅卵石
40厚1:3水泥砂浆结合层
150厚C20砼垫层
优质矿渣回填至标高
素土夯实

A-A剖面图 1:30

50厚664花岗岩
30厚1:3水泥砂浆结合层
150厚C20砼垫层
优质矿渣回填至标高
素土夯实

缝隙间挡草

缝隙间挡草

B-B剖面图 1:20

体育健身010

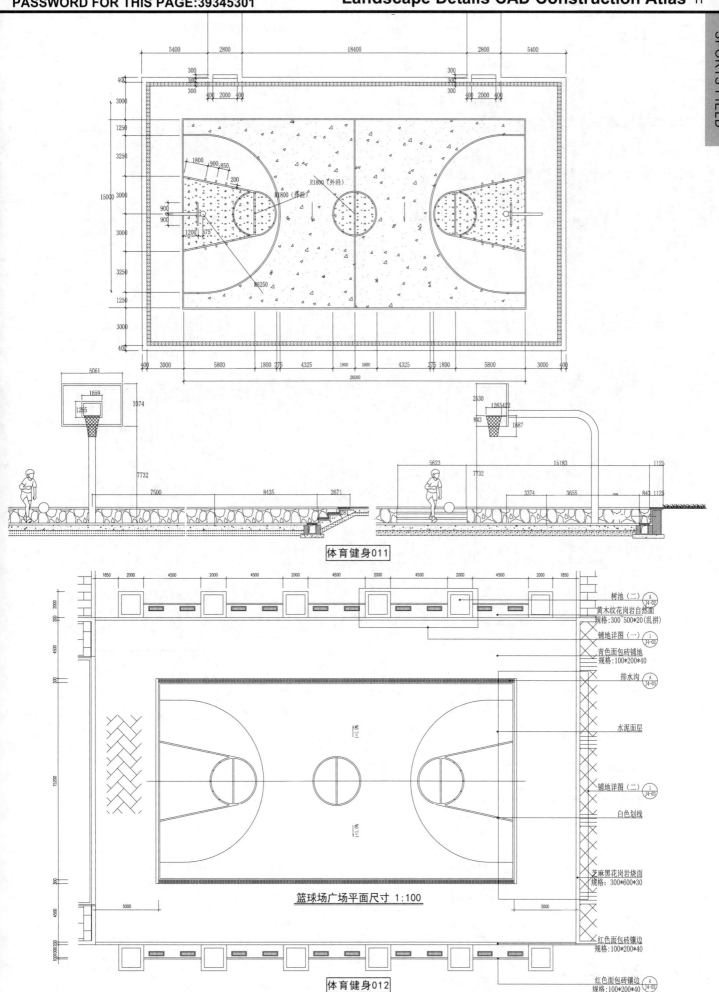

体育健身011

篮球场广场平面尺寸 1:100

树池（二）
黄木纹花岗岩自然面
规格:300~500*20(乱拼)
铺地详图（一）
青色面包砖铺地
规格:100*200*40
排水沟
水泥面层
铺地详图（二）
白色划线
芝麻黑花岗岩烧面
规格:300*600*30
红色面包砖镶边
规格:100*200*40
红色面包砖镶边
规格:100*200*40

体育健身012

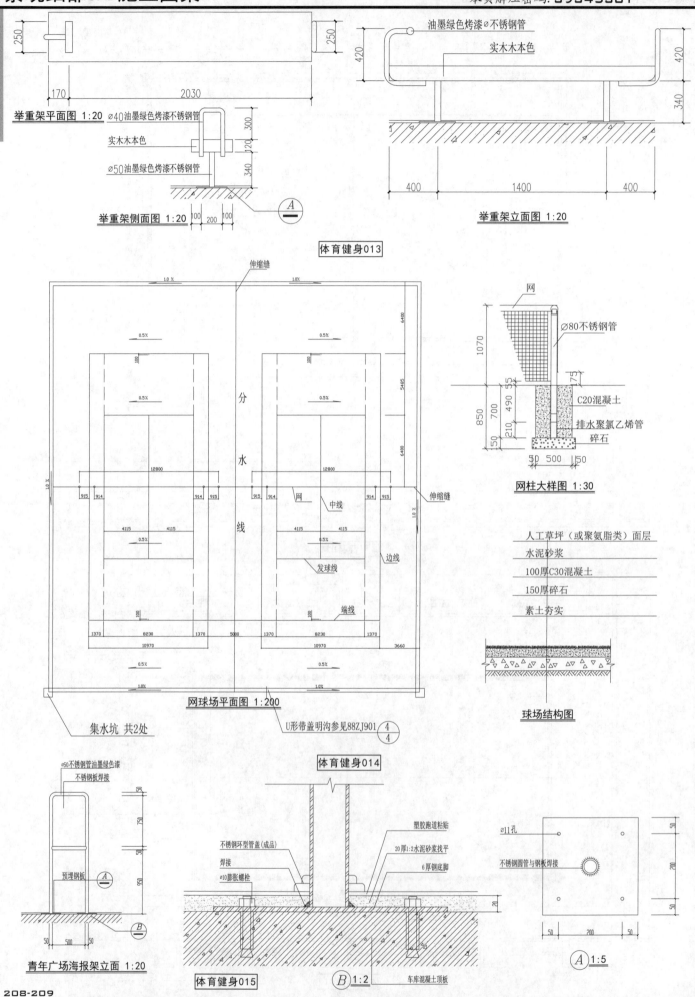

250

170   2030   250

举重架平面图 1:20

油墨绿色烤漆∅不锈钢管

实木木本色

420   340   400   1400   400

举重架立面图 1:20

∅40油墨绿色烤漆不锈钢管

实木木本色

∅50油墨绿色烤漆不锈钢管

300   120   340

举重架侧面图 1:20   100 200 100

A

体育健身013

伸缩缝

1.0 %   1.0%

0.5%   0.5%

100   100

0.5%   0.5%

分水线

12800   12800

915 914   914 915   915 914   914 915

网   中线

4115 4115   4115 4115

0.5%   0.5%

发球线   边线

100   100   端线

1370 8230 1370   5000   1370 8230 1370   3660

10970   10970

0.5%

1.0%   1.0%

网球场平面图 1:200

集水坑 共2处

U形带盖明沟参见88ZJ901   4/4

网

∅80不锈钢管

1070   850   700   490   210   55   75

C20混凝土

排水聚氯乙烯管

碎石

50 500 150

网柱大样图 1:30

人工草坪（或聚氨脂类）面层

水泥砂浆

100厚C30混凝土

150厚碎石

素土夯实

球场结构图

体育健身014

∅50不锈钢管油墨绿色漆

不锈钢板焊接

50   750   50   950

预埋钢板

A

B

50 500 50

青年广场海报架立面 1:20

不锈钢环型管盖(成品)

焊接

∅10膨胀螺栓

塑胶跑道粘贴

20厚1:2水泥砂浆找平

6厚钢底脚

体育健身015

B 1:2   车库混凝土顶板

∅11孔

不锈钢圆管与钢板焊接

50   200   50   50 200 50

A 1:5

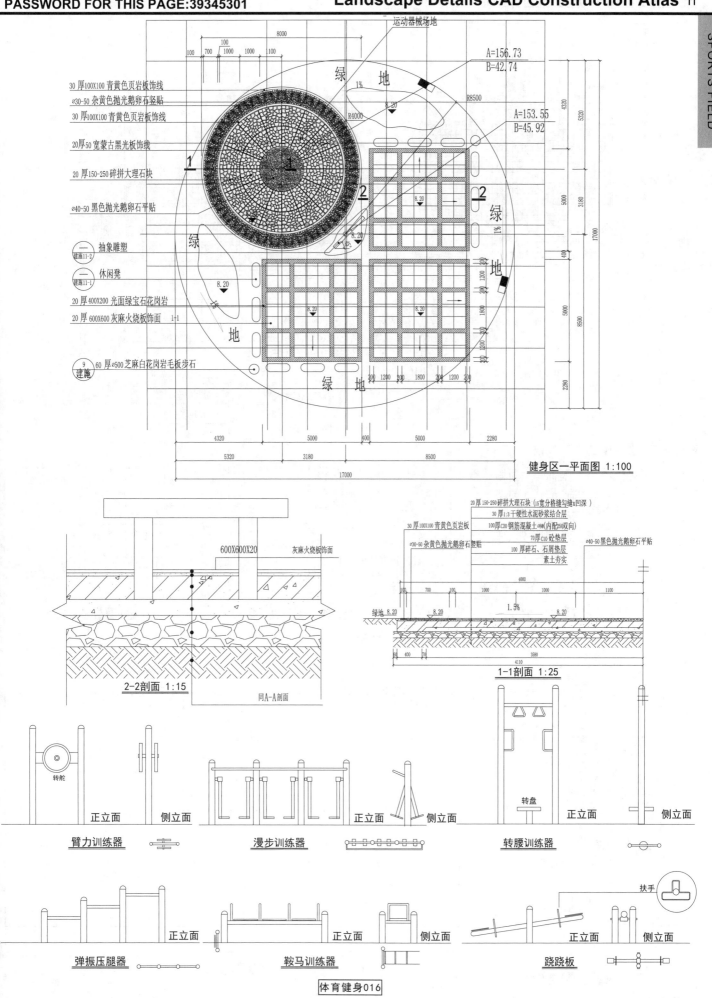

运动器械场地

30 厚100X100 青黄色页岩板饰线
⌀30-50 杂黄色抛光鹅卵石竖贴
30 厚100X100 青黄色页岩板饰线
20 厚50 宽蒙古黑光板饰线
20 厚150-250 碎拼大理石块
⌀40-50 黑色抛光鹅卵石平贴

抽象雕塑　建施11-2
休闲凳　建施11-1
20 厚400X200 光面绿宝石花岗岩
20 厚 600X600 灰麻火烧板饰面　1-1

9　60 厚⌀500 芝麻白花岗岩毛板步石　建施

绿　地
绿　地
绿　地

A=156.73
B=42.74
R8500
R4000
A=153.55
B=45.92

健身区一平面图 1:100

600X600X20　灰麻火烧板饰面

2-2剖面 1:15
同A-A剖面

20 厚150-250 碎拼大理石块 (15宽分格缝勾缝x凹深)
30 厚1:3 干硬性水泥砂浆结合层
30 厚100X100 青黄色页岩板
100厚C20 钢筋混凝土 ⌀8mm(内配250双向)
⌀30-50 杂黄色抛光鹅卵石竖贴
70 厚C10 砼垫层
100 厚碎石、石屑垫层
素土夯实
⌀40-50 黑色抛光鹅卵石平贴

绿地 8.20

1-1剖面 1:25

转舵
正立面　侧立面
臂力训练器

正立面　侧立面
漫步训练器

转盘
正立面　侧立面
转腰训练器

正立面
弹振压腿器

正立面　侧立面
鞍马训练器

扶手
正立面　侧立面
跷跷板

体育健身016

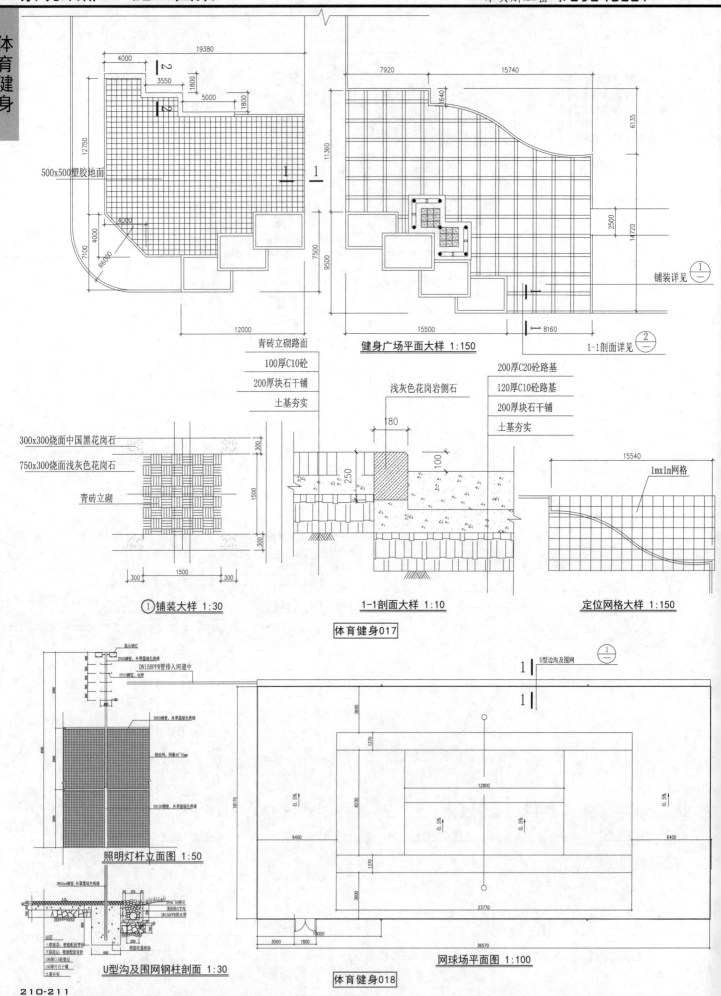

500x500塑胶地面

青砖立砌路面

100厚C10砼

200厚块石干铺

土基夯实

健身广场平面大样 1:150

铺装详见

1-1剖面详见

300x300烧面中国黑花岗石

750x300烧面浅灰色花岗石

青砖立砌

浅灰色花岗岩侧石

200厚C20砼路基

120厚C10砼路基

200厚块石干铺

土基夯实

1mx1m网格

① 铺装大样 1:30

1-1剖面大样 1:10

定位网格大样 1:150

体育健身017

U型边沟及围网

照明灯杆立面图 1:50

U型沟及围网钢柱剖面 1:30

网球场平面图 1:100

体育健身018

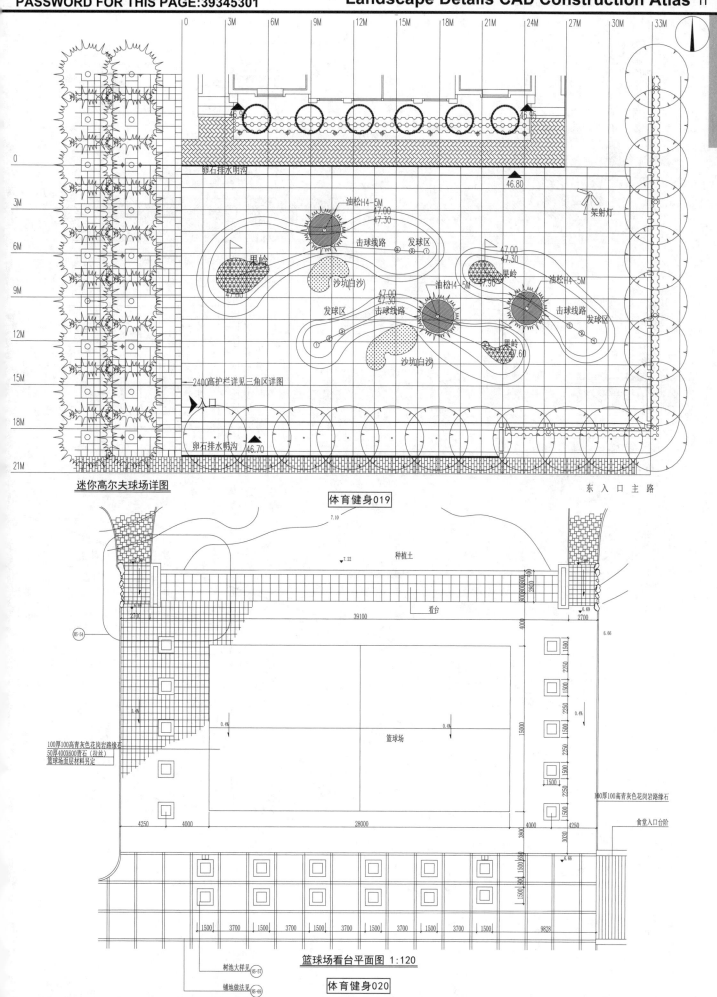

迷你高尔夫球场详图

东入口主路

油松H4-5M
47.00
47.30
击球线路   发球区
果岭
47.60
沙坑(白沙)
发球区
击球线路
47.30
油松H4-5M
果岭
油松H4-5M
击球线路
发球区
果岭
47.60
沙坑(白沙)

卵石排水明沟
46.80

架射灯

2400高护栏详见三角区详图
入口
卵石排水明沟
46.70

体育健身019

种植土
看台
篮球场

100厚100高青灰色花岗岩路缘石
50厚400X600青石(拉丝)
篮球场面层材料另定

100厚100高青灰色花岗岩路缘石

食堂入口台阶

树池大样见(JS-57)
铺地做法见(JS-69)

篮球场看台平面图 1:120

体育健身020

体育健身

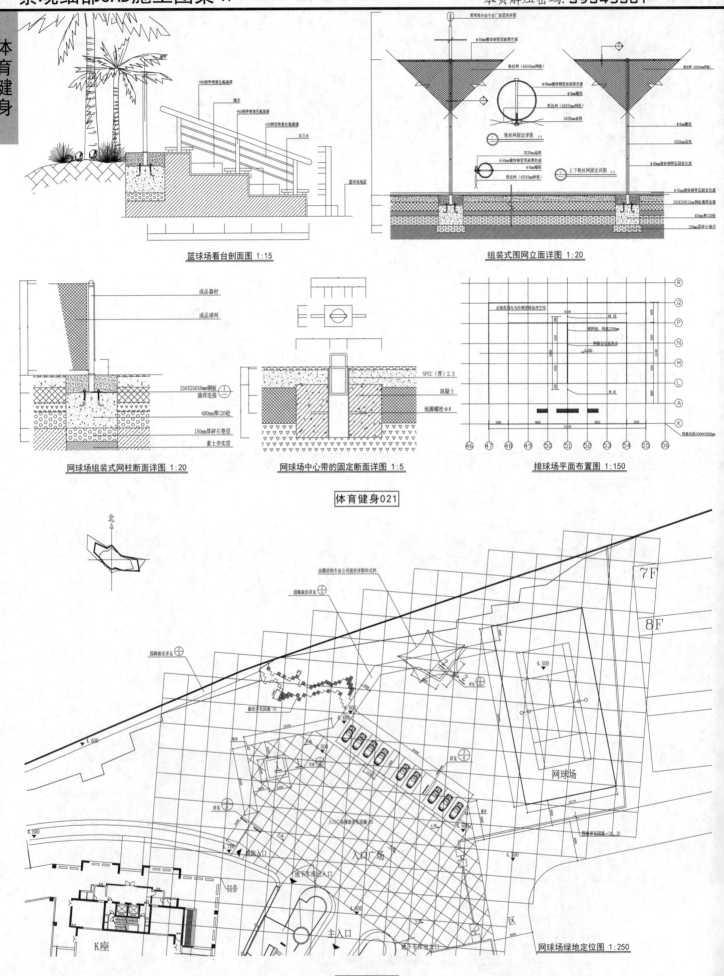

篮球场看台剖面图 1:15

组装式围网立面详图 1:20

网球场组装式网柱断面详图 1:20

网球场中心带的固定断面详图 1:5

排球场平面布置图 1:150

体育健身021

北

网球场绿地定位图 1:250

体育健身022

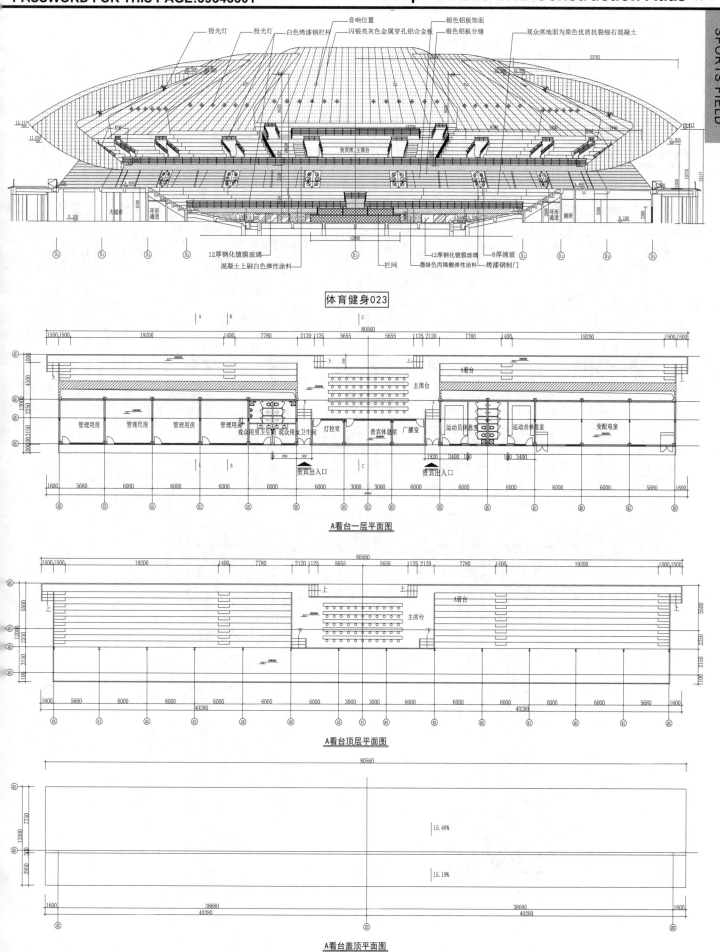

投光灯　投光灯　白色烤漆钢栏杆　音响位置　闪银亮灰色金属穿孔铝合金板　银色铝板饰面　银色铝板分缝　观众席地面为原色优质抗裂细石混凝土

12厚钢化镀膜玻璃　混凝土上刷白色弹性涂料　拦网　12厚钢化镀膜玻璃　8厚清玻　墨绿色丙烯酸弹性涂料　烤漆钢制门

体育健身023

管理用房　管理用房　管理用房　管理用房　观众用男卫生间　观众用女卫生间　灯控室　贵宾休息室　广播室　运动员休息室　运动员休息室　变配电室

主席台　A看台

贵宾出入口　贵宾出入口

A看台一层平面图

A看台　主席台

A看台顶层平面图

15.48%

15.19%

A看台盖顶平面图

体育健身024

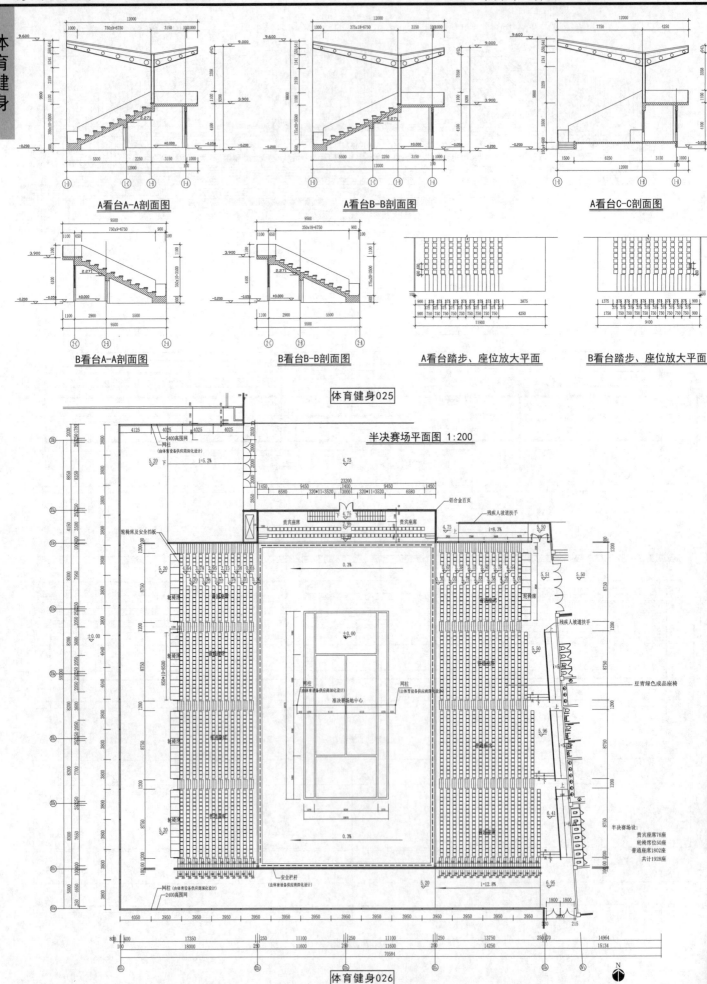

A看台A-A剖面图

A看台B-B剖面图

A看台C-C剖面图

B看台A-A剖面图

B看台B-B剖面图

A看台踏步、座位放大平面

B看台踏步、座位放大平面

体育健身025

半决赛场平面图 1:200

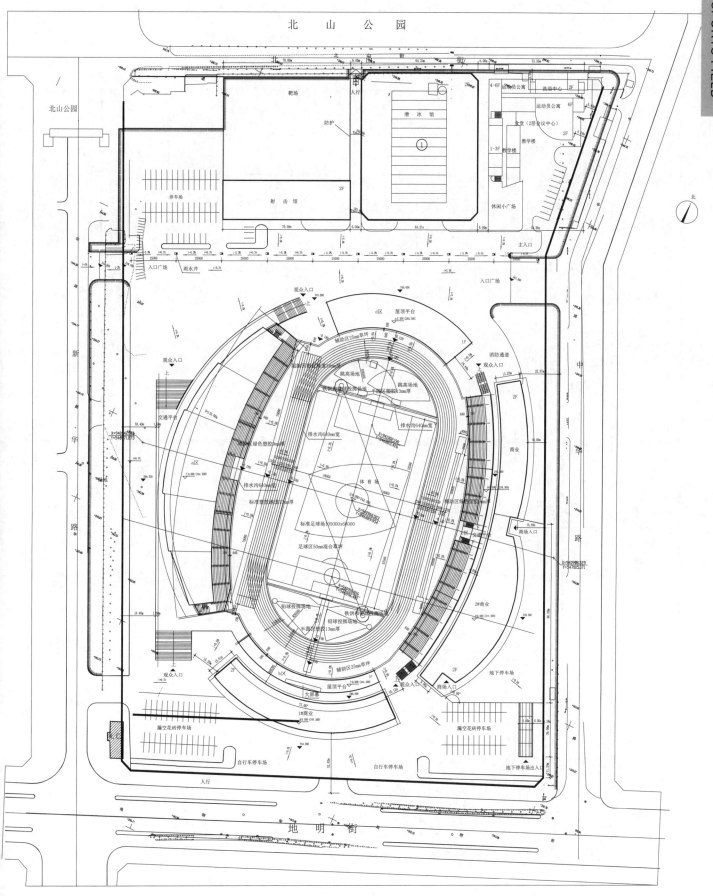

运动场总平面图 1:500

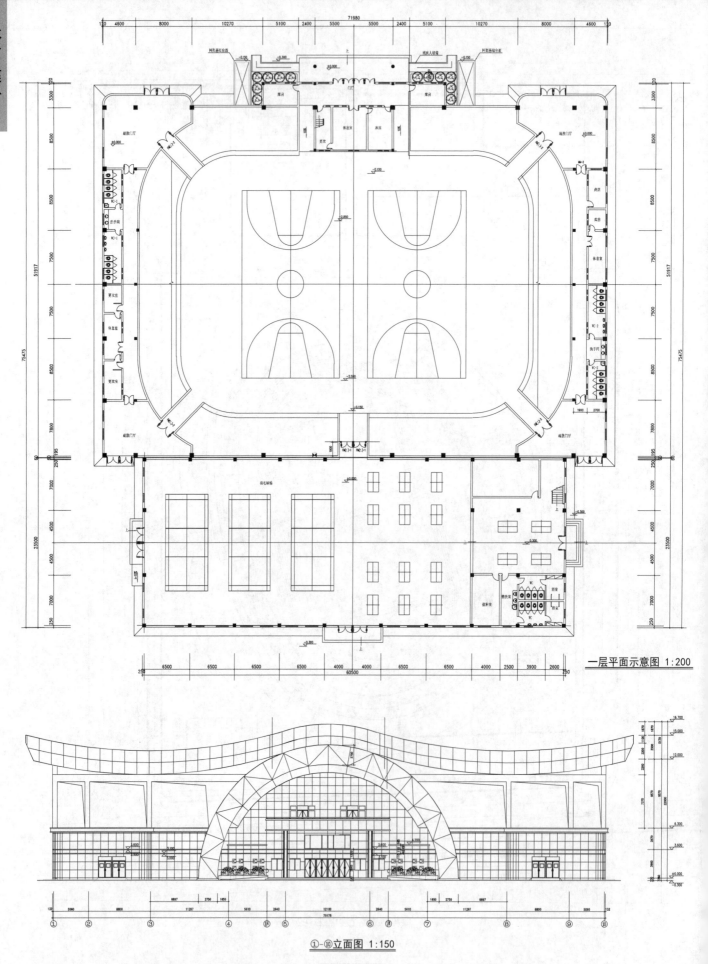

一层平面示意图 1:200

①-⑩立面图 1:150

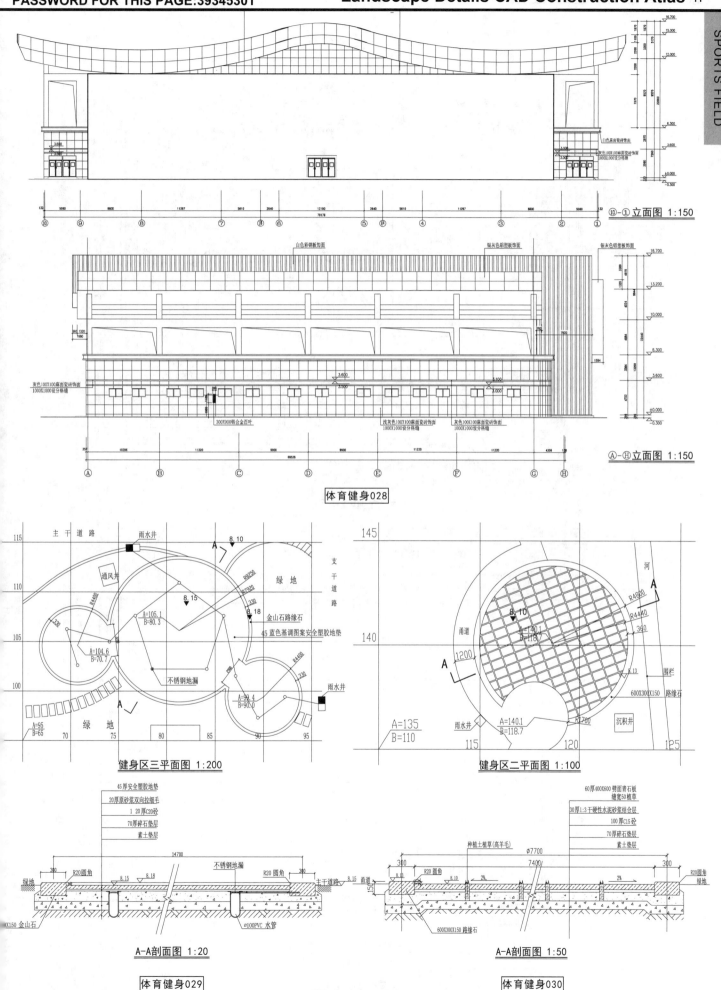

⑩—① 立面图 1:150

Ⓐ—Ⓗ 立面图 1:150

体育健身028

健身区三平面图 1:200

健身区二平面图 1:100

A-A剖面图 1:20

A-A剖面图 1:50

体育健身029

体育健身030

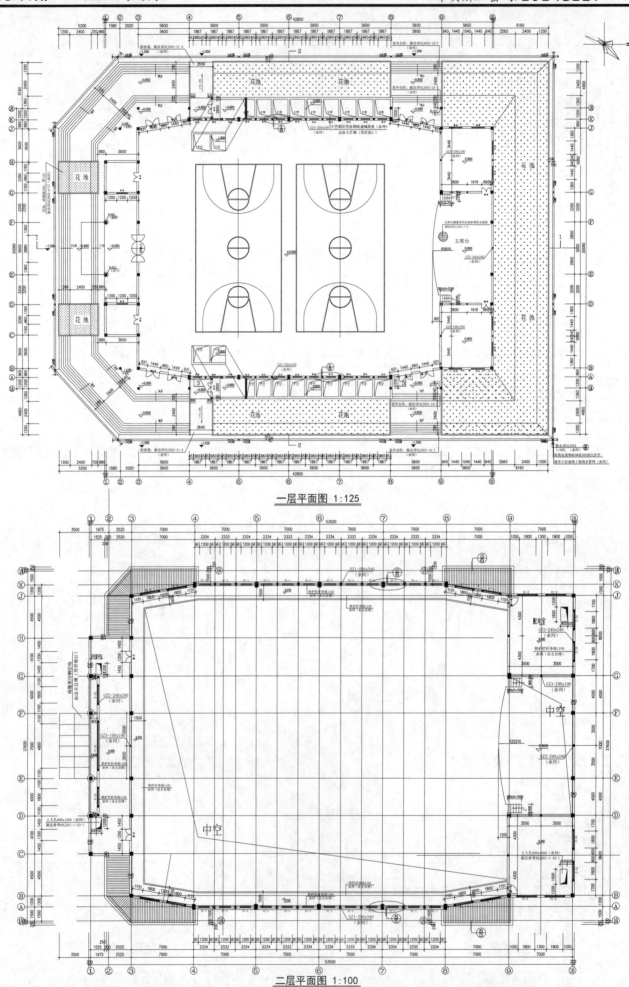

一层平面图 1:125

二层平面图 1:100

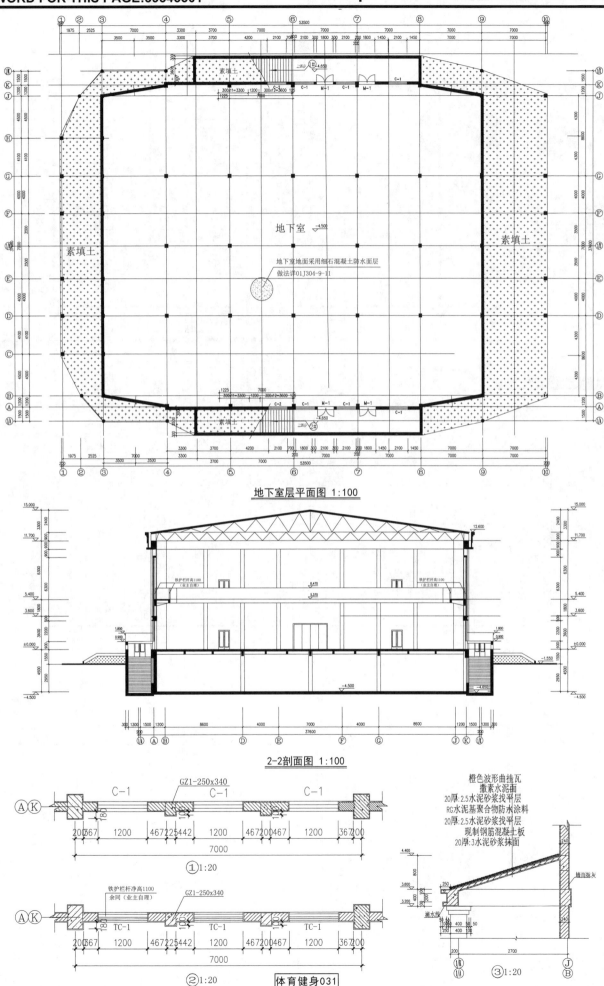

地下室层平面图 1:100

2-2剖面图 1:100

体育健身031

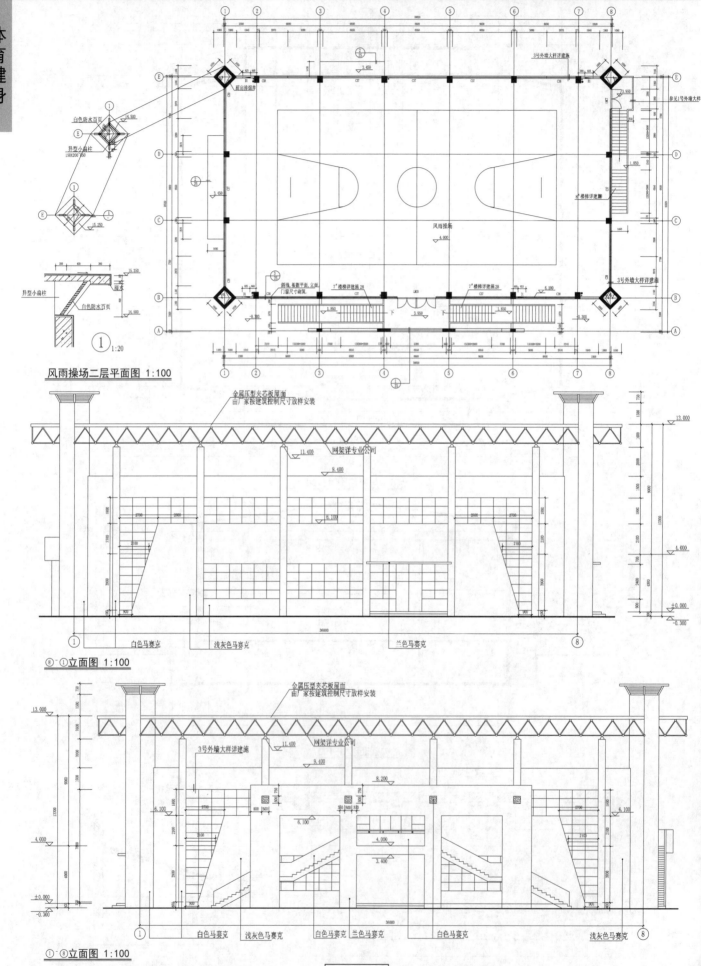

风雨操场二层平面图 1:100

⑧-① 立面图 1:100

① 白色马赛克　浅灰色马赛克　兰色马赛克

①-⑧ 立面图 1:100

① 白色马赛克　浅灰色马赛克　白色马赛克　兰色马赛克　白色马赛克　浅灰色马赛克 ⑧

体育健身032

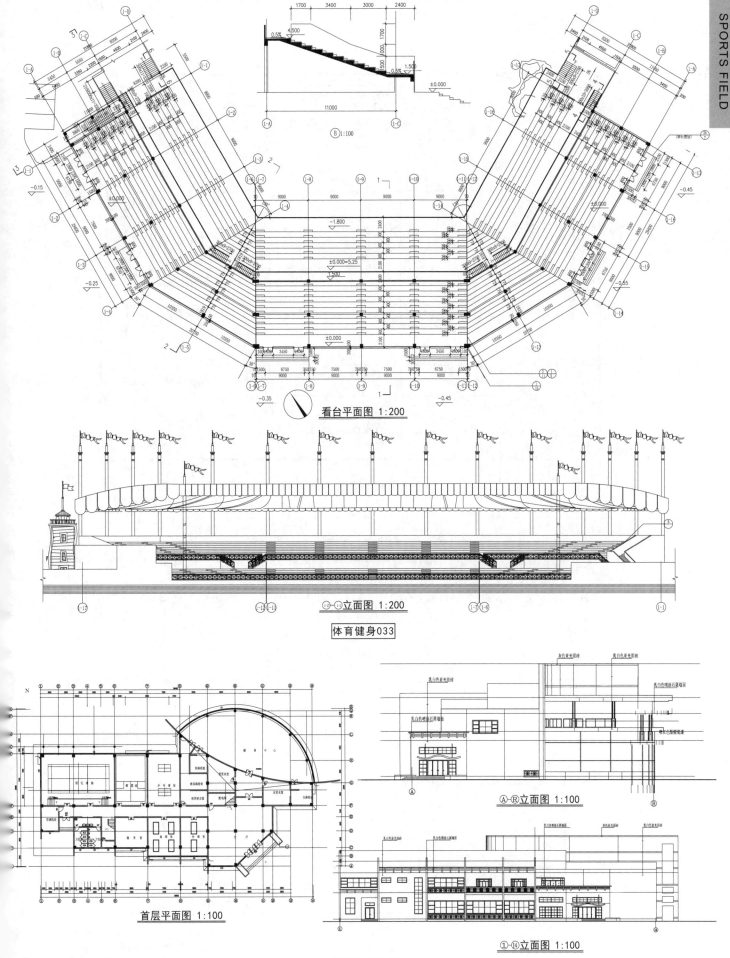

B 1:100

看台平面图 1:200

①-⑬立面图 1:200

体育健身033

首层平面图 1:100

Ⓐ-Ⓡ立面图 1:100

①-⑭立面图 1:100

体育健身034

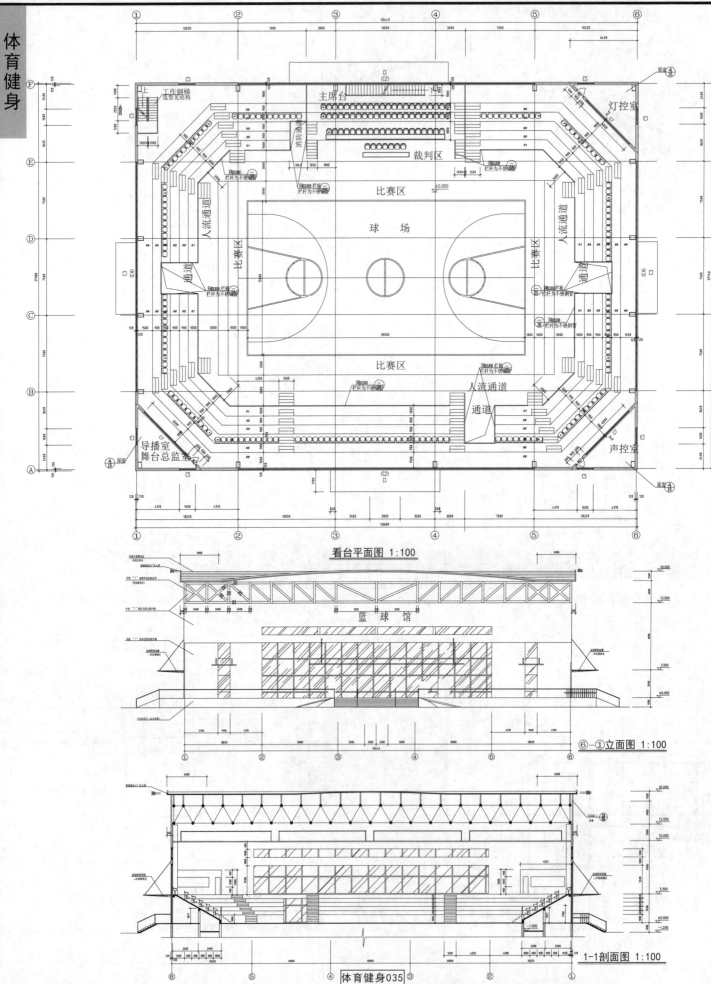

主席台

裁判区

比赛区

球　场

比赛区

比赛区

比赛区

人流通道

人流通道

通道

通道

通道

灯控室

声控室

导播室
舞台总监室

工作钢梯
造型见结构

看台平面图 1:100

篮球馆

⑥-① 立面图 1:100

1-1剖面图 1:100

体育健身035

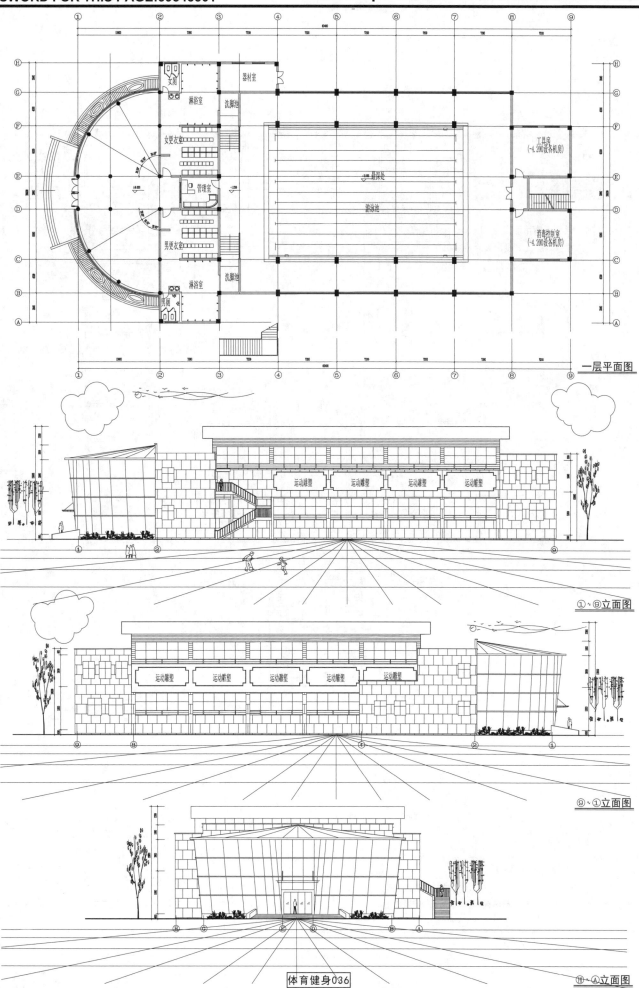

一层平面图

①、⑨立面图

⑨、①立面图

体育健身036

Ⓗ、Ⓐ立面图

本页解压密码: **39345301**

体育健身

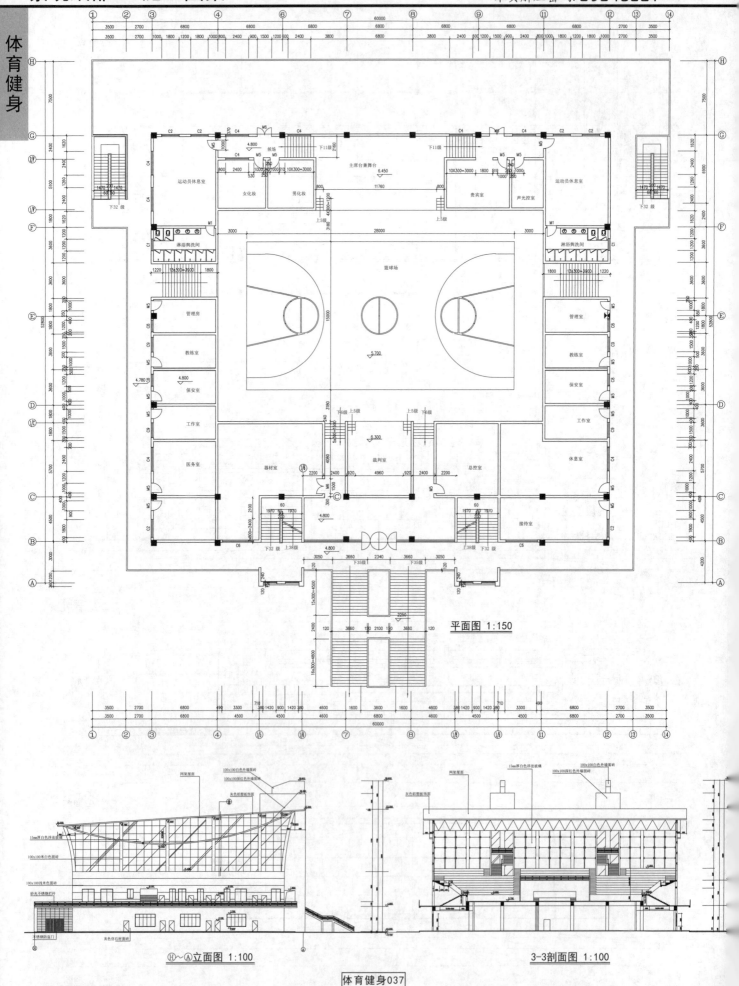

平面图 1:150

H～A立面图 1:100

3-3剖面图 1:100

体育健身037

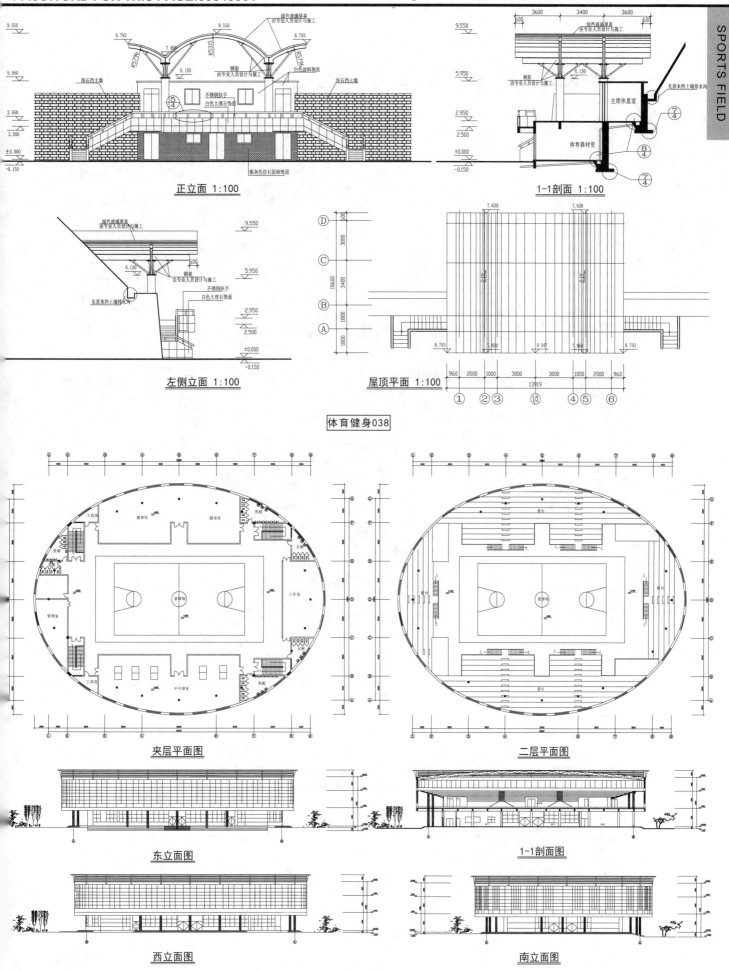

正立面 1:100

1-1剖面 1:100

左侧立面 1:100

屋顶平面 1:100

体育健身038

夹层平面图

二层平面图

东立面图

1-1剖面图

西立面图

南立面图

体育健身039

体育
健身

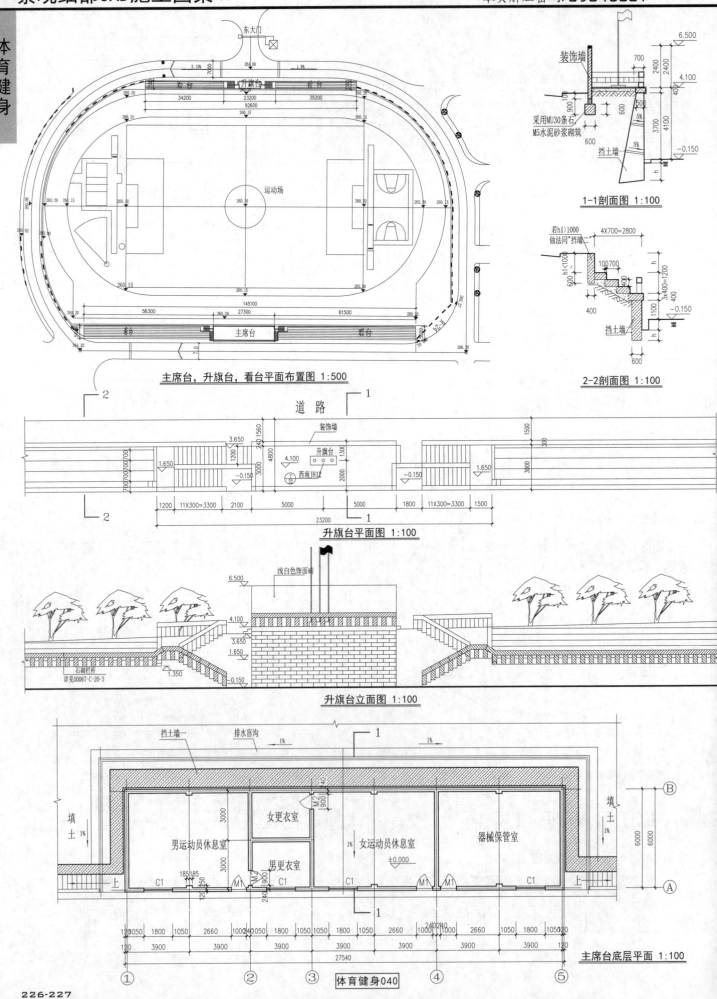

主席台，升旗台，看台平面布置图 1:500

1-1剖面图 1:100

2-2剖面图 1:100

升旗台平面图 1:100

升旗台立面图 1:100

主席台底层平面 1:100

体育健身040

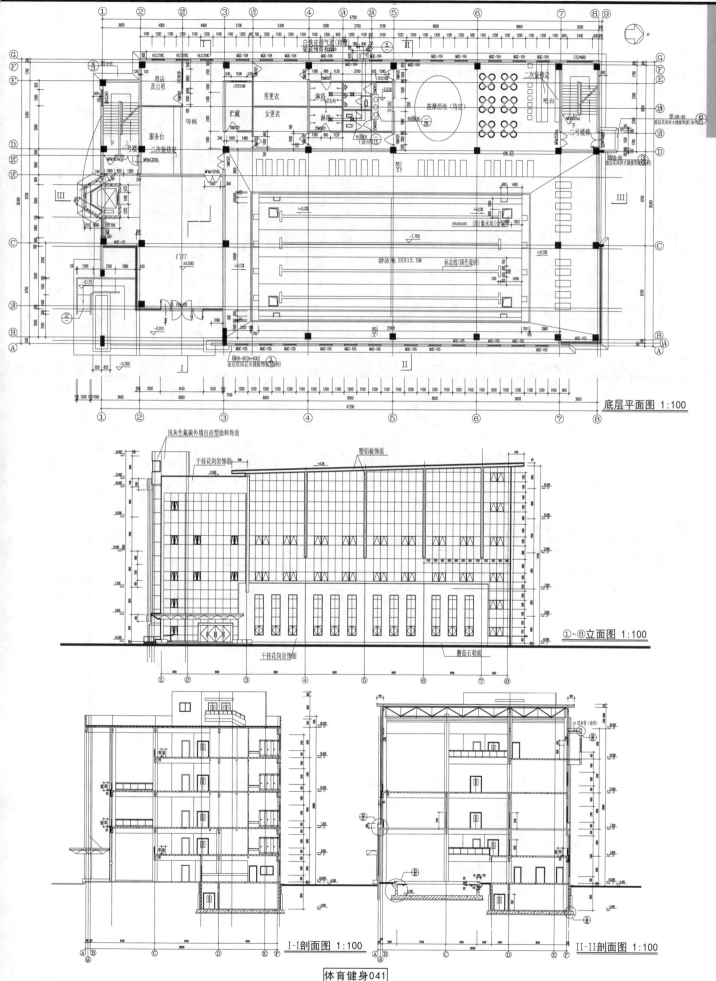

底层平面图 1:100

①~⑧立面图 1:100

I-I剖面图 1:100

II-II剖面图 1:100

体育健身041

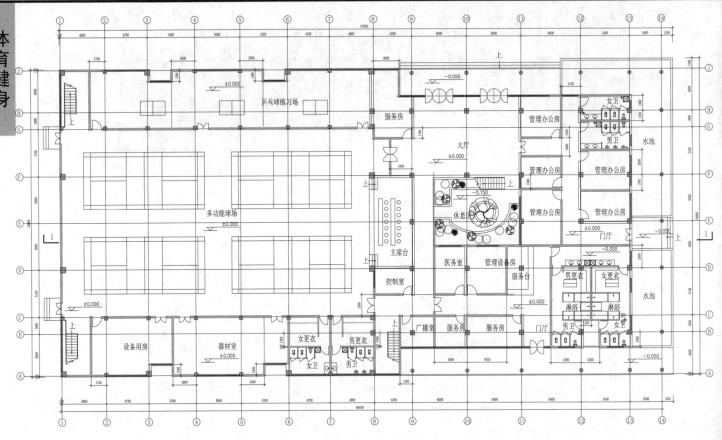

室内馆一层平面图

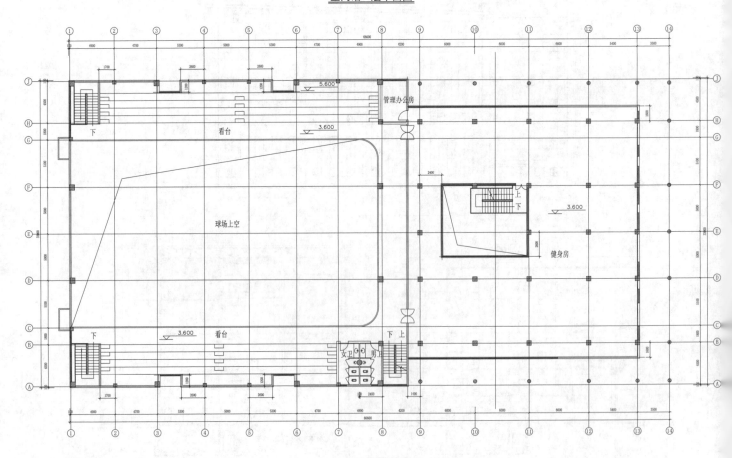

室内馆二层平面图

体育健身042

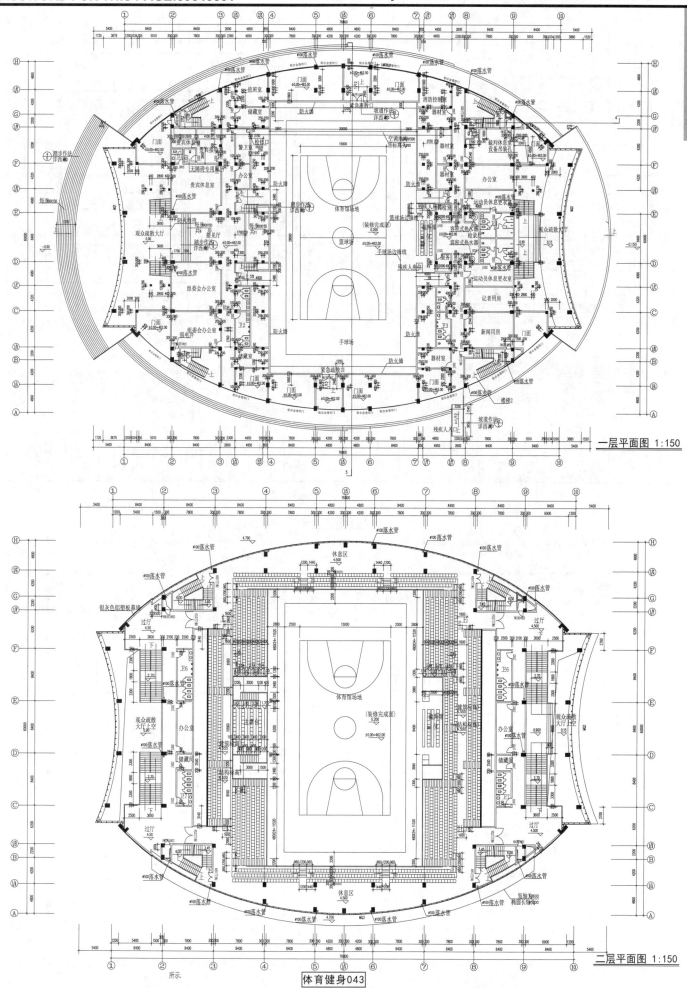

一层平面图 1:150

二层平面图 1:150

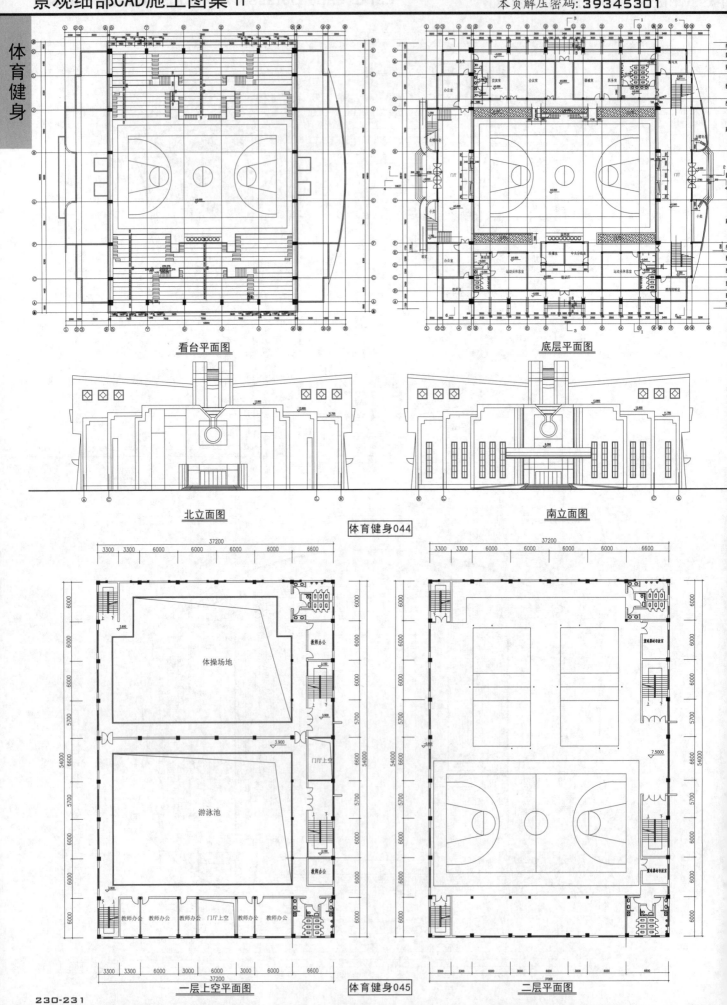

看台平面图

底层平面图

北立面图

南立面图

体育健身044

体操场地

游泳池

教师办公

教师办公 教师办公 门厅上空 教师办公 教师办公

一层上空平面图

体育健身045

二层平面图

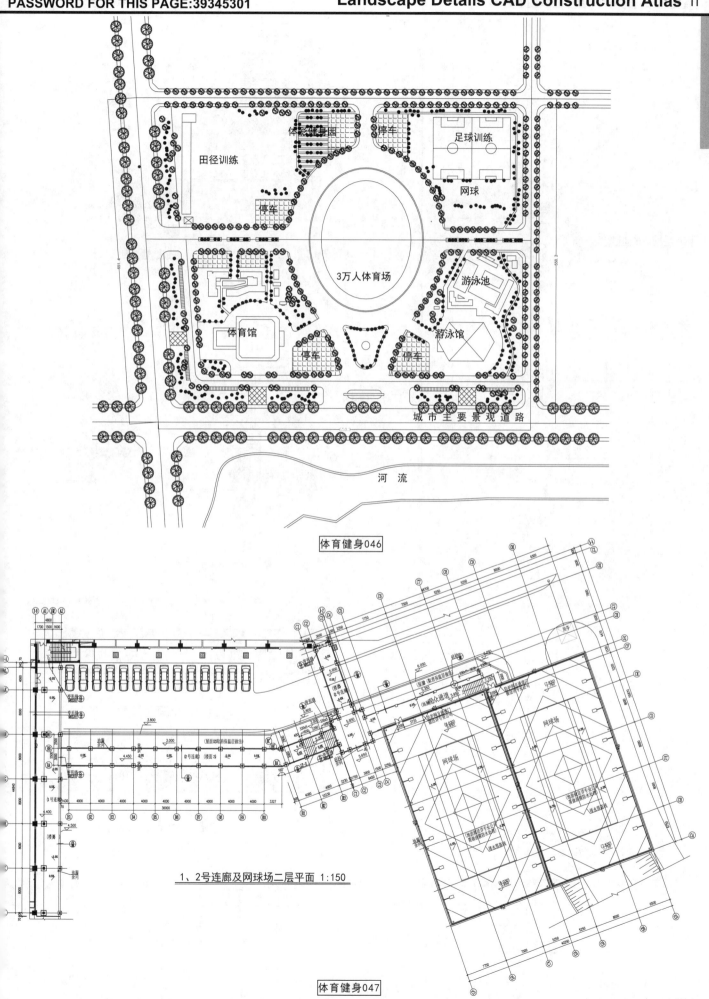

田径训练

体育健身园

停车

足球训练

网球

停车

3万人体育场

游泳池

体育馆

停车

停车

游泳馆

城市主要景观道路

河流

体育健身046

1、2号连廊及网球场二层平面 1:150

网球场

网球场

体育健身047

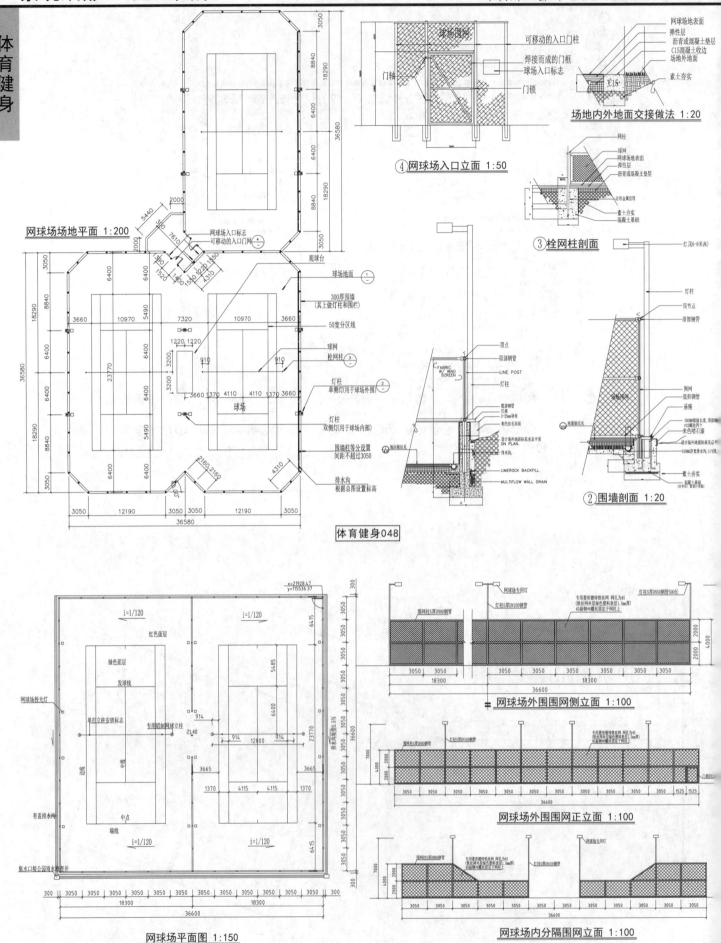

网球场场地平面 1:200

④ 网球场入口立面 1:50

场地内外地面交接做法 1:20

③ 栓网柱剖面

② 围墙剖面 1:20

体育健身048

网球场平面图 1:150

网球场外围围网侧立面 1:100

网球场外围围网正立面 1:100

网球场内分隔围网立面 1:100

体育健身049

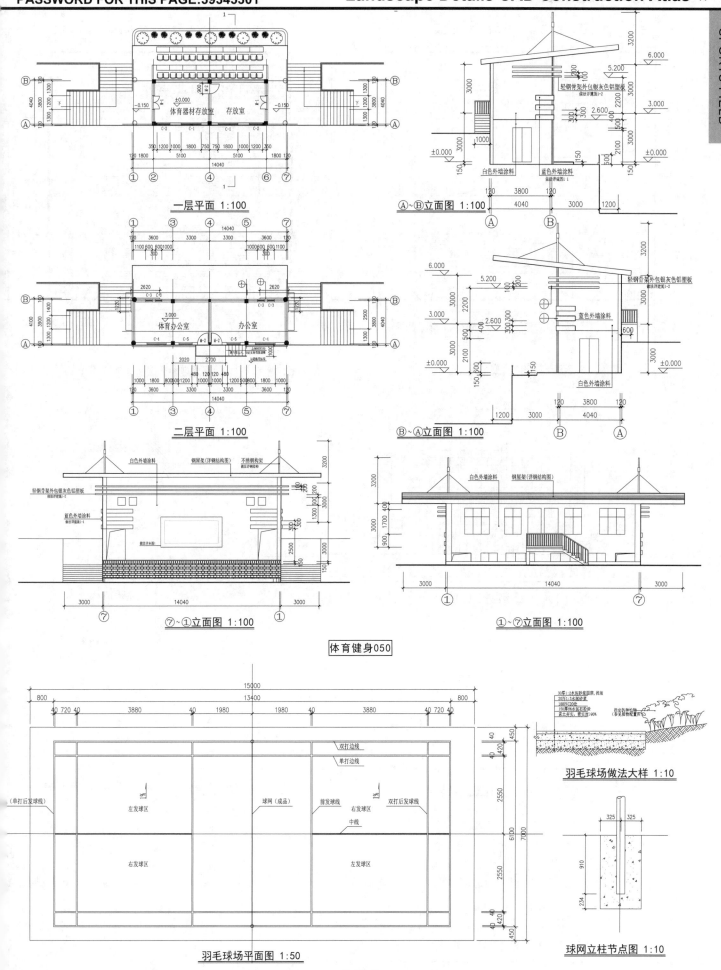

一层平面 1:100

二层平面 1:100

Ⓐ~Ⓑ立面图 1:100

Ⓑ~Ⓐ立面图 1:100

⑦~①立面图 1:100

①~⑦立面图 1:100

体育健身050

羽毛球场做法大样 1:10

羽毛球场平面图 1:50

球网立柱节点图 1:10

体育健身051

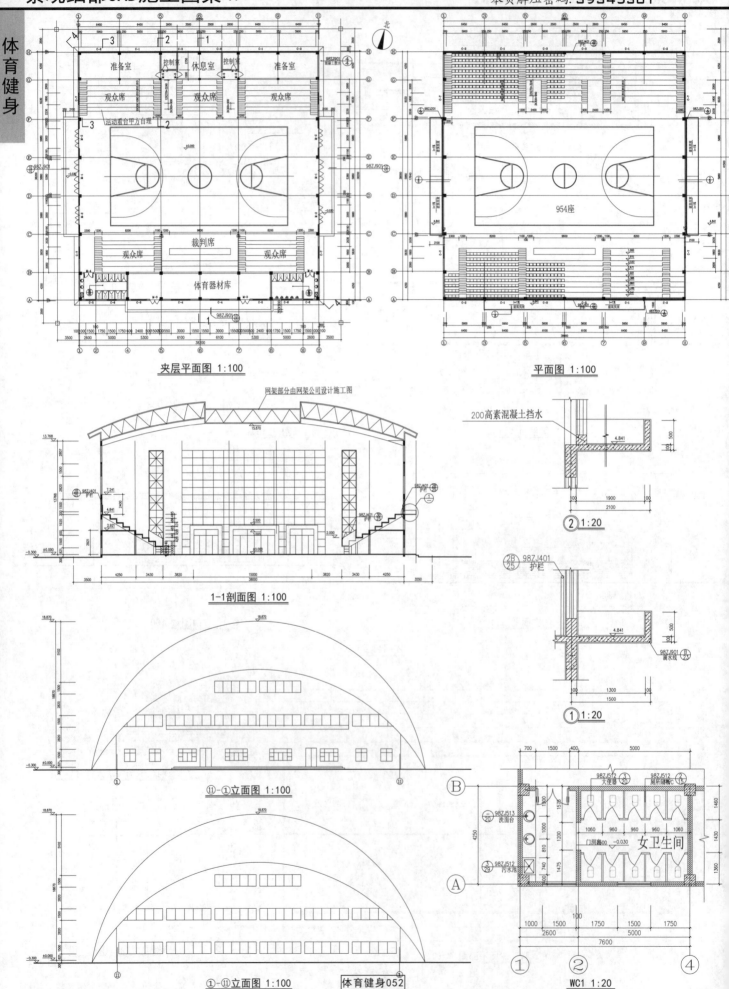

夹层平面图 1:100

平面图 1:100

网架部分由网架公司设计施工图

1-1剖面图 1:100

⑪-①立面图 1:100

①-⑪立面图 1:100

体育健身052

200高素混凝土挡水

② 1:20

① 1:20

女卫生间

WC1 1:20

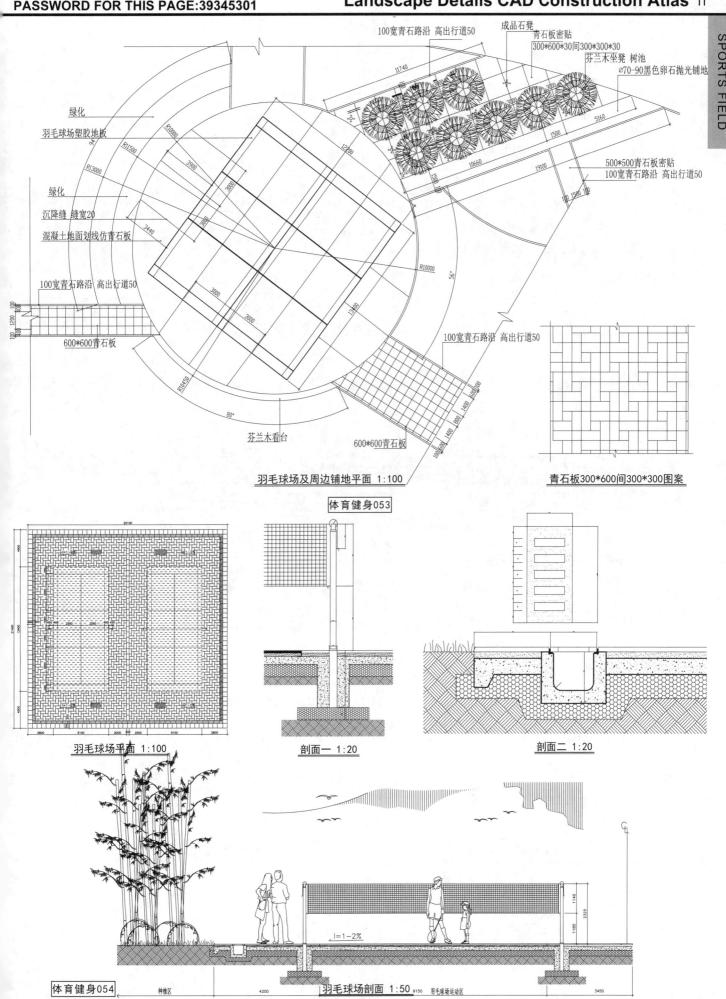

100宽青石路沿 高出行道50
成品石凳
青石板密贴
300*600*30间300*300*30
芬兰木坐凳 树池
∅70-90黑色卵石抛光铺地

绿化
羽毛球场塑胶地板
绿化
沉降缝 缝宽20
混凝土地面划线仿青石板
100宽青石路沿 高出行道50
600*600青石板

500*500青石板密贴
100宽青石路沿 高出行道50

100宽青石路沿 高出行道50

芬兰木看台
600*600青石板

羽毛球场及周边铺地平面 1:100

体育健身053

青石板300*600间300*300图案

羽毛球场平面 1:100

剖面一 1:20

剖面二 1:20

种植区

I=1-2%

羽毛球运动区

体育健身054

羽毛球场剖面 1:50

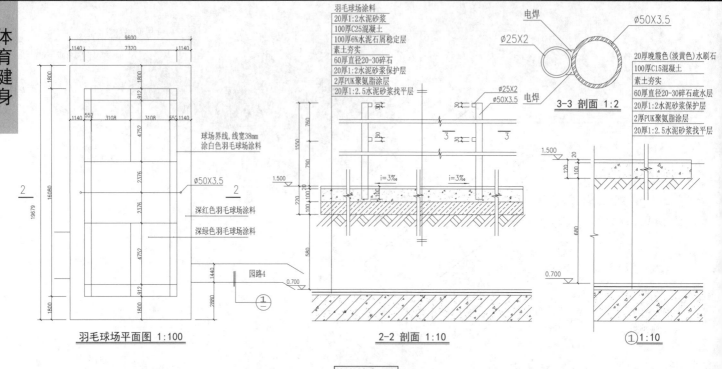

羽毛球场涂料
20厚1:2水泥砂浆
100厚C25混凝土
100厚6%水泥石屑稳定层
素土夯实
60厚直径20-30碎石
20厚1:2水泥砂浆保护层
2厚PUK聚氨脂涂层
20厚1:2.5水泥砂浆找平层

球场界线,线宽38mm
涂白色羽毛球场涂料

深红色羽毛球场涂料

深绿色羽毛球场涂料

园路4

电焊

电焊

ø25X2

ø50X3.5

ø25X2

ø50X3.5

ø50X3.5

3-3 剖面 1:2

20厚晚霞色(淡黄色)水刷石
100厚C15混凝土
素土夯实
60厚直径20-30碎石疏水层
20厚1:2水泥砂浆保护层
2厚PUK聚氨脂涂层
20厚1:2.5水泥砂浆找平层

羽毛球场平面图 1:100

2-2 剖面 1:10

①1:10

体育健身055

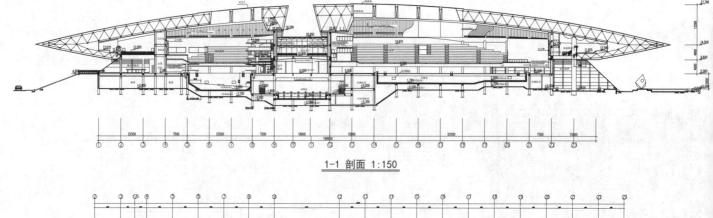

1-1 剖面 1:150

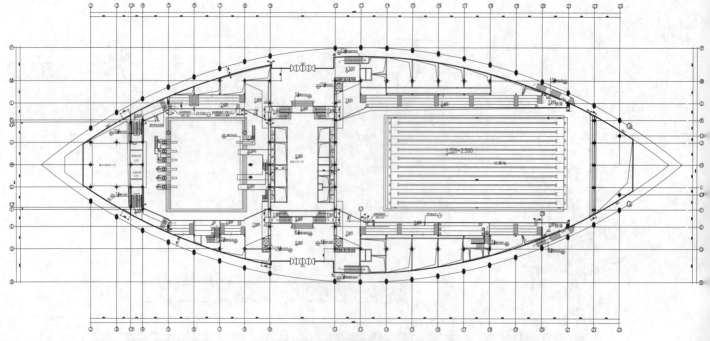

7.400标高平面图 1:150

体育健身056

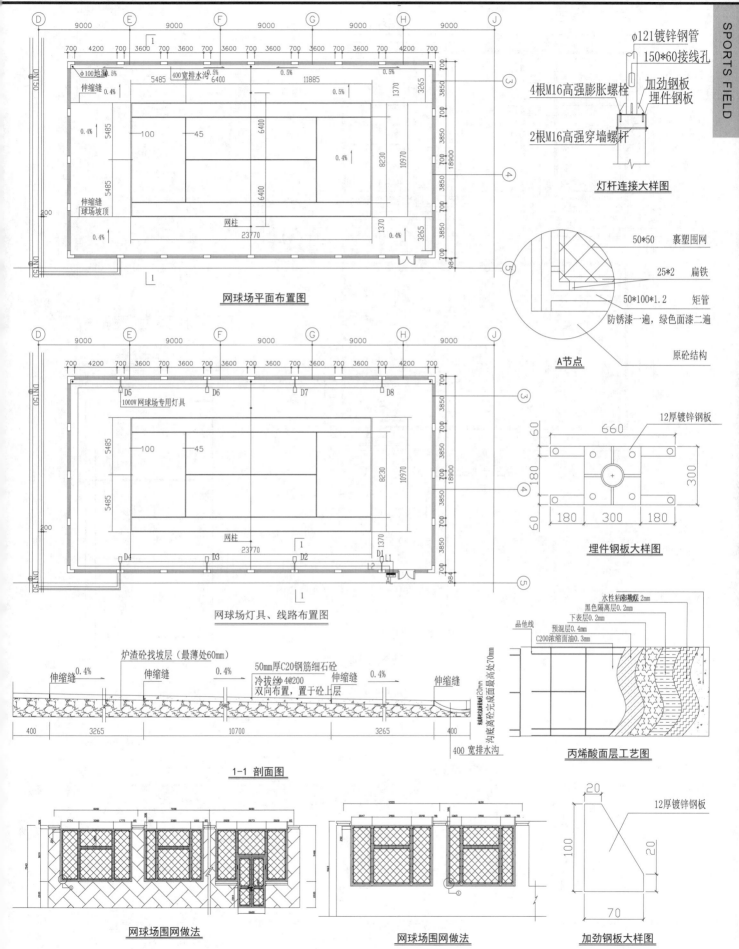

φ121镀锌钢管
150*60接线孔
4根M16高强膨胀螺栓
加劲钢板
埋件钢板
2根M16高强穿墙螺杆

灯杆连接大样图

网球场平面布置图

50*50 裹塑围网
25*2 扁铁
50*100*1.2 矩管
防锈漆一遍, 绿色面漆二遍
原砼结构

A节点

12厚镀锌钢板

埋件钢板大样图

网球场灯具、线路布置图

水性粘砂层 2mm
黑色隔离层 0.2mm
上表层 0.2mm
预混层 0.4mm
C200浓缩面油 0.3mm

丙烯酸面层工艺图

炉渣砼找坡层(最薄处60mm)
50mm厚C20钢筋细石砼
冷拔丝4@200
双向布置, 置于砼上层
伸缩缝 0.4% 伸缩缝 0.4% 伸缩缝 伸缩缝 0.4% 伸缩缝
400 3265 10700 3265 400
400 宽排水沟

1-1 剖面图

12厚镀锌钢板
20
100
20
70

加劲钢板大样图

网球场围网做法

网球场围网做法

体育健身

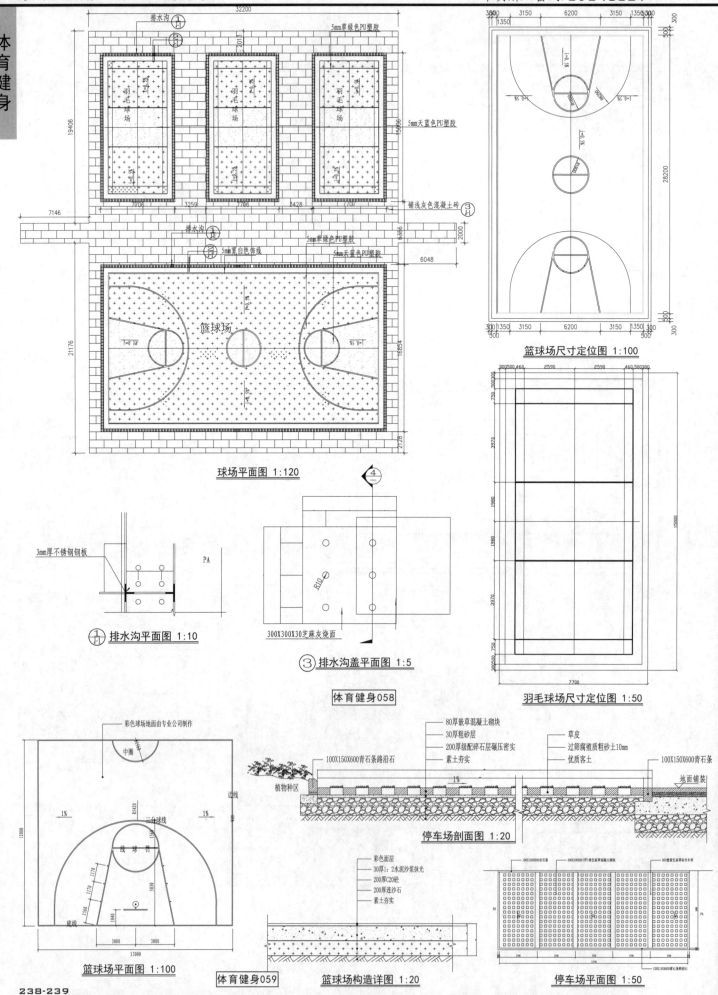

5mm草绿色PU塑胶
排水沟
羽毛球场
羽毛球场
羽毛球场
5mm天蓝色PU塑胶
铺浅灰色混凝土砖
排水沟
5mm草绿色PU塑胶
5mm宽白色饰线
5mm天蓝色PU塑胶
篮球场

球场平面图 1:120

篮球场尺寸定位图 1:100

3mm厚不锈钢钢板
PA

排水沟平面图 1:10

300X300X30芝麻灰烧面

排水沟盖平面图 1:5

体育健身058

羽毛球场尺寸定位图 1:50

彩色球场地面由专业公司制作
中圈
二分球线
罚球线
边线

篮球场平面图 1:100

彩色面层
30厚1:2水泥沙浆抹光
200厚C20砼
200厚连沙石
素土夯实

体育健身059

篮球场构造详图 1:20

80厚嵌草混凝土砌块
30厚粗砂层
200厚级配碎石层碾压密实
素土夯实
100X150X600青石条路沿石

草皮
过筛腐殖质粗砂土10mm
优质客土
100X150X600青石条
地面铺装

停车场剖面图 1:20

植物种植区

停车场平面图 1:50

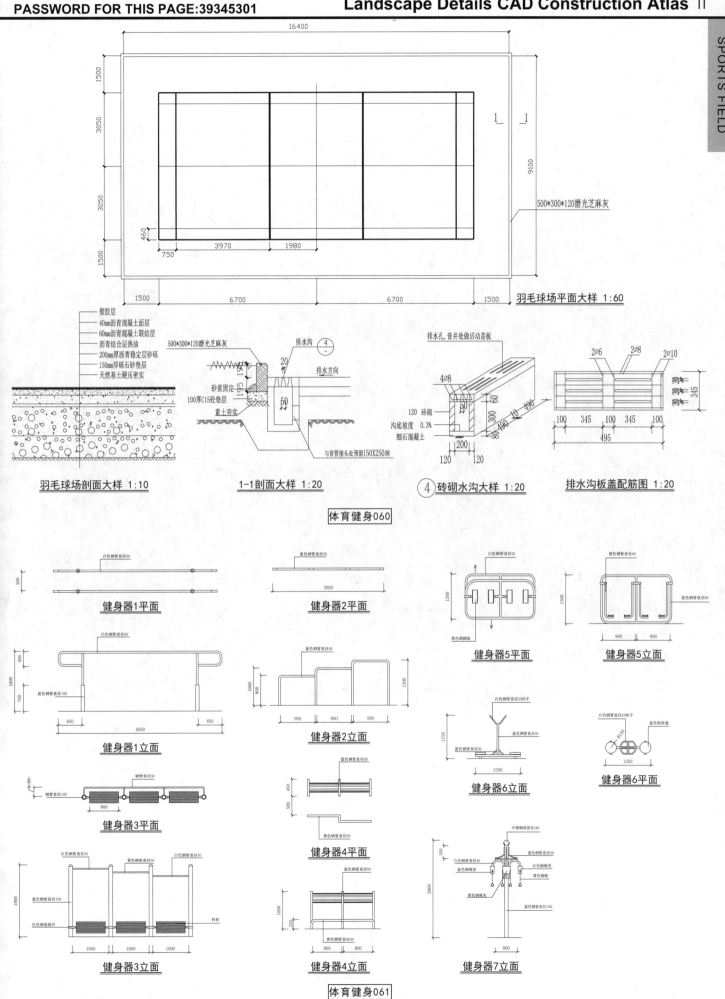

羽毛球场平面大样 1:60

500*300*120磨光芝麻灰

塑胶层
40mm沥青混凝土面层
60mm沥青混凝土联结层
沥青结合层热油
200mm厚沥青稳定层砂砾
150mm厚砾石砂垫层
天然基土硬压密实

羽毛球场剖面大样 1:10

1-1剖面大样 1:20

④ 砖砌水沟大样 1:20

排水沟板盖配筋图 1:20

体育健身060

健身器1平面

健身器2平面

健身器5平面

健身器5立面

健身器1立面

健身器2立面

健身器6立面

健身器6平面

健身器3平面

健身器4平面

健身器3立面

健身器4立面

健身器7立面

体育健身061

景观雕塑

SCULPTURE

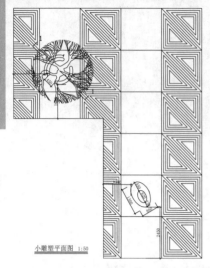

小雕塑平面图 1:50

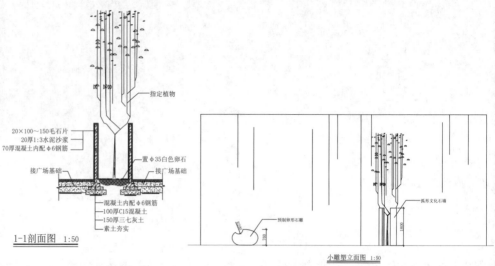

指定植物

20×100～150毛石片
20厚1:3水泥沙浆
70厚混凝土内配φ6钢筋

接广场基础

置φ35白色卵石

接广场基础

混凝土内配φ6钢筋
100厚C15混凝土
150厚三七灰土
素土夯实

1-1剖面图 1:50

弧形文化石墙

预制卵形石雕

小雕塑立面图 1:50

景观雕塑001

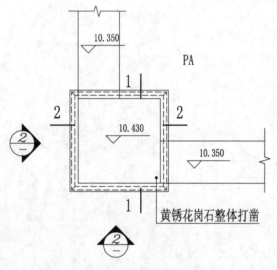

10.350

PA

10.430

10.350

黄锈花岗石整体打凿

巴厘风情雕塑基座平面图 1:15

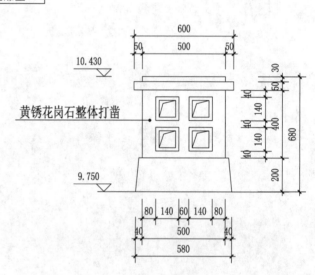

10.430

9.750

黄锈花岗石整体打凿

600
50 500 50
30
50
40
140
40
400
140
40
200
680

80 140 60 140 80
40 500 40
580

巴厘风情雕塑基座立面图 1:15

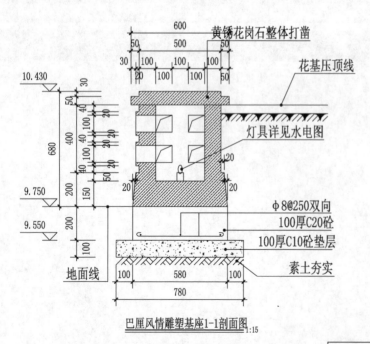

600
50 500 50
30 100 100 100
20 100 100 20 50

黄锈花岗石整体打凿

花基压顶线

灯具详见水电图

10.430
30
50
40
400
40
100
100
40
100
50
680
9.750
200
150
9.550
200
100

φ8@250双向
100厚C20砼
100厚C10砼垫层

地面线

100 580 100
780

素土夯实

巴厘风情雕塑基座1-1剖面图 1:15

600
50 500 50
30 100 150 150 50
20 100 20

黄锈花岗石整体打凿

花基位置示意线

灯具详见水电图

10.430
30
50
40
400
40
100
100
40
100
50
680
70
9.750
200
150
9.550
200
100

φ8@250双向
100厚C20砼
100厚C10砼垫层

地面线

100 580 100
780

素土夯实

巴厘风情雕塑基座2-2剖面图 1:15

景观雕塑002

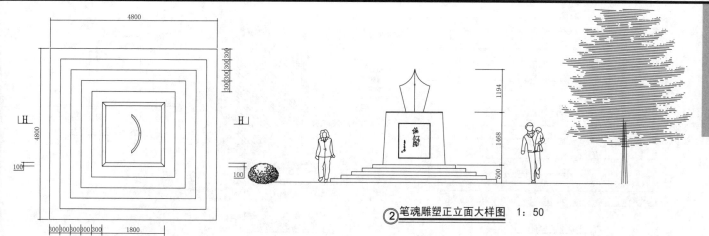

① 笔魂雕塑平面大样图   1：50

② 笔魂雕塑正立面大样图   1：50

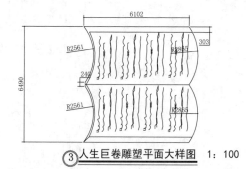

③ 人生巨卷雕塑平面大样图   1：100

④ 人生巨卷雕塑立面大样图   1：50

景观雕塑003

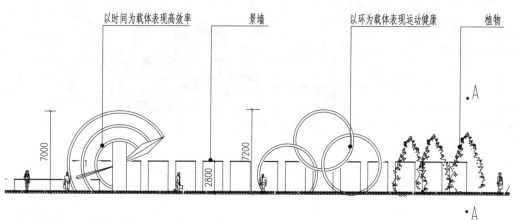

以时间为载体表现高效率　　　　景墙　　　　以环为载体表现运动健康　　　植物

城市主题雕塑说明

题材　选用反映城市文明进步的题材

专业　由专业的雕塑设计师设计

结构　结构必须达到国家标准

材料　采用比较通透的材料钢管

色彩　尽量采用单纯的原色

照明　雕塑设计需考虑夜景效果

其它　雕塑基座为GRC仿荒石或叫礁石

雕塑共8座

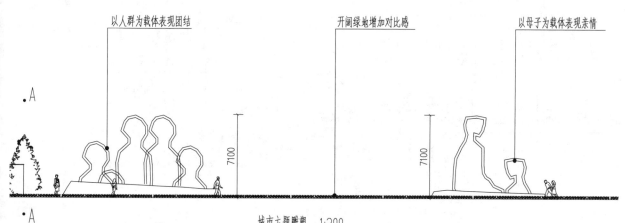

以人群为载体表现团结　　　　开阔绿地增加对比感　　　　以母子为载体表现亲情

城市主题雕塑   1：200

景观雕塑004

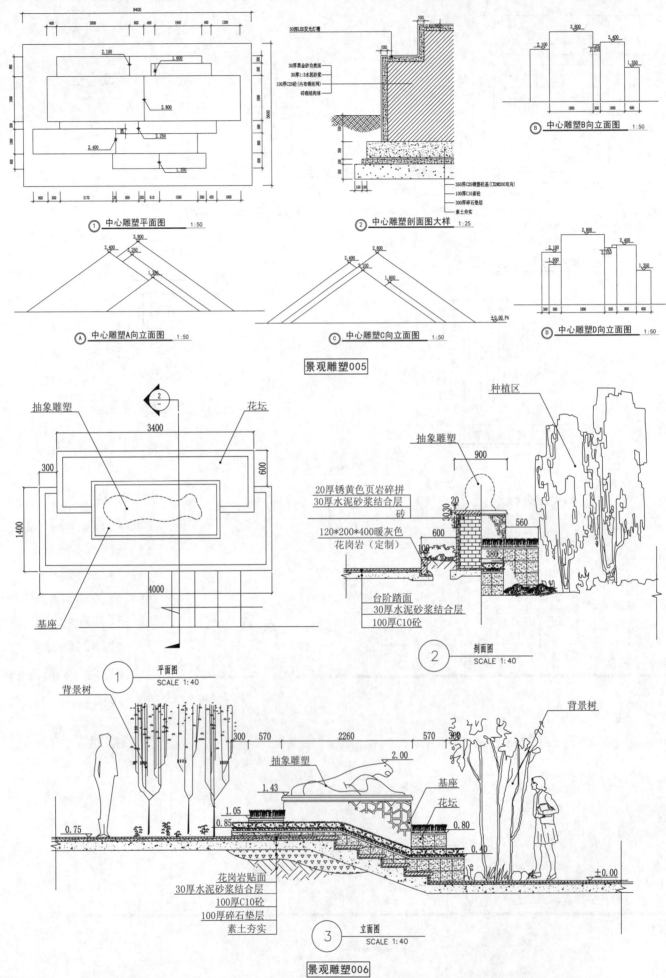

① 中心雕塑平面图　1:50

② 中心雕塑剖面图大样　1:25

Ⓑ 中心雕塑B向立面图　1:50

Ⓐ 中心雕塑A向立面图　1:50

Ⓒ 中心雕塑C向立面图　1:50

Ⓓ 中心雕塑D向立面图　1:50

景观雕塑005

① 平面图　SCALE 1:40

② 剖面图　SCALE 1:40

③ 立面图　SCALE 1:40

景观雕塑006

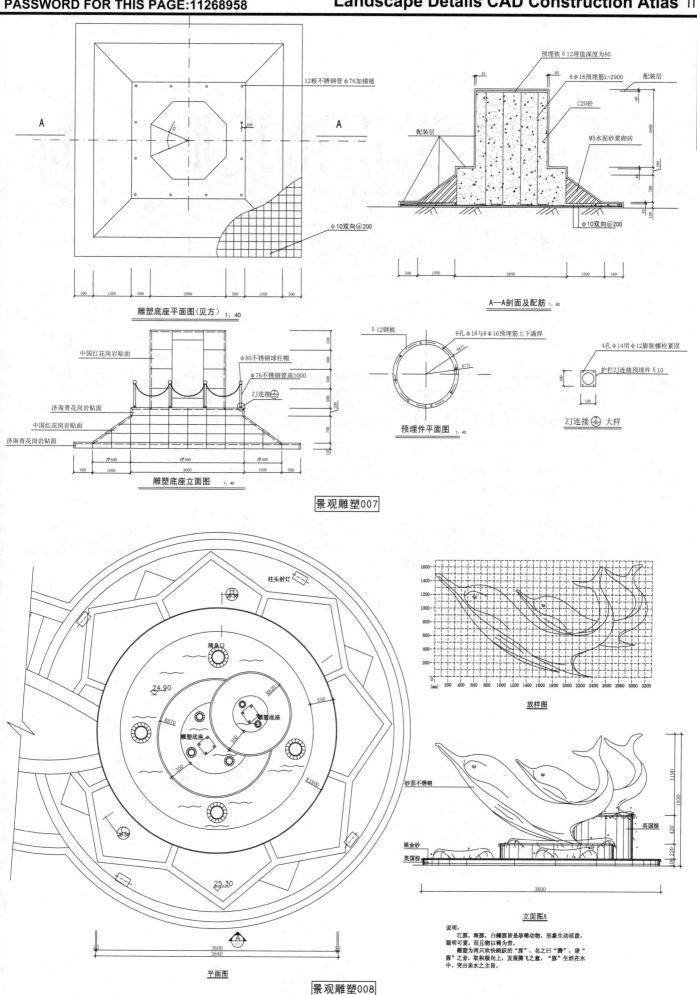

12根不锈钢管φ76加锚链

φ10双向@200

雕塑底座平面图（见方） 1：40

预埋铁δ12埋值深度为80
8φ16预埋筋L=2900
配装层
C20砼
配装层
M5水泥砂浆砌砖
φ10双向@200

A--A剖面及配筋 1：40

中国红花岗岩贴面
济南青花岗岩贴面
中国红花岗岩贴面
济南青花岗岩贴面
φ80不锈钢球柱帽
φ76不锈钢管高1000
ZJ连接

雕塑底座立面图 1：40

δ12钢板
8孔φ18与8φ16预埋筋上下满焊

预埋件平面图 1：40

4孔φ14用φ12膨胀螺栓紧固
护栏ZJ连接预埋件δ10

ZJ连接 大样

景观雕塑007

柱头射灯

喷泉口

24.90

雕塑底座

雕塑底座

25.30

平面图

放样图

砂面不锈钢
黑金砂
英国棕
英国棕

立面图A

说明：
江豚，海豚，白鳍豚皆是珍稀动物，形象生动活泼，聪明可爱，而且物以稀为贵。
雕塑为两只欢快跳跃的"豚"，名之曰"腾"，谐"豚"之音，取积极向上，发展腾飞之意。"豚"生活在水中，突出亲水之主旨。

景观雕塑008

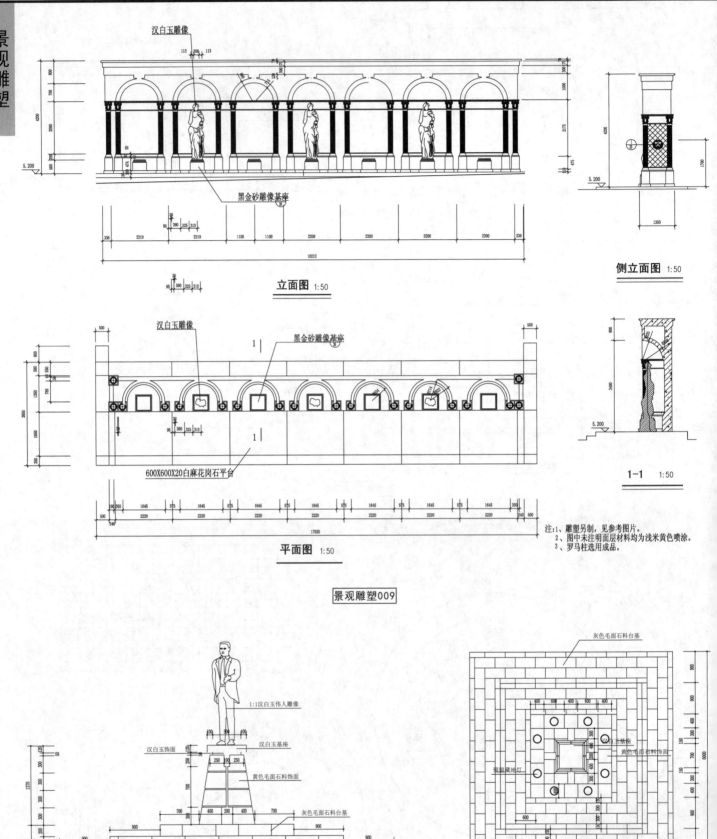

汉白玉雕像

黑金砂雕像基座

立面图 1:50

侧立面图 1:50

汉白玉雕像　　　　黑金砂雕像基座

600X600X20白麻花岗石平台

1-1 1:50

平面图 1:50

注:1、雕塑另制,见参考图片。
　　2、图中未注明面层材料均为浅米黄色喷涂。
　　3、罗马柱选用成品。

景观雕塑009

灰色毛面石料台基

1:1汉白玉伟人雕像

汉白玉饰面　　汉白玉基座

黄色毛面石料饰面

灰色毛面石料台基

汉白玉基座
黄色毛面石料饰面

预留藏地灯

伟人雕像立面图 1:30　　　伟人雕像详图　　　伟人雕像基座平面图 1:50

景观雕塑010

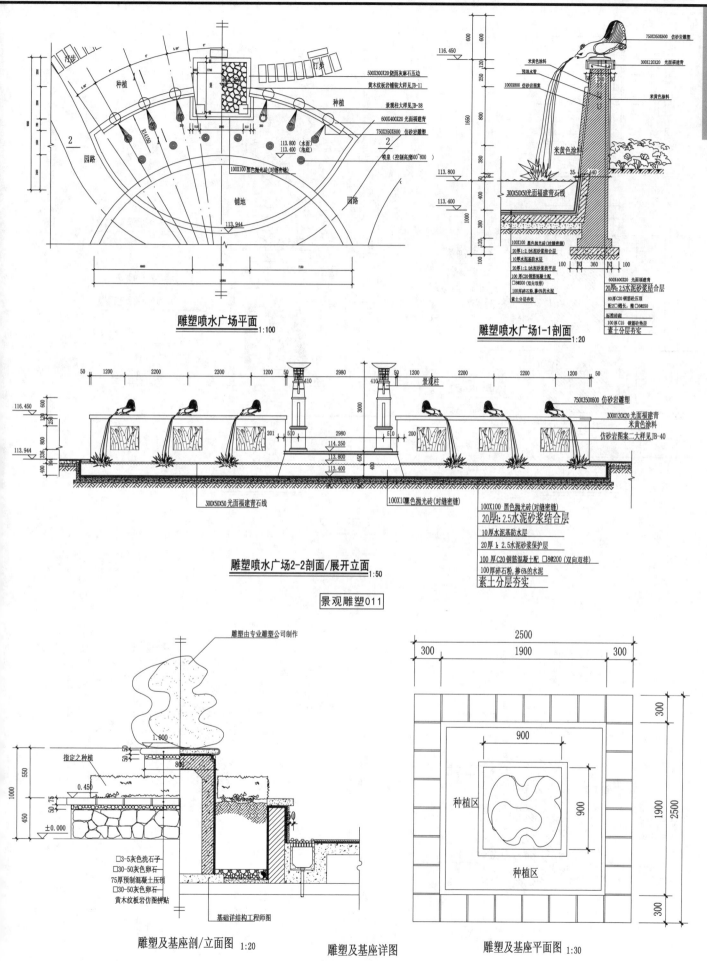

雕塑喷水广场平面 1:100

雕塑喷水广场1-1剖面 1:20

雕塑喷水广场2-2剖面/展开立面 1:50

景观雕塑011

雕塑及基座剖/立面图 1:20

雕塑及基座详图

雕塑及基座平面图 1:30

景观雕塑012

景
观
雕
塑

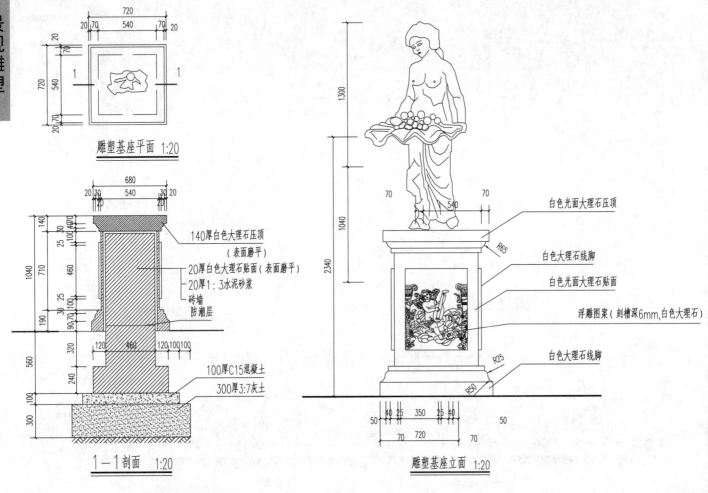

雕塑基座平面 1:20

1—1 剖面 1:20

140厚白色大理石压顶
（表面磨平）

20厚白色大理石贴面（表面磨平）

20厚1：3水泥砂浆

砖墙

防潮层

100厚C15混凝土

300厚3:7灰土

雕塑基座立面 1:20

白色光面大理石压顶

白色大理石线脚

白色光面大理石贴面

浮雕图案（刻槽深6mm,白色大理石）

白色大理石线脚

景观雕塑013

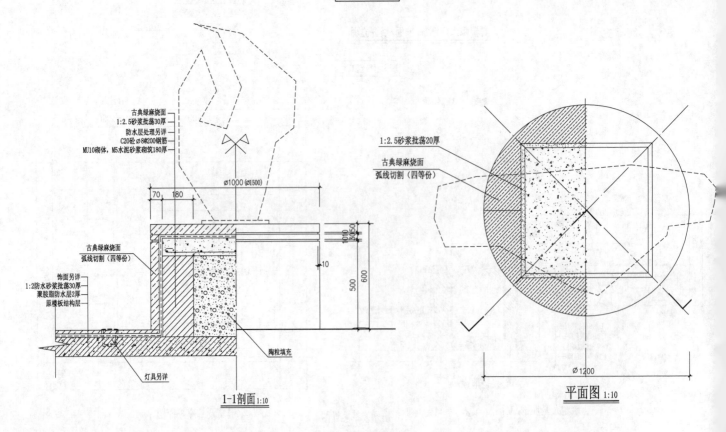

古典绿麻烧面
1:2.5砂浆批荡30厚
防水层处理另详
C20砼 ∅8@200钢筋
MU10砌体, M5水泥砂浆砌筑180厚

古典绿麻烧面
弧线切割（四等份）
饰面另详
1:2防水砂浆批荡30厚
聚胺脂防水层2厚
原楼板结构层

陶粒填充

灯具另详

1—1剖面 1:10

1:2.5砂浆批荡20厚

古典绿麻烧面
弧线切割（四等份）

平面图 1:10

景观雕塑014

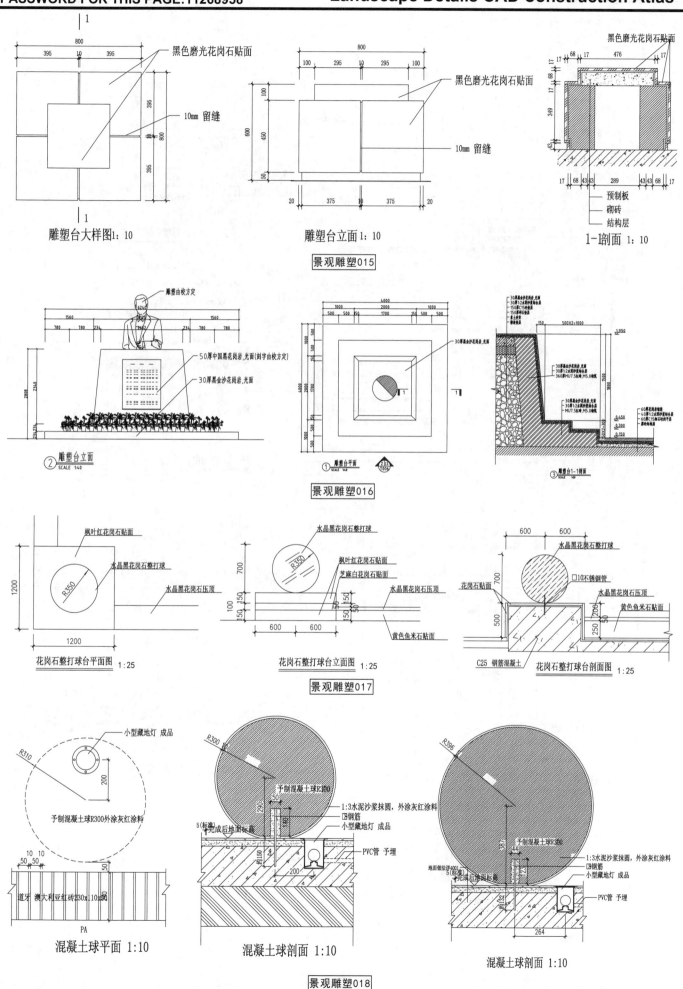

雕塑台大样图 1:10

雕塑台立面 1:10

1-剖面 1:10

黑色磨光花岗石贴面

10mm 留缝

预制板
砌砖
结构层

景观雕塑015

雕塑由校方定

50厚中国黑岗岩,光面(刻字由校方定)
30厚黑金沙岗岩,光面

雕塑台立面 SCALE 1:40

雕塑台平面 SCALE 1:40

雕塑台1-1剖面 SCALE 1:20

景观雕塑016

枫叶红花岗石贴面
水晶黑花岗石整打球
水晶黑花岗石压顶

花岗石整打球台平面图 1:25

水晶黑花岗石整打球
枫叶红花岗石贴面
芝麻白花岗石贴面
水晶黑花岗石压顶
黄色鱼米石贴面

花岗石整打球台立面图 1:25

水晶黑花岗石整打球
□10不锈钢管
花岗石贴面
水晶黑花岗石压顶
黄色鱼米石贴面
C25 钢筋混凝土

花岗石整打球台剖面图 1:25

景观雕塑017

小型藏地灯 成品
予制混凝土球R300外涂灰红涂料
道牙 澳大利亚红砖230x110x50
PA

混凝土球平面 1:10

予制混凝土球R300
1:3水泥沙浆抹圆,外涂灰红涂料
钢筋
小型藏地灯 成品
PVC管 予埋

混凝土球剖面 1:10

予制混凝土球R300
1:3水泥沙浆抹圆,外涂灰红涂料
钢筋
小型藏地灯 成品
PVC管 予埋

混凝土球剖面 1:10

景观雕塑018

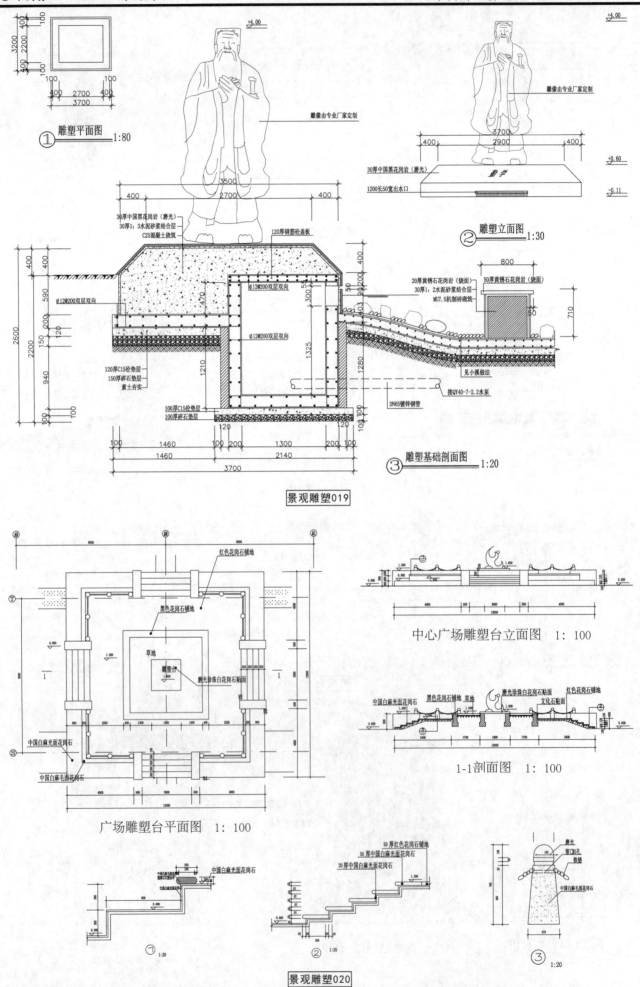

① 雕塑平面图 1:80

雕像由专业厂家定制

② 雕塑立面图 1:30

雕像由专业厂家定制

30厚中国黑花岗岩（磨光）
1200长50宽出水口

30厚中国黑花岗岩（磨光）
30厚1：3水泥砂浆结合层
C25混凝土浇筑
120厚钢筋砼盖板

20厚黄锈石花岗岩（烧面）
30厚1：2水泥砂浆结合层
MU7.5机制砖砌筑

50厚黄锈石花岗岩（烧面）

φ12@200双层双向
φ12@200双层双向
φ12@200双层双向

见小溪做法
接QY40-7-2.2水泵

120厚C15砼垫层
150厚碎石垫层
素土夯实

100厚C15砼垫层
100厚碎石垫层
DN65镀锌钢管

③ 雕塑基础剖面图 1:20

景观雕塑019

广场雕塑台平面图 1:100

红色花岗石铺地
黑色花岗石铺地
草地
雕塑台
磨光珍珠白花岗石贴面
中国白麻光面花岗石
中国白麻毛面花岗石

中心广场雕塑台立面图 1:100

1-1剖面图 1:100

中国白麻光面花岗石
黑色花岗石铺地 草地
磨光珍珠白花岗石贴面
红色花岗石铺地
文化石贴面

① 1:20

50厚红色花岗石铺地
50厚中国白麻光面花岗石
20厚中国白麻光面花岗石

② 1:25

磨光
留安装孔
铁链
中国白麻毛面花岗石

③ 1:20

景观雕塑020

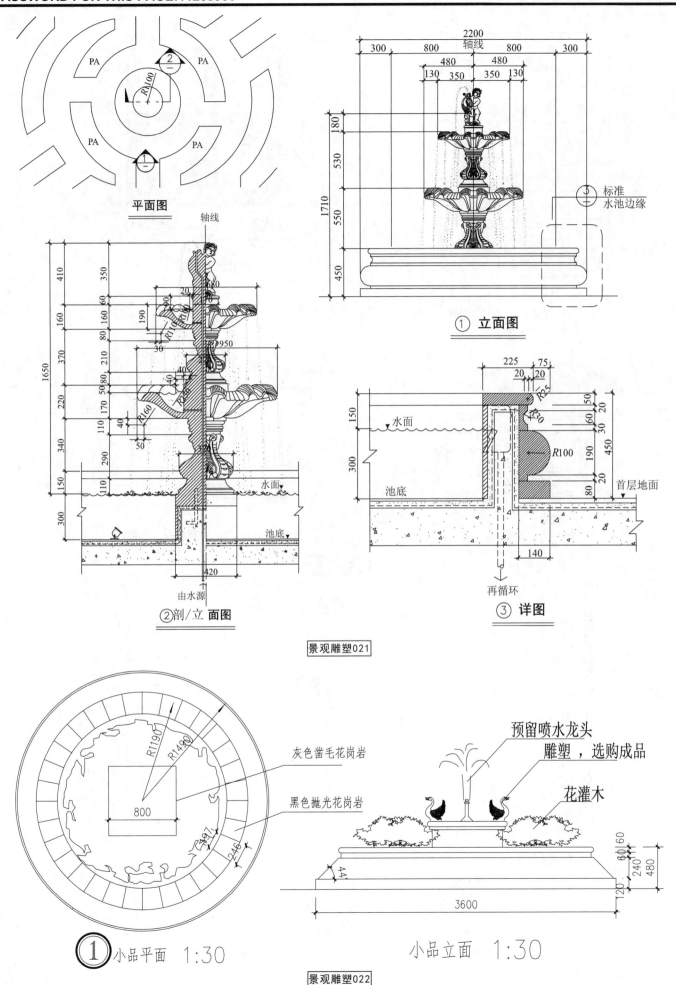

平面图

① 立面图

② 剖/立 面图

③ 详图

标准
水池边缘

水面
池底
首层地面
再循环

由水源

景观雕塑021

① 小品平面 1:30

小品立面 1:30

灰色凿毛花岗岩

黑色抛光花岗岩

预留喷水龙头
雕塑，选购成品
花灌木

水面
池底

景观雕塑

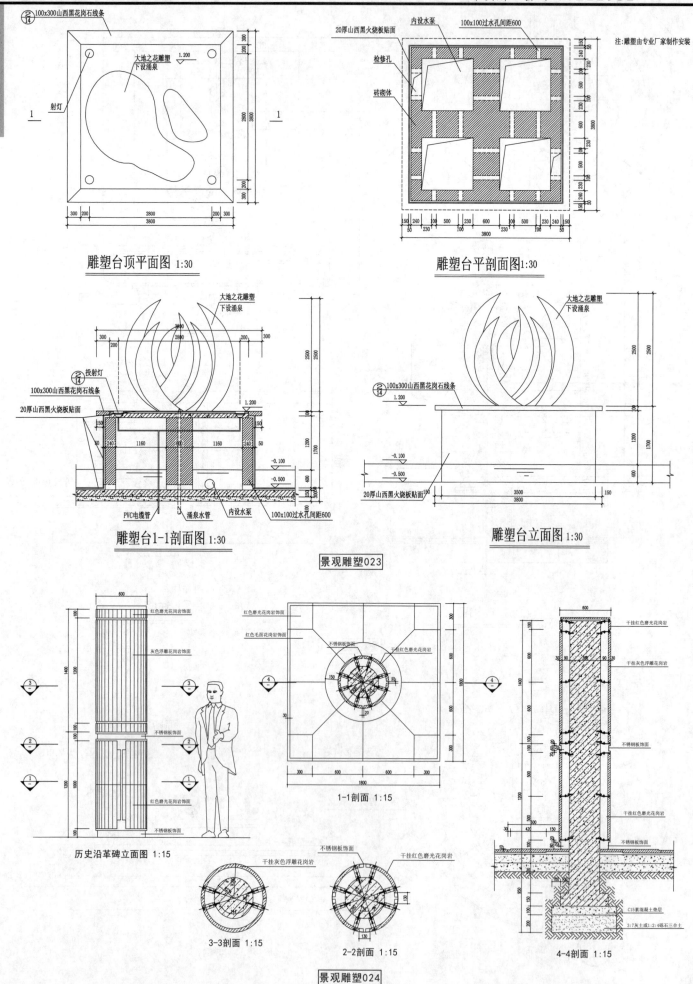

雕塑台顶平面图 1:30

雕塑台平剖面图 1:30

雕塑台1-1剖面图 1:30

雕塑台立面图 1:30

景观雕塑023

历史沿革碑立面图 1:15

1-1剖面 1:15

3-3剖面 1:15

2-2剖面 1:15

4-4剖面 1:15

景观雕塑024

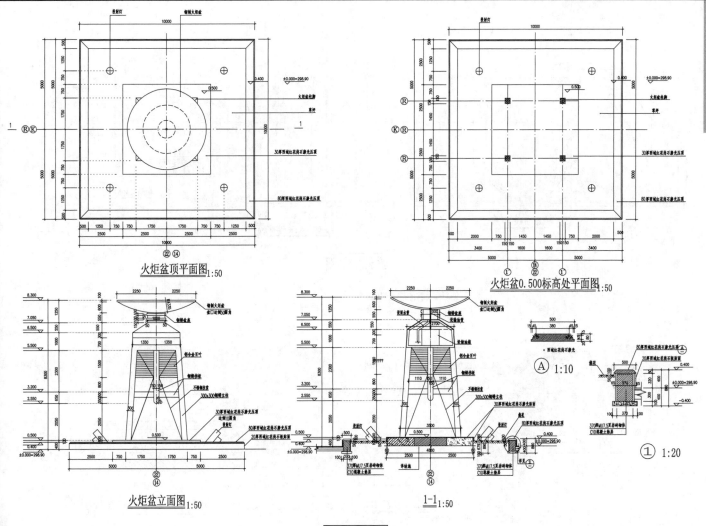

火炬盆顶平面图 1:50

火炬盆0.500标高处平面图 1:50

火炬盆立面图 1:50

1-1 1:50

A 1:10

① 1:20

景观雕塑025

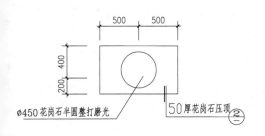

某广场小品平面图 1:20

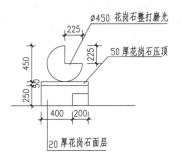

A 某广场小品侧立面图 1:20

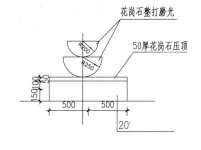

C 某广场小品正立面图 1:20

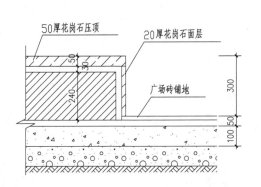

B 1:10

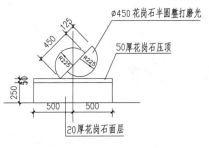

B 某广场小品正立面图 1:20

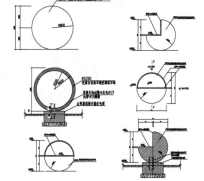

景观雕塑026

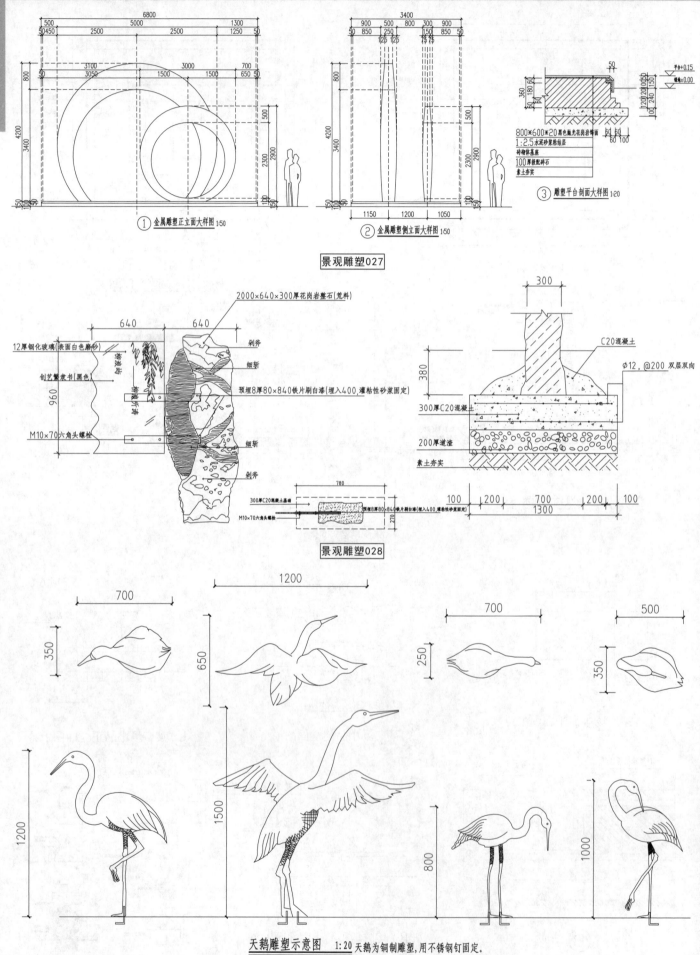

① 金属雕塑正立面大样图 1:50

② 金属雕塑侧立面大样图 1:50

③ 雕塑平台剖面大样图 1:20

800*600*20黑色麻光花岗岩饰面
1:2.5水泥砂浆粘结层
砖砌体基层
100厚碎配碎石
素土夯实

景观雕塑027

2000×640×300厚花岗岩整石(荒料)

12厚钢化玻璃(表面白色磨砂)

创艺繁竹书(黑色)

M10×70六角头螺栓

预埋8厚80×840铁片刷白漆(埋入400,灌粘性砂浆固定)

细斩

剁齐

300厚C20混凝土基础
M10×70六角头螺栓

预埋8厚80×840铁片刷白漆(埋入400,灌粘性砂浆固定)

C20混凝土

Φ12,@200 双层双向

300厚C20混凝土

200厚道渣

素土夯实

景观雕塑028

天鹅雕塑示意图 1:20 天鹅为铜制雕塑,用不锈钢钉固定。

景观雕塑029

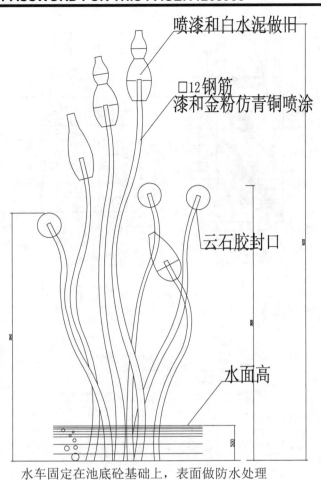

喷漆和白水泥做旧

□12钢筋
漆和金粉仿青铜喷涂

云石胶封口

水面高

水车固定在池底砼基础上，表面做防水处理

红陶制昌蒲从造型　1：10

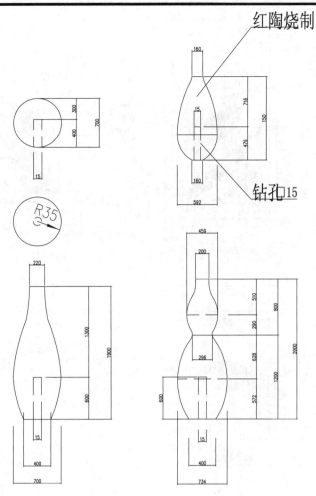

红陶烧制

钻孔15

红陶制昌蒲从单体　1：5

景观雕塑030

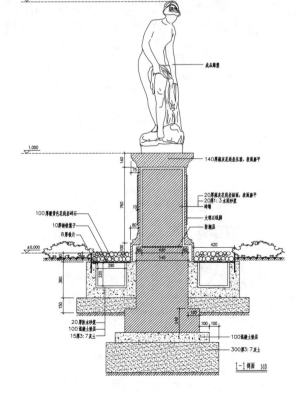

景观雕塑031

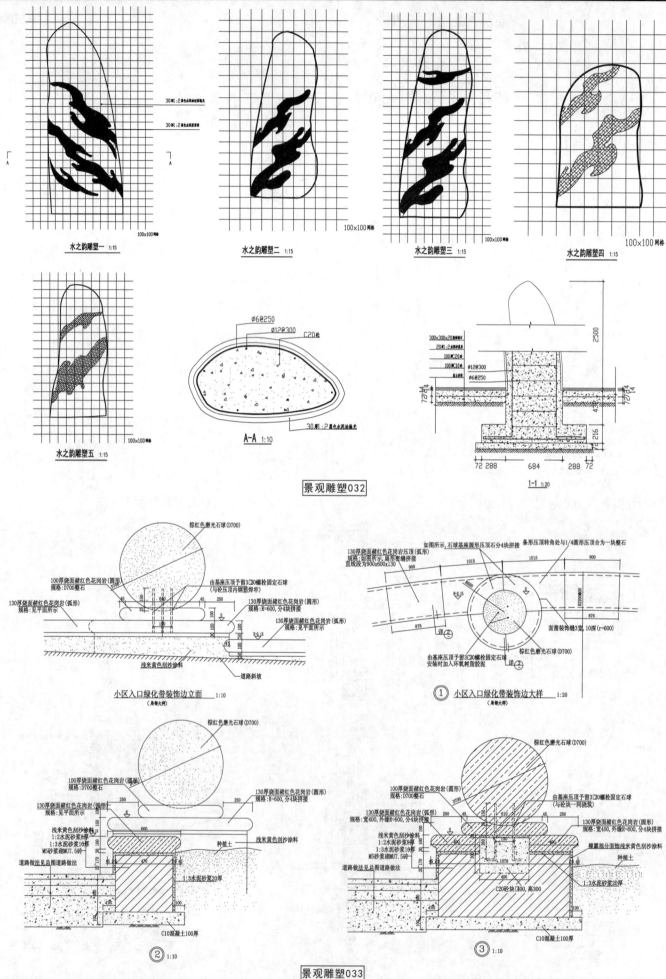

水之韵雕塑一 1:15

水之韵雕塑二 1:15

水之韵雕塑三 1:15

水之韵雕塑四 1:15

100×100网格

水之韵雕塑五 1:15

A-A 1:10

景观雕塑032

1-1 1:20

小区入口绿化带装饰边立面 1:10

① 小区入口绿化带装饰边大样 1:20

② 1:10

③ 1:10

景观雕塑033

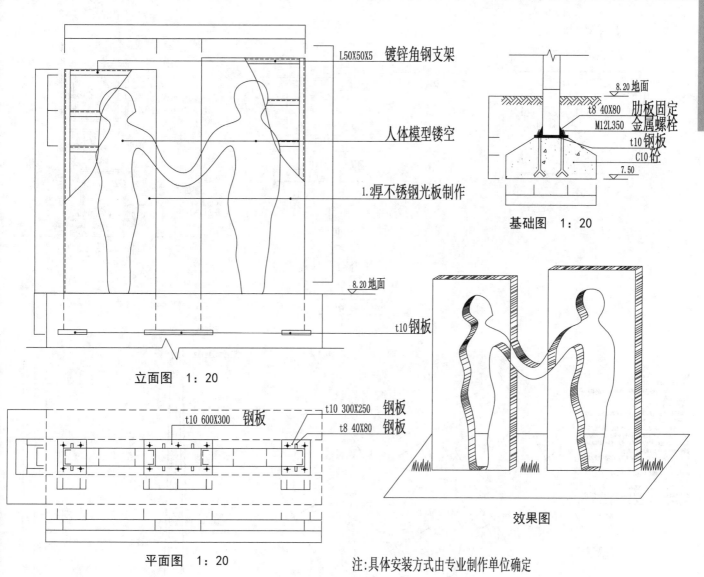

镀锌角钢支架 L50X50X5

人体模型镂空

1.厚不锈钢光板制作

8.20地面

t10 钢板

立面图　1：20

8.20 地面

t8 40X80 肋板固定 M12L350 金属螺栓 t10 钢板 C10 位 7.50

基础图　1：20

t10 300X250 钢板
t8 40X80 钢板
t10 600X300 钢板

平面图　1：20

效果图

注:具体安装方式由专业制作单位确定

景观雕塑034

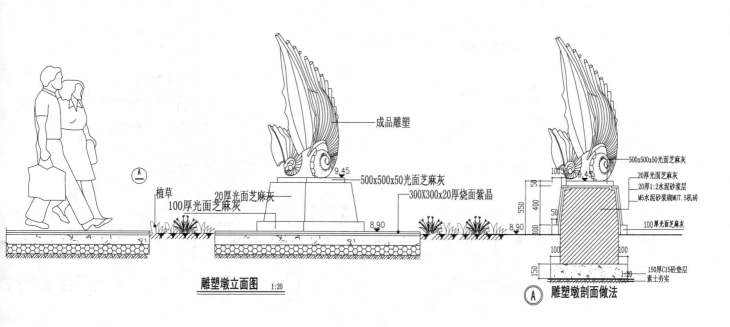

成品雕塑

9.45

植草
20厚光面芝麻灰
100厚光面芝麻灰
500x500x50光面芝麻灰
300X300x20厚烧面紫晶
8.90

500x500x50光面芝麻灰
20厚光面芝麻灰
20厚1:2水泥砂浆层
M5水泥砂浆砌MU7.5机砖
100厚光面芝麻灰
150厚C15砼垫层
素土夯实

9.45
100
50
550 400
50
100
100 100
150
1:20
8.90

雕塑墩立面图　1:20

Ⓐ 雕塑墩剖面做法

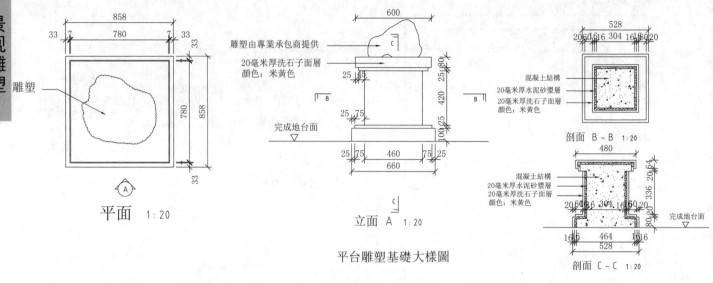

雕塑

858
780
33 7 7 33
33
780
858
33

平面 1:20

600

雕塑由專業承包商提供
20毫米厚洗石子面層
顏色：米黃色

完成地台面

立面 A 1:20

混凝土結構
20毫米厚水泥砂漿層
20毫米厚洗石子面層
顏色：米黃色

剖面 B-B 1:20

混凝土結構
20毫米厚水泥砂漿層
20毫米厚洗石子面層
顏色：米黃色

完成地台面

剖面 C-C 1:20

平台雕塑基礎大樣圖

景观雕塑036

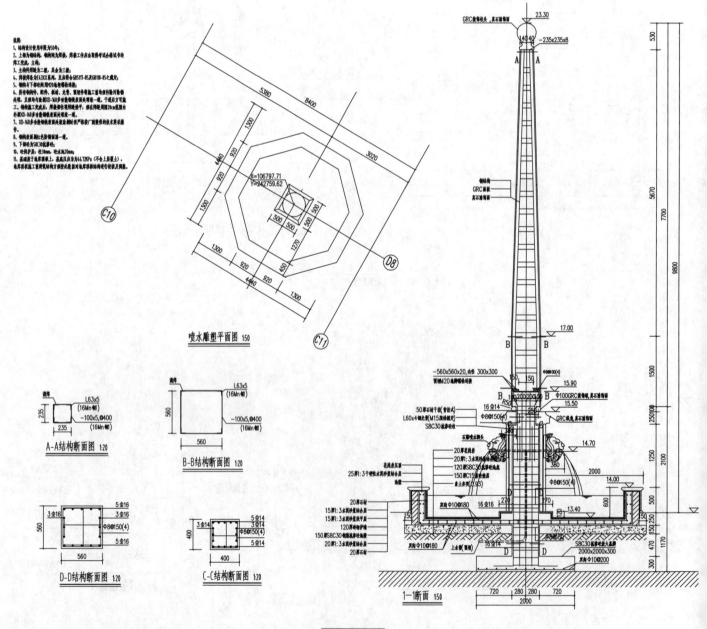

喷水雕塑平面图 1:50

A-A结构断面图 1:20

B-B结构断面图 1:20

D-D结构断面图 1:20

C-C结构断面图 1:20

1-1断面 1:50

景观雕塑037

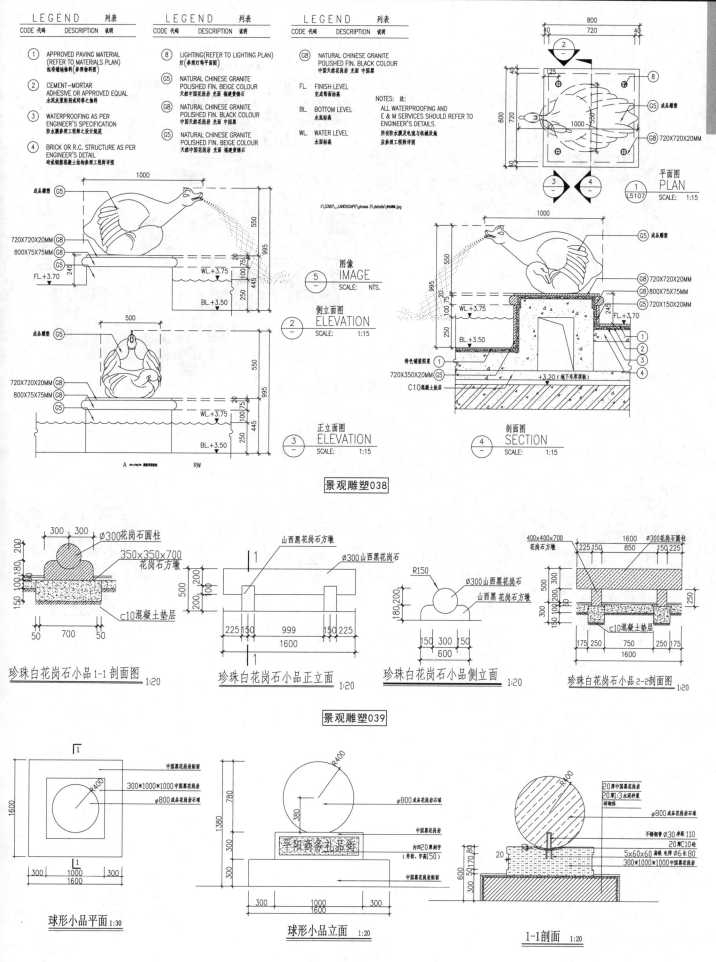

LEGEND 列表

CODE 代码　　DESCRIPTION 说明

① APPROVED PAVING MATERIAL (REFER TO MATERIALS PLAN) 批准铺地物料(参照物料图)

② CEMENT-MORTAR ADHESIVE OR APPROVED EQUAL 水泥灰浆黏剂或同等之物料

③ WATERPROOFING AS PER ENGINEER'S SPECIFICATION 防水层参照工程师之设计规范

④ BRICK OR R.C. STRUCTURE AS PER ENGINEER'S DETAIL 砖或钢筋混凝土结构参照工程师详图

LEGEND 列表

CODE 代码　　DESCRIPTION 说明

⑧ LIGHTING(REFER TO LIGHTING PLAN) 灯(参照灯光平面图)

G5 NATURAL CHINESE GRANITE POLISHED FIN. BEIGE COLOUR 天然中国花岗岩 光面 福建黄锈石

G8 NATURAL CHINESE GRANITE POLISHED FIN. BLACK COLOUR 中国天然花岗岩 光面 中国黑

G5 NATURAL CHINESE GRANITE POLISHED FIN. BEIGE COLOUR 天然中国花岗岩 光面 福建黄锈石

LEGEND 列表

CODE 代码　　DESCRIPTION 说明

G8 NATURAL CHINESE GRANITE POLISHED FIN. BLACK COLOUR 中国天然花岗岩 光面 中国黑

FL. FINISH LEVEL 完成面标高

BL. BOTTOM LEVEL 水底标高

WL. WATER LEVEL 水面标高

NOTES: 注:
ALL WATERPROOFING AND E & M SERVICES SHOULD REFER TO ENGINEER'S DETAILS.
所有防水层及电流与机械设施 应参考工程师详图

平面图 PLAN
① SCALE: 1:15
L5107

图像 IMAGE
⑤ SCALE: NTS.

侧立面图 ELEVATION
② SCALE: 1:15

正立面图 ELEVATION
③ SCALE: 1:15

剖面图 SECTION
④ SCALE: 1:15

景观雕塑038

珍珠白花岗石小品1-1剖面图 1:20

珍珠白花岗石小品正立面 1:20

珍珠白花岗石小品侧立面 1:20

珍珠白花岗石小品2-2剖面图 1:20

景观雕塑039

球形小品平面 1:30

球形小品立面 1:20

1-1剖面 1:20

景观雕塑040

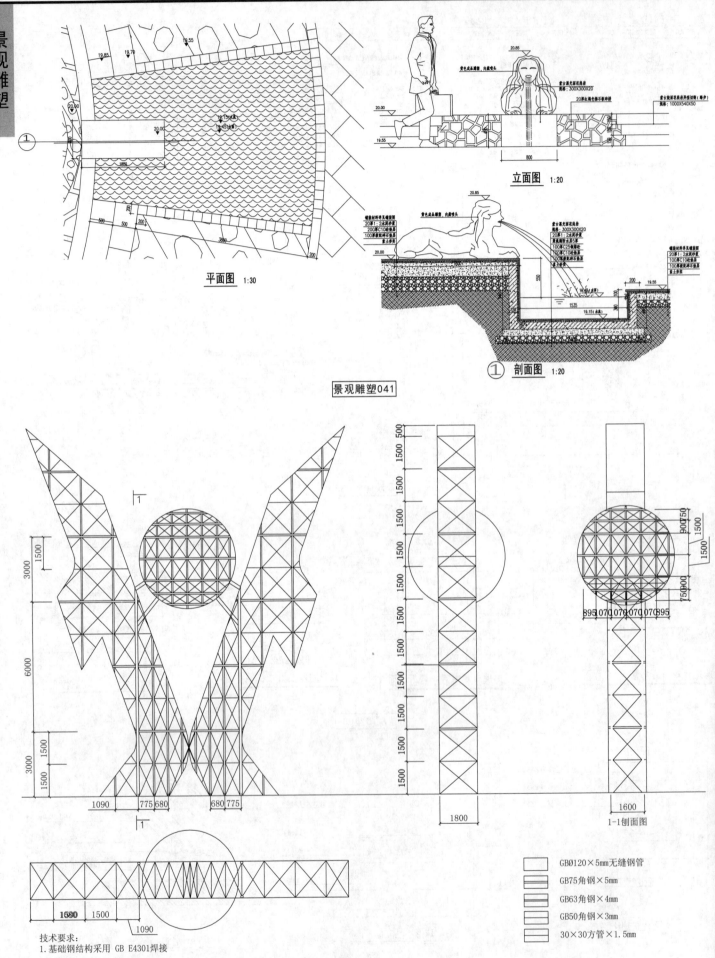

平面图 1:30

立面图 1:20

① 剖面图 1:20

景观雕塑041

GBØ120×5mm无缝钢管

GB75角钢×5mm

GB63角钢×4mm

GB50角钢×3mm

30×30方管×1.5mm

1-1刨面图

技术要求:
1. 基础钢结构采用 GB E4301焊接

景观雕塑042

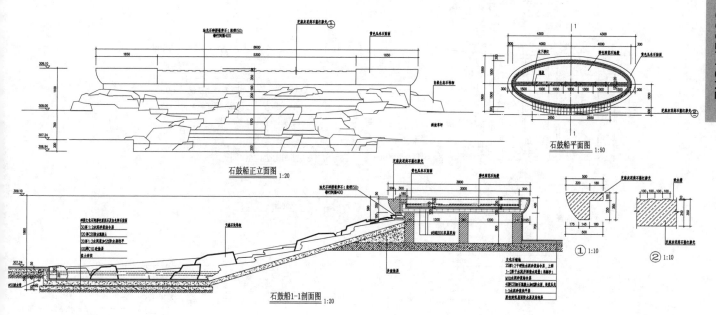

石鼓船正立面图 1:20

石鼓船平面图 1:50

石鼓船1-1剖面图 1:20

① 1:10

② 1:10

景观雕塑043

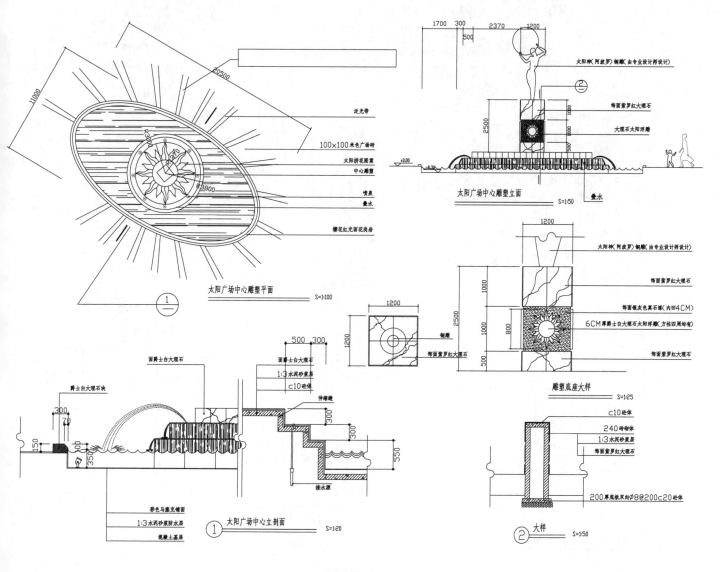

太阳广场中心雕塑平面 S=1:100

①

太阳广场中心雕塑立面 S=1:50

雕塑底座大样 S=1:25

太阳广场中心立面 S=1:20

①

大样 S=1:50

②

景观雕塑044

本页解压密码: 11268958

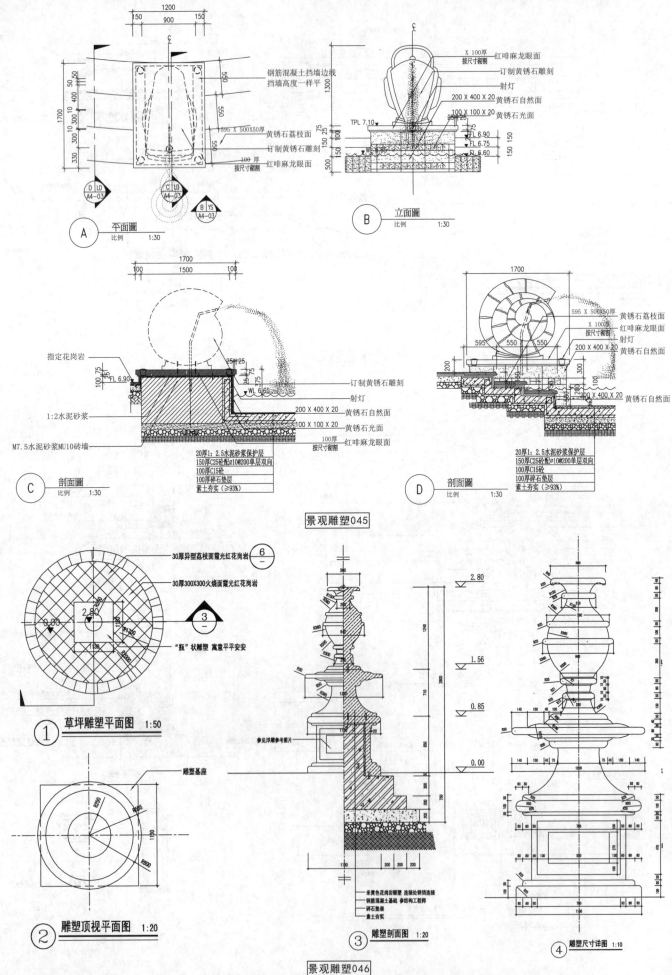

钢筋混凝土挡墙边线
挡墙高度一样平

595 X 500X50厚
黄锈石荔枝面
订制黄锈石雕刻
红啡麻龙眼面
按尺寸砌剖

X 100厚
红啡麻龙眼面
按尺寸砌剖
订制黄锈石雕刻
射灯
200 X 400 X 20 黄锈石自然面
100 X 100 X 20 黄锈石光面

Ⓐ 平面圖 比例 1:30

Ⓑ 立面圖 比例 1:30

指定花岗岩
1:2水泥砂浆
M7.5水泥砂浆MU10砖墙

订制黄锈石雕刻
射灯
200 X 400 X 20 黄锈石自然面
100 X 100 X 20 黄锈石光面
红啡麻龙眼面
按尺寸砌剖

20厚1:2.5水泥砂浆保护层
150厚C25砼配φ10@200单层双向
100厚C15砼
100厚碎石垫层
素土夯实(≥93%)

Ⓒ 剖面圖 比例 1:30

595 X 500X50厚 黄锈石荔枝面
X 100厚 红啡麻龙眼面
按尺寸砌剖
射灯
200 X 400 X 20 黄锈石自然面
200 X 400 X 20 黄锈石自然面

20厚1:2.5水泥砂浆保护层
150厚C25砼配φ10@200单层双向
100厚C15砼
100厚碎石垫层
素土夯实(≥93%)

Ⓓ 剖面圖 比例 1:30

景观雕塑045

30厚异型荔枝面霭光红花岗岩
30厚300X300火烧面霭光红花岗岩
"瓶"状雕塑 寓意平平安安

① 草坪雕塑平面图 1:50

雕塑基座

② 雕塑顶视平面图 1:20

参见浮雕参考图片

③ 雕塑剖面图 1:20

米黄色花岗岩雕塑 连接处钢销连接
钢筋混凝土基础 参结构工程师
碎石垫层
素土夯实

④ 雕塑尺寸详图 1:10

景观雕塑046

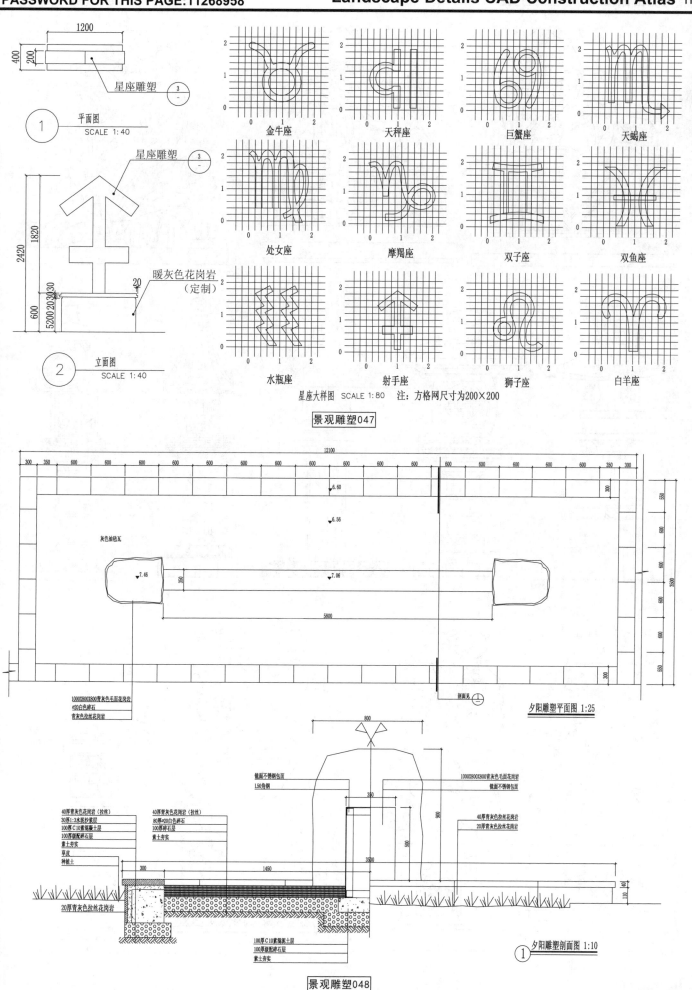

金牛座　　天秤座　　巨蟹座　　天蝎座

处女座　　摩羯座　　双子座　　双鱼座

水瓶座　　射手座　　狮子座　　白羊座

星座大样图　SCALE 1:80　注：方格网尺寸为200×200

景观雕塑047

1200
400 200

星座雕塑

① 平面图　SCALE 1:40

星座雕塑

暖灰色花岗岩
（定制）

2420　1820　600

② 立面图　SCALE 1:40

灰色油毡瓦

1000X800X800青灰色毛面花岗岩
∅20白色碎石
青灰色拉丝花岗岩

夕阳雕塑平面图 1:25

镜面不锈钢包面
L50角钢

1000X800X800青灰色毛面花岗岩
镜面不锈钢包面

40厚青灰色花岗岩（拉丝）
30厚1:3水泥砂浆层
100厚C10素混凝土层
100厚级配碎石层
素土夯实
草皮
种植土

40厚青灰色花岗岩（拉丝）
80厚∅20白色碎石
100厚级配碎石层
素土夯实

40厚青灰色拉丝花岗岩
20厚青灰色拉丝花岗岩

20厚青灰色拉丝花岗岩

100厚C10素混凝土层
100厚级配碎石层
素土夯实

① 夕阳雕塑剖面图 1:10

景观雕塑048

本页解压密码：11268958

景观雕塑

景观雕塑049

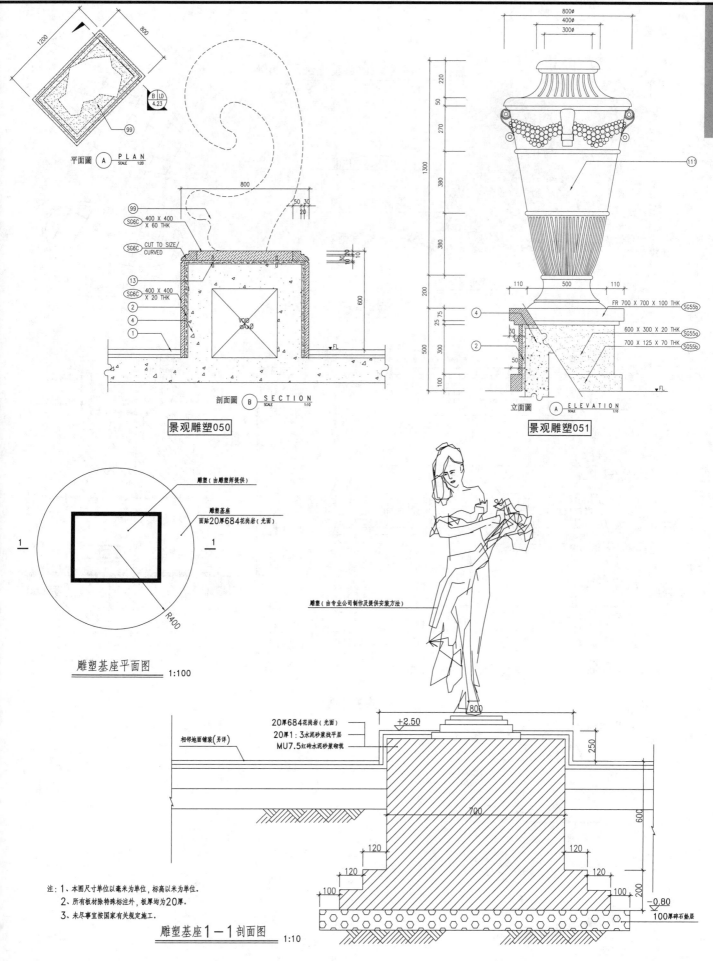

平面圖 (A) PLAN SCALE 1:20

99
SG6C 400 X 400 X 60 THK
SG6C CUT TO SIZE/ CURVED
13
SG6C 400 X 400 X 20 THK
2
4
1

剖面圖 (B) SECTION SCALE 1:10

景观雕塑050

FR 700 X 700 X 100 THK SG55b
600 X 300 X 20 THK SG55a
700 X 125 X 70 THK SG55b

立面圖 (A) ELEVATION SCALE 1:10

景观雕塑051

雕塑(由雕塑师提供)

雕塑基座
面贴20厚684花岗岩(光面)

R400

雕塑基座平面图 1:100

雕塑(由专业公司制作及提供安装方法)

相邻地面铺装(另详)

20厚684花岗岩(光面)
20厚1:3水泥砂浆找平层
MU7.5红砖水泥砂浆砌筑

+2.50

100厚碎石垫层

-0.80

注：1、本图尺寸单位以毫米为单位，标高以米为单位。
2、所有板材除特殊标注外，板厚均为20厚。
3、未尽事宜按国家有关规定施工。

雕塑基座1—1剖面图 1:10

景观雕塑052

景观雕塑

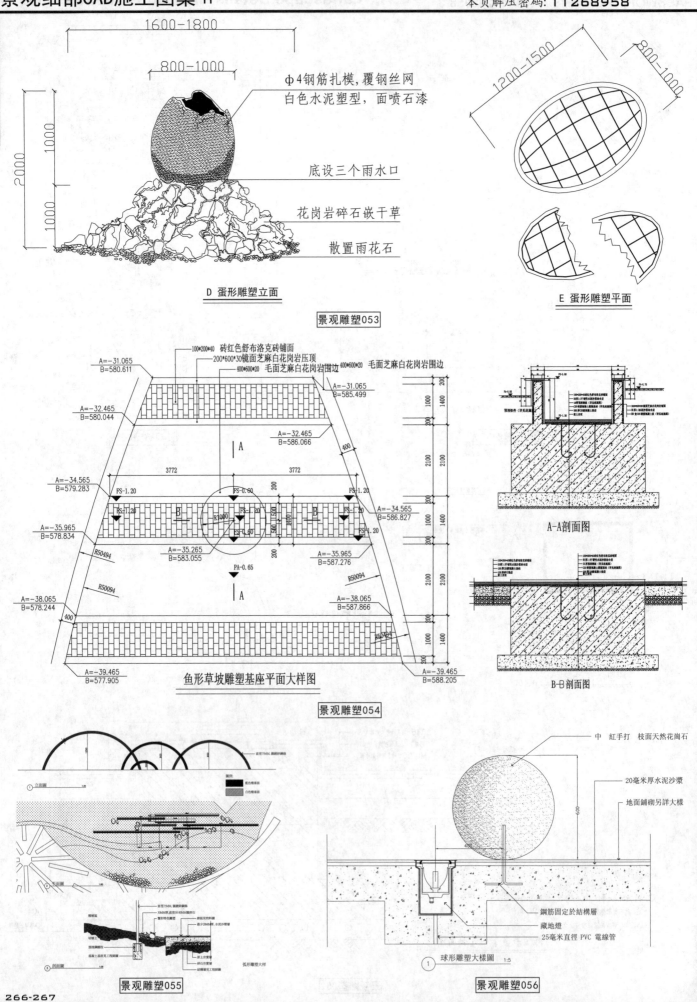

φ4钢筋扎模,覆钢丝网
白色水泥塑型,面喷石漆

底设三个雨水口

花岗岩碎石嵌干草

散置雨花石

D 蛋形雕塑立面

E 蛋形雕塑平面

景观雕塑053

砖红色舒布洛克砖铺面
100*200*40
200*600*30镜面芝麻白花岗岩压顶
400*600*20毛面芝麻白花岗岩围边　毛面芝麻白花岗岩围边

鱼形草坡雕塑基座平面大样图

A-A剖面图

B-B剖面图

景观雕塑054

景观雕塑055

中　红手打　枝面天然花岗石
20毫米厚水泥沙浆
地面铺砌另详大样
钢筋固定於结构层
藏地灯
25毫米直径 PVC 电线管

球形雕塑大样图　1:5

景观雕塑056

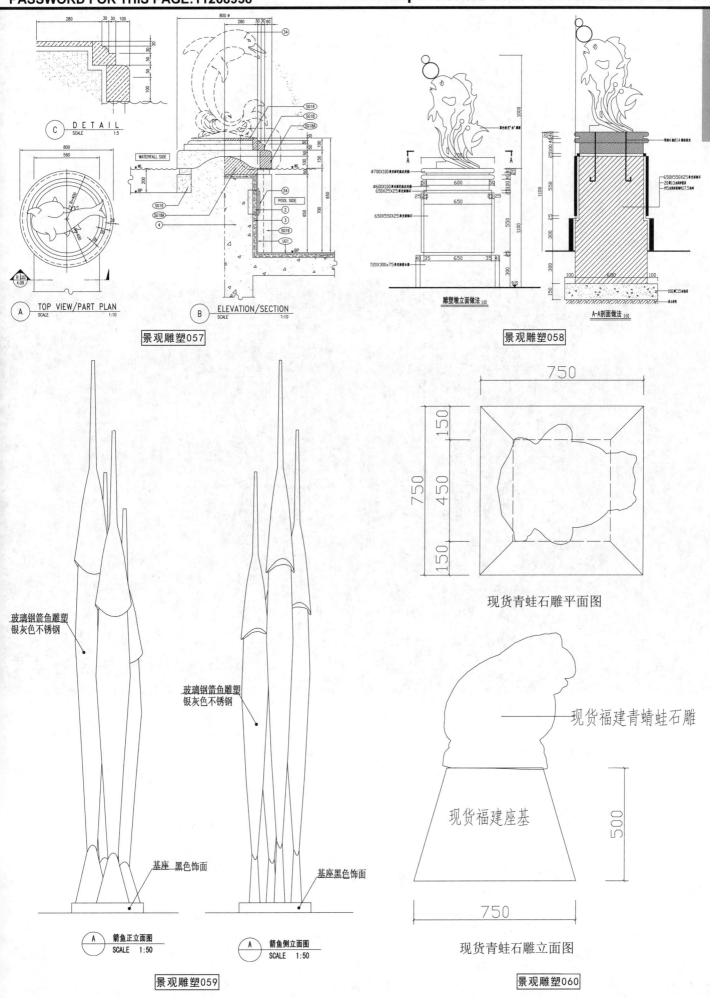

C DETAIL
   SCALE   1:5

A TOP VIEW/PART PLAN
   SCALE   1:10

B ELEVATION/SECTION
   SCALE   1:10

WATERFALL SIDE

POOL SIDE

景观雕塑057

雕塑墩立面做法

A-A剖面做法

景观雕塑058

现货青蛙石雕平面图

现货福建青蜻蛙石雕

现货福建座基

现货青蛙石雕立面图

景观雕塑060

玻璃钢箭鱼雕塑
银灰色不锈钢

玻璃钢箭鱼雕塑
银灰色不锈钢

基座 黑色饰面

基座黑色饰面

A 箭鱼正立面图
   SCALE 1:50

A 箭鱼侧立面图
   SCALE 1:50

景观雕塑059

假山置石

ROCKERY STONE

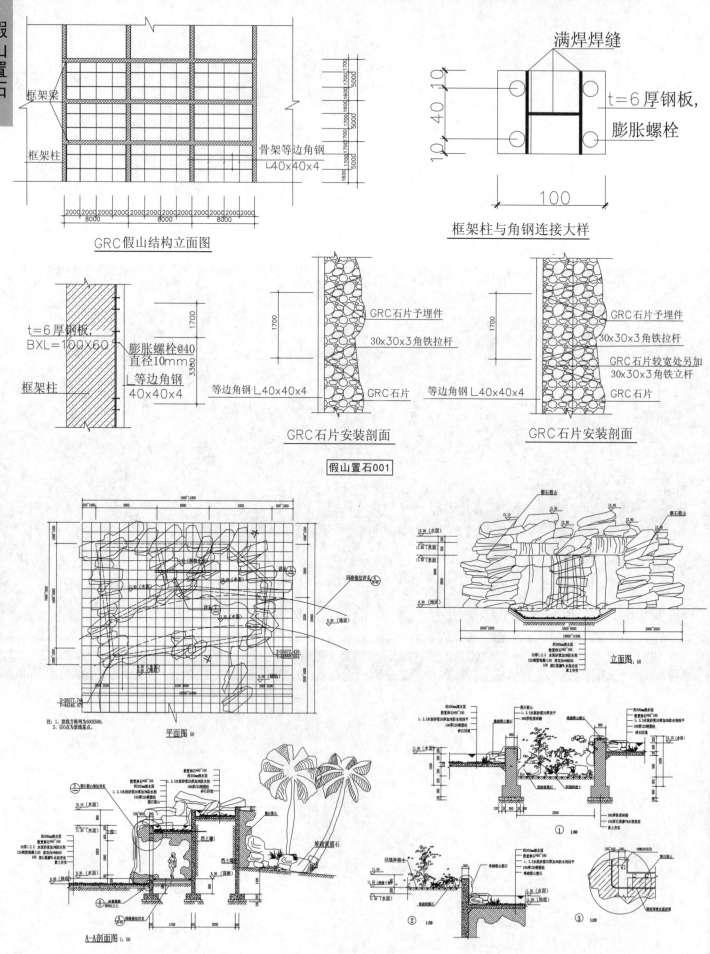

框架梁

框架柱

骨架等边角钢
L40x40x4

GRC假山结构立面图

满焊焊缝

t=6厚钢板,

膨胀螺栓

框架柱与角钢连接大样

t=6厚钢板,
BXL=100X60

膨胀螺栓@40
直径10mm

框架柱

L等边角钢
40x40x4

GRC石片予埋件

30x30x3角铁拉杆

等边角钢 L40x40x4

GRC石片

GRC石片安装剖面

GRC石片予埋件

30x30x3角铁拉杆

GRC石片较宽处另加
30x30x3角铁立杆

GRC石片

等边角钢 L40x40x4

GRC石片安装剖面

假山置石001

平面图 50

注: 1、放线方格网为500X500;
2、以0点为放线基点。

立面图 50

A-A剖面图 1:50

假山置石002

270-271

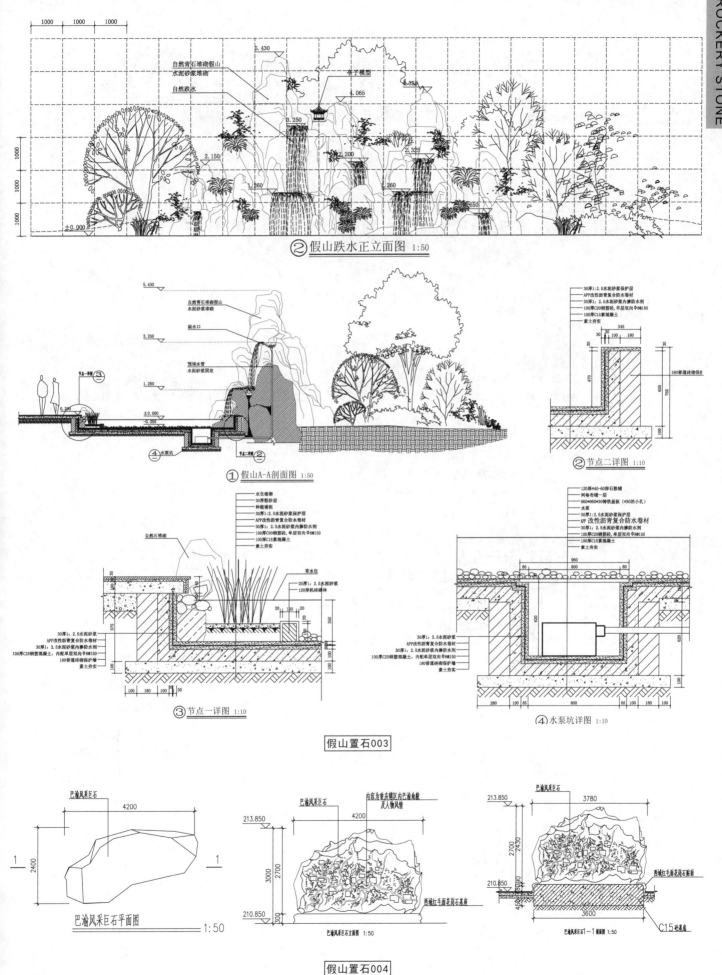

② 假山跌水正立面图 1:50

① 假山A-A剖面图 1:50

② 节点二详图 1:10

③ 节点一详图 1:10

④ 水泵坑详图 1:10

假山置石003

巴渝风采巨石平面图 1:50

巴渝风采巨石立面图 1:50

巴渝风采巨石1-1剖面图 1:50

假山置石004

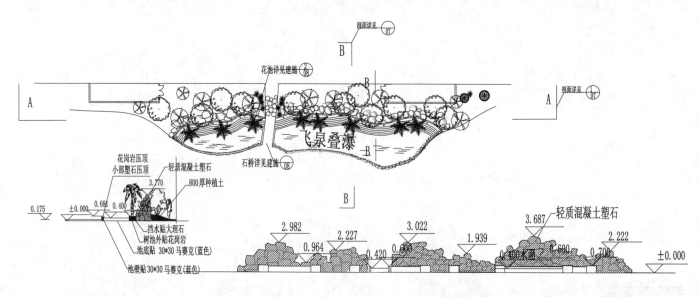

剖面详见 07

B

花池详见建施 08

B

A — A

飞泉叠瀑

石桥详见建施 08

B

剖面详见 07

花岗岩压顶
小部塑石压顶
轻质混凝土塑石
800厚种植土

挡水贴大理石
树池外贴花岗岩
池底贴 30*30 马赛克(蓝色)
池壁贴 30*30 马赛克(蓝色)

轻质混凝土塑石

3.687
2.982
2.227
3.022
1.939
2.222
0.964
0.420
0.600
0.400水面
0.600
0.700
±0.000

假山置石005

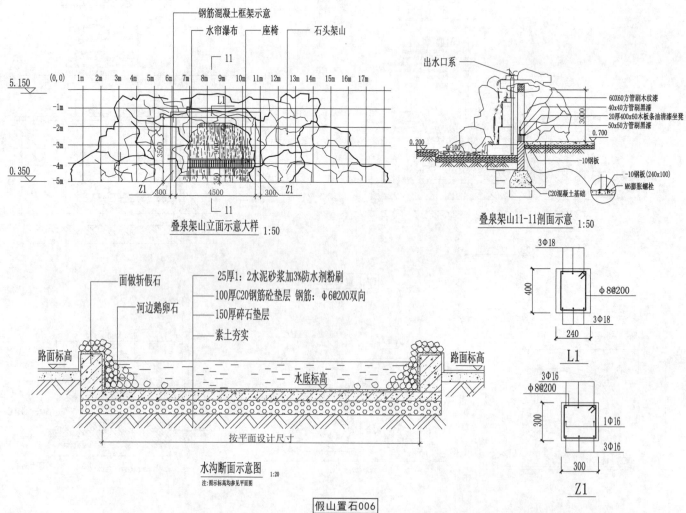

钢筋混凝土框架示意
水帘瀑布
座椅
石头架山

出水口系

60X60方管刷木纹漆
40x40方管刷黑漆
20厚400x60木板条油清漆坐凳
50x50方管刷黑漆

-10钢板

-10钢板(240x100)

M6膨胀螺栓

C20混凝土基础

叠泉架山立面示意大样 1:50

叠泉架山11-11剖面示意 1:50

3Φ18
Φ8@200
3Φ18
L1

3Φ16
Φ8@200
1Φ16
3Φ16
Z1

面做斩假石
河边鹅卵石

25厚1:2水泥砂浆加3%防水剂粉刷
100厚C20钢筋砼垫层 钢筋: Φ6@200双向
150厚碎石垫层
素土夯实

路面标高
路面标高
水底标高

按平面设计尺寸

水沟断面示意图 1:20
注:图示标高均参见平面图

假山置石006

Landscape Details CAD Construction Atlas Ⅱ

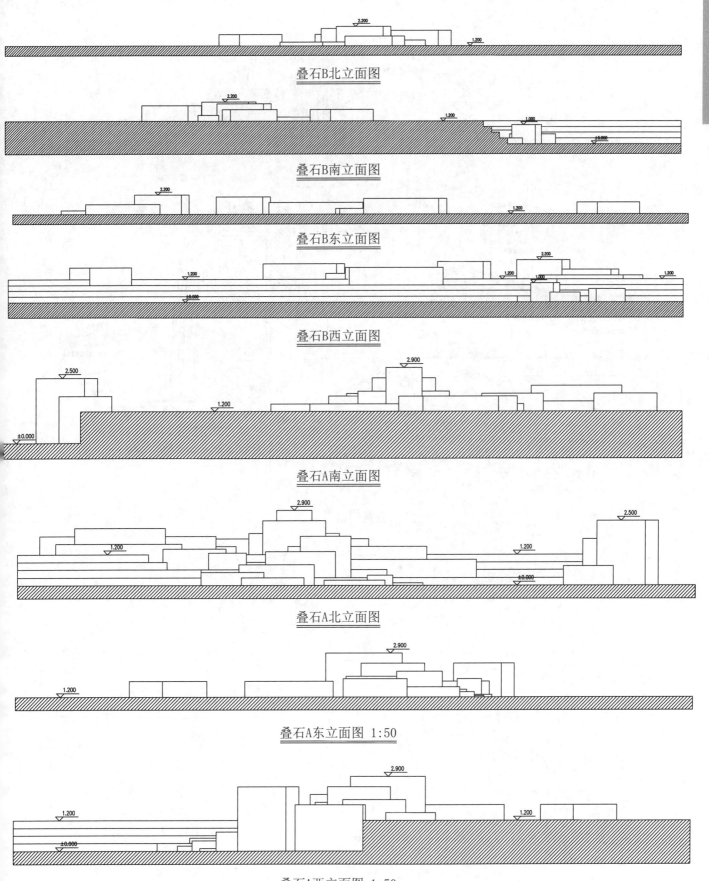

叠石B北立面图

叠石B南立面图

叠石B东立面图

叠石B西立面图

叠石A南立面图

叠石A北立面图

叠石A东立面图 1:50

叠石A西立面图 1:50

假山置石007

假山置石

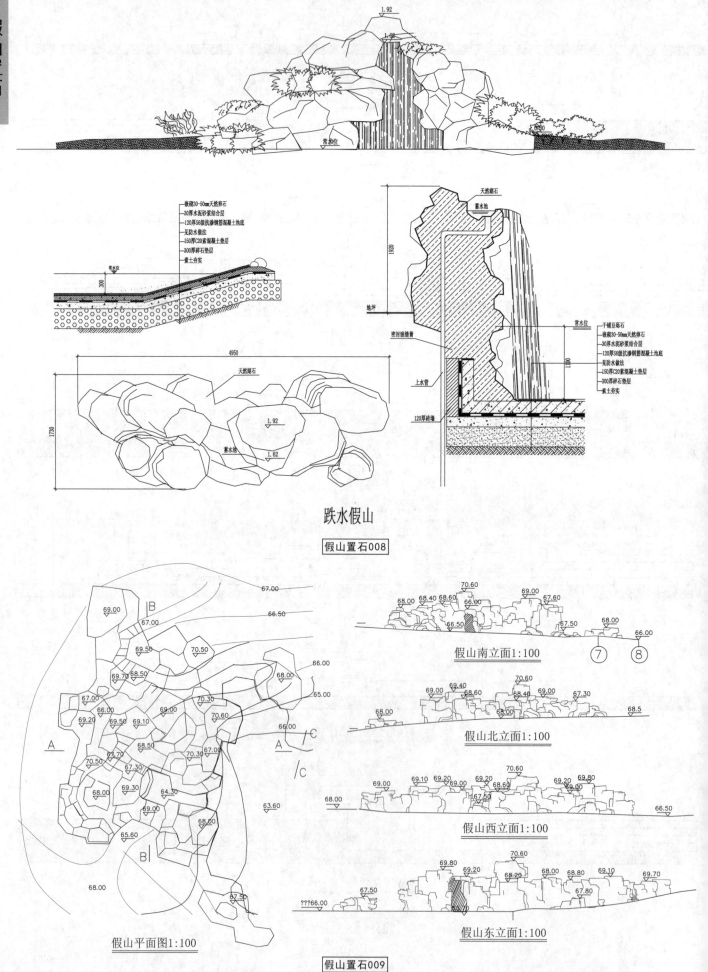

跌水假山

假山置石008

假山平面图1:100

假山南立面1:100

假山北立面1:100

假山西立面1:100

假山东立面1:100

假山置石009

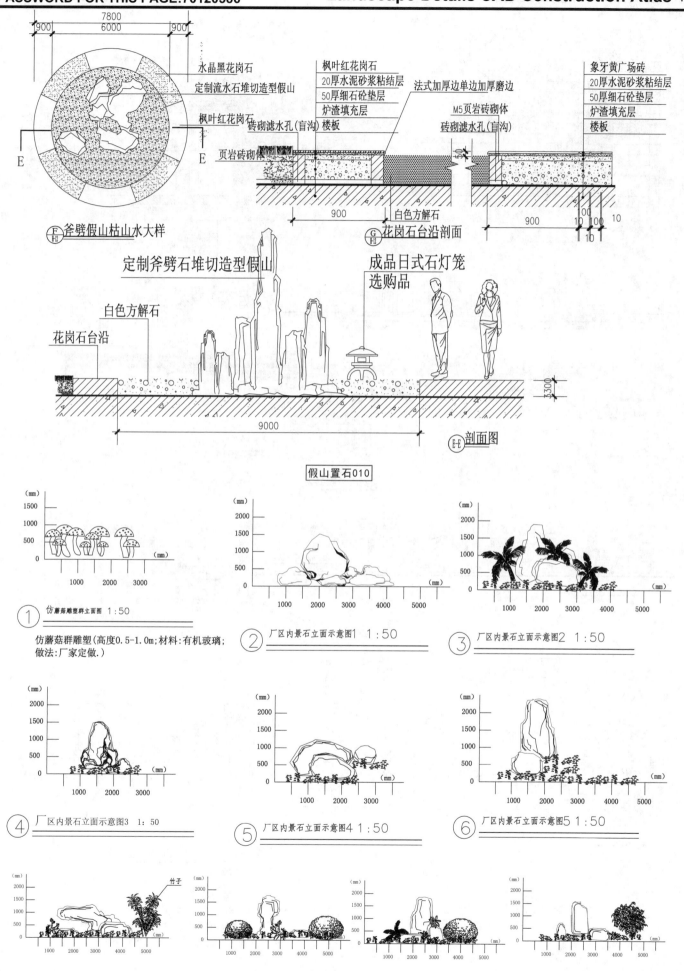

7800
6000
900　900

水晶黑花岗石
定制流水石堆切造型假山
枫叶红花岗石

枫叶红花岗石
20厚水泥砂浆粘结层
50厚细石砼垫层
炉渣填充层
砖砌滤水孔(盲沟)　楼板
页岩砖砌体

法式加厚边单边加厚磨边

M5页岩砖砌体
砖砌滤水孔(盲沟)

象牙黄广场砖
20厚水泥砂浆粘结层
50厚细石砼垫层
炉渣填充层
楼板

900　白色方解石　900

F 斧劈假山枯山水大样

G 花岗石台沿剖面

定制斧劈石堆切造型假山

成品日式石灯笼
选购品

白色方解石

花岗石台沿

9000

E-E 剖面图

假山置石010

① 仿蘑菇雕塑群立面图 1:50

仿蘑菇群雕塑(高度0.5-1.0m;材料:有机玻璃;
做法:厂家定做.)

② 厂区内景石立面示意图1 1:50

③ 厂区内景石立面示意图2 1:50

④ 厂区内景石立面示意图3 1:50

⑤ 厂区内景石立面示意图4 1:50

⑥ 厂区内景石立面示意图5 1:50

竹子

假山置石011

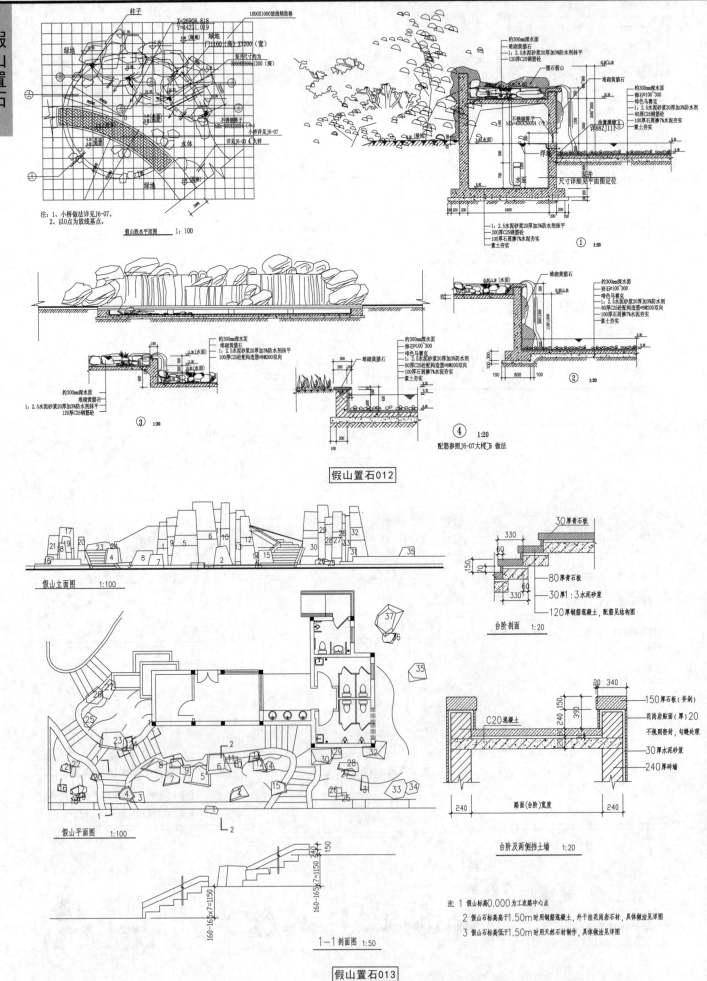

假山置石012

假山置石013

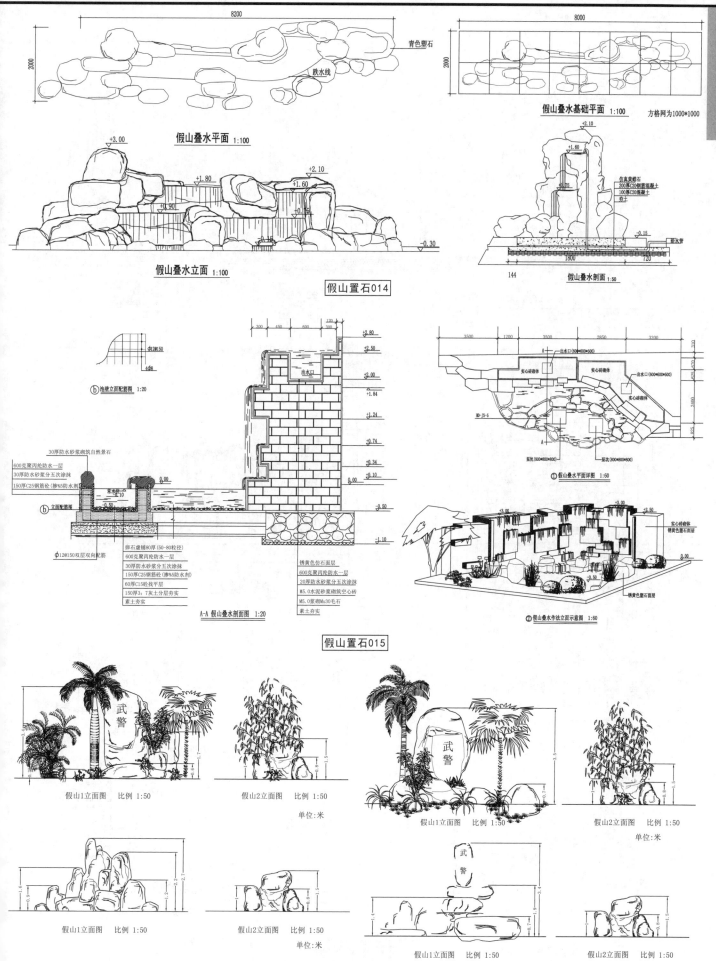

假山叠水平面 1:100

假山叠水基础平面 1:100   方格网为1000*1000

假山叠水立面 1:100

假山叠水剖面 1:50

假山置石014

⑥池壁立面配筋图 1:20

30厚防水砂浆砌筑自然景石
600克聚丙纶防水一层
30厚防水砂浆分五次涂抹
150厚C25钢筋砼(掺%5防水剂)

立面配筋图

φ12@150双层双向配筋
600克聚丙纶防水一层
30厚防水砂浆分五次涂抹
150厚C25钢筋砼(掺%5防水剂)
60厚C15砼找平层
150厚3:7灰土分层夯实
素土夯实

卵石虚铺80厚(50-80粒径)
600克聚丙纶防水一层
20厚防水砂浆分五次涂抹
M5.0水泥砂浆砌筑空心砖
M5.0浆砌Mu30毛石
素土夯实

锈黄色仿石面层

A-A 假山叠水剖面图 1:20

①假山叠水平面详图 1:60

②假山叠水作法立面示意图 1:60

假山置石015

假山1立面图   比例 1:50

假山2立面图   比例 1:50
单位:米

假山1立面图   比例 1:50

假山2立面图   比例 1:50
单位:米

假山1立面图   比例 1:50

假山2立面图   比例 1:50
单位:米

假山1立面图   比例 1:50

假山2立面图   比例 1:50

假山置石016

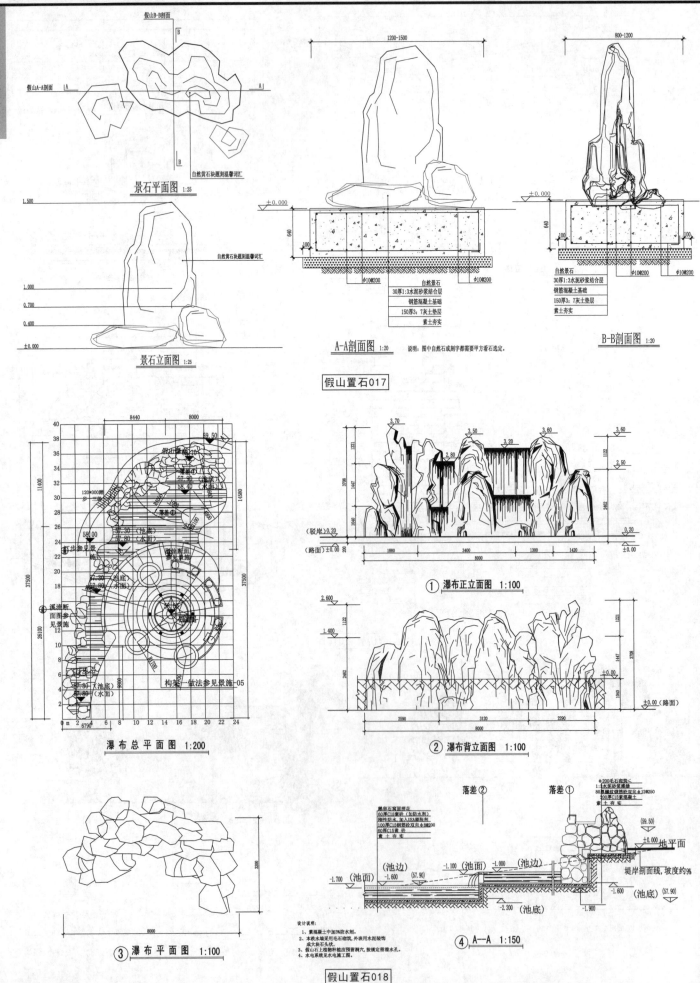

假山B-B剖面

假山A-A剖面

自然黄石块题刻温馨词汇

景石平面图 1:25

自然黄石块题刻温馨词汇

景石立面图 1:25

1.500
1.000
0.700
0.400
±0.000

1200-1500

自然景石
30厚1:3水泥砂浆结合层
钢筋混凝土基础
150厚3:7灰土垫层
素土夯实

A-A剖面图 1:20   说明: 图中自然石或刻字都需要甲方看石选定。

800-1200

自然景石
30厚1:3水泥砂浆结合层
钢筋混凝土基础
150厚3:7灰土垫层
素土夯实

B-B剖面图 1:20

假山置石017

瀑布总平面图 1:200

构架—做法参见景施-05

① 瀑布正立面图 1:100

② 瀑布背立面图 1:100

③ 瀑布平面图 1:100

落差②   落差①

④ A—A 1:150

设计说明:
1、素混凝土中加3%防水剂。
2、本跌水墙采用毛石砌筑,外表用水泥装饰成大块石外饰。
3、假山石上植物种植应预留种穴,按摸定留泄水孔。
4、水电系统见水电施工图。

假山置石018

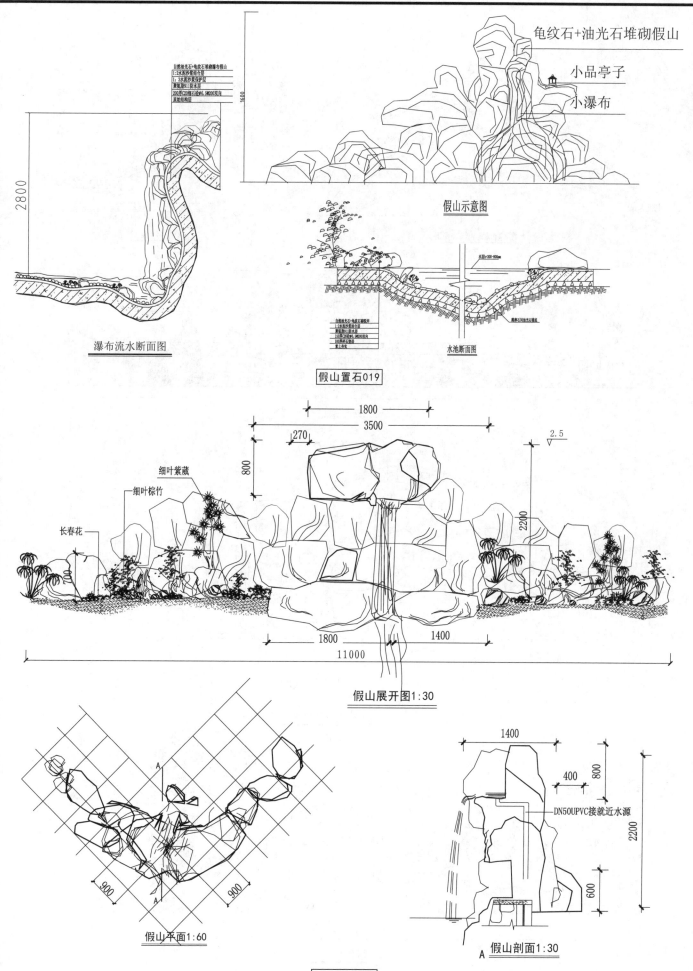

龟纹石+油光石堆砌假山

小品亭子

小瀑布

假山示意图

瀑布流水断面图

水池断面图

假山置石019

细叶紫葳

细叶棕竹

长春花

假山展开图1:30

DN50UPVC接就近水源

假山平面1:60

假山剖面1:30

假山置石020

假山置石

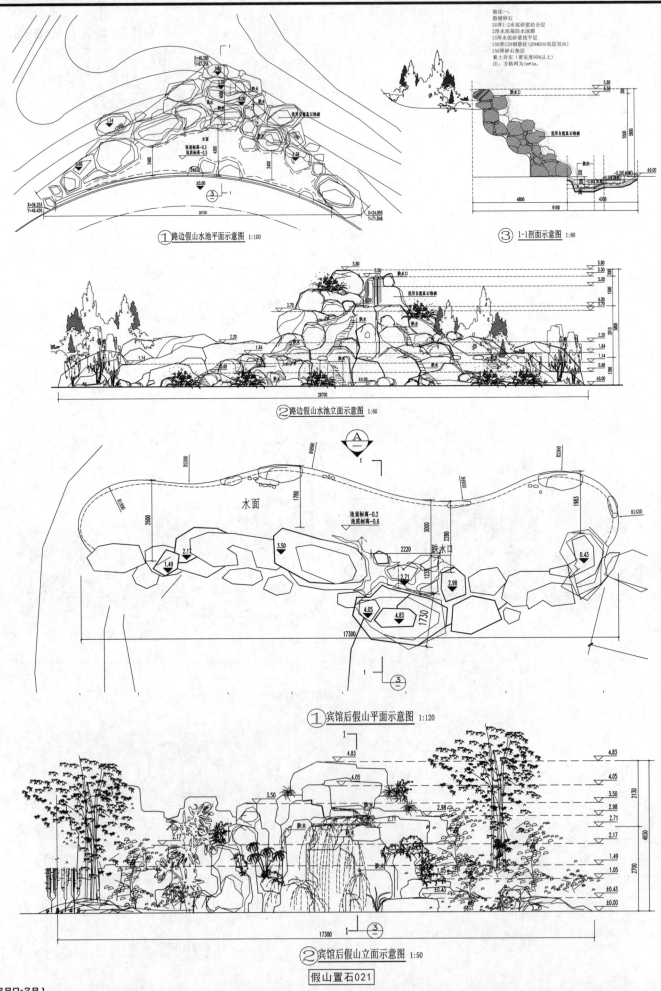

做法一：
散铺卵石
20厚1:2水泥砂浆结合层
2厚水泥基防水涂膜
15厚水泥基砂浆找平层
150厚C20钢筋砼(Ø8@200双层双向)
150厚碎石垫层
素土夯实(密实度95%以上)
注：方格网为1m×1m。

① 路边假山水池平面示意图 1:100

③ 1-1剖面示意图 1:80

② 路边假山水池立面示意图 1:60

① 宾馆后假山平面示意图 1:120

② 宾馆后假山立面示意图 1:50

假山置石021

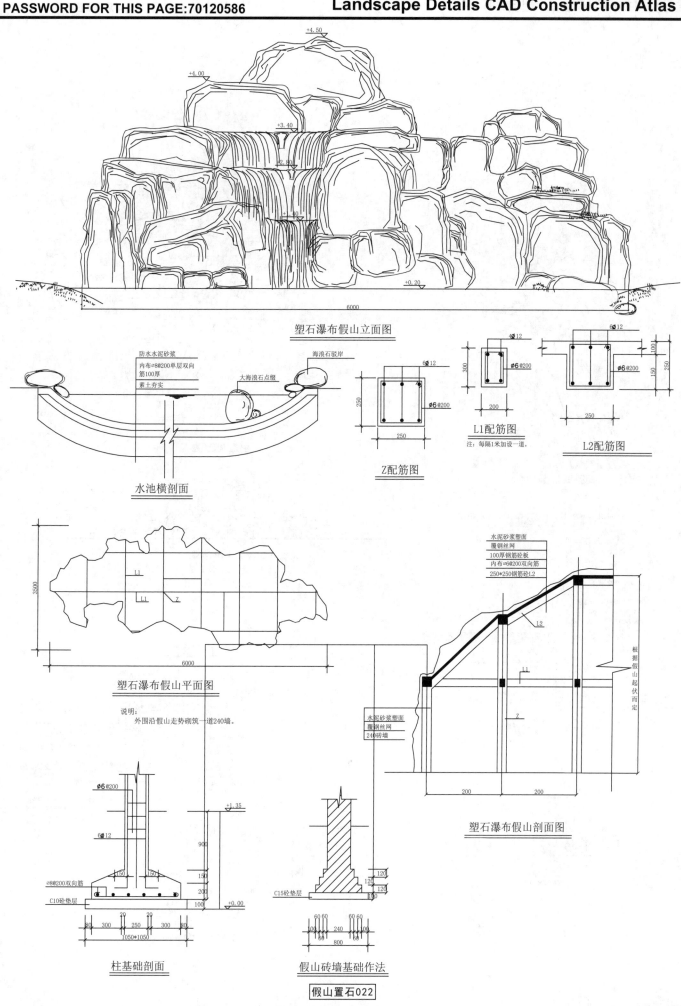

塑石瀑布假山立面图

防水水泥砂浆
内布φ8@200单层双向筋100厚
素土夯实
大海浪石点缀
海浪石驳岸

水池横剖面

Z配筋图

L1配筋图
注：每隔1米加设一道。

L2配筋图

塑石瀑布假山平面图

说明：
外围沿假山走势砌筑一道240墙。

水泥砂浆塑面
覆钢丝网
100厚钢筋砼板
内布φ6@200双向筋
250*250钢筋砼L2

水泥砂浆塑面
覆钢丝网
240砖墙

根据假山起伏而定

塑石瀑布假山剖面图

φ6@200
6φ12
φ8@200双向筋
C10砼垫层

柱基础剖面

C15砼垫层

假山砖墙基础作法

假山置石022

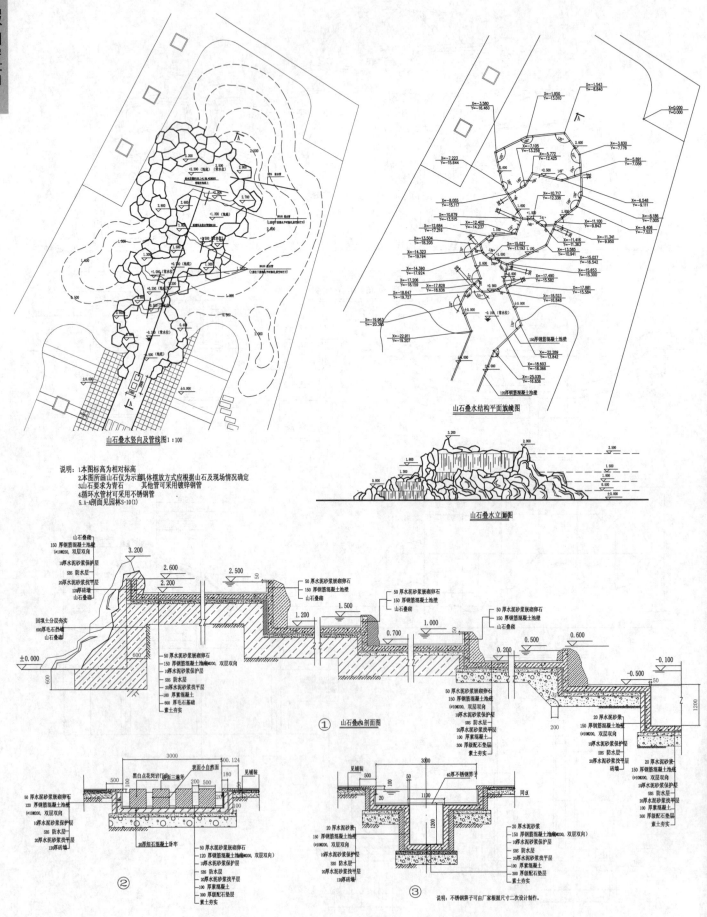

山石叠水竖向及管线图 1:100

说明: 1.本图标高为相对标高
2.本图所画山石仅为示例具体摆放方式应根据山石及现场情况确定
3.山石要求为青石　其他管可采用镀锌钢管
4.循环水管材可采用不锈钢管
5.A—A剖面见园林S-10(1)

山石叠水结构平面旗帜图

山石叠水立面图

① 山石叠水剖面图

②

③ 说明:不锈钢算子可由厂家根据尺寸二次设计制作。

假山置石023

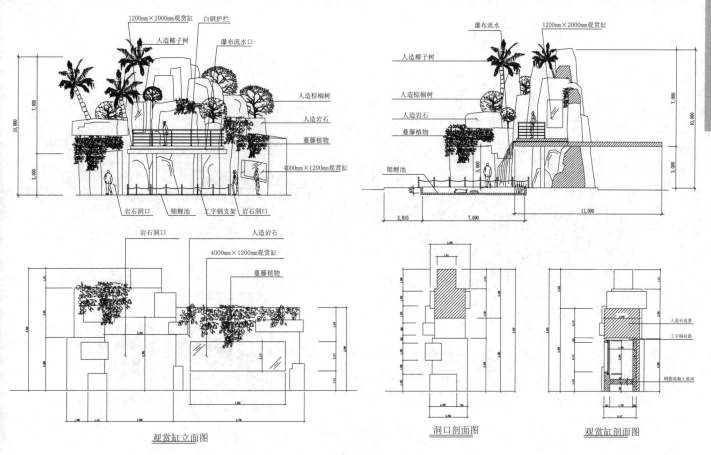

观赏缸立面图　　洞口剖面图　　观赏缸剖面图

假山置石024

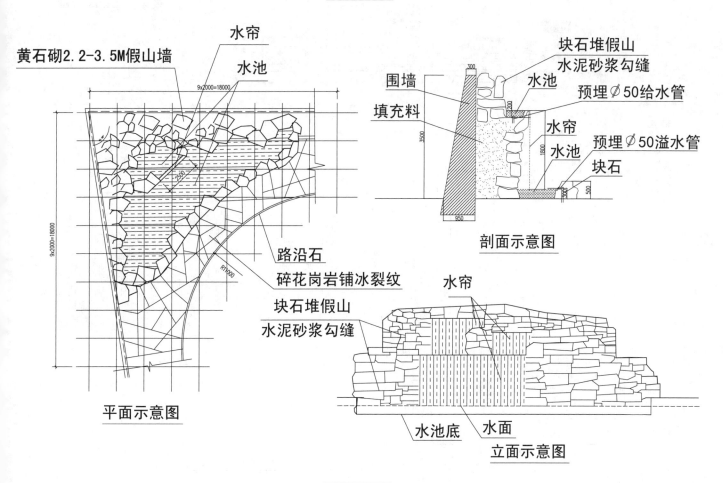

黄石砌2.2-3.5M假山墙

平面示意图　　剖面示意图　　立面示意图

假山置石025

假山置石

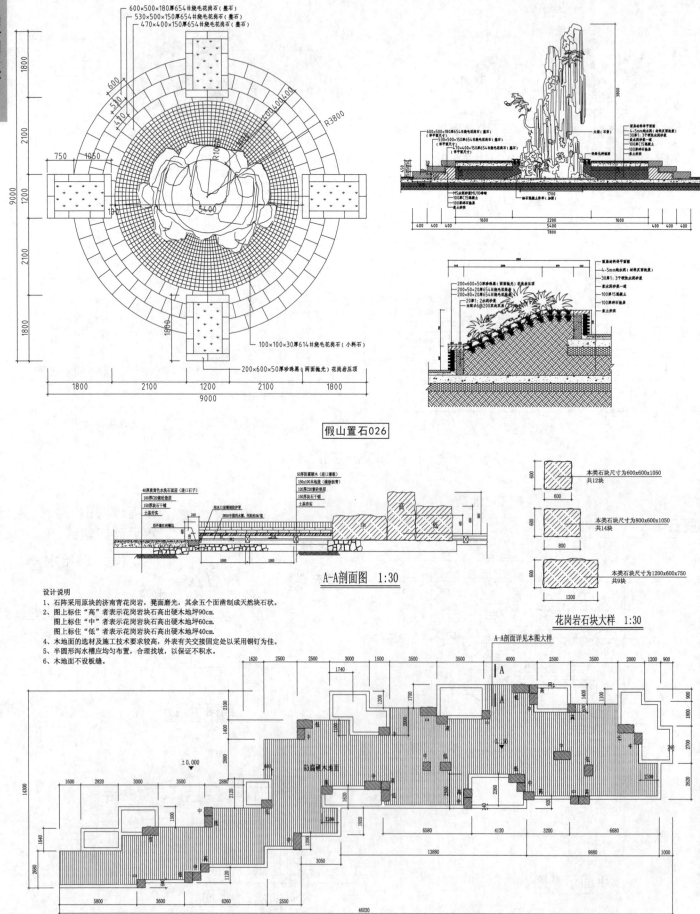

600×500×180厚654#烧毛花岗石（整石）
530×500×150厚654#烧毛花岗石（整石）
470×400×150厚654#烧毛花岗石（整石）

100×100×30厚614#烧毛花岗石（小料石）

200×600×50厚珍珠黑（两面抛光）花岗岩压顶

假山置石026

A-A剖面图 1:30

本类石块尺寸为600×600×1050
共12块

本类石块尺寸为800×600×1050
共14块

本类石块尺寸为1200×600×750
共9块

花岗岩石块大样 1:30

设计说明
1、石块采用原块的济南青花岗岩，凳面磨光，其余五个面凿制成天然块石状。
2、图上标住"高"者表示花岗岩块石高出硬木地坪90cm.
　图上标住"中"者表示花岗岩块石高出硬木地坪60cm.
　图上标住"低"者表示花岗岩块石高出硬木地坪40cm.
4、木地面的选材及施工技术要求较高，外表有关交接固定处以采用铜钉为佳。
5、半圆形泻水槽应均匀布置，合理找坡，以保证不积水。
6、木地面不设板缝。

石阵丛林平面图 1:100

假山置石027

284-285

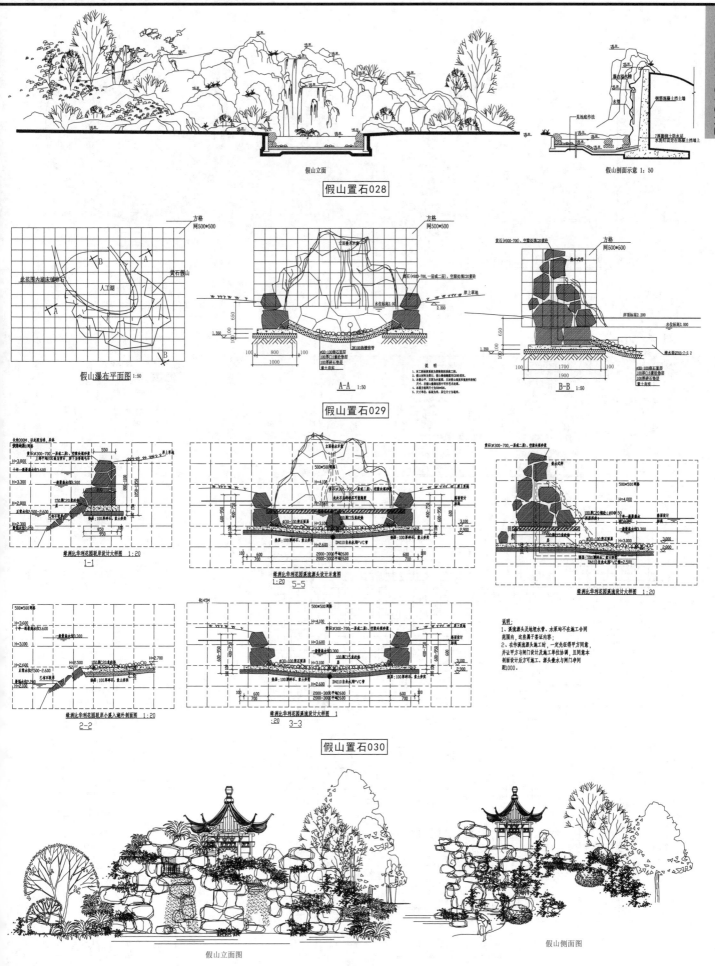

假山立面

假山剖面示意 1:50

假山置石028

假山瀑布平面图 1:50

A-A 1:50

B-B 1:50

假山置石029

绿洲比华利花园驳岸设计大样图 1:20
1-1

绿洲比华利花园溪流源头设计示意图 1:20
5-5

绿洲比华利花园溪流设计大样图 1:20

绿洲比华利花园驳岸小溪入湖外剖面图 1:20
2-2

绿洲比华利花园溪流设计大样图 1:20
3-3

假山置石030

假山立面图

假山侧面图

假山置石031

假山置石

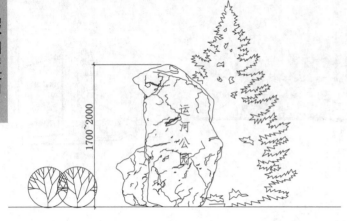

城东桥处孤赏石参考式样

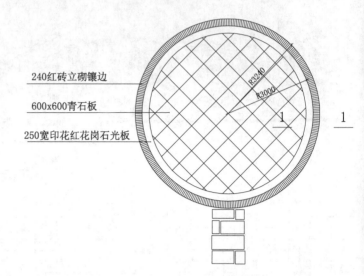

240红砖立砌镶边

600x600青石板

250宽印花红花岗石光板

健身场地铺装平面图 1:50

京江桥处大鹅卵石组景参考式样

1-1剖面图 1:25

假山置石032

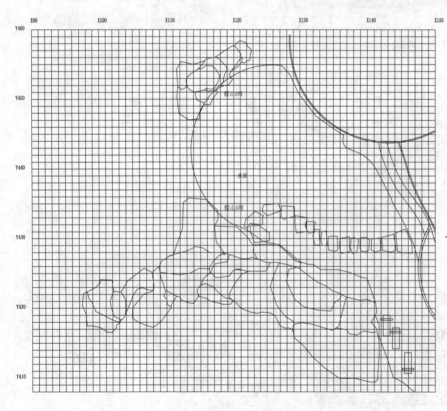

假山平面放样式意图

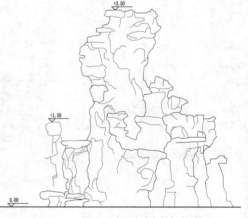

假山A立面放样式意图

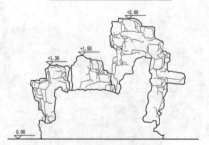

假山B立面放样式意图

假山置石033

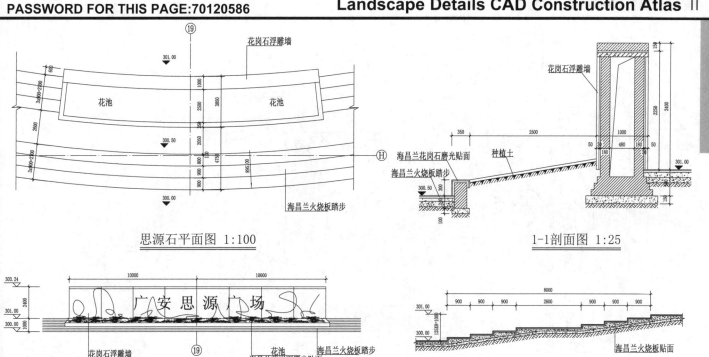

思源石平面图 1:100

1-1剖面图 1:25

思源石立面图 1:100

2-2剖面图 1:50

假山置石034

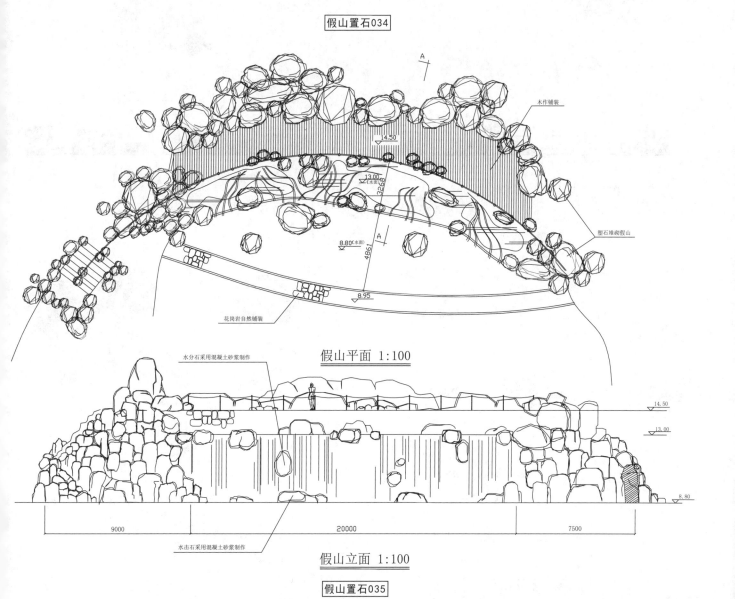

假山平面 1:100

假山立面 1:100

假山置石035

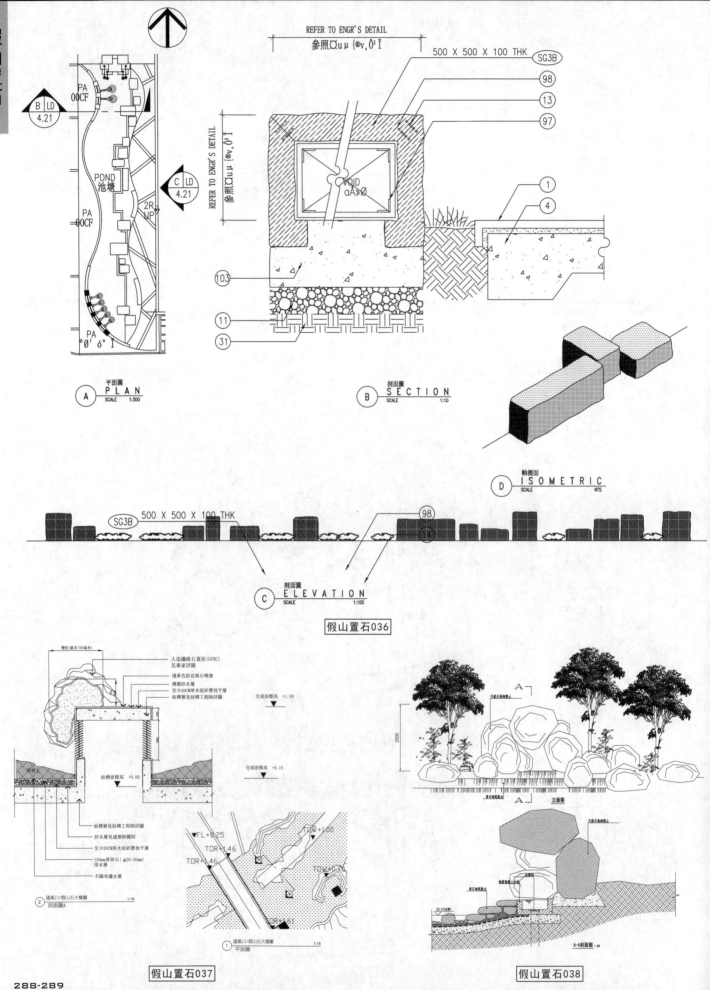

假山置石

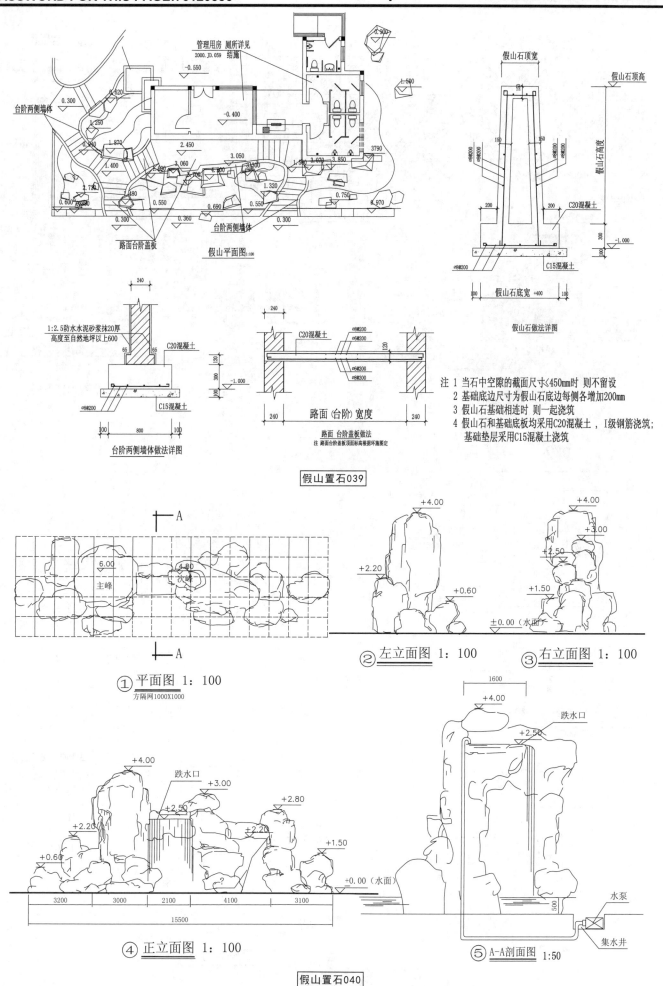

注 1 当石中空隙的截面尺寸≤450mm时 则不留设
2 基础底边尺寸为假山石底边每侧各增加200mm
3 假山石基础相连时 则一起浇筑
4 假山石和基础底板均采用C20混凝土，Ⅰ级钢筋浇筑；
基础垫层采用C15混凝土浇筑

假山置石039

假山置石040

假山置石

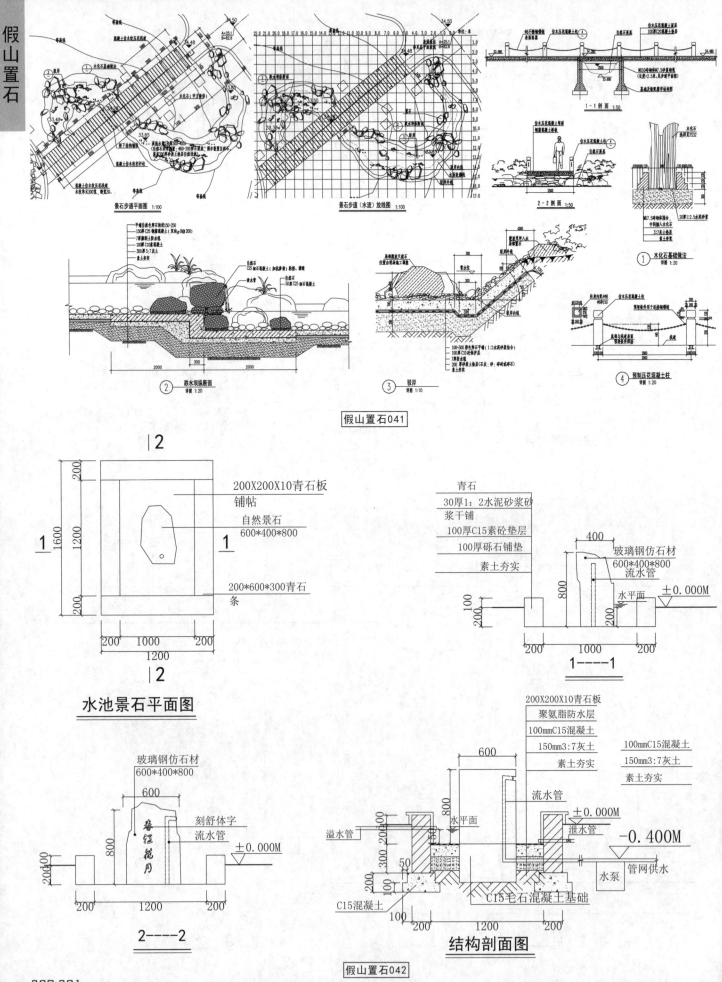

景石步道平面图 1:100

景石步道(水流)放线图 1:100

1—1 剖面 1:50

2—2 剖面 1:50

① 木化石基础做法 详图 1:20

② 跌水埂纵断面 详图 1:20

③ 驳岸 详图 1:10

④ 预制压花混凝土柱 详图 1:20

假山置石041

水池景石平面图

200X200X10青石板铺帖

自然景石 600*400*800

200*600*300青石条

青石
30厚1:2水泥砂浆砂浆干铺
100厚C15素砼垫层
100厚砾石铺垫
素土夯实

玻璃钢仿石材 600*400*800
流水管

1——1

玻璃钢仿石材 600*400*800

刻舒体字
流水管

±0.000M

2——2

200X200X10青石板
聚氨脂防水层
100mmC15混凝土
150mm3:7灰土
素土夯实

流水管

水平面

溢水管

100mmC15混凝土
150mm3:7灰土
素土夯实

±0.000M

-0.400M

泄水管

水泵 管网供水

C15混凝土

C15毛石混凝土基础

结构剖面图

假山置石042

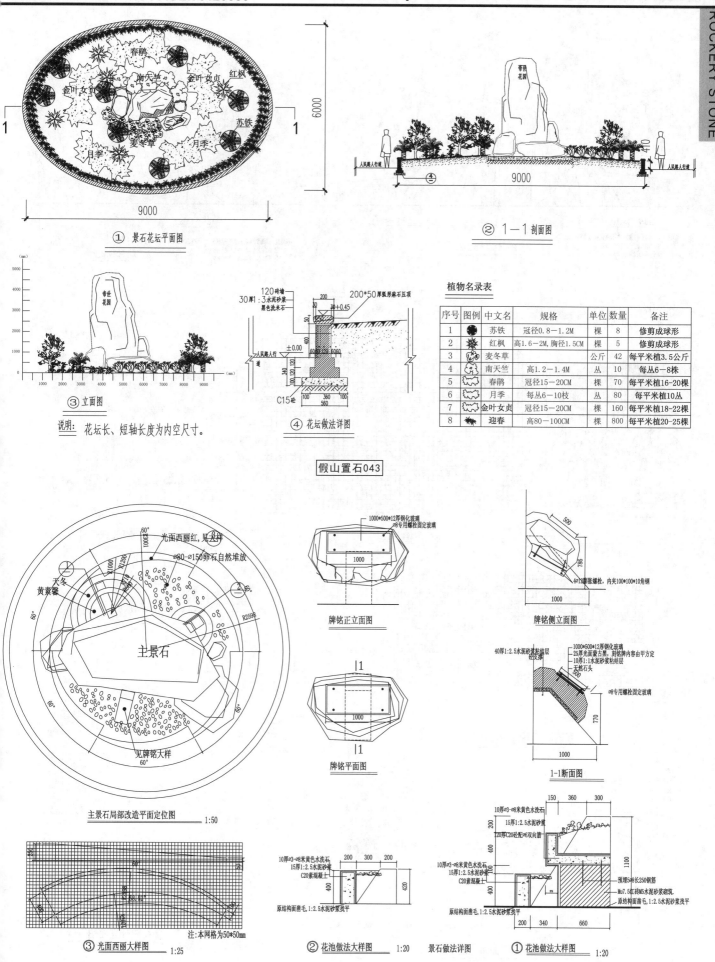

① 景石花坛平面图

② 1—1 剖面图

③ 立面图

说明：花坛长、短轴长度为内空尺寸。

④ 花坛做法详图

植物名录表

序号	图例	中文名	规格	单位	数量	备注
1		苏铁	冠径0.8—1.2M	棵	8	修剪成球形
2		红枫	高1.6—2M，胸径1.5CM	棵	5	修剪成球形
3		麦冬草		公斤	42	每平米植3.5公斤
4		南天竺	高1.2—1.4M	丛	10	每丛6—8株
5		春鹃	冠径15—20CM	棵	70	每平米植16—20棵
6		月季	每丛6—10枝	丛	80	每平米植10丛
7		金叶女贞	冠径15—20CM	棵	160	每平米植18—22棵
8		迎春	高80—100CM	棵	800	每平米植20—25棵

假山置石043

牌铭正立面图

牌铭侧立面图

牌铭平面图

1—1断面图

主景石局部改造平面定位图　　1:50

③ 光面西丽大样图　　1:25

注：本网格为50*50mm

② 花池做法大样图　　1:20

景石做法详图

① 花池做法大样图　　1:20

假山置石044

假山置石

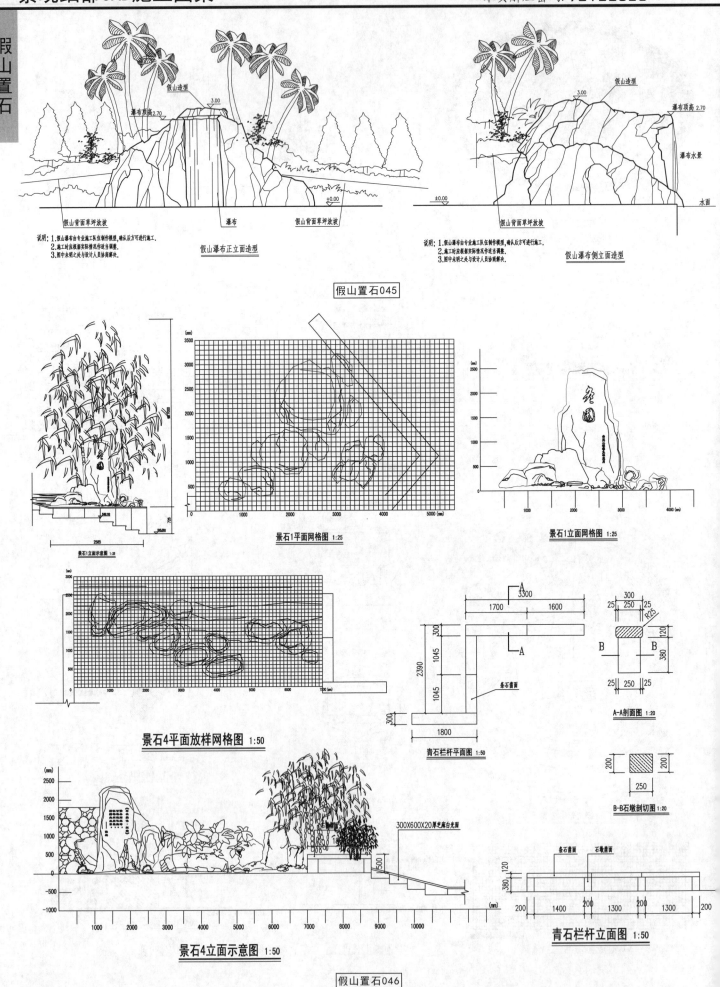

说明: 1.假山瀑布由专业施工队伍制作模型,确认后方可进行施工.
     2.施工时应根据实际情况作适当调整.
     3.图中未明之处与设计人员协商解决.

假山瀑布正立面造型

说明: 1.假山瀑布由专业施工队伍制作模型,确认后方可进行施工.
     2.施工时应根据实际情况作适当调整.
     3.图中未明之处与设计人员协商解决.

假山瀑布侧立面造型

假山置石045

景石1立面示意图 1:25

景石1平面网格图 1:25

景石1立面网格图 1:25

景石4平面放样网格图 1:50

景石4立面示意图 1:50

青石栏杆平面图 1:50

A-A剖面图 1:20

B-B石墩剖切图 1:20

青石栏杆立面图 1:50

假山置石046

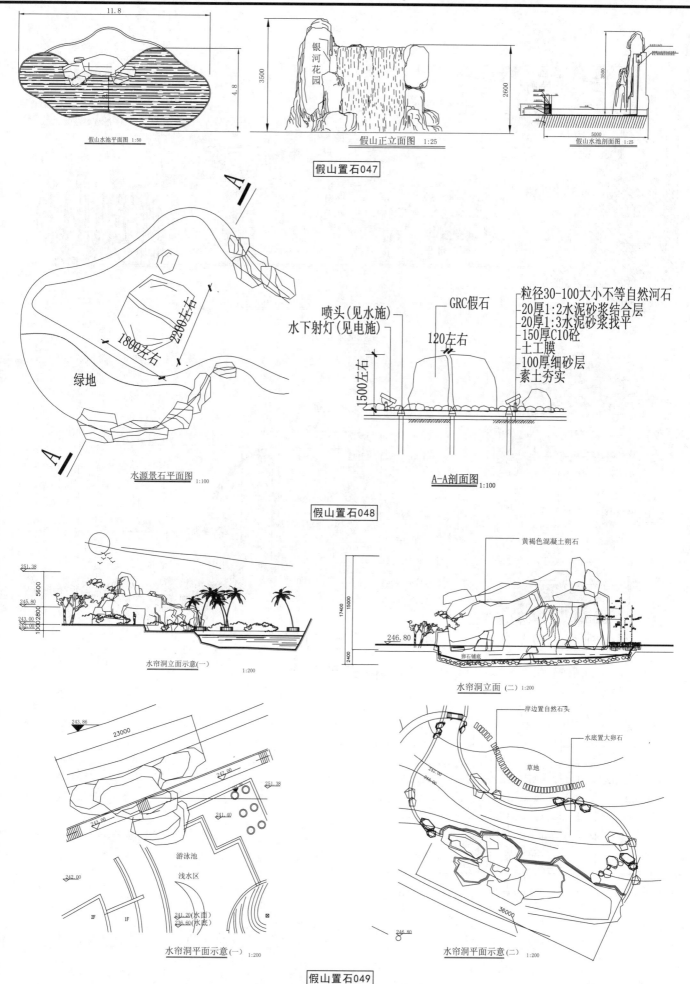

假山水池平面图 1:50

假山正立面图 1:25

假山水池剖面图 1:25

假山置石047

喷头(见水施)
水下射灯(见电施)

GRC假石

粒径30-100大小不等自然河石
20厚1:2水泥砂浆结合层
20厚1:3水泥砂浆找平
150厚C10砼
土工膜
100厚细砂层
素土夯实

绿地

水源景石平面图 1:100

A-A剖面图 1:100

假山置石048

水帘洞立面示意(一) 1:200

黄褐色混凝土朔石

卵石铺底

水帘洞立面(二) 1:200

游泳池
浅水区

岸边置自然石头
水底置大卵石
草地

水帘洞平面示意(一) 1:200

水帘洞平面示意(二) 1:200

假山置石049

假山跌水平面

A-A剖面

假山跌水立面

假山置石050

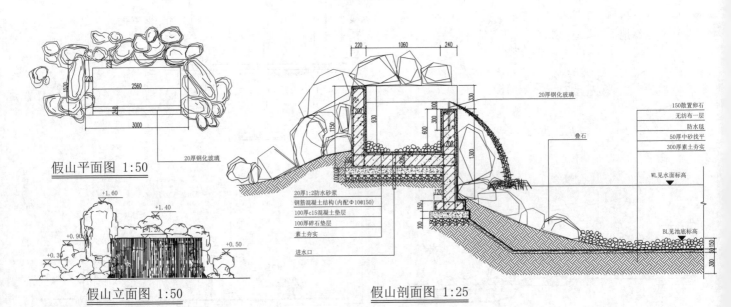

假山平面图 1:50

20厚钢化玻璃

假山立面图 1:50

假山剖面图 1:25

20厚1:2防水砂浆
钢筋混凝土结构(内配Φ10@150)
100厚c15混凝土垫层
100厚碎石垫层
素土夯实
进水口

20厚钢化玻璃

叠石

150散置卵石
无纺布一层
防水毯
50厚中砂找平
300厚素土夯实

WL见水面标高

BL见池底标高

假山置石051

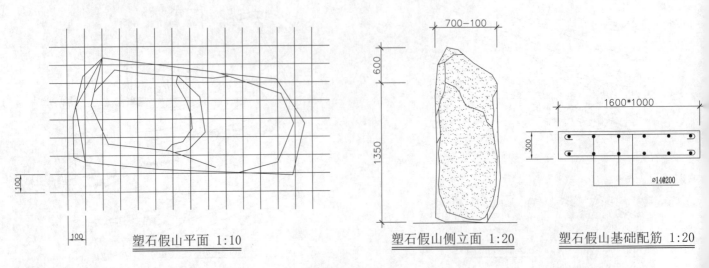

塑石假山平面 1:10

700-100

塑石假山侧立面 1:20

1600*1000

Ø14@200

塑石假山基础配筋 1:20

假山置石052

人工塑石设计:
(1) 人工塑石外观应浑厚自然,色泽应与现有山体岩石一致.
(2) 人工塑石假山的天际轮廓线应高低错落,前后层次丰富.
(3) 人工塑石假山应充分摹仿自然界山体中的崎壁、山谷、岩洞、石峰等的景观效果,达到"虽有人作,宛自天开"的效果。
(4) 人工塑石的平面及立面设计,应尽量结合种植池的布置,增加绿化面积,来改善岩体的外观面貌。除图中注明者外,施工单位可在施工过程中结合造型灵活布置各种大小的种植池,种植池的覆土厚度不应小于50厘米。
(5) 人工塑石面层做法暂定为:
承重主体上设预埋件,依岩石造型在不同高度焊接长度各异的镀锌角钢外用∅10钢筋与角钢焊接,扎出造型;上覆无防布作底层;外覆钢丝网一层;高压喷枪外喷细石混凝土(连喷带造型,色彩及质地与现有山体同)。
(6) 施工中如有不详之处或须更改请与设计人员协商处理。

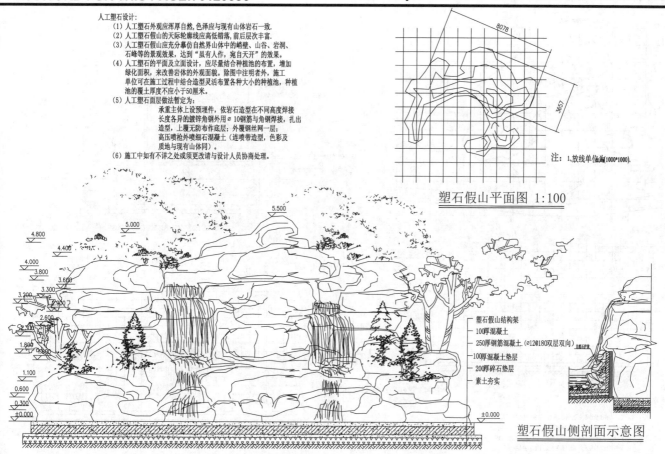

塑石假山平面图 1:100

注:1、放线单位为(1000*1000).

塑石假山结构架
100厚混凝土
250厚钢筋混凝土(∅12@180双层双向)
100厚混凝土垫层
200厚碎石垫层
素土夯实

塑石假山侧剖面示意图

塑石假山展开剖面图

注:在假山下部水深处安装两台QY65-7-2.2kw水泵作瀑布的水源

假山置石053

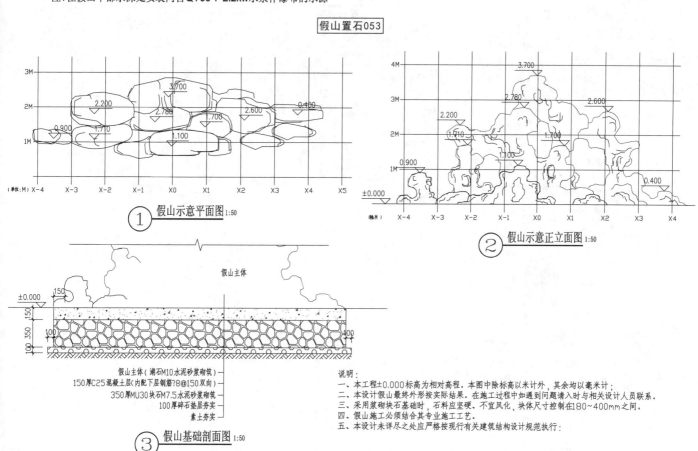

① 假山示意平面图 1:50

(单位:M) X-4 X-3 X-2 X-1 X0 X1 X2 X3 X4 X5

② 假山示意正立面图 1:50

(单位:M) X-4 X-3 X-2 X-1 X0 X1 X2 X3 X4

假山主体

假山主体(湖石M10水泥砂浆砌筑)
150厚C25混凝土层(内配下层钢筋∅8@150双向)
350厚MU30块石M7.5水泥砂浆砌筑
100厚碎石垫层夯实
素土夯实

③ 假山基础剖面图 1:50

说明:
一、本工程±0.000标高为相对高程。本图中除标高以米计外,其余均以毫米计;
二、本设计假山最终外形按实际结果。在施工过程中如遇到问题请入时与相关设计人员联系。
三、采用浆砌块石基础时,石料应坚硬、不宜风化,块体尺寸控制在180~400mm之间。
四、假山施工必须结合其专业施工工艺。
五、本设计未详尽之处应严格按现行有关建筑结构设计规范执行:

假山置石054

假山置石

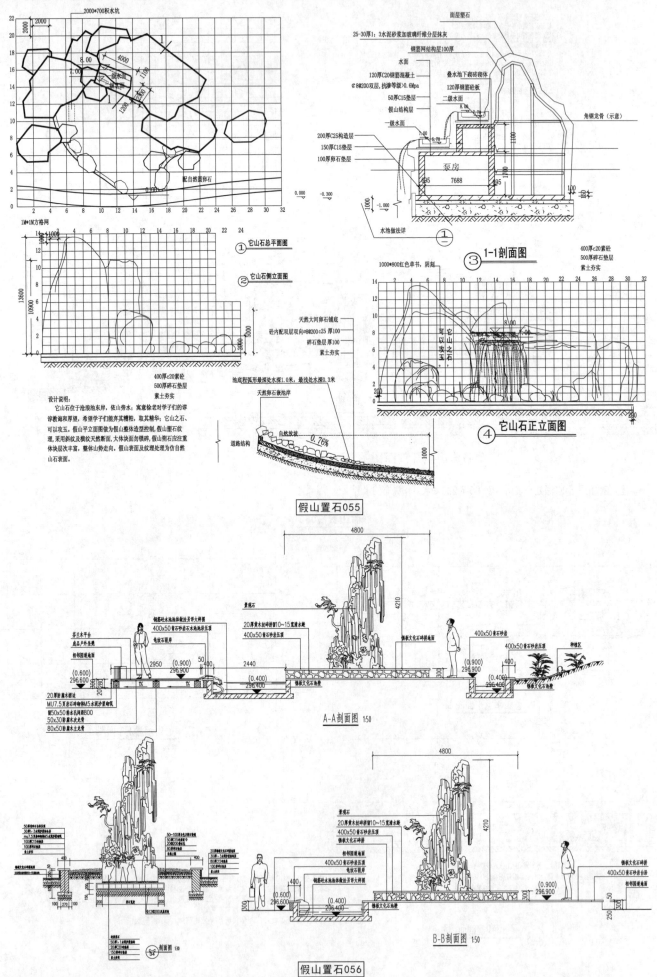

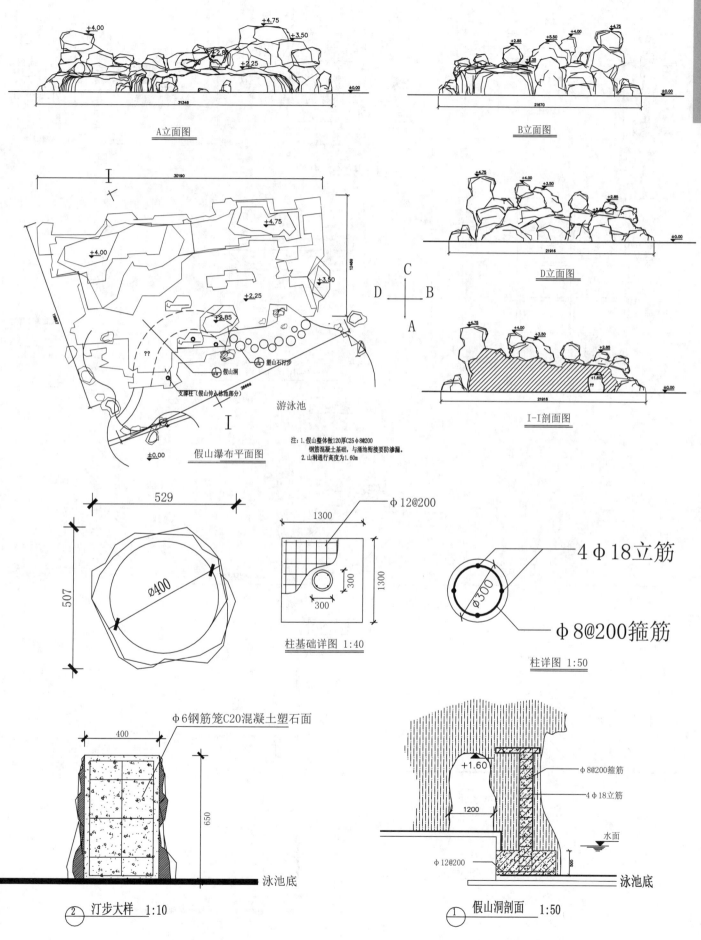

A立面图

B立面图

D立面图

假山瀑布平面图

游泳池

假山洞

塑山石汀步

支撑柱(假山伸入池池部分)

I-I剖面图

注：1.假山整体做120厚C25φ8@200
钢筋混凝土基础，与滩池衔接要防渗漏。
2.山洞通行高度为1.60m

529

507

φ400

φ12@200

1300

1300

300

300

柱基础详图 1:40

4φ18立筋

φ300

φ8@200箍筋

柱详图 1:50

φ6钢筋笼C20混凝土塑石面

400

650

泳池底

2 汀步大样 1:10

+1.60

1200

φ8@200箍筋

4φ18立筋

水面

φ12@200

泳池底

1 假山洞剖面 1:50

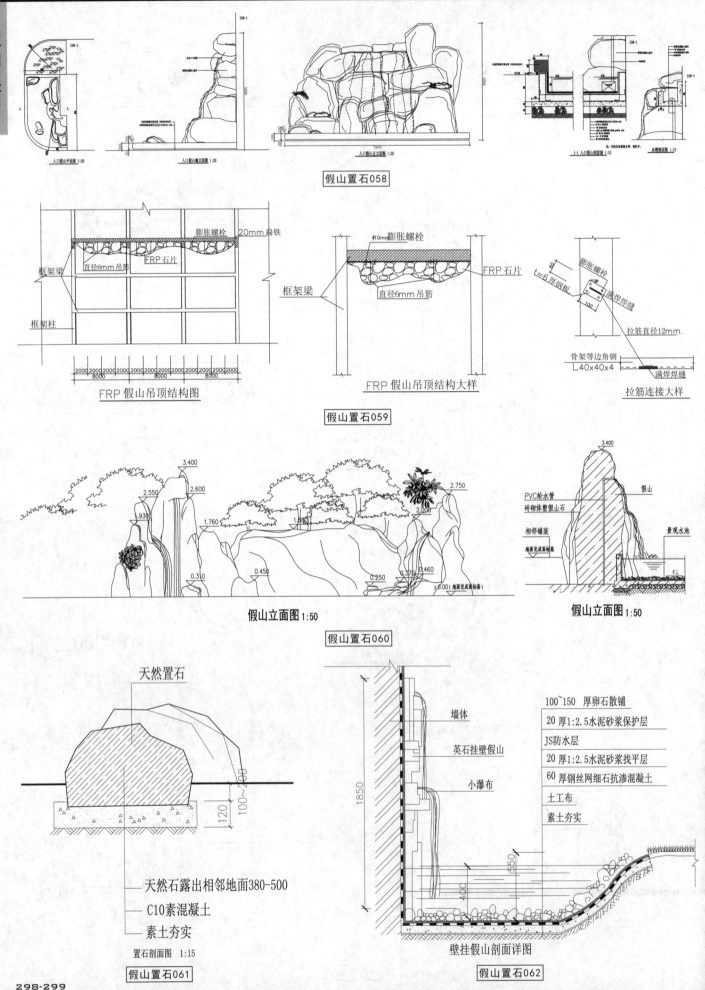

假山置石058

FRP假山吊顶结构图

FRP假山吊顶结构大样

拉筋连接大样

假山置石059

假山立面图 1:50

假山立面图 1:50

假山置石060

天然置石

天然石露出相邻地面380-500

C10素混凝土

素土夯实

置石剖面图 1:15

假山置石061

100~150 厚卵石散铺

20 厚1:2.5水泥砂浆保护层

JS防水层

20 厚1:2.5水泥砂浆找平层

60 厚钢丝网细石抗渗混凝土

土工布

素土夯实

壁挂假山剖面详图

假山置石062

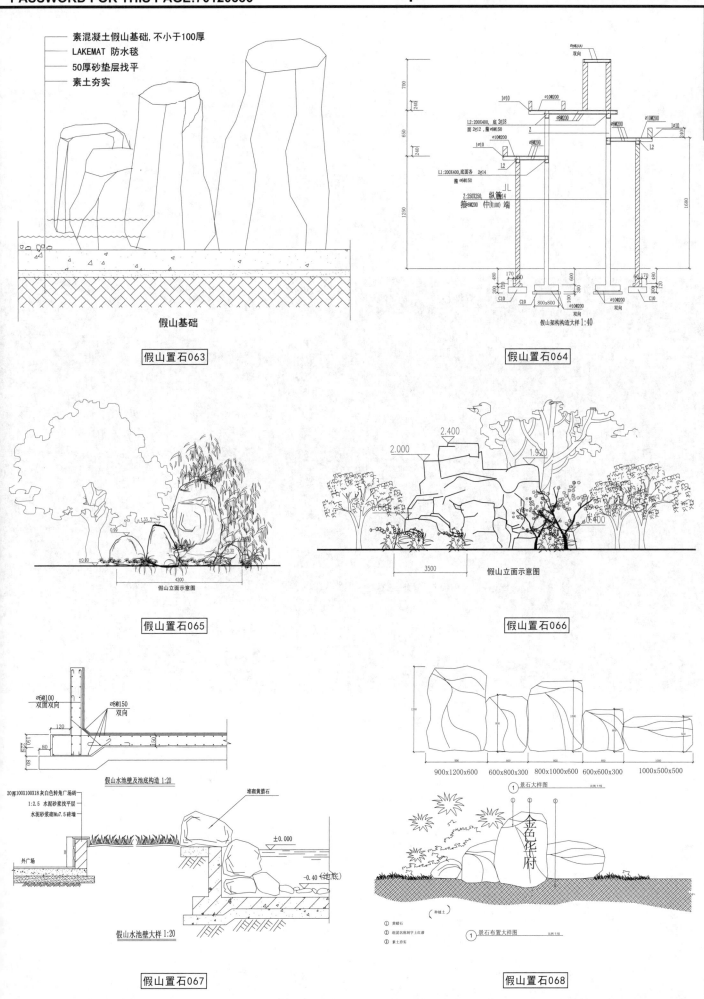

素混凝土假山基础,不小于100厚
LAKEMAT 防水毯
50厚砂垫层找平
素土夯实

假山基础

假山置石063

假山架构构造大样 1:40

假山置石064

假山立面示意图

假山置石065

假山立面示意图

假山置石066

假山水池壁及池底构造 1:20

假山水池壁大样 1:20

假山置石067

景石大样图

景石布置大样图

金色华府

假山置石068

凉亭景亭

PAVILION

景观细部CAD施工图集 II

凉亭景亭

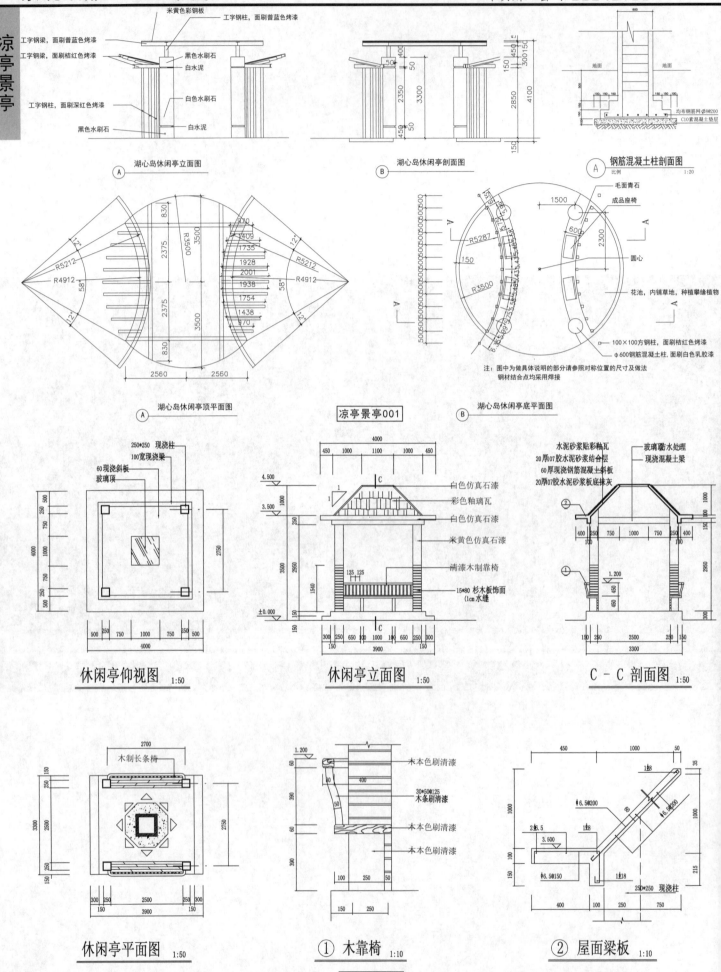

302-303

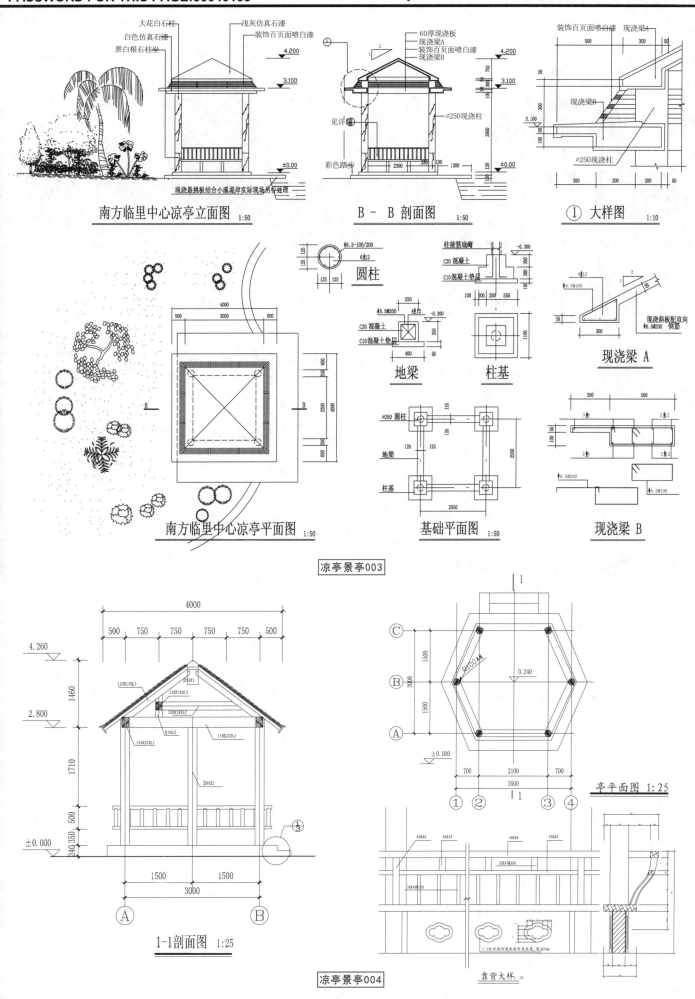

大花白石柱
白色仿真石漆
黑白根石柱坐
浅灰仿真石漆
装饰百页面喷白漆

南方临里中心凉亭立面图 1:50

60厚现浇板
现浇梁A
装饰百页面喷白漆
现浇梁B
见详②
Ø250现浇柱
彩色踏步
现浇悬挑板结合小溪堤岸实际现场另行处理

B－B 剖面图 1:50

装饰百页面喷白漆 现浇梁A
现浇梁B
Ø250现浇柱

① 大样图 1:10

圆柱

南方临里中心凉亭平面图 1:50

柱插筋底弯
C20 混凝土
C10 混凝土垫层

地梁

柱基

现浇斜板配双向
Ø6.5@200 钢筋

现浇梁 A

Ø250 圆柱
地梁
柱基

基础平面图 1:50

现浇梁 B

凉亭景亭003

1-1剖面图 1:25

亭平面图 1:25

靠背大样

凉亭景亭004

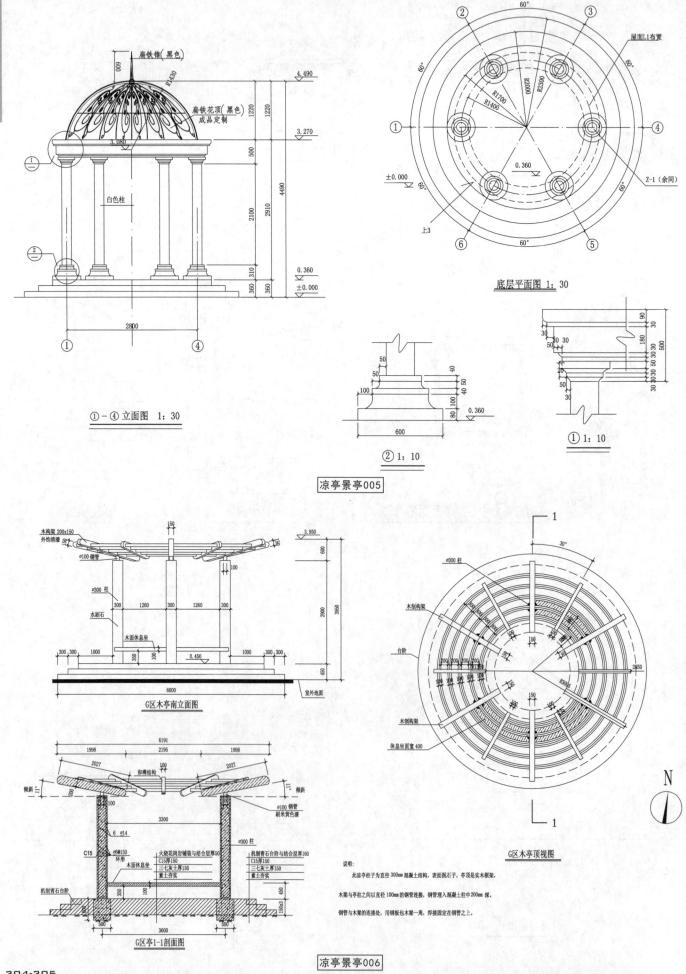

扇铁锥(黑色)

扇铁花顶(黑色)
成品定制

白色柱

① – ④ 立面图 1:30

底层平面图 1:30

屋面L1布置

Z-1(余同)

② 1:10

① 1:10

凉亭景亭005

木构架 200x150
外饰清漆

ø100钢管

ø300 柱

水刷石

木面休息坐

G区木亭南立面图

卯槽结构

ø100钢管
刷米黄色漆

C15

ø6ø150
环形

木面休息坐

机制青石台阶

火烧花岗岩铺装与结合层厚50
C15厚150
三七灰土厚150
素土夯实

机制青石台阶与结合层厚160
C15厚150
三七灰土厚150
素土夯实

G区亭1-1剖面图

凉亭景亭006

木制构架

台阶

木制构架

休息坐面宽 400

ø300 柱

G区木亭顶视图

说明:
　　此凉亭亭柱子为直径300mm混凝土结构, 表面披石子, 亭顶为实木框架,
木梁与亭柱之间以直径100mm的钢管连接, 钢管埋入混凝土柱中200mm深。
钢管与木梁的连接处, 用钢板包木梁一周, 焊接固定在钢管之上。

Landscape Details CAD Construction Atlas II

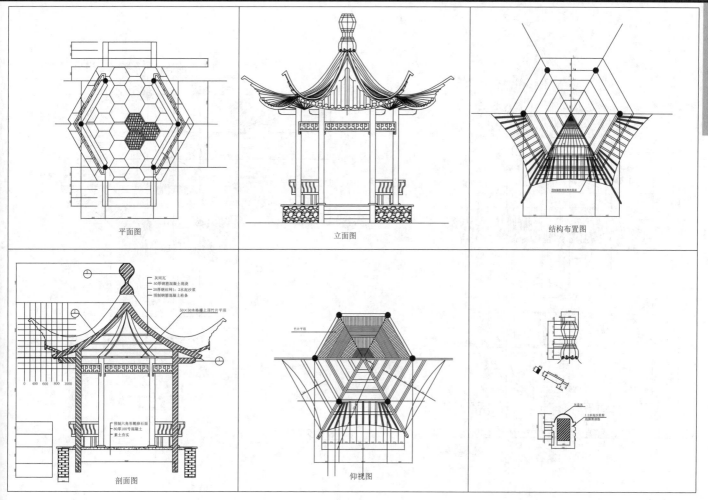

平面图　　立面图　　结构布置图

剖面图　　仰视图

凉亭景亭007

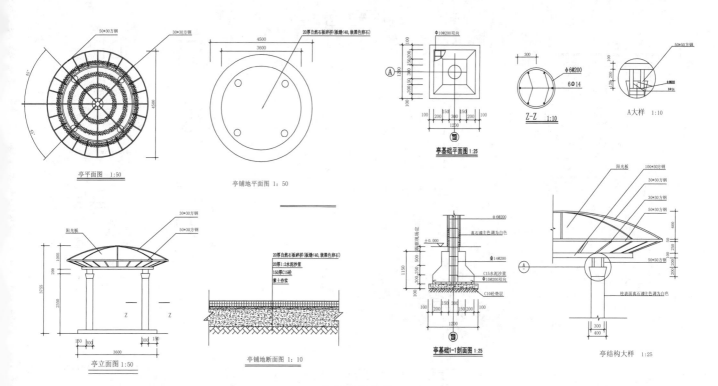

亭平面图 1:50　　亭铺地平面图 1:50　　亭基础平面图 1:25

Z-Z 1:10　　A大样 1:10

亭立面图 1:50　　亭铺地断面图 1:10　　亭基础1-1剖面图 1:25　　亭结构大样 1:25

凉亭景亭008

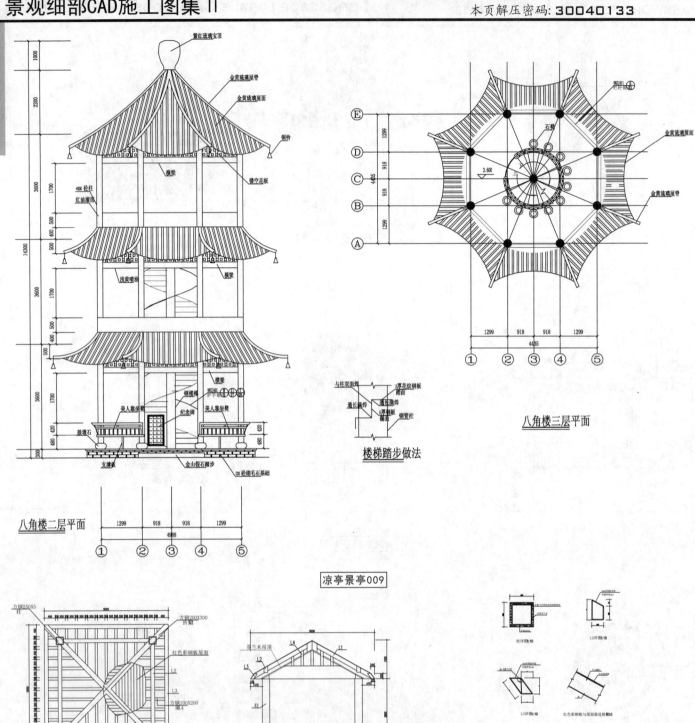

八角楼三层平面

楼梯踏步做法

八角楼二层平面

凉亭景亭009

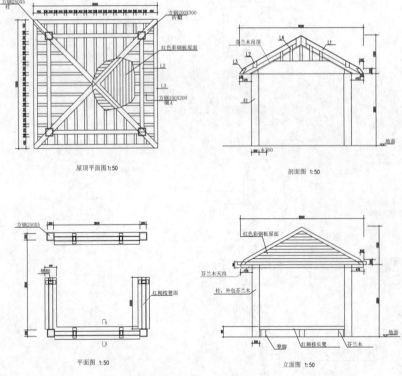

屋顶平面图 1:50

剖面图 1:50

平面图 1:50

立面图 1:50

凉亭景亭010

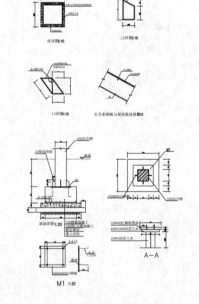

柱详图:10

L2详图:10

L3详图:10

红色彩钢板与屋面连接点10

M1 1:20

A—A

说明:
1. 所有钢构件接触处均须焊接，焊缝厚度为5mm,满焊。
2. 所有外露钢构件(除不锈钢外)均须除锈，刷防锈漆二度，调和漆一度。
3. 图中混凝土采用C20,φ 为一级钢筋，Φ 为二级钢筋。
4. 图中未注明的钢筋锚固长度和搭接长度为35d。
5. 图中基础垫层为C15砼，下加100厚碎石垫层。

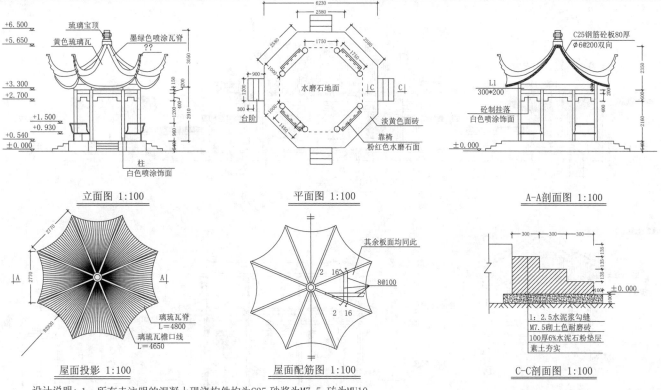

立面图 1:100

平面图 1:100

A-A剖面图 1:100

屋面投影 1:100

屋面配筋图 1:100

C-C剖面图 1:100

设计说明：1. 所有未注明的混凝土现浇构件均为C25,砂浆为M7.5,砖为MU10.
　　　　　2. 图中尺寸除标高外，均以毫米为单位

凉亭景亭011

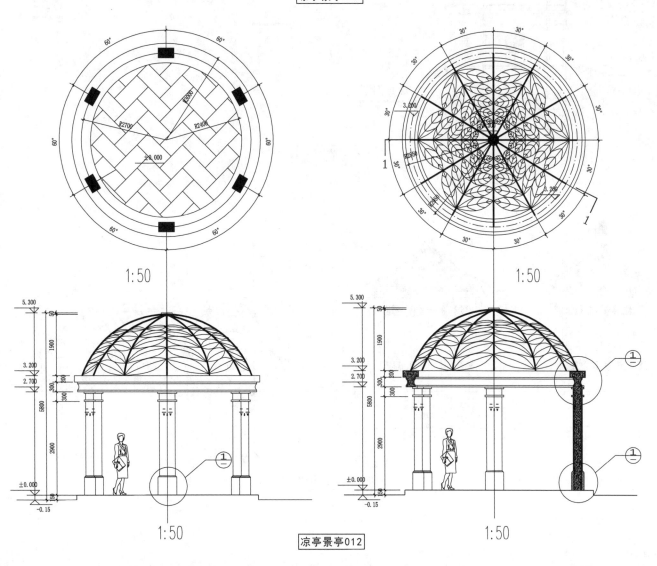

1:50

1:50

1:50

1:50

凉亭景亭012

凉亭景亭

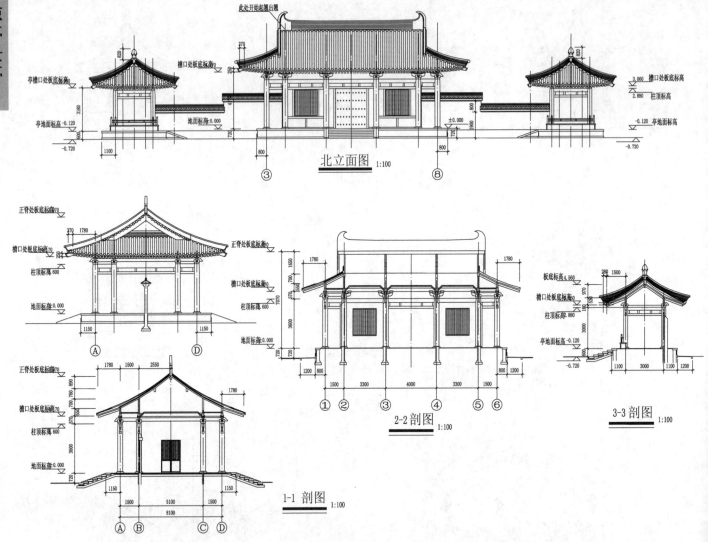

北立面图 1:100

1-1 剖图 1:100

2-2 剖图 1:100

3-3 剖图 1:100

凉亭景亭013

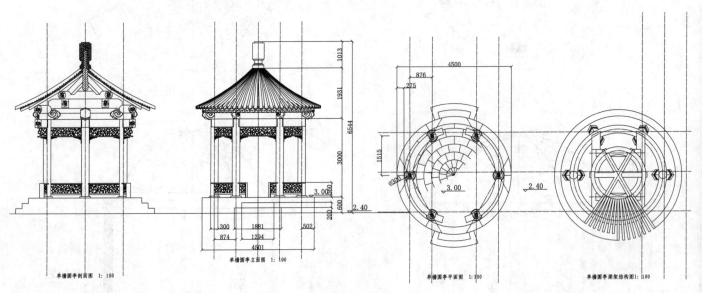

单檐圆亭剖面图 1:100

单檐圆亭立面图 1:100

单檐圆亭平面图 1:100

单檐圆亭景架结构图 1:100

单檐圆亭设计图

凉亭景亭014

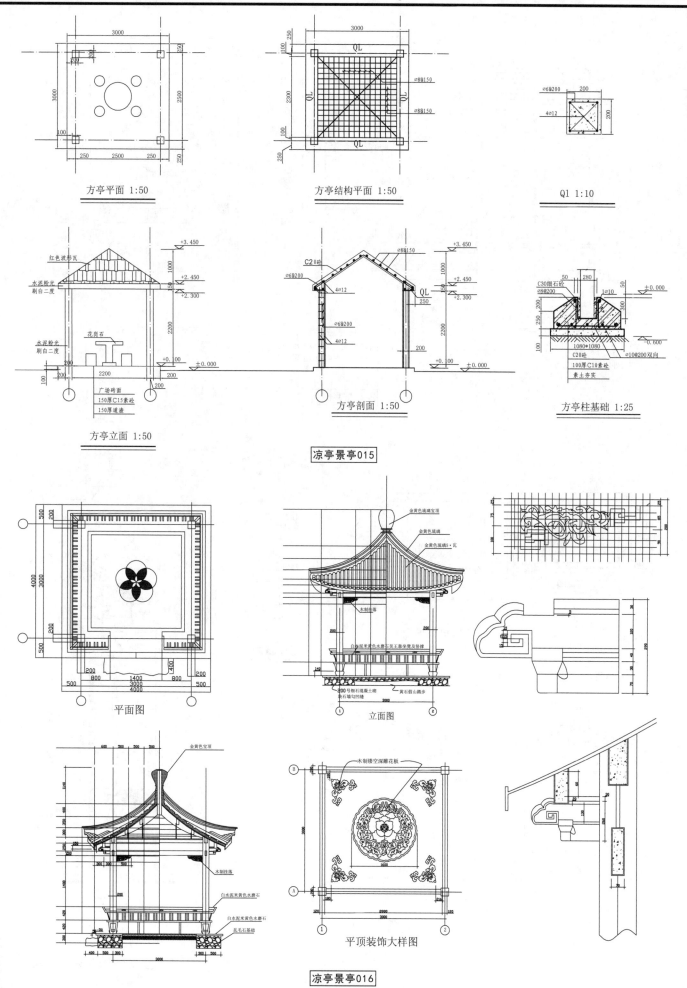

方亭平面 1:50

方亭结构平面 1:50

Ql 1:10

方亭立面 1:50

方亭剖面 1:50

方亭柱基础 1:25

凉亭景亭015

平面图

立面图

平顶装饰大样图

凉亭景亭016

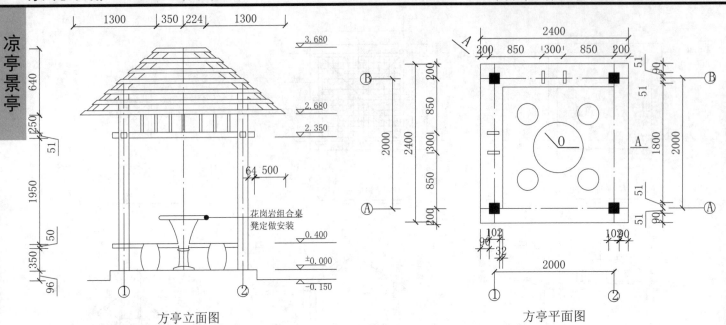

方亭立面图

方亭平面图

说明:
1、本设计尺寸除标高以米计外,其余均以毫米计。
2、本设计中未注明的砼强度等级均为C20。钢筋 I 级(φ)、II 级(Φ)。
3、方亭内外均仿木板纹。
4、地面及台阶均红色花岗岩,做法详98ZJ001 (25/6)
5、未详尽处,执行国家现行有关工程施工及验收规范。

凉亭景亭017

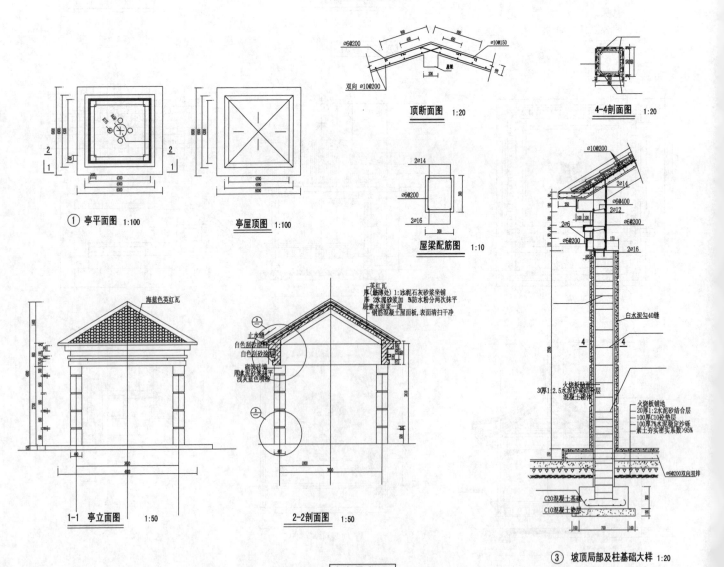

① 亭平面图 1:100

亭屋顶图 1:100

顶断面图 1:20

4-4剖面图 1:20

屋梁配筋图 1:10

1-1 亭立面图 1:50

2-2剖面图 1:50

③ 坡顶局部及柱基础大样 1:20

凉亭景亭018

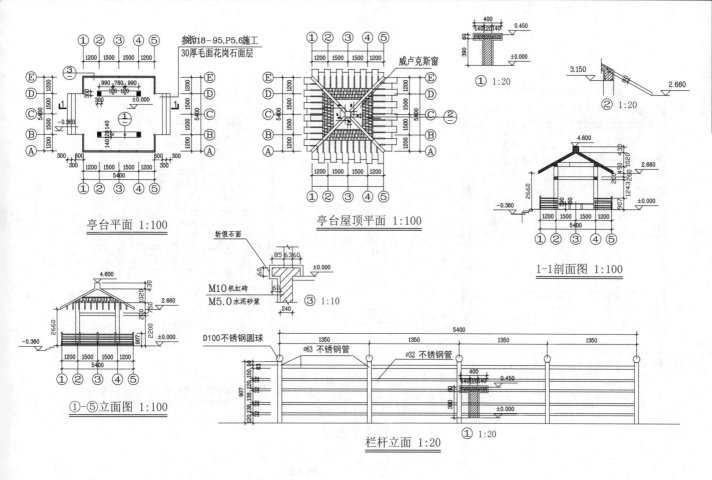

参断18-95,P5,6施工
30厚毛面花岗石面层

威卢克斯窗

亭台平面 1:100

亭台屋顶平面 1:100

① 1:20

② 1:20

1-1剖面图 1:100

①-⑤立面图 1:100

斩假石面

M10 机红砖
M5.0水泥砂浆 ③ 1:10

D100不锈钢圆球
Ø63 不锈钢管
Ø32 不锈钢管

① 1:20

栏杆立面 1:20

凉亭景亭019

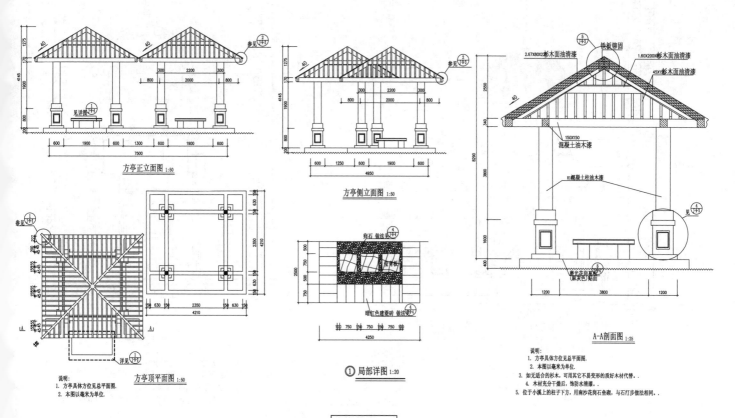

方亭正立面图 1:50

方亭侧立面图 1:50

方亭顶平面图 1:50

说明:
1. 方亭具体方位见总平面图.
2. 本图以毫米为单位.

① 局部详图 1:20

A-A剖面图 1:25

2.67X80X2彩木面油清漆
铁板铆固
1.60X200X彩木面油清漆
45X1彩木面油清漆
150X150
混凝土油木漆
混凝土柱油木漆

说明:
1. 方亭具体方位见总平面图.
2. 本图以毫米为单位.
3. 如无适合的杉木,可用其它不易变形的质好木材代替.
4. 木材充分干燥后,饰防水清漆.
5. 位于小溪上的柱子下方,用南沙花岗石垫砌,与石灯打做法相同.

凉亭景亭020

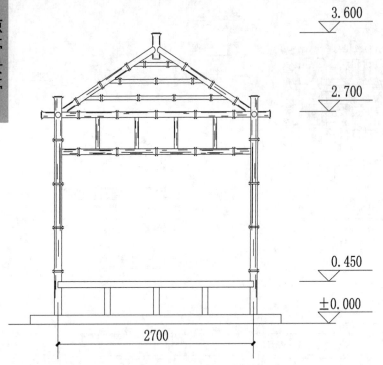

仿竹亭立面图(方案) 1:50

仿竹亭俯视图(方案) 1:50

凉亭景亭021

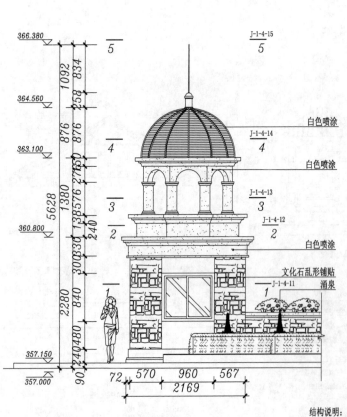

岗亭立面图 1:50

岗亭剖面图 1:50

白色喷涂
白色喷涂
白色喷涂
文化石乱形铺贴
涌泉

结构说明:
1. 本工程地面以上部分混凝土强度等级用:C20.
2. 钢筋强度设计值用HPB235(φ)级, fy=210N/㎜;
   HRB335(Φ)级, fy=300N/㎜.
3. 钢筋保护层:板20mm,梁30mm,柱35mm,基础40mm.
4. 梁柱钢筋锚固长度为:40d;搭接长度为:46d.
5. 地基承载力要求达到140KPa.
6. 除注明者外, 基础中心与柱中心重合.
7. 其它未说明的事项按国家现行施工规范执行.
8. 图中所示尺寸除标高以米为单位外,其余均以毫米为单位.

凉亭景亭022

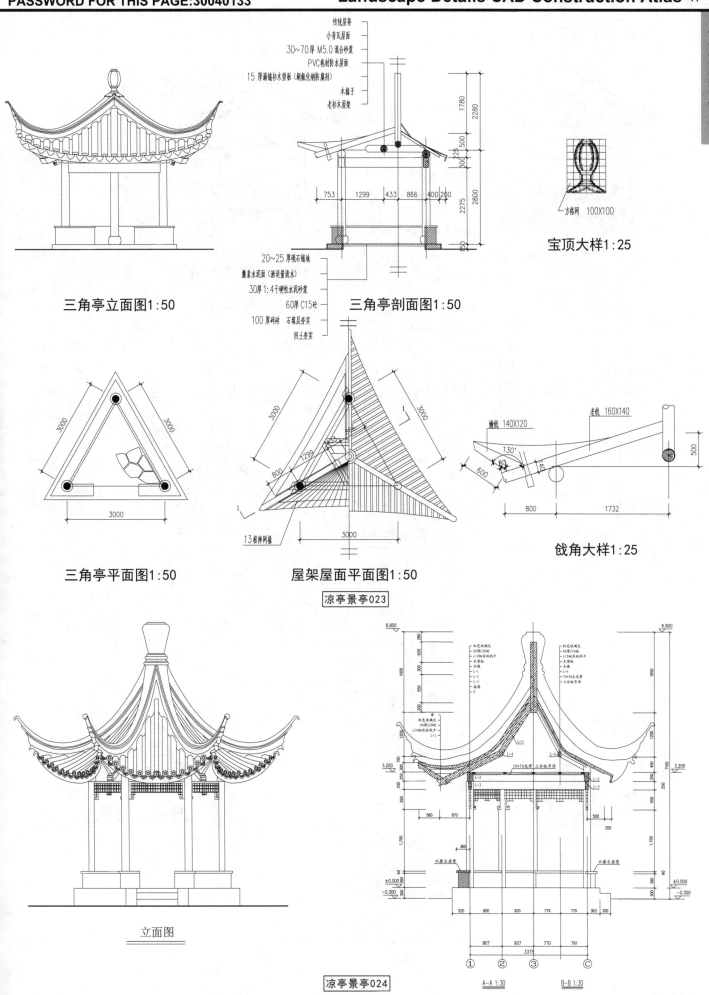

传统屋脊
小青瓦屋面
30~70厚 M5.0 混合砂浆
PVC卷材防水屋面
15 厚满铺杉木塑板 (刷氟化钠防腐剂)
木椽子
老杉木屋架

1780
2280
500
225
300
2800
2275
150

753 1299 433 866 400 200

方格网 100X100

宝顶大样1:25

三角亭立面图1:50

20~25 厚砚石铺地
撒素水泥面 (酒适量清水)
30厚1:4干硬性水泥砂浆
60厚 C15砼
100 厚碎砖 石填层夯实
回土夯实

三角亭剖面图1:50

3000   3000
1299
800
3000

13 根摔网椽

三角亭平面图1:50

屋架屋面平面图1:50

凉亭景亭023

撇钺 140X120   老钺 160X140
130°
600 80 140   500
800   1732

戗角大样1:25

立面图

凉亭景亭024

A-A 1:30   B-B 1:30

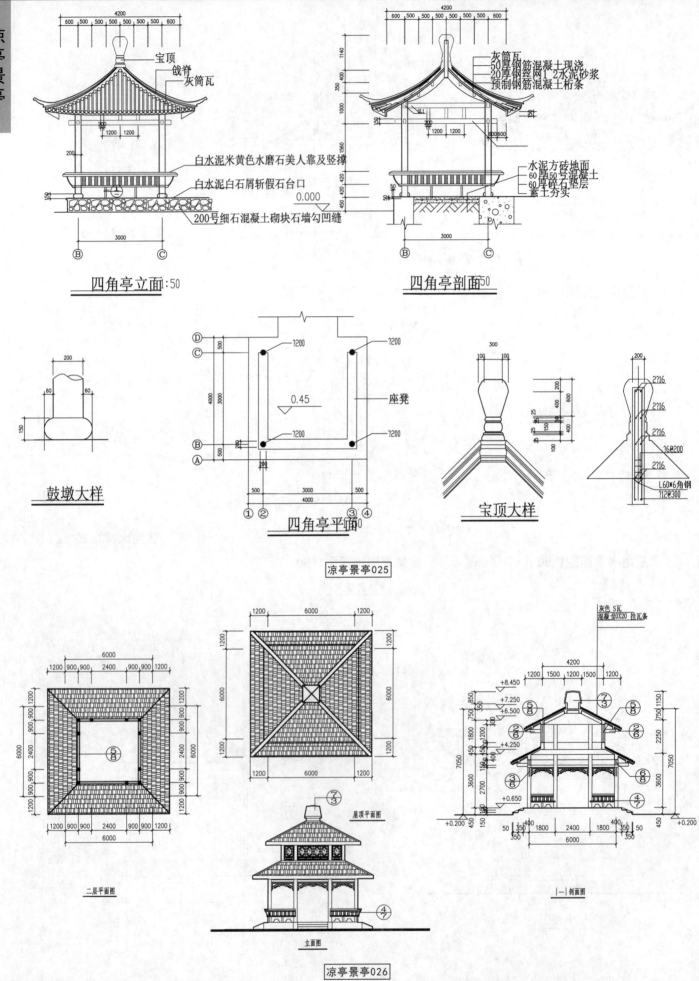

宝顶
戗脊
灰筒瓦

白水泥米黄色水磨石美人靠及竖撑

白水泥白石屑斩假石台口

0.000

200号细石混凝土砌块石墙勾凹缝

四角亭立面 1:50

灰筒瓦
50厚钢筋混凝土现浇
20厚钢丝网1：2水泥砂浆
预制钢筋混凝土桁条

水泥方砖地面
60厚150号混凝土
60厚碎石垫层
素土夯实

四角亭剖面 1:50

鼓墩大样

座凳

四角亭平面

宝顶大样

L60×6角钢

凉亭景亭025

二层平面图

屋顶平面图

立面图

灰色S瓦
混凝土180×20 挂瓦条

1—1剖面图

凉亭景亭026

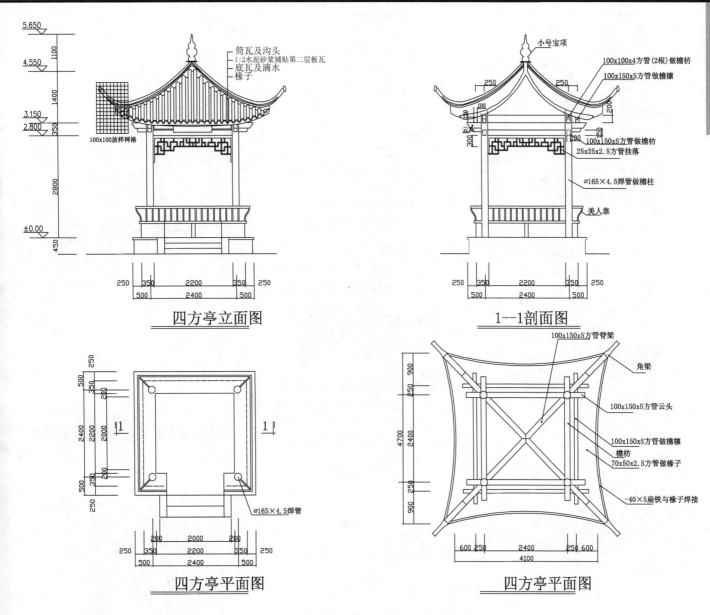

筒瓦及沟头
1:2水泥砂浆铺贴第二层板瓦
底瓦及滴水
椽子

100x100放样网格

四方亭立面图

小号宝项
100x100x4方管(2根)做檐枋
100x150x5方管做檐檩
云头
100x150x5方管做檐枋
25x25x2.5方管挂落
⌀165×4.5焊管做檐柱
美人靠

1--1剖面图

⌀165×4.5焊管

四方亭平面图

100x150x5方管脊梁
角梁
100x150x5方管云头
100x150x5方管做檐檩
檐枋
70x50x2.5方管做椽子
-40×5扁铁与椽子焊接

四方亭平面图

凉亭景亭027

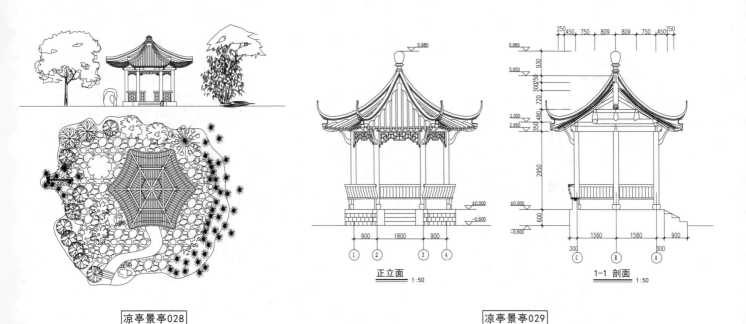

凉亭景亭028

5.980

正立面　1:50

5.980

1-1 剖面　1:50

凉亭景亭029

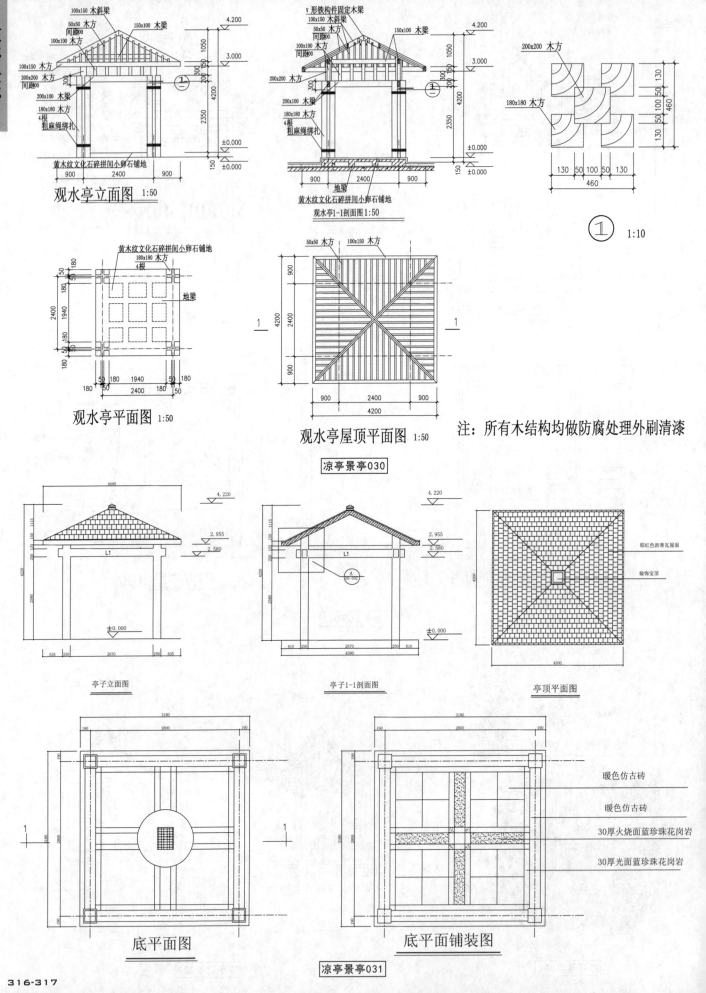

观水亭立面图 1:50

观水亭平面图 1:50

观水亭1-1剖面图 1:50

观水亭屋顶平面图 1:50

注:所有木结构均做防腐处理外刷清漆

凉亭景亭030

亭子立面图

亭子1-1剖面图

亭顶平面图

棕红色沥青瓦屋面

装饰宝顶

底平面图

底平面铺装图

暖色仿古砖
暖色仿古砖
30厚火烧面蓝珍珠花岗岩
30厚光面蓝珍珠花岗岩

凉亭景亭031

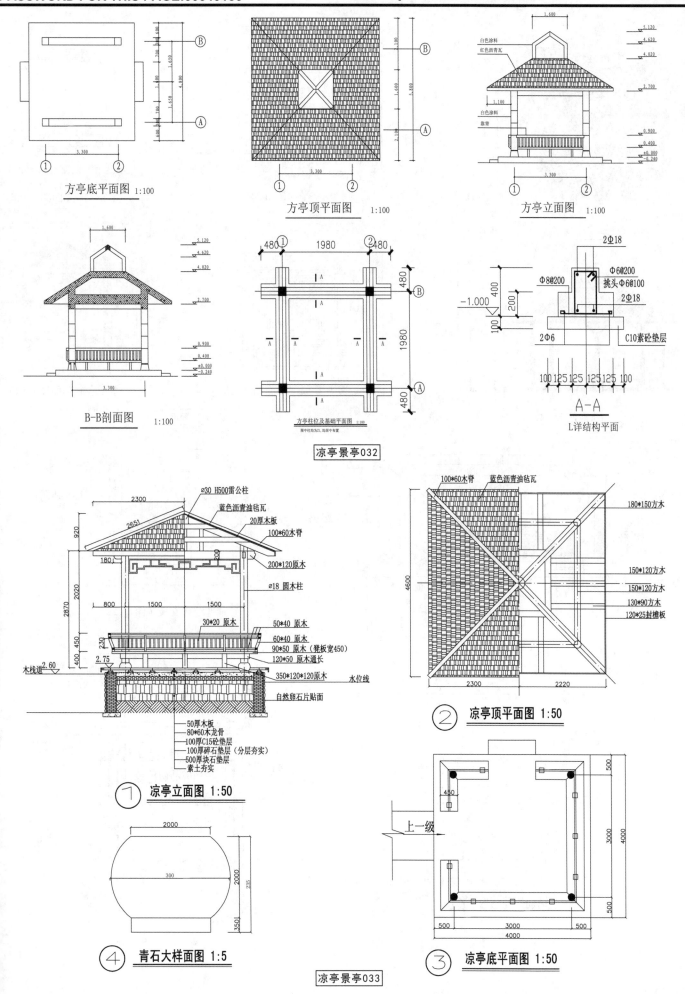

方亭底平面图 1:100

方亭顶平面图 1:100

方亭立面图 1:100

B-B剖面图 1:100

方亭柱位及基础平面图 1:100
图中柱均为21,均居中布置

L详结构平面

凉亭景亭032

①30 H500雷公柱
蓝色沥青油毡瓦
20厚木板
100*60木脊
200*120原木
①18 圆木柱
30*20 原木
50*40 原木
60*40 原木
90*50 原木（登板宽450）
120*50 原木通长
350*120*120原木
自然卵石片贴面
50厚木板
80*60木龙骨
100厚C15砼垫层
100厚碎石垫层（分层夯实）
500厚块石垫层
素土夯实
水位线

木栈道 2.60

① 凉亭立面图 1:50

100*60木脊   蓝色沥青油毡瓦
180*150方木
150*120方木
150*120方木
130*90方木
120*25封檐板

② 凉亭顶平面图 1:50

上一级

④ 青石大样面图 1:5

③ 凉亭底平面图 1:50

凉亭景亭033

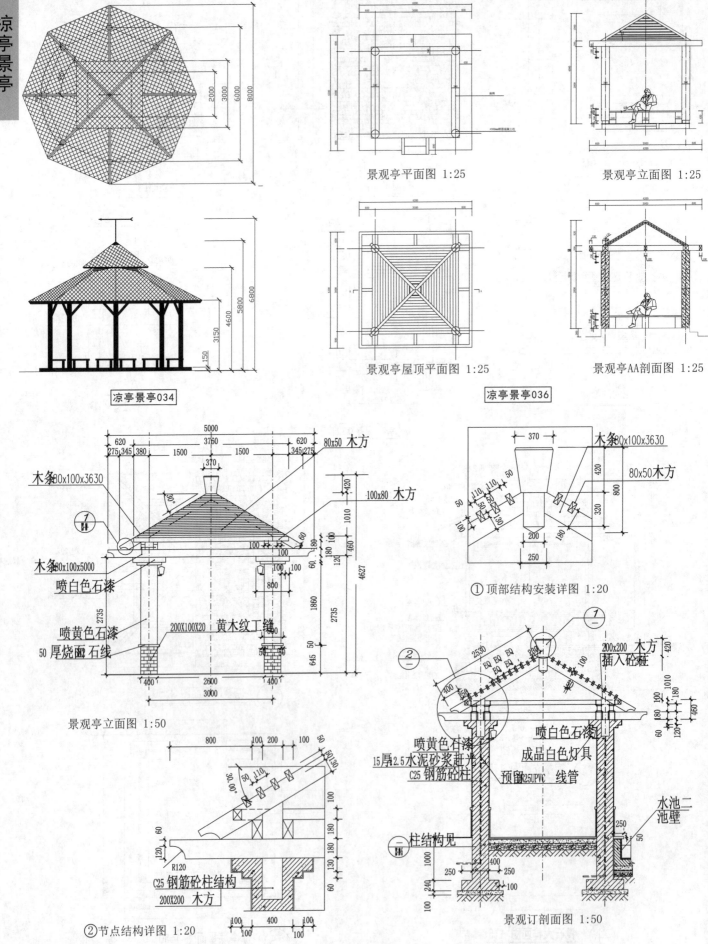

景观亭平面图 1:25

景观亭立面图 1:25

景观亭屋顶平面图 1:25

景观亭AA剖面图 1:25

凉亭景亭034

凉亭景亭036

景观亭立面图 1:50

① 顶部结构安装详图 1:20

② 节点结构详图 1:20

景观订剖面图 1:50

凉亭景亭035

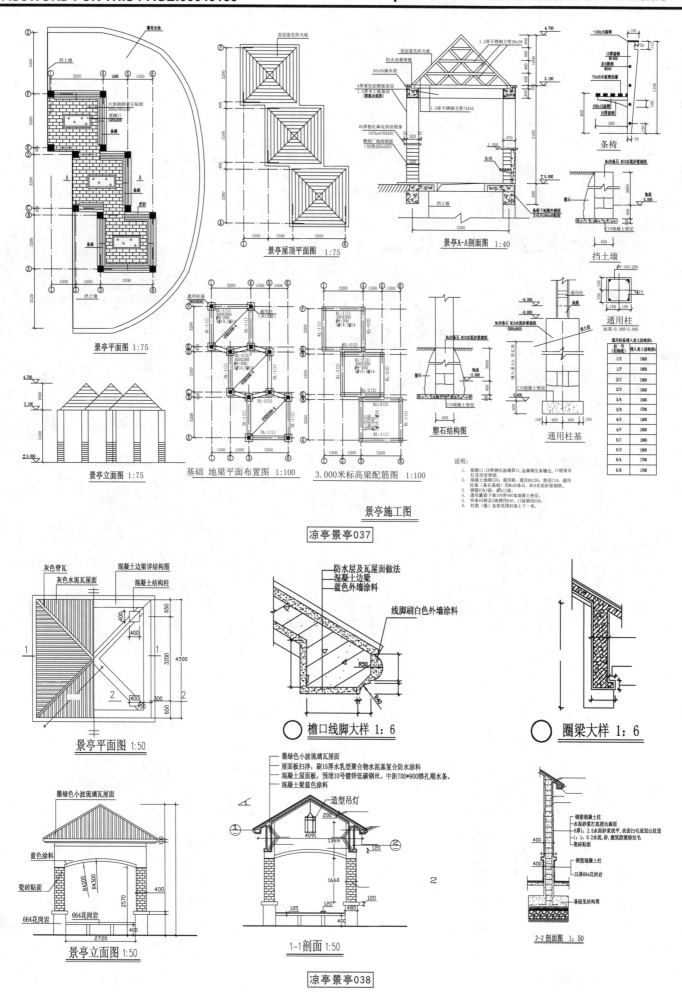

景亭屋顶平面图 1:75

景亭A-A剖面图 1:40

条椅

挡土墙

通用柱

景亭平面图 1:75

景亭立面图 1:75

基础 地梁平面布置图 1:100

3.000米标高梁配筋图 1:100

塑石结构图

通用柱基

说明：

景亭施工图

凉亭景亭037

景亭平面图 1:50

檐口线脚大样 1:6

圈梁大样 1:6

景亭立面图 1:50

1-1剖面 1:50

2-2剖面图 1:50

凉亭景亭038

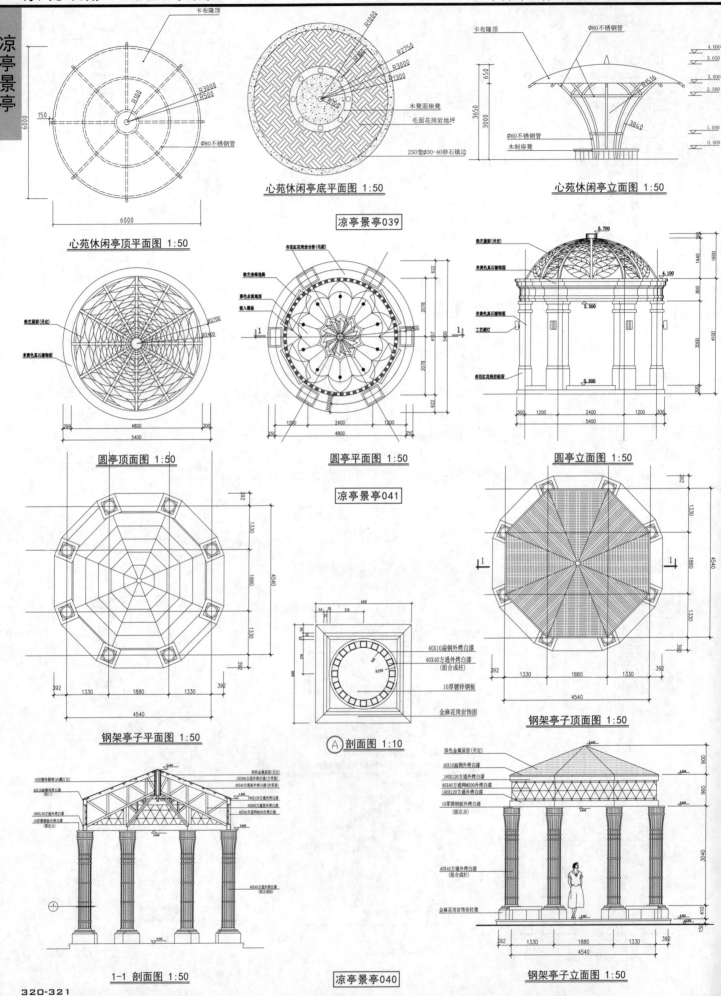

心苑休闲亭顶平面图 1:50

心苑休闲亭底平面图 1:50

心苑休闲亭立面图 1:50

凉亭景亭039

圆亭顶面图 1:50

圆亭平面图 1:50

圆亭立面图 1:50

凉亭景亭041

钢架亭子平面图 1:50

Ⓐ 剖面图 1:10

钢架亭子顶面图 1:50

1-1 剖面图 1:50

凉亭景亭040

钢架亭子立面图 1:50

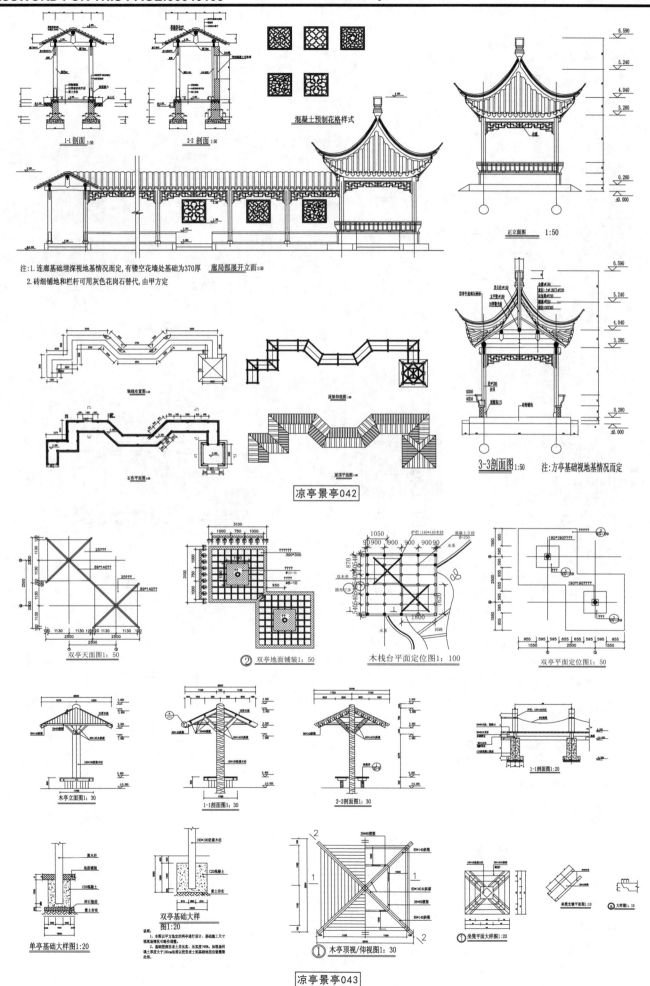

混凝土预制花格样式

1-1 剖面 1:50

2-2 剖面 1:50

正立面图 1:50

注:1.连廊基础埋深视地基情况而定,有镂空花墙处基础为370厚
2.砖细铺地和栏杆可用灰色花岗石替代,由甲方定

廊局部展开立面图1:50

轴线布置图1:50

屋架仰视图1:50

石作平面图1:50

屋顶平面图1:50

3-3剖面图 1:50   注:方亭基础视地基情况而定

凉亭景亭042

双亭天面图1:50

② 双亭地面铺装1:50

木栈台平面定位图1:100

双亭平面定位图1:50

木亭立面图1:30

1-1剖面图1:30

2-2剖面图1:30

1-1剖面图1:20

单亭基础大样图1:20

双亭基础大样
图1:20

① 木亭顶视/仰视图1:30

坐凳支墩平面图1:10

① 坐凳平面大样图1:20

大样图1:10

凉亭景亭043

凉亭景亭

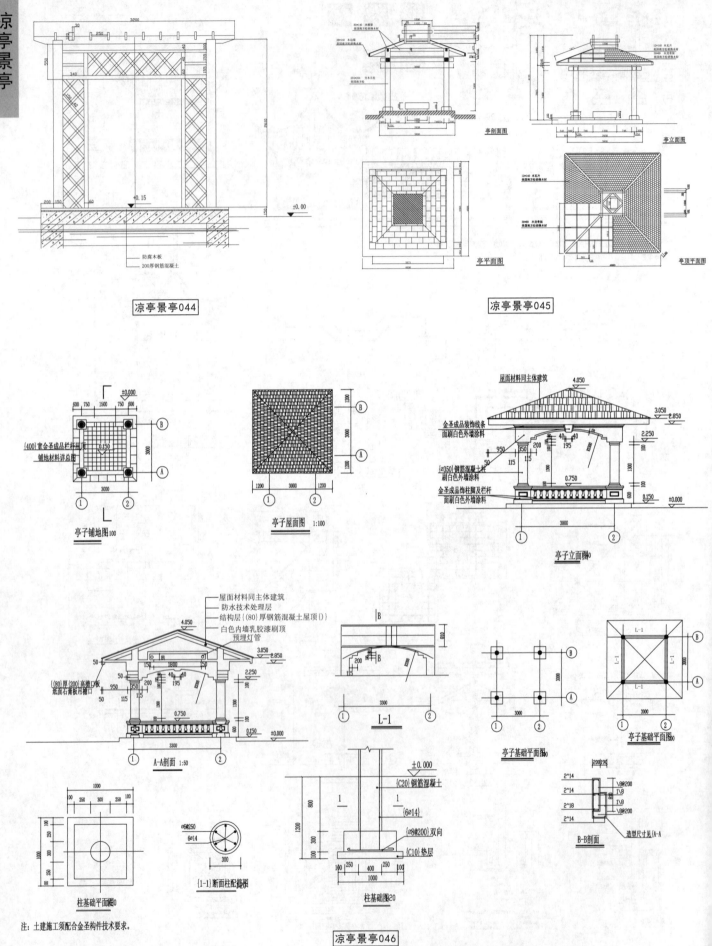

凉亭景亭044

凉亭景亭045

亭剖面图

亭立面图

亭平面图

亭顶平面图

亭子铺地图100

亭子屋面图 1:100

亭子立面图0

屋面材料同主体建筑
防水技术处理层
结构层{(80)厚钢筋混凝土屋顶{}}
白色内墙乳胶漆刷顶
预埋灯管

A-A剖面 1:50

L-1

亭子基础平面图0

亭子基础平面图0

柱基础平面图0

{1-1}断面柱配筋图

柱基础图20

B-B剖面

注: 土建施工须配合金圣构件技术要求。

凉亭景亭046

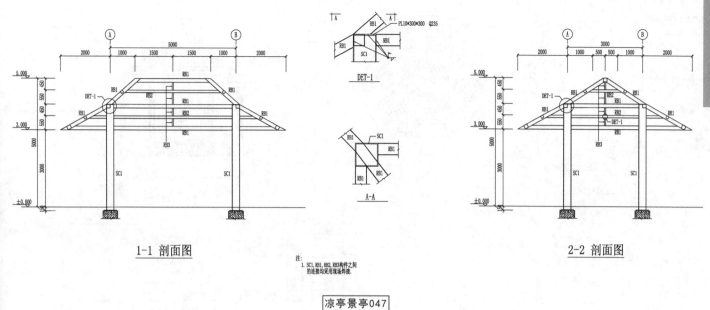

DET-1

A-A

注:
1. SC1,RB1,RB2,RB3构件之间的连接均采用现场焊接.

1-1 剖面图

2-2 剖面图

凉亭景亭047

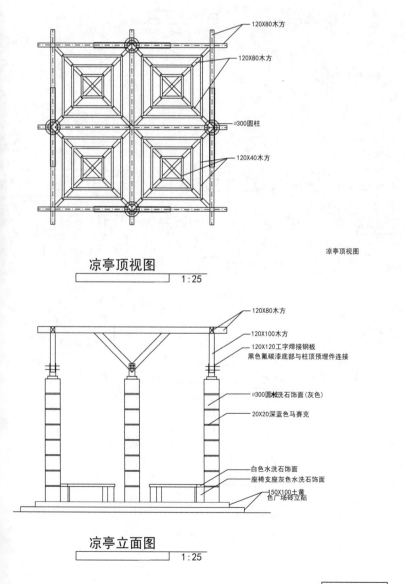

120X80木方
120X80木方
∅300圆柱
120X40木方

凉亭顶视图
1:25

凉亭顶视图

120X80木方
120X100木方
120X120工字焊接钢板
黑色氟碳漆底部与柱顶预埋件连接
∅300圆柱洗石饰面(灰色)
20X20深蓝色马赛克
白色水洗石饰面
座椅支座灰色水洗石饰面
150X100土黄色广场砖立贴

凉亭立面图
1:25

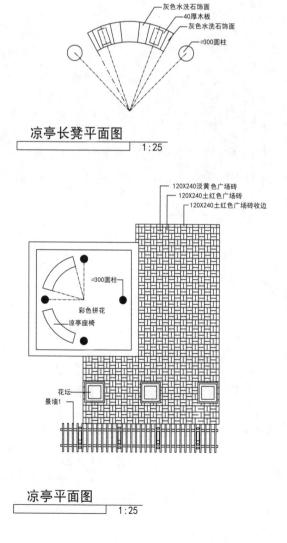

灰色水洗石饰面
40厚木板
灰色水洗石饰面
∅300圆柱

凉亭长凳平面图
1:25

120X240淡黄色广场砖
120X240土红色广场砖
120X240土红色广场砖收边

∅300圆柱
彩色拼花
凉亭座椅
花坛
景墙1

凉亭平面图
1:25

凉亭景亭048

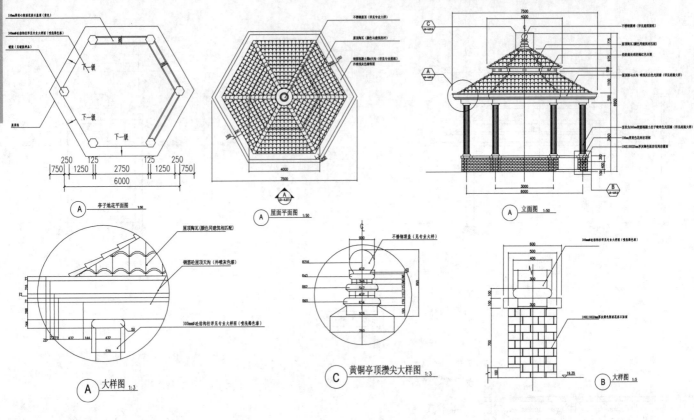

亭子地花平面图

屋面平面图 1:50

立面图 1:50

大样图 1:3

黄铜亭顶攒尖大样图 1:3

大样图 1:5

凉亭景亭049

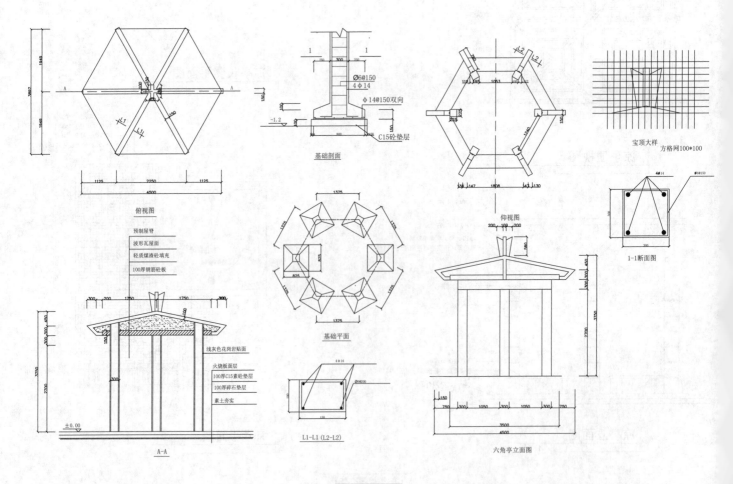

基础剖面

俯视图

预制屋脊
波形瓦屋面
轻质煤渣砼填充
100厚钢筋砼板

浅灰色花岗岩贴面

火烧板面层
100厚C15素砼垫层
100厚碎石垫层
素土夯实

A-A

基础平面

L1-L1 (L2-L2)

仰视图

宝顶大样 方格网100*100

1-1断面图

六角亭立面图

凉亭景亭050

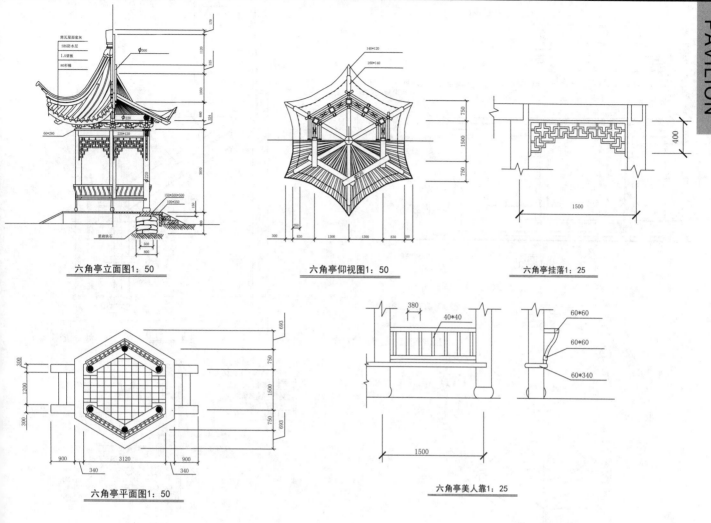

六角亭立面图1：50

六角亭仰视图1：50

六角亭挂落1：25

六角亭平面图1：50

六角亭美人靠1：25

凉亭景亭051

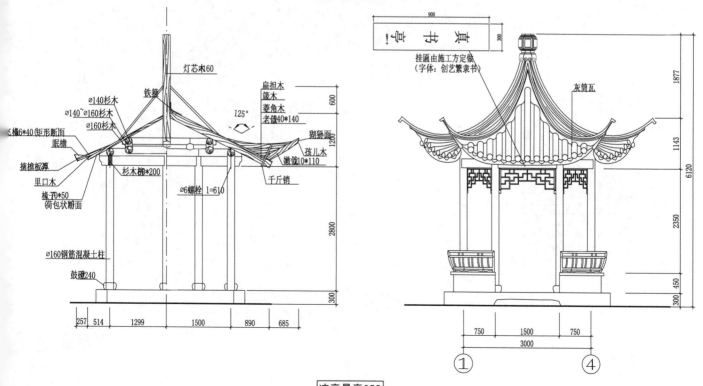

凉亭景亭052

凉亭景亭

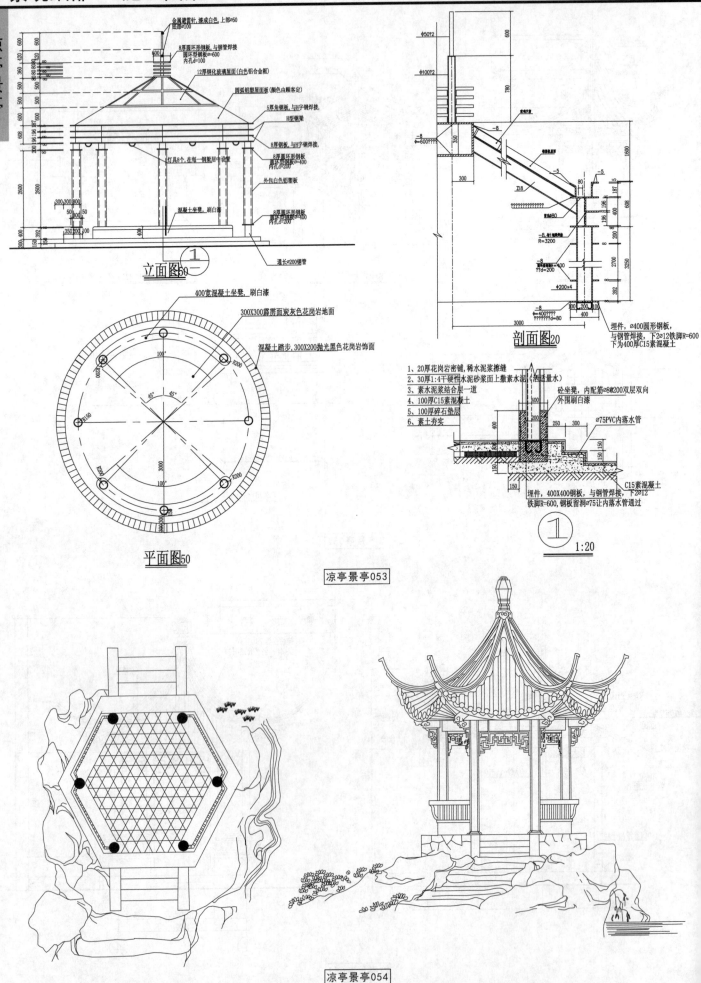

金属避雷针，漆成白色，上部⌀50
底部⌀100

8厚圆环形钢板，与钢管焊接
圆环形钢板
内孔d=100

12厚钢化玻璃屋面(白色铝合金框)

圆弧铝塑屋面板(颜色由顾客定)

5厚弧钢板，与H字钢焊接，
H型钢梁
8厚钢板，与H字钢焊接，
8厚圆环形钢板
圆环形钢板
内孔d=400

灯具8个，在每一钢梁居中设置

外包白色铝塑板

混凝土坐凳，刷白漆

8厚圆环形钢板
圆环形钢板
内孔d=200

通长⌀200钢管

立面图50

400宽混凝土坐凳，刷白漆

300X300露雳面炭灰色花岗岩地面

混凝土踏步，300X200抛光黑色花岗岩饰面

100°
45° 45°
100°
3000
R200
R150
R200

平面图50

剖面图20

埋件，⌀400圆形钢板，
与钢管焊接，下2⌀12铁脚R=600
下为400厚C15素混凝土

1、20厚花岗岩密铺，稀水泥浆擦缝
2、30厚1:4干硬性水泥砂浆面上撒素水泥(洒适量水)
3、素水泥浆结合层一道
4、100厚C15素混凝土
5、100厚碎石垫层
6、素土夯实

砼坐凳，内配筋⌀8@200双层双向
外围刷白漆

⌀75PVC内落水管

C15素混凝土

埋件，400X400钢板，与钢管焊接，下2⌀12
铁脚R=600，钢板留洞⌀75让内落水管通过

1 1:20

凉亭景亭053

凉亭景亭054

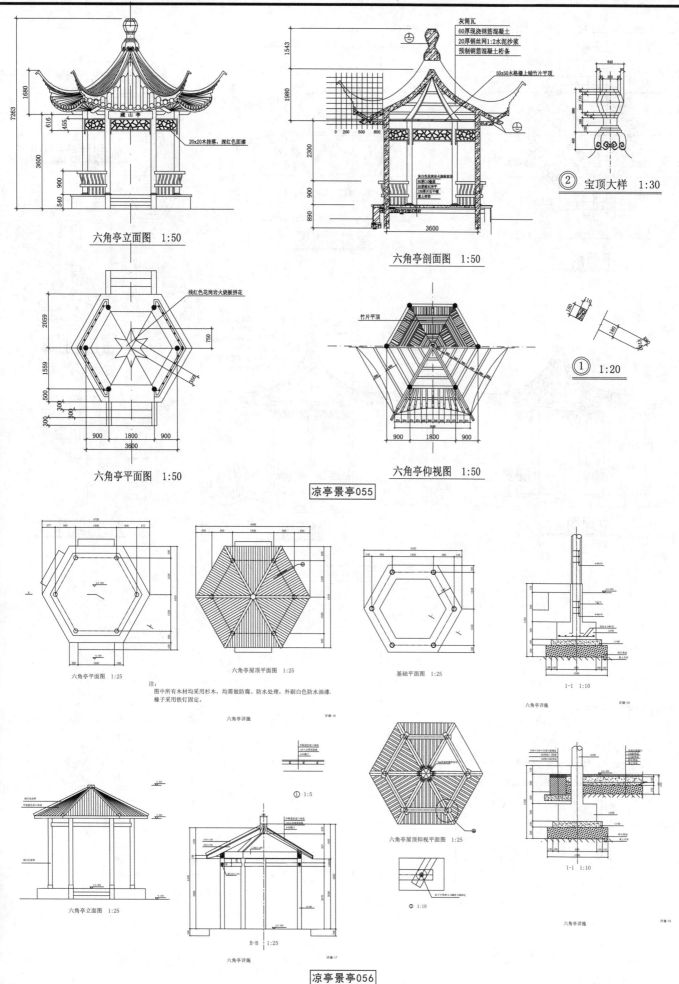

灰筒瓦
60厚现浇钢筋混凝土
20厚钢丝网1:2水泥沙浆
预制钢筋混凝土桁条

50x50木格栅上铺竹片平顶

20x20木挂幕，深红色面漆

六角亭立面图　1:50

六角亭剖面图　1:50

② 宝顶大样　1:30

浅红色花岗岩火烧板拼花

六角亭平面图　1:50

竹片平顶

六角亭仰视图　1:50

① 1:20

凉亭景亭055

六角亭平面图　1:25

六角亭屋顶平面图　1:25

基础平面图　1:25

1-1　1:10

注：
图中所有木材均采用杉木，均需做防腐、防水处理，外刷白色防水油漆.
椽子采用铁钉固定。

六角亭详施

六角亭立面图　1:25

① 1:5

六角亭屋顶仰视平面图　1:25

① 1:10

B-B　1:25

六角亭详施

1-1　1:10

六角亭详施

凉亭景亭056

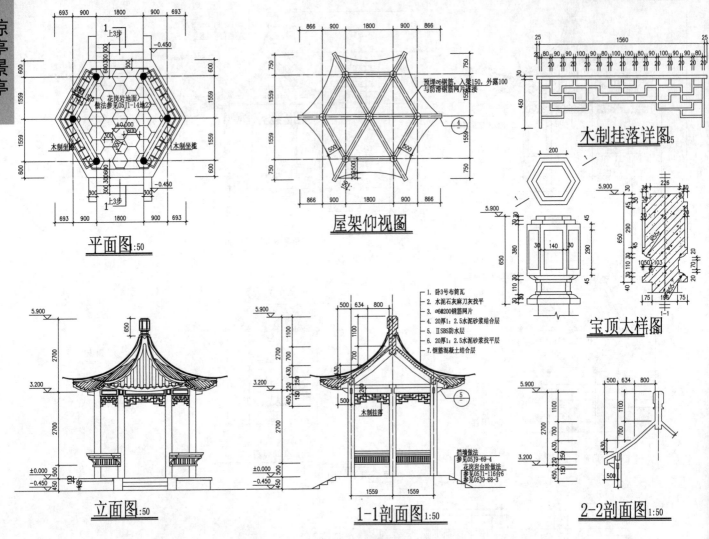

平面图 :50

屋架仰视图

木制挂落详图

宝顶大样图

立面图 :50

1. 卧3号布筒瓦
2. 水泥石灰麻刀灰找平
3. ∅6@200钢筋网片
4. 20厚1:2.5水泥砂浆结合层
5. II SBS防水层
6. 20厚1:2.5水泥砂浆找平层
7. 钢筋混凝土结合层

1-1剖面图 1:50

2-2剖面图 1:50

凉亭景亭057

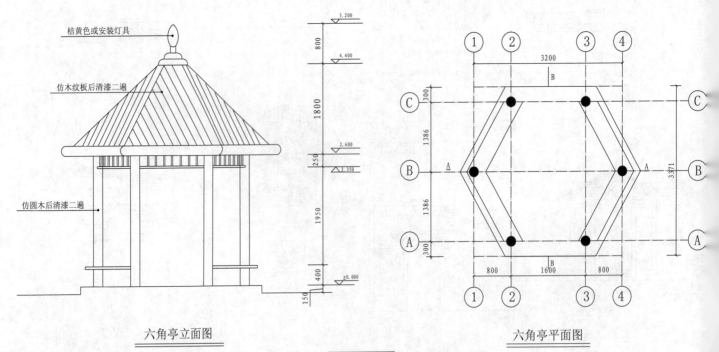

六角亭立面图

六角亭平面图

凉亭景亭058

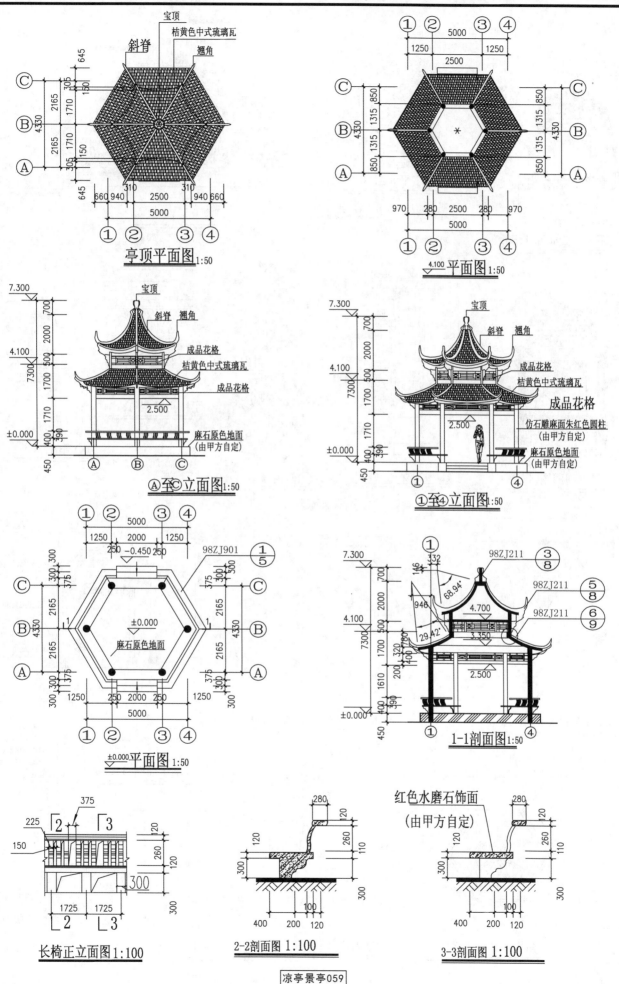

亭顶平面图1:50

4.100 平面图1:50

Ⓐ至Ⓒ立面图1:50

①至④立面图1:50

±0.000平面图1:50

1-1剖面图1:50

长椅正立面图1:100

2-2剖面图1:100

红色水磨石饰面
（由甲方自定）

3-3剖面图1:100

凉亭景亭059

凉亭景亭

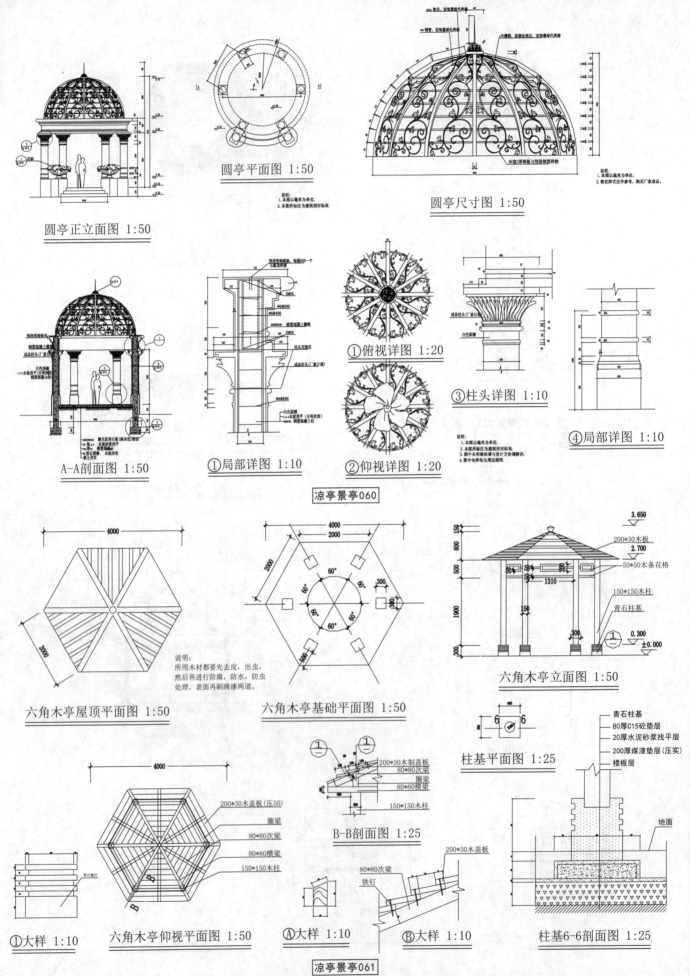

圆亭正立面图 1:50

圆亭平面图 1:50

圆亭尺寸图 1:50

A-A剖面图 1:50

①局部详图 1:10

①俯视详图 1:20

②仰视详图 1:20

③柱头详图 1:10

④局部详图 1:10

凉亭景亭060

六角木亭屋顶平面图 1:50

六角木亭基础平面图 1:50

六角木亭立面图 1:50

柱基平面图 1:25

①大样 1:10

六角木亭仰视平面图 1:50

B-B剖面图 1:25

Ⓐ大样 1:10

Ⓑ大样 1:10

柱基6-6剖面图 1:25

凉亭景亭061

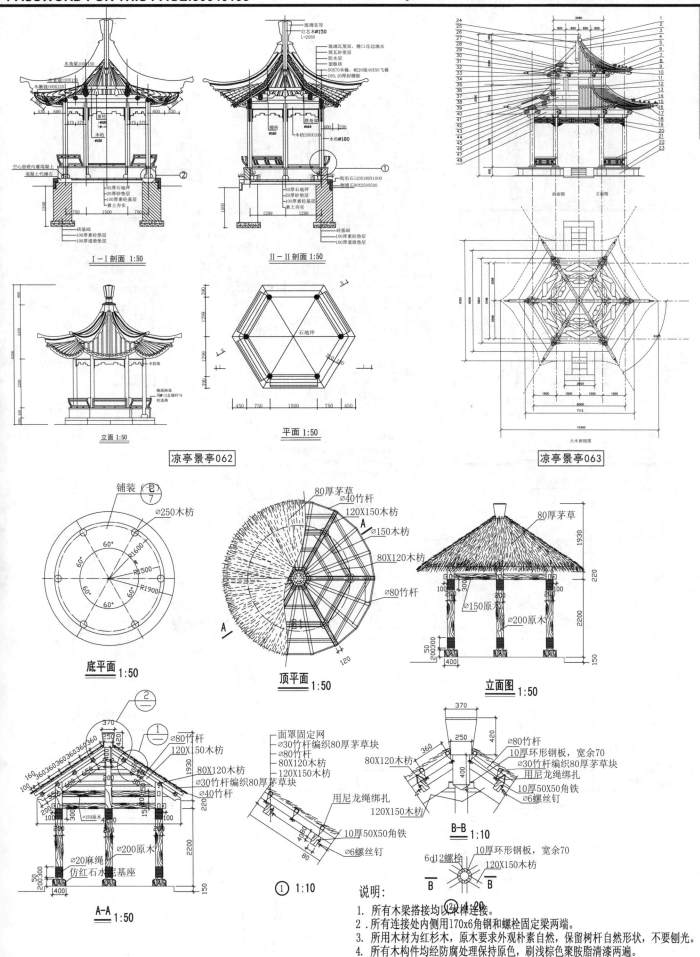

I－I 剖面 1:50

II－II 剖面 1:50

立面 1:50

平面 1:50

凉亭景亭062

凉亭景亭063

底平面 1:50

顶平面 1:50

立面图 1:50

A－A 1:50

① 1:10

B－B 1:10

说明:
1. 所有木梁搭接均以木榫连接。
2. 所有连接处内侧用170x6角钢和螺栓固定梁两端。
3. 所用木材为红杉木,原木要求外观朴素自然,保留树杆自然形状,不要刨光。
4. 所有木构件均经防腐处理保持原色,刷浅棕色聚胺脂清漆两遍。

凉亭景亭064

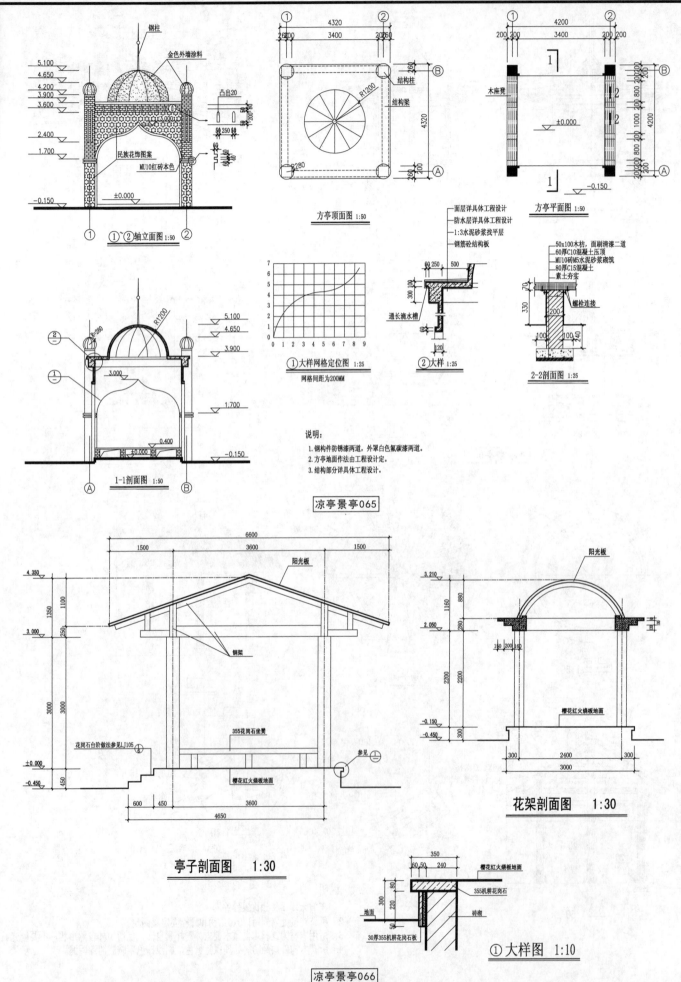

钢柱

金色外墙涂料

凸出20

民族花饰图案

MU10红砖本色

①~②轴立面图 1:50

方亭顶面图 1:50

结构柱

结构梁

方亭平面图 1:50

木座凳

±0.000

面层详具体工程设计
防水层详具体工程设计
1:3水泥砂浆找平层
钢筋砼结构板

通长滴水槽

②大样 1:25

50x100木枋, 面刷清漆二道
60厚C10混凝土压顶
MU10砖M5水泥砂浆砌筑
80厚C15混凝土
素土夯实

螺栓连接

2-2剖面图 1:25

1-1剖面图 1:50

①大样网格定位图 1:25
网格间距为200MM

说明:
1. 钢构件防锈漆两道, 外罩白色氟碳漆两道。
2. 方亭地面作法由工程设计设定。
3. 结构部分详具体工程设计。

凉亭景亭065

阳光板

钢架

花岗石台阶做法参见LJ105

355花岗石坐凳

参见

櫻花红火烧板地面

阳光板

櫻花红火烧板地面

花架剖面图 1:30

亭子剖面图 1:30

櫻花红火烧板地面

355机耕花岗石

30厚355机耕花岗石板

砖砌

地面

①大样图 1:10

凉亭景亭066

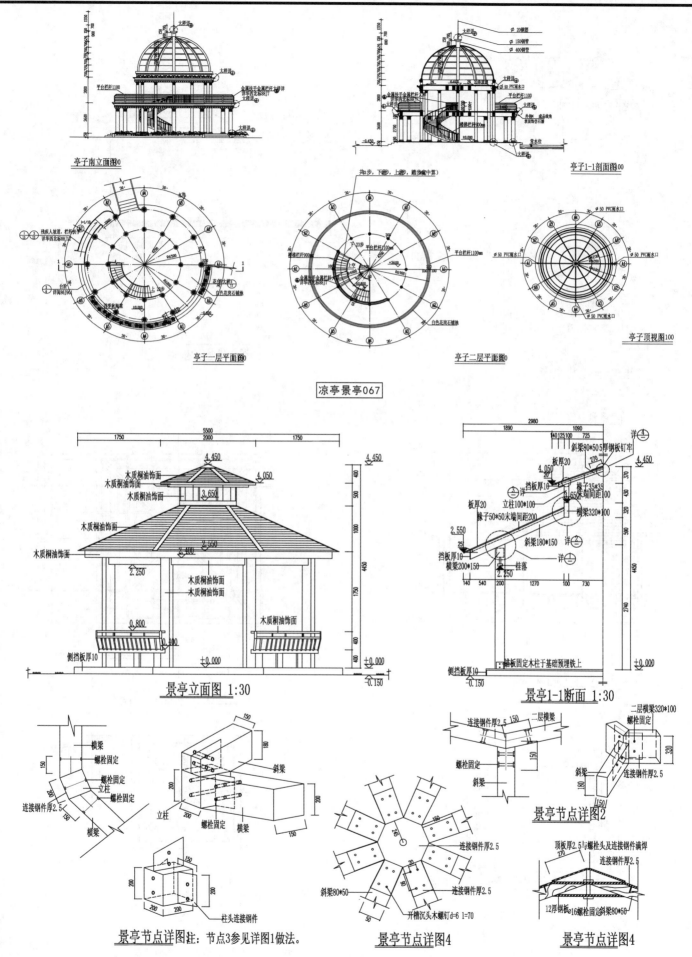

亭子南立面图00

亭子1-1剖面图00

亭子一层平面图0

亭子二层平面图0

亭子顶视图100

凉亭景亭067

景亭立面图 1:30

景亭1-1断面 1:30

景亭节点详图注:节点3参见详图1做法。

景亭节点详图4

景亭节点详图4

景亭节点详图2

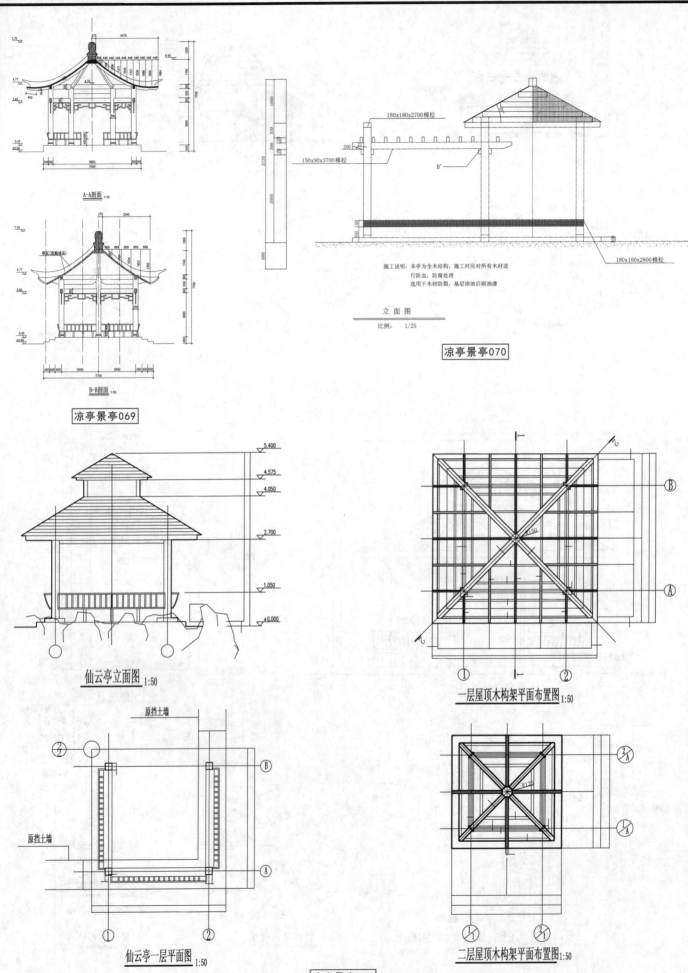

A-A剖面 1:50

B-B剖面 1:50

凉亭景亭069

180x180x2700樟松

150x90x3700樟松

施工说明: 本亭为全木结构, 施工时应对所有木材进
行防虫, 防腐处理
选用干木材防裂, 基层涂油后刷油漆

180x180x2800樟松

立面图
比例: 1/25

凉亭景亭070

仙云亭立面图 1:50

一层屋顶木构架平面布置图 1:50

原挡土墙

原挡土墙

仙云亭一层平面图 1:50

二层屋顶木构架平面布置图 1:50

凉亭景亭071

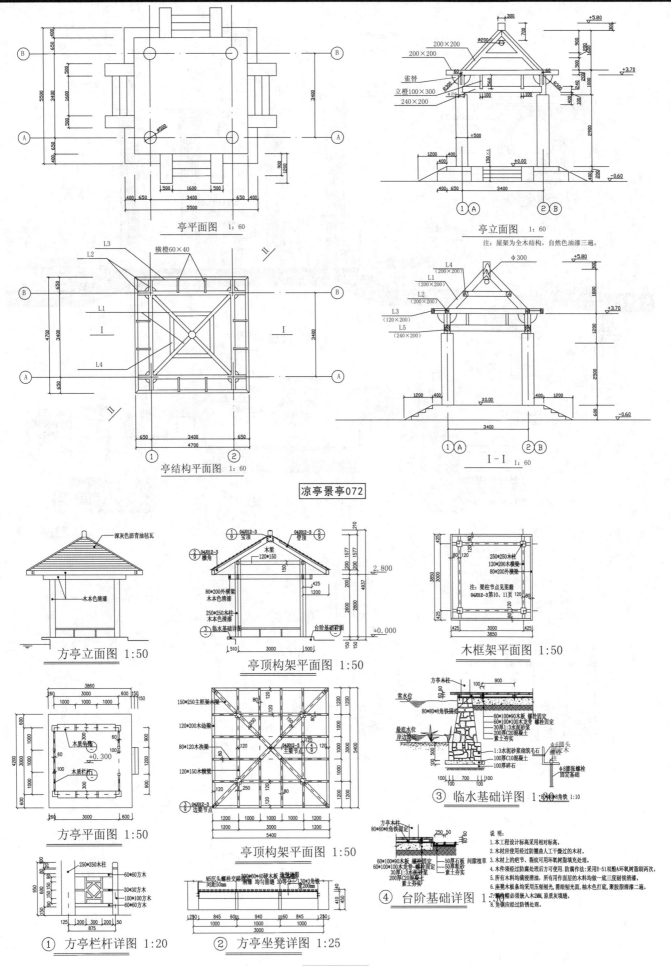

亭平面图 1:60

亭立面图 1:60

注：屋架为全木结构，自然色油漆三遍。

亭结构平面图 1:60

I—I 1:60

凉亭景亭072

方亭立面图 1:50

亭顶构架平面图 1:50

木框架平面图 1:50

注：梁柱节点见图籍
04J012-3第10、11页。

方亭平面图 1:50

亭顶构架平面图 1:50

③ 临水基础详图

④ 台阶基础详图

说明：
1. 本工程设计标高采用相对标高。
2. 木材应使用经过防腐曲人工干燥过的木材。
3. 木材上的疤节、裂纹可用环氧树脂填充处理。
4. 木件须经过防腐处理后方可使用。防腐作法：采用E-51双酚A环氧树脂刷两次。
5. 所有木料均满漆清油，所有用作面层的木料均做一底三度耐候清漆。
6. 座凳木板条均采用压刨刨光，需细细刨光面，柚木色打底，聚胺脂清漆二遍。
7. 木构件相必须嵌入木2MM，原色灰填缝。
8. 角钢应经过防锈处理。

① 方亭栏杆详图 1:20

② 方亭坐凳详图 1:25

凉亭景亭073

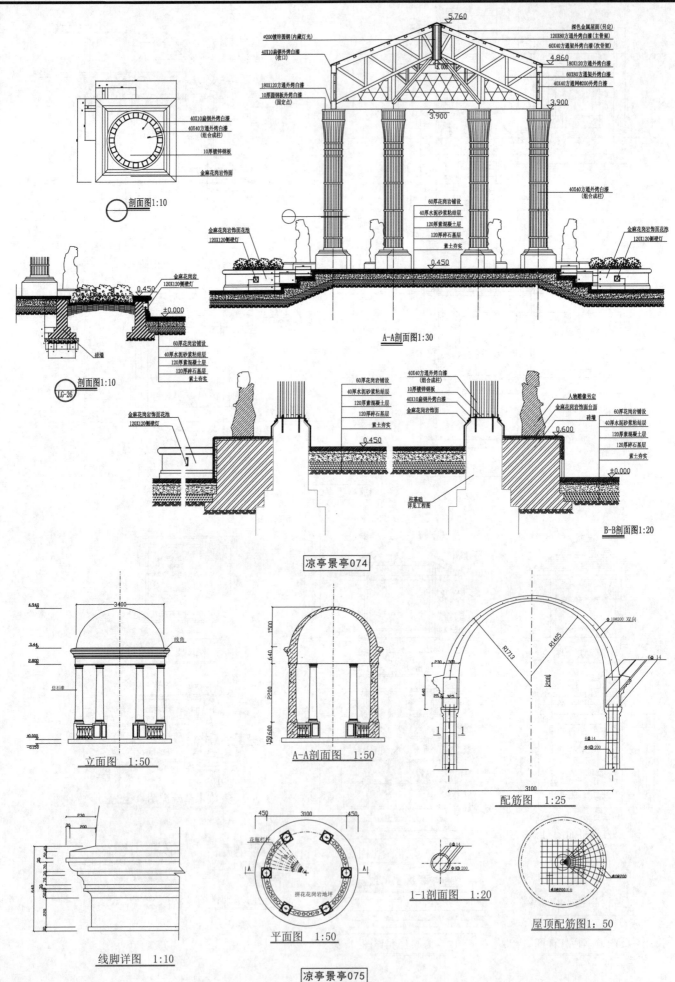

剖面图1:10

剖面图1:10
LG-26

A-A剖面图1:30

B-B剖面图1:20

凉亭景亭074

立面图 1:50

A-A剖面图 1:50

配筋图 1:25

线脚详图 1:10

平面图 1:50

1-1剖面图 1:20

屋顶配筋图1:50

凉亭景亭075

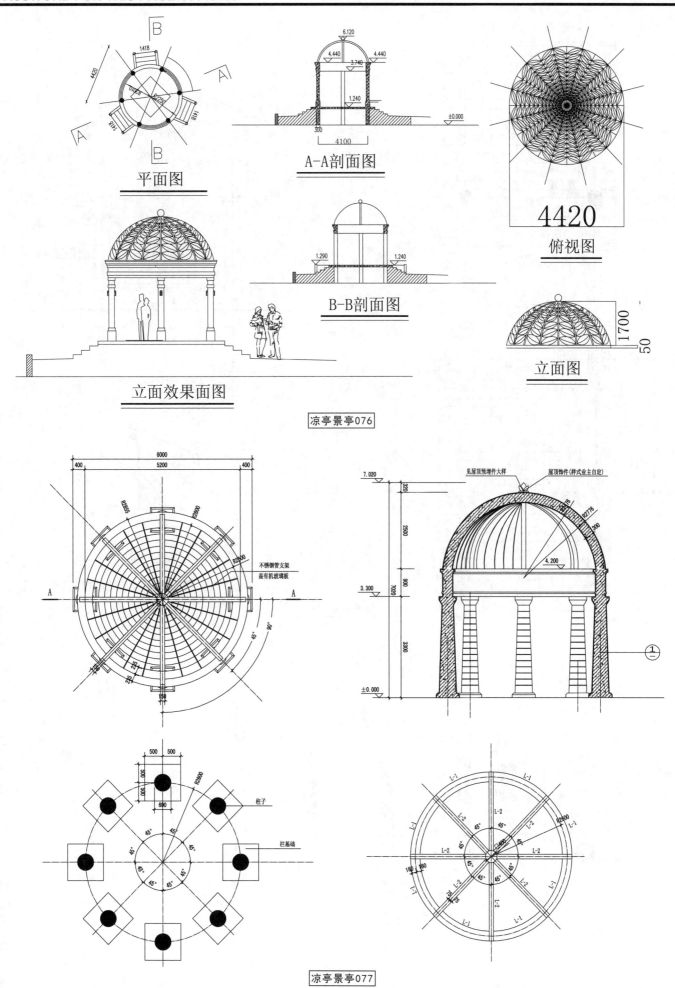

平面图

A-A剖面图

俯视图

立面效果面图

B-B剖面图

立面图

凉亭景亭076

不锈钢管支架
盖有机玻璃板

见屋顶预埋件大样   屋顶饰件(样式业主自定)

柱子

柱基础

凉亭景亭077

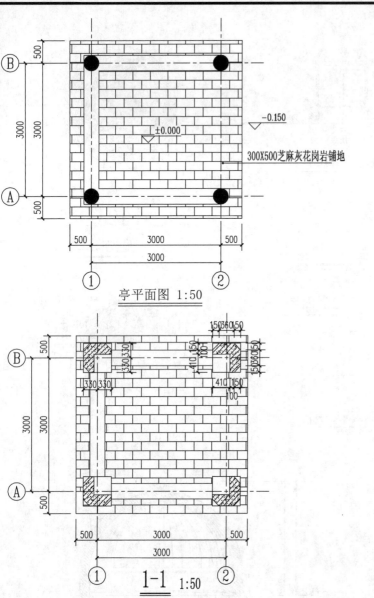

亭平面图 1:50

300X500芝麻灰花岗岩铺地

1-1 1:50

凉亭景亭078

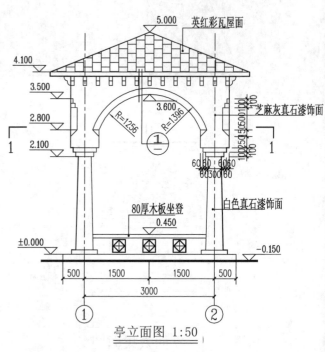

亭立面图 1:50

英红彩瓦屋面

芝麻灰真石漆饰面

白色真石漆饰面

80厚木板坐登

① 1:25

亭边立黑金沙花岗岩,镌刻亭名及亭记.

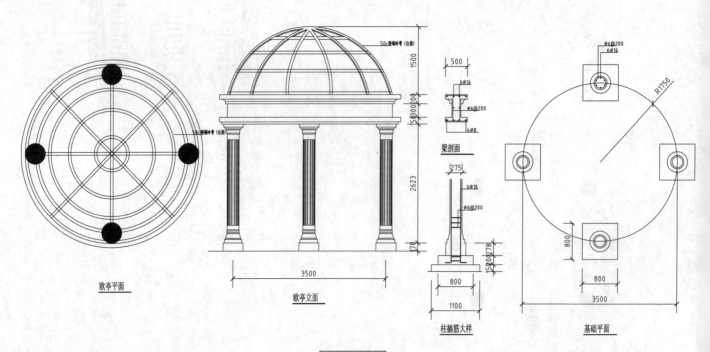

欧亭平面

欧亭立面

梁剖面

柱插筋大样

基础平面

凉亭景亭079

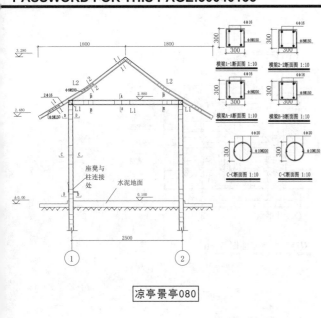

模梁1-1断面图 1:10
模梁2-2断面图 1:10
模梁A-A断面图 1:10
模梁B-B断面图 1:10
C-C断面图 1:10
C-C断面图 1:10

座凳与柱连接处
水泥地面

凉亭景亭080

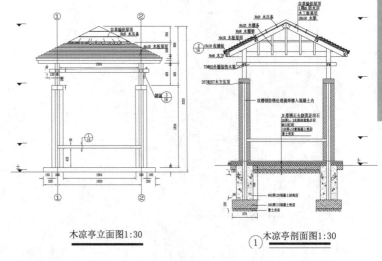

木凉亭立面图1:30

木凉亭剖面图1:30

凉亭景亭082

亭顶平面图 1:20

150X40枋
200X60枋
80X40枋
柱体
20厚木板

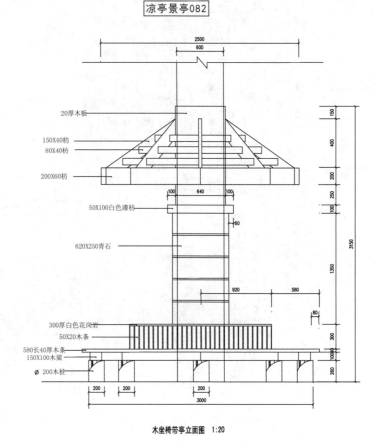

20厚木板
150X40枋
80X40枋
200X60枋
50X100白色漆枋
620X250青石
300厚白色花岗岩
50X20木条
580长40厚木条
150X100木梁
Ø 200木桩

木坐椅带亭立面图 1:20

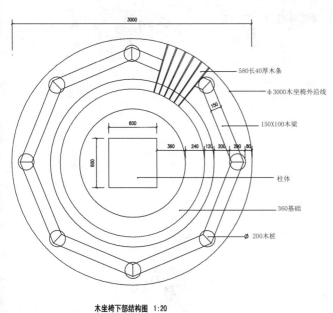

580长40厚木条
φ 3000木坐椅外沿线
150X100木梁
柱体
360基础
Ø 200木桩

木坐椅下部结构图 1:20

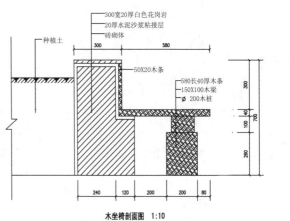

300宽20厚白色花岗岩
20厚水泥沙浆粘接层
砖砌体
种植土
50X20木条
580长40厚木条
150X100木梁
Ø 200木桩

木坐椅剖面图 1:10

凉亭景亭081

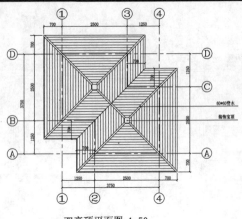

双亭顶平面图 1:50

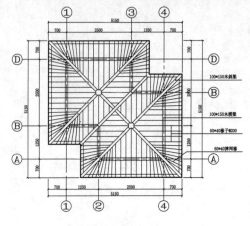

双亭顶龙骨平面图 1:50

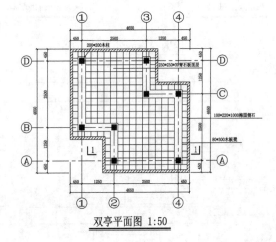

双亭平面图 1:50

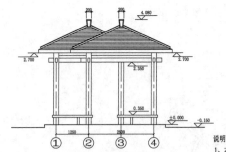

①-④ 轴立面图 1:50

说明：
1、本工程±0.000标高现场确定；
2、本工程未注明木材均为波罗格；
3、所有木材油漆均为满批腻子，本色清漆三遍。

凉亭景亭083

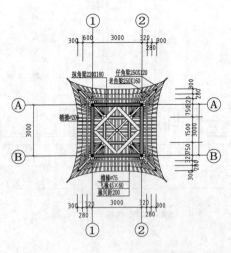

亭子屋顶结构图 1:100

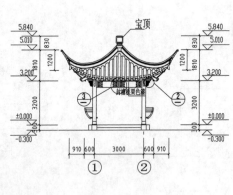

亭子立面图 1:100

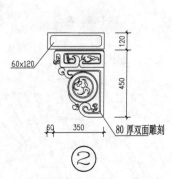

②

80 厚双面雕刻

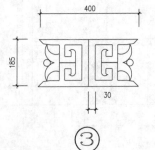

③

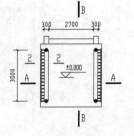

亭子平面图 1:100

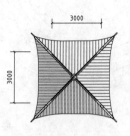

亭子屋顶平面图 1:100

凉亭景亭084

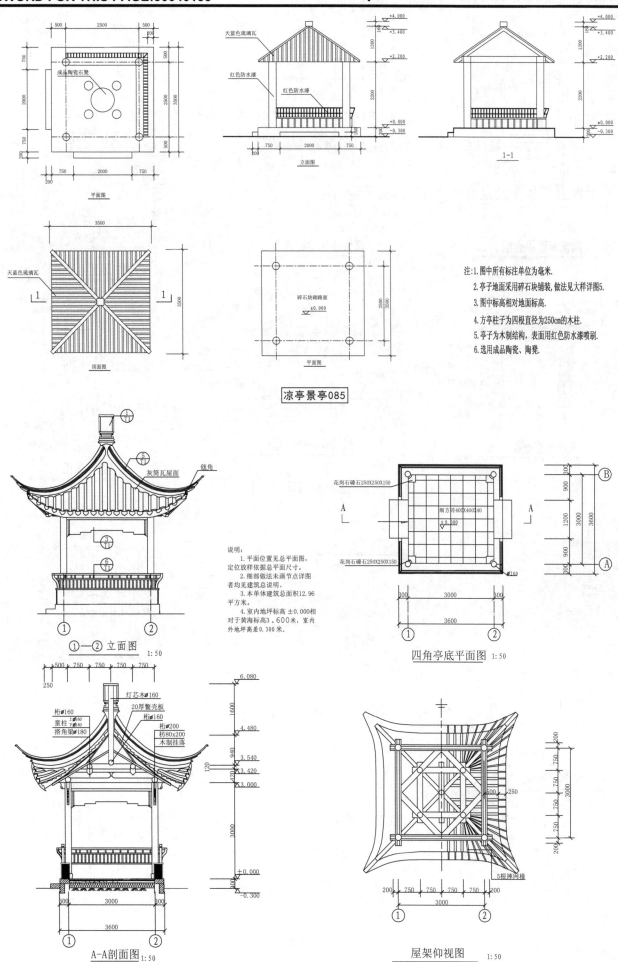

成品陶瓷石凳

平面图

天蓝色琉璃瓦

红色防水漆

红色防水漆

立面图

1-1

天蓝色琉璃瓦

顶面图

碎石块砌路面
±0.000

平面图

注:1.图中所有标注单位为毫米.
2.亭子地面采用碎石块铺装,做法见大样详图5.
3.图中标高相对地面标高.
4.方亭柱子为四根直径为250cm的木柱.
5.亭子为木制结构,表面用红色防水漆喷刷.
6.选用成品陶瓷、陶凳.

凉亭景亭085

灰筒瓦屋面

戗角

说明:
1. 平面位置见总平面图,
定位放样依据总平面尺寸.
2. 细部做法未画节点详图
者均见建筑总说明.
3. 本单体建筑总面积12.96
平方米.
4. 室内地坪标高 ±0.000相
对于黄海标高3.600米,室内
外地坪高差0.300米.

①—② 立面图   1:50

花岗石碰石250X250X150

细方砖400X400X40
±0.000

花岗石碰石250X250X150

四角亭底平面图   1:50

灯芯木∅160
20厚螯壳板

桁∅160
童柱 上∅60 下∅80
搭角梁∅180

桁∅160
桁∅200
枋80x200
木制挂落

A-A剖面图   1:50

5根搁网椽

屋架仰视图   1:50

凉亭景亭086

凉亭景亭

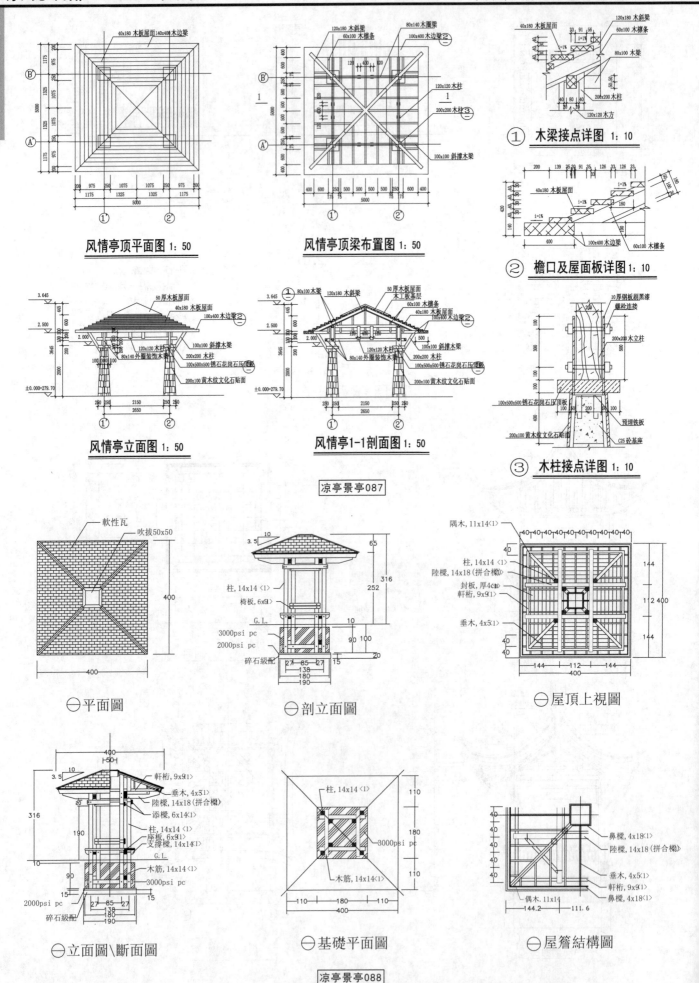

风情亭顶平面图 1:50

风情亭顶梁布置图 1:50

① 木梁接点详图 1:10

② 檐口及屋面板详图 1:10

风情亭立面图 1:50

风情亭1-1剖面图 1:50

凉亭景亭087

③ 木柱接点详图 1:10

⊖平面图

⊖剖立面图

⊖屋顶上视图

⊖立面图\断面图

⊖基础平面图

凉亭景亭088

⊖屋簷結構圖

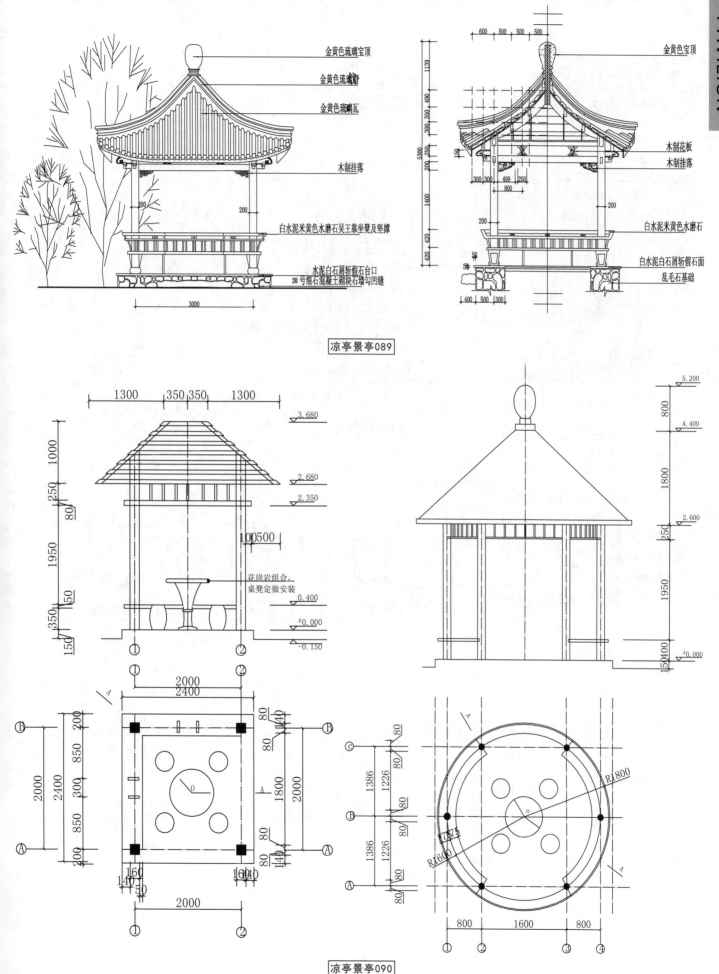

金黄色琉璃宝顶

金黄色琉璃瓦脊

金黄色琉璃瓦

木制挂落

白水泥米黄色水磨石吴王靠坐凳及坚撑

水泥白石屑斩假石台口
200号细石混凝土砌块石墙勾凹缝

金黄色宝顶

木制花板
木制挂落

白水泥米黄色水磨石

白水泥白石屑斩假石面
乱毛石基础

凉亭景亭089

花岗岩组合，
桌凳定做安装

凉亭景亭090

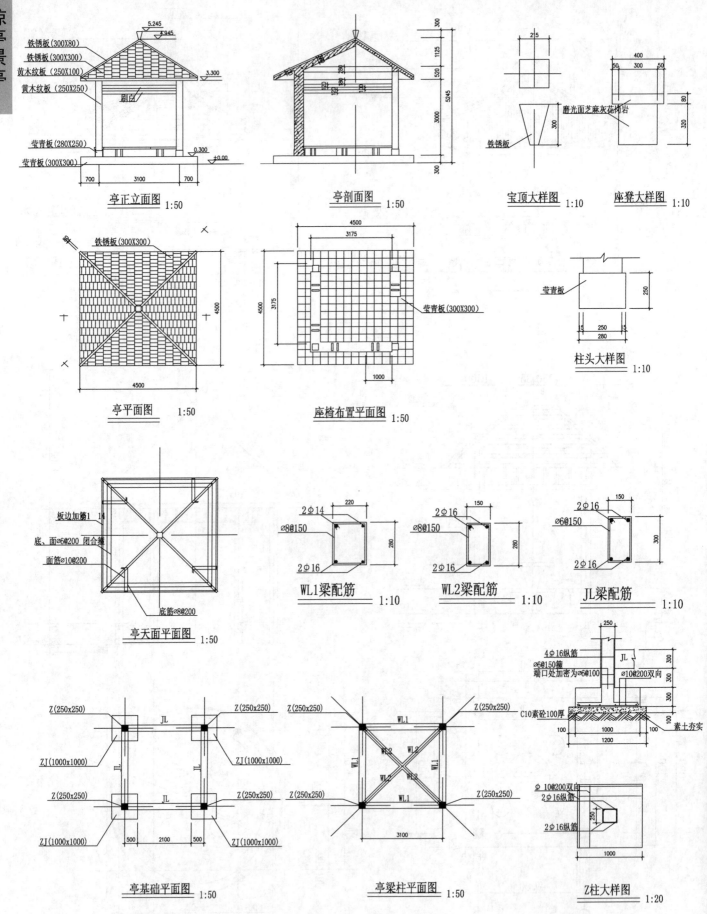

铁锈板 (300X80)
铁锈板 (300X300)
黄木纹板 (250X100)
黄木纹板 (250X250)
刷白
莹青板 (280X250)
莹青板 (300X300)

亭正立面图 1:50

亭剖面图 1:50

磨光面芝麻灰花树岩
铁锈板

宝顶大样图 1:10

座凳大样图 1:10

铁锈板 (300X300)

亭平面图 1:50

莹青板 (300X300)

座椅布置平面图 1:50

莹青板

柱头大样图 1:10

板边加筋1 14
底、面⌀6@200 闭合箍
面筋⌀10@200
底筋⌀8@200

亭天面平面图 1:50

2⌀14
⌀8@150
2⌀16
WL1梁配筋 1:10

2⌀16
⌀8@150
2⌀16
WL2梁配筋 1:10

2⌀16
⌀6@150
2⌀16
JL梁配筋 1:10

4⌀16纵筋
⌀6@150箍
端口处加密为⌀6@100
⌀10@200双向
JL
C10素砼100厚
素土夯实

Z(250x250) JL Z(250x250)
ZJ(1000x1000) ZJ(1000x1000)
Z(250x250) JL Z(250x250)
ZJ(1000x1000) ZJ(1000x1000)
500 2100 500

亭基础平面图 1:50

Z(250x250) WL1 Z(250x250)
WL2 WL2
WL1 WL1
WL2 WL2
Z(250x250) WL1 Z(250x250)
3100

亭梁柱平面图 1:50

⌀10@200双向
2⌀16纵筋
2⌀16纵筋
1000

Z柱大样图 1:20

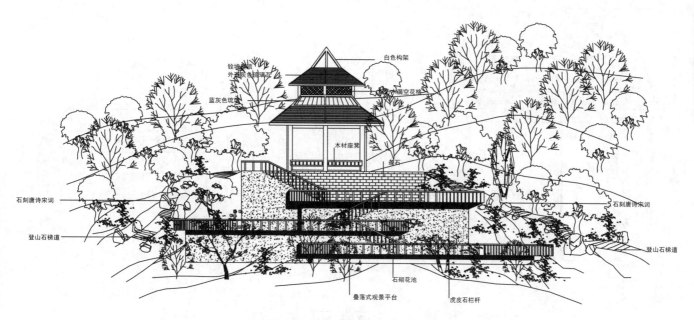

白色构架
铨地仿古面外贴灰色琉璃瓦
铨仿木漏空花格
蓝灰色琉璃瓦
木材座凳
卵石
石刻唐诗宋词
石刻唐诗宋词
登山石梯道
登山石梯道
石砌花池
叠落式观景平台
虎皮石栏杆

北倚亭立面图　1:100

白色构架
铨仿木漏空花格
铨仿琉璃顶外贴灰色琉璃瓦
木材座凳

北倚亭剖面图　1:100

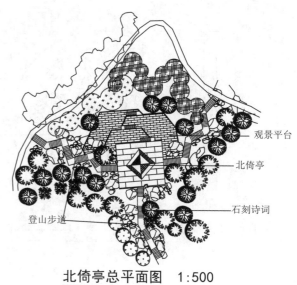

观景平台
北倚亭
石刻诗词
登山步道

北倚亭总平面图　1:500

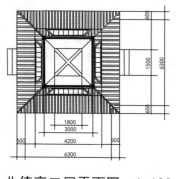

600
6300
1500
600
1800
3000
4200
6300
500

北倚亭二层平面图　1:100

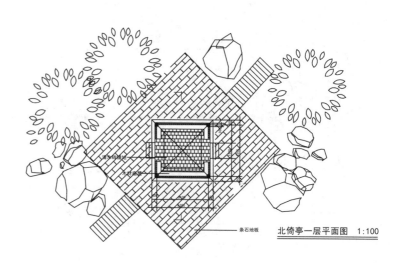

条石地板

北倚亭一层平面图　1:100

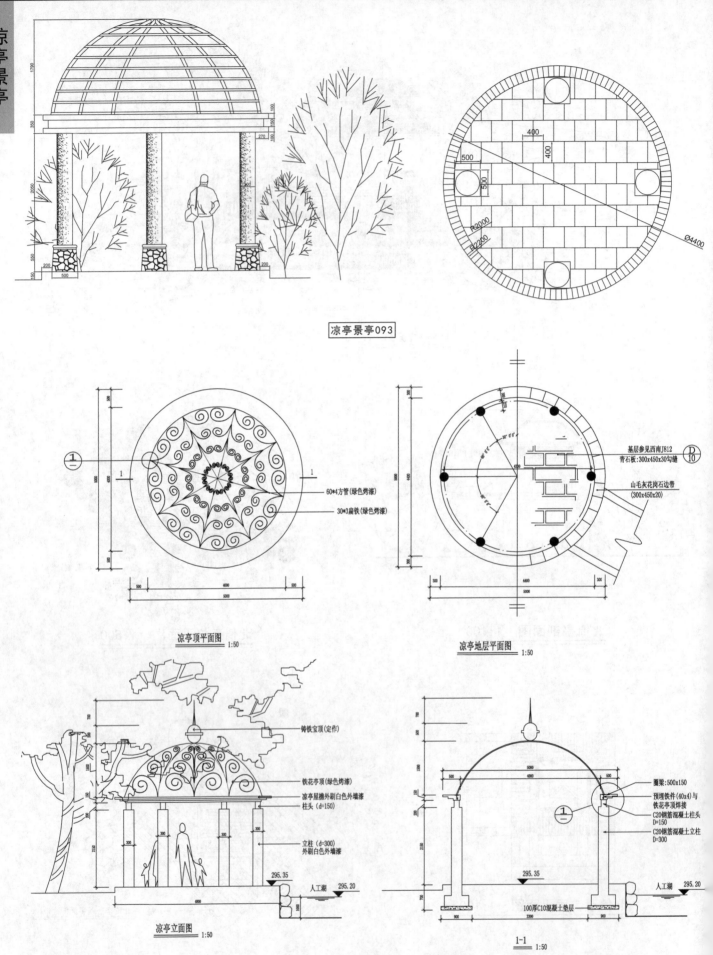

凉亭景亭093

60*4方管(绿色烤漆)

30*3扁铁(绿色烤漆)

凉亭顶平面图 1:50

基层参见西南J812
青石板:300x450x30勾缝

山毛灰花岗石边带
(300x450x20)

凉亭地层平面图 1:50

铸铁宝顶(定作)

铁花亭顶(绿色烤漆)

凉亭屋檐外刷白色外墙漆

柱头 (d=150)

立柱 (d=300)
外刷白色外墙漆

295.35

人工湖 295.20

凉亭立面图 1:50

圈梁:500x150

预埋铁件(40x4)与
铁花亭顶焊接

C20钢筋混凝土柱头
D=150

C20钢筋混凝土立柱
D=300

295.35

人工湖 295.20

100厚C10混凝土垫层

1-1 1:50

凉亭景亭094

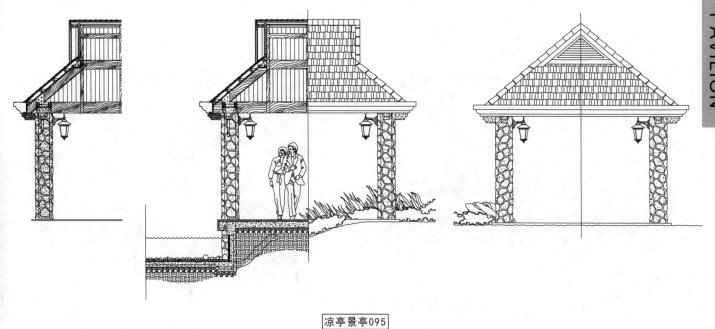

凉亭景亭095

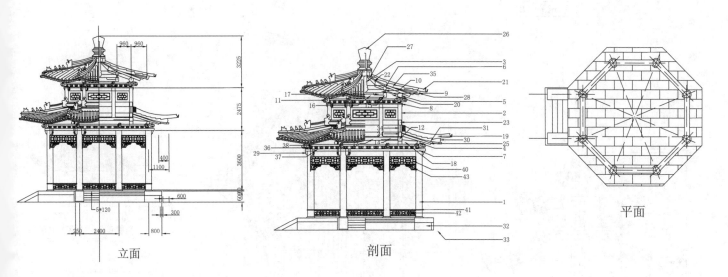

立面

剖面

平面

凉亭景亭096

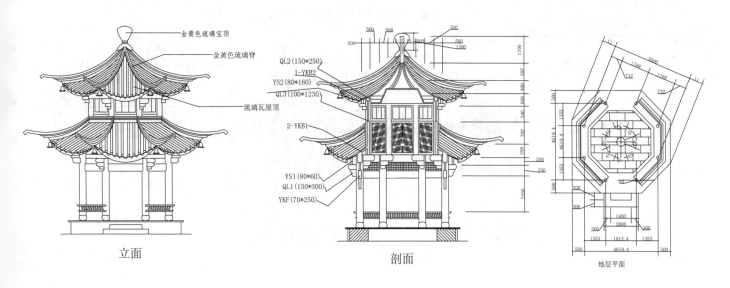

金黄色琉璃宝顶

金黄色琉璃脊

琉璃瓦屋顶

QL2（150*250）
1-YKB2
YS2（80*160）
QL3（100*1230）

2-YKB1

YS1（80*60）
QL1（150*300）
YKF（70*250）

立面

剖面

地层平面

凉亭景亭097

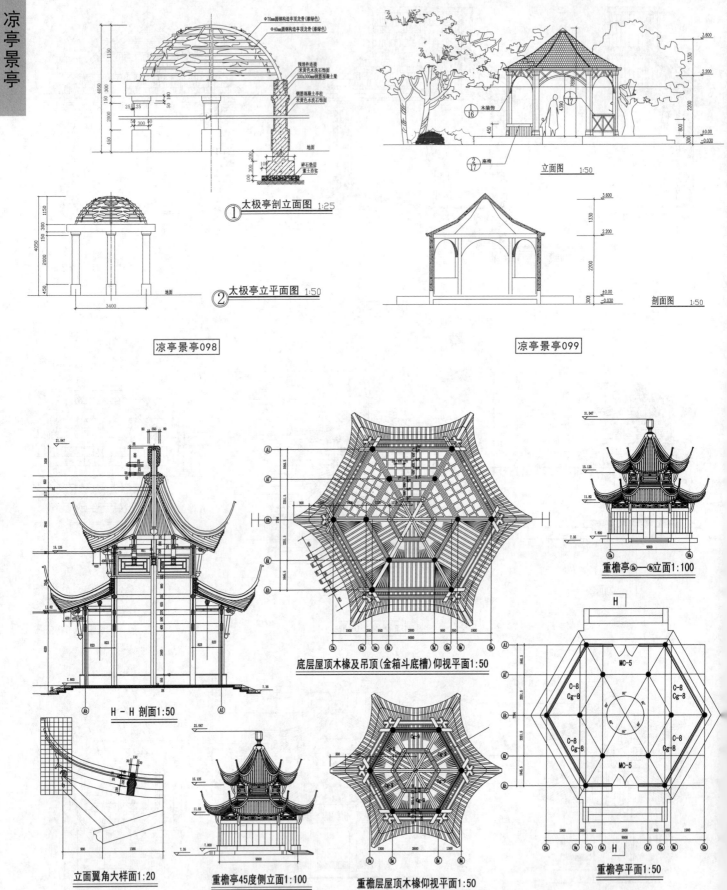

Φ70mm圆钢构造亭顶龙骨(漆绿色)
Φ60mm圆钢构造亭顶龙骨(漆绿色)

预埋件连接
米黄色水洗石饰面
300x300mm钢筋混凝土梁
钢筋混凝土乎柱
米黄色水洗石饰面

地面

碎石垫层
素土夯实

① 太极亭剖立面图 1:25

② 太极亭立平面图 1:50

凉亭景亭098

木装饰

⑯

座椅

立面图 1:50

剖面图 1:50

凉亭景亭099

H-H 剖面1:50

底层屋顶木椽及吊顶(金箱斗底槽)仰视平面1:50

重檐亭Ⓐ—Ⓓ立面1:100

立面翼角大样面1:20

重檐亭45度侧立面1:100

重檐层屋顶木椽仰视平面1:50

重檐亭平面1:50

凉亭景亭100

立面图 比例尺1:50

局部景观平面图 比例尺1:50

凉亭景亭101

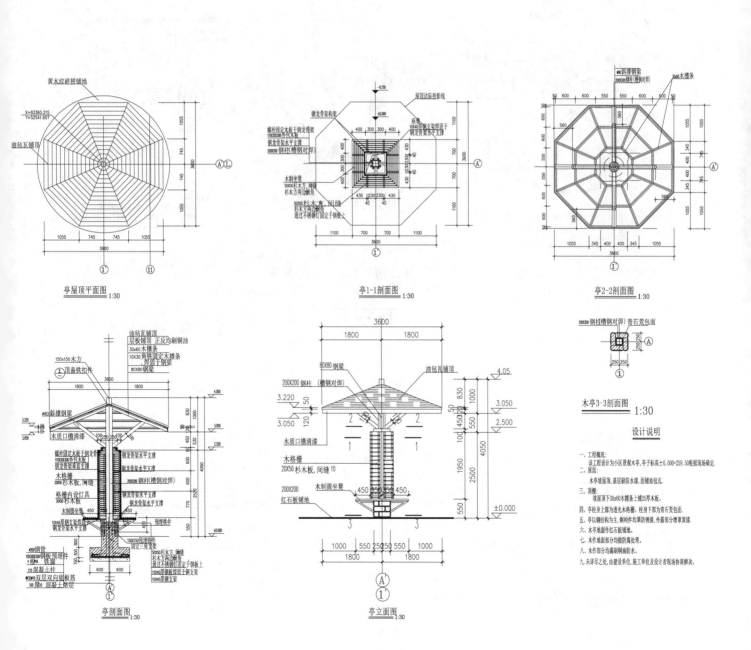

亭屋顶平面图 1:30

亭1-1剖面图 1:30

亭2-2剖面图 1:30

木亭3-3剖面图 1:30

亭剖面图 1:30

亭立面图 1:30

设计说明

一、工程概况：
该工程设计为小区景观木亭,亭子标高±0.000=259.50根据现场确定.
二、屋面：
木亭坡屋顶,基层铺防水层,面铺油毡瓦.
三、顶棚：
坡屋顶下30x60木檩条上铺25厚木板.
四、亭柱身上部为油光木格栅,柱身下部为青石荒包面.
五、亭以钢结构为主,钢构件均草敷防锈漆,外露部分增掌黄漆.
六、木亭地面作红石板铺地.
七、木作部分均做防腐处理.
八、木作部分均满刷油防水.
九、未详尽之处,由建设单位、施工单位及设计者现场协商解决.

凉亭景亭102

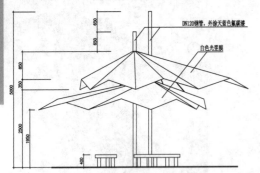

膜结构亭正立面图 1:50

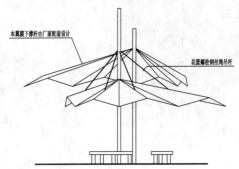

膜结构亭侧立面图 1:50

膜结构亭背立面图 1:50

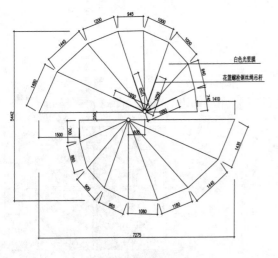

膜结构亭平面图 1:50

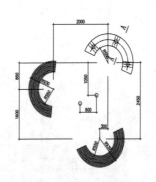

膜结构亭座凳平面图 1:50

A-A座凳剖面 1:20

说明:
1. 本图供膜结构专业厂家详细设计参考使用。
2. 本亭应由专业厂家施工,张拉膜翼缘、吊杆、撑杆等构件采用专门配件。
3. 厂家出图应提交设计师认可会签。

膜结构亭平、立、剖面图

凉亭景亭103

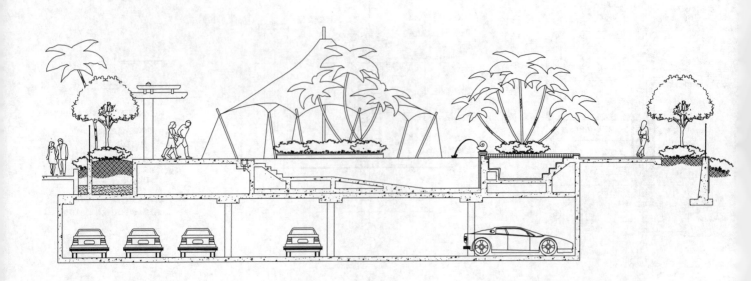

凉亭景亭104

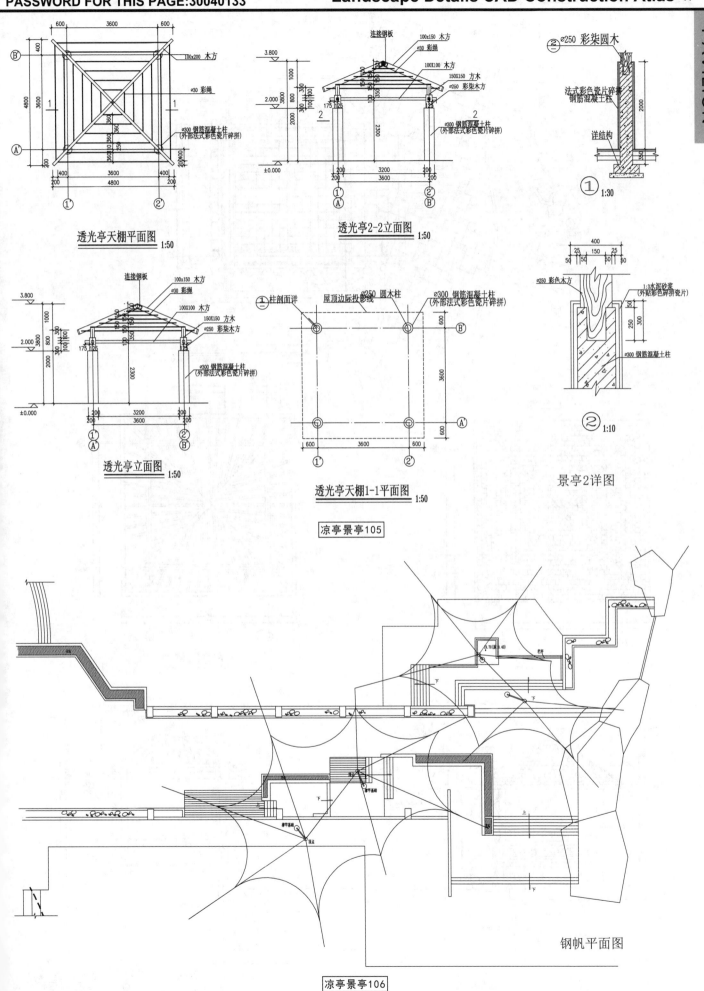

透光亭天棚平面图 1:50

透光亭2-2立面图 1:50

① 1:30

透光亭立面图 1:50

透光亭天棚1-1平面图 1:50

景亭2详图

② 1:10

凉亭景亭105

钢帆平面图

凉亭景亭106

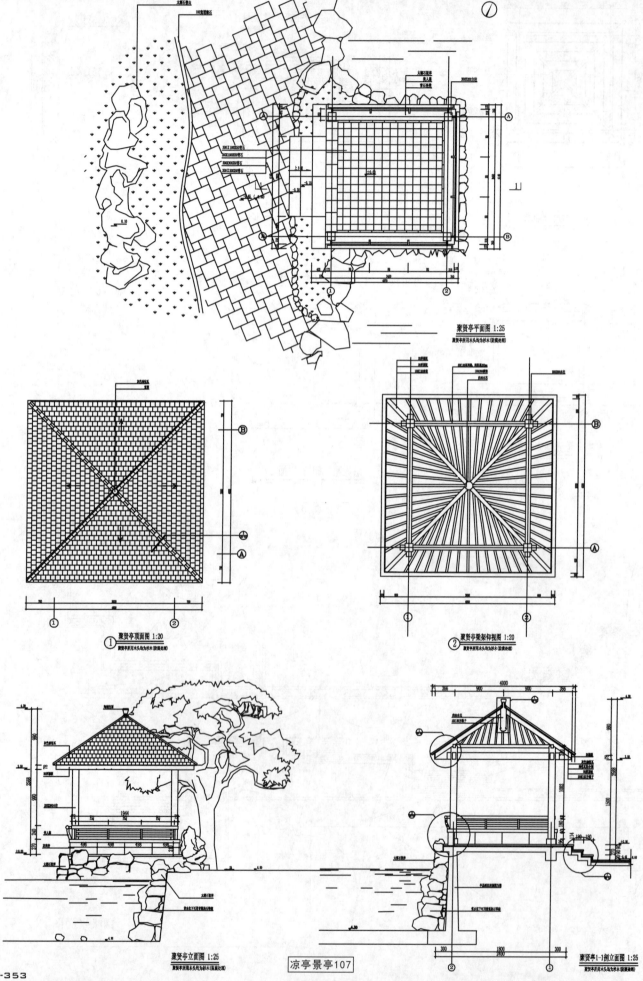

聚贤亭平面图 1:25

① 聚贤亭顶面图 1:20

② 聚贤亭梁架仰视图 1:20

聚贤亭立面图 1:25

聚贤亭1-1剖立面图 1:25

凉亭景亭107

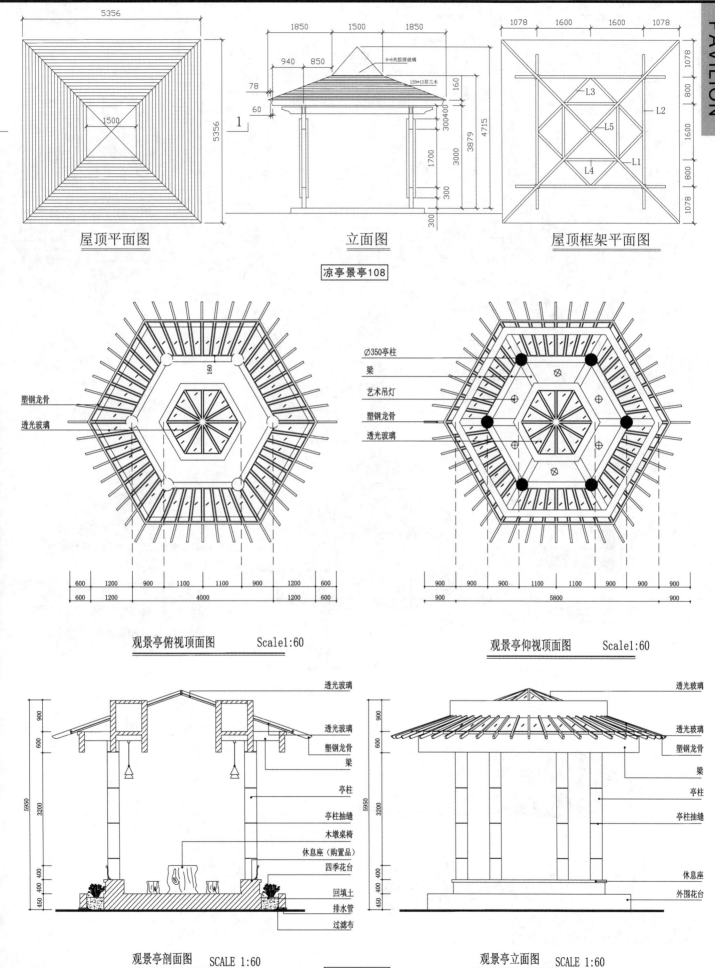

屋顶平面图   立面图   屋顶框架平面图

凉亭景亭108

观景亭俯视顶面图   Scale1:60

观景亭仰视顶面图   Scale1:60

塑钢龙骨
透光玻璃

Ø350亭柱
梁
艺术吊灯
塑钢龙骨
透光玻璃

透光玻璃
透光玻璃
塑钢龙骨
梁
亭柱
亭柱抽缝
木墩桌椅
休息座（购置品）
四季花台
回填土
排水管
过滤布

透光玻璃
透光玻璃
塑钢龙骨
梁
亭柱
亭柱抽缝
休息座
外围花台

观景亭剖面图   SCALE 1:60

观景亭立面图   SCALE 1:60

凉亭景亭109

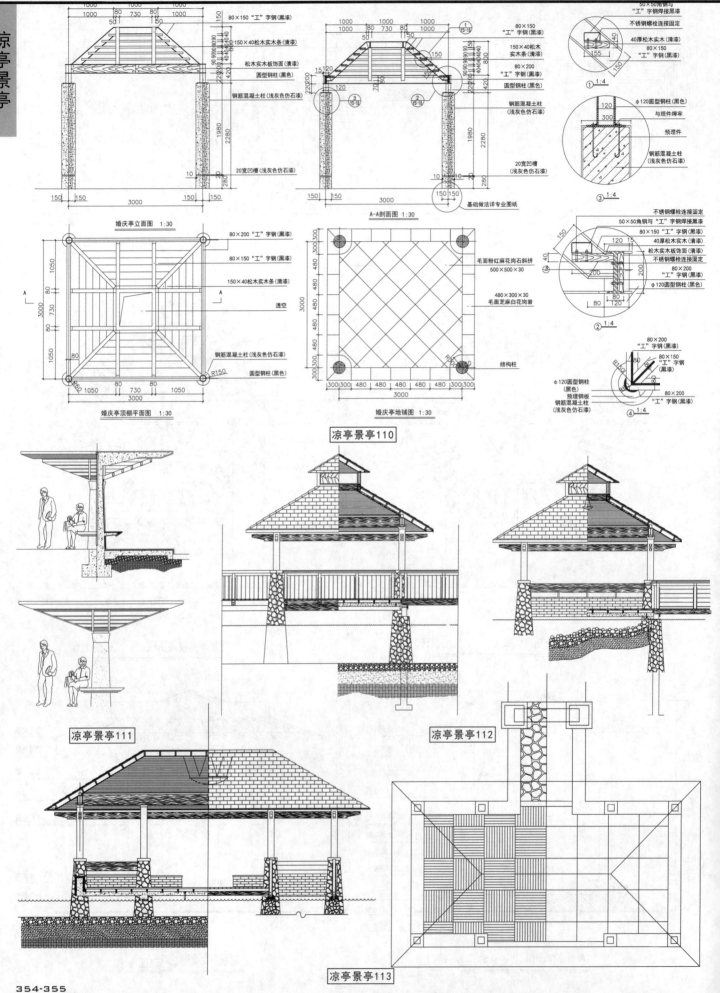

婚庆亭立面图 1:30

A—A剖面图 1:30

婚庆亭顶棚平面图 1:30

婚庆亭地铺图 1:30

凉亭景亭110

凉亭景亭111

凉亭景亭112

凉亭景亭113

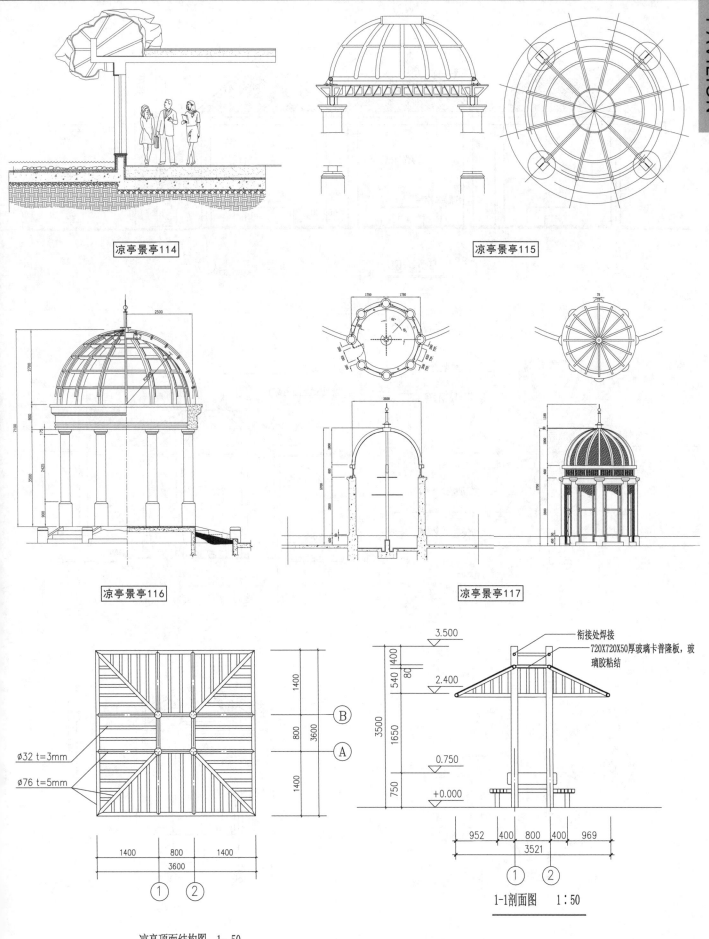

凉亭景亭114

凉亭景亭115

凉亭景亭116

凉亭景亭117

ø32 t=3mm
ø76 t=5mm

凉亭顶面结构图　1：50

衔接处焊接
720X720X50厚玻璃卡普隆板，玻璃胶粘结

1-1剖面图　1：50

凉亭景亭118

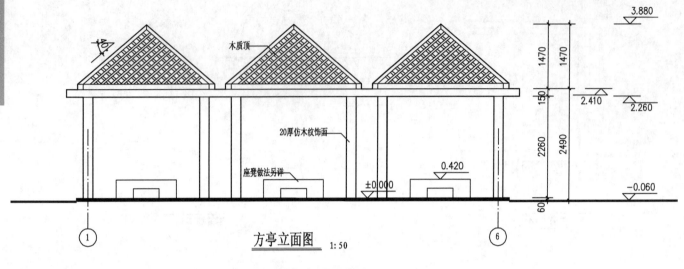

木质顶

20厚仿木纹饰面

座凳做法另详

方亭立面图 1:50

凉亭景亭119

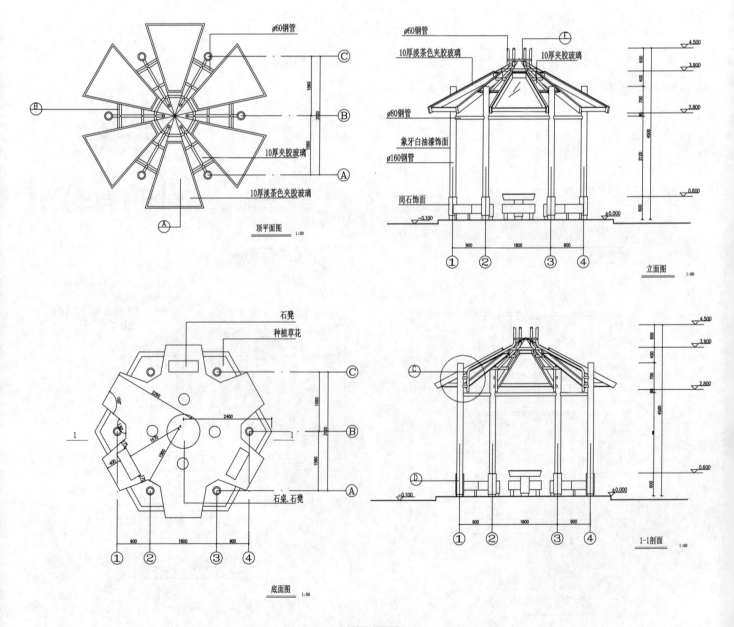

Ø60钢管

10厚夹胶玻璃

10厚淡茶色夹胶玻璃

顶平面图 1:50

Ø60钢管

10厚淡茶色夹胶玻璃

10厚夹胶玻璃

Ø80钢管

象牙白油漆饰面

Ø160钢管

岗石饰面

立面图 1:50

石凳

种植草花

石桌.石凳

底面图 1:50

1-1剖面 1:50

凉亭景亭120

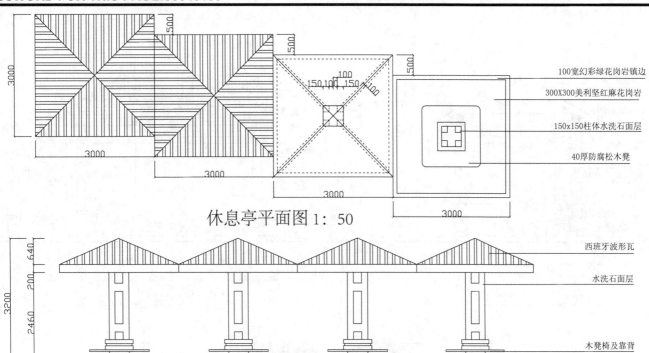

100宽幻彩绿花岗岩镇边
300X300美利坚红麻花岗岩
150x150柱体水洗石面层
40厚防腐松木凳

休息亭平面图 1：50

西班牙波形瓦
水洗石面层
木凳椅及靠背

休息亭立面图 1：50

凉亭景亭121

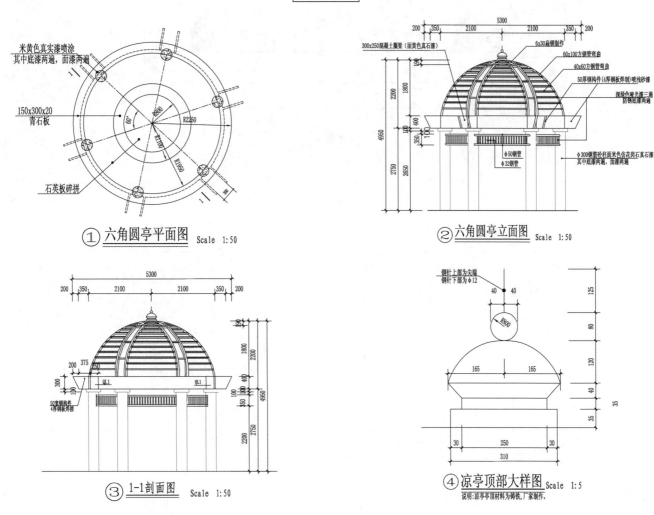

米黄色真实漆喷涂
其中底漆两遍，面漆两遍

150x300x20
青石板

石英板碎拼

① 六角圆亭平面图 Scale 1:50

300x250混凝土圈梁(面黄色真石漆)
6x30扁钢制作
60x100方钢管弯曲
40x60方钢管弯曲
50厚钢构件(4厚钢板焊制)喷浅砂漆
深绿色亚光漆三遍
防锈漆底漆两遍
φ50钢管
φ32钢管
φ300钢筋砼柱面米色仿花岗石真石漆
其中底漆两遍，面漆两遍

② 六角圆亭立面图 Scale 1:50

③ 1-1剖面图 Scale 1:50

钢针上部为尖端
钢针下部为φ12

④ 凉亭顶部大样图 Scale 1:5
说明:凉亭顶亭材料为铸铁,厂家制作.

凉亭景亭122

凉亭景亭

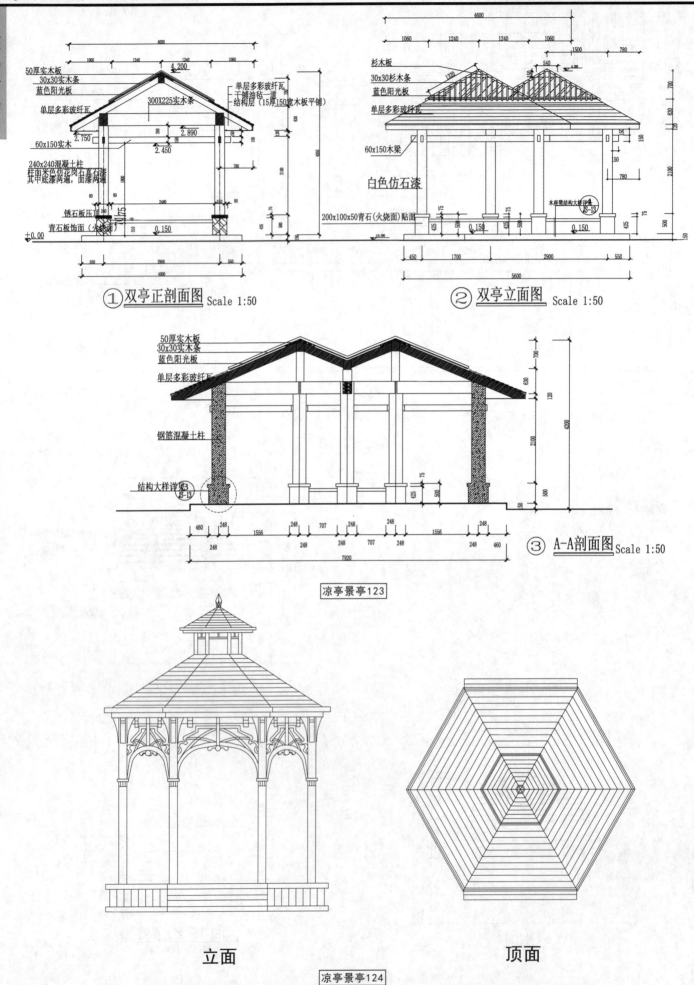

50厚实木板
30x30实木条
蓝色阳光板
单层多彩玻纤瓦
300X225实木条
60x150实木
240x240混凝土柱
柱面米色仿花岗石真石漆
其中底漆两遍，面漆两遍
锈石板压顶面
青石板饰面（火烧面）

单层多彩玻纤瓦
干铺油毡一道
结构层（15厚150宽木板平铺）

① 双亭正剖面图 Scale 1:50

杉木板
30x30杉木条
蓝色阳光板
单层多彩玻纤瓦
60x150木梁
白色仿石漆
200x100x50青石(火烧面)贴面
木座椅结构大样详见 JS-13

② 双亭立面图 Scale 1:50

50厚实木板
30x30实木条
蓝色阳光板
单层多彩玻纤瓦
钢筋混凝土柱
结构大样详见 JS-13

③ A-A剖面图 Scale 1:50

凉亭景亭123

立面

顶面

凉亭景亭124

358-359

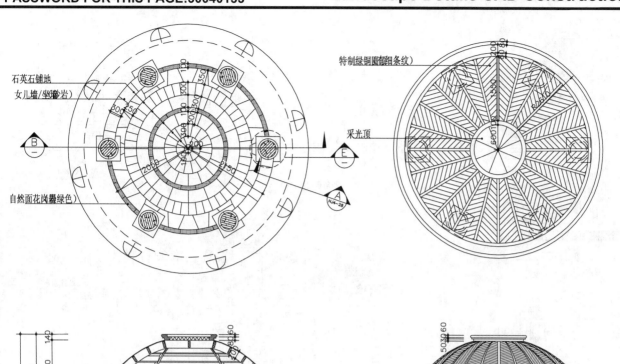

特制绿铜圆柱细条纹)

采光顶

石英石铺地
女儿墙/坐凳砂岩)

自然面花岗墨绿色)

凉亭景亭125

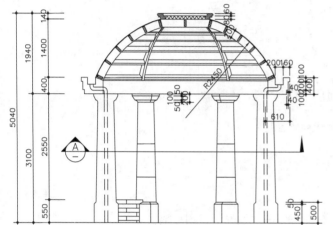

混凝土仿木桩凳
青砖(侧砌)铺面

杉木板圆凳
条石踏步
卵石汀步

茅草亭平面 1:50

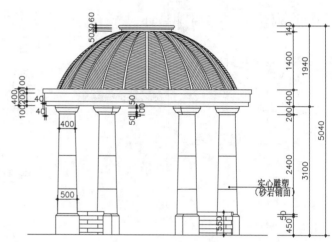

茅草屋面
(竹条与茅草绑扎)
牛毛毡防水面层
20厚杉木板面

φ150杉木
φ200杉木

φ120杉木

杉木板凳
木龙骨固定

混凝土仿木桩凳

青砖(侧砌)铺面
50厚砂垫层
120厚夯石
素土夯实

150x340x1500条石
水泥砂浆砌筑
120厚夯石
素土夯实

A-A 剖面 1:50

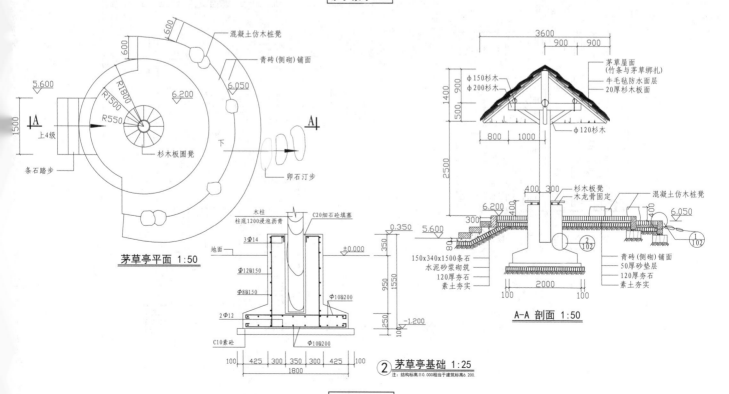

木柱
柱底1200浸泡沥青
C20细石砼填塞
地面
3Φ14
Φ12@150
Φ8@150
Φ10@200
2Φ12
Φ10@200
C10素砼

茅草亭基础 1:25

注：结构标高±0.000相当于建筑标高6.200。

凉亭景亭126

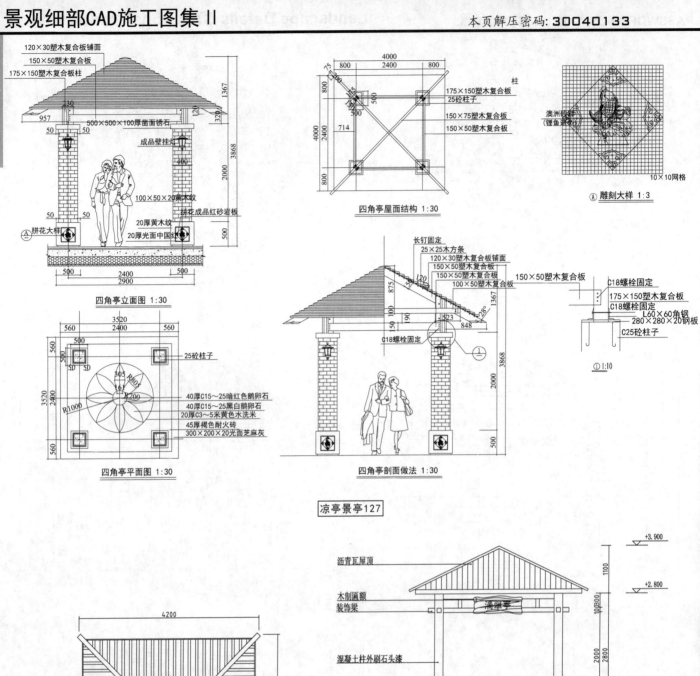

120×30塑木复合板铺面
150×50塑木复合板
175×150塑木复合板柱
500×500×100厚凿面锈石
成品壁挂灯
100×50×20南木纹
拼花成品红砂岩板
20厚黄木纹
20厚光面中国红
拼花大样

四角亭立面图 1:30

25砼柱子

40厚C15~25暗红色鹅卵石
40厚C15~25黑白鹅卵石
20厚C3~5米黄色水洗米
45厚褐色耐火砖
300×200×20光面芝麻灰

四角亭平面图 1:30

四角亭屋面结构 1:30

澳洲砂岩
(锂鱼道纹)

10×10网格

雕刻大样 1:3

长钉固定
25×25木方条
120×30塑木复合板铺面
150×50塑木复合板
150×50塑木复合板
100×50塑木复合板
150×50塑木复合板

C18螺栓固定

175×150塑木复合板
C18螺栓固定
L60×60角钢
280×280×20钢板
C25砼柱子

1:10

四角亭剖面做法 1:30

凉亭景亭127

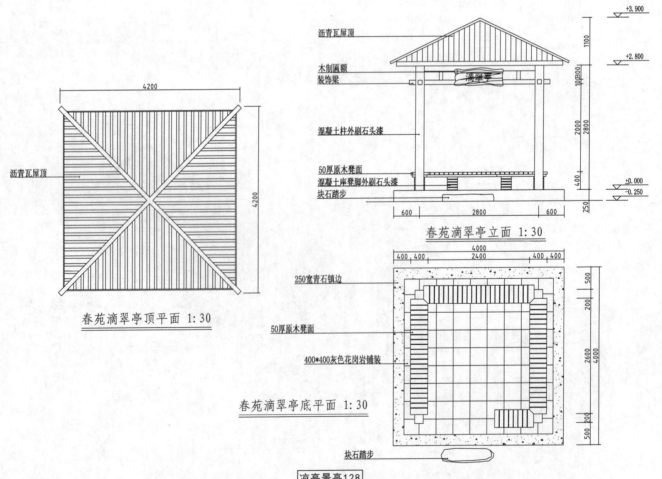

沥青瓦屋顶

春苑滴翠亭顶平面 1:30

沥青瓦屋顶
木制匾额
装饰梁
混凝土柱杆外刷石头漆
50厚原木凳面
混凝土座凳脚外刷石头漆
块石踏步

春苑滴翠亭立面 1:30

250宽青石镶边
50厚原木凳面
400*400灰色花岗岩铺装

春苑滴翠亭底平面 1:30

块石踏步

凉亭景亭128

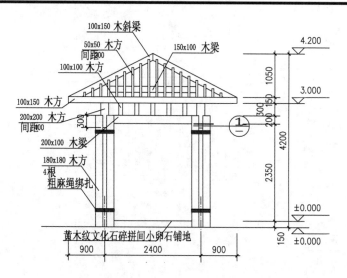

观水亭立面图 1:50

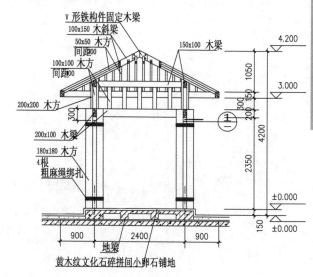

观水亭1-1剖面图 1:50

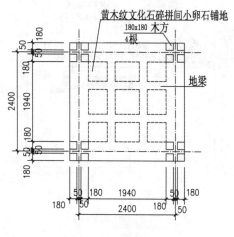

观水亭平面图 1:50

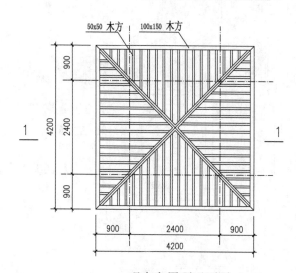

观水亭屋顶平面图 1:50

凉亭景亭129

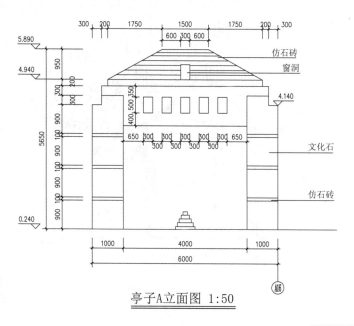

亭子A立面图 1:50

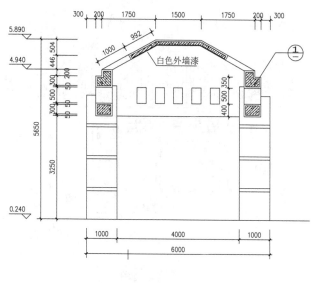

1-1剖面图 1:50

凉亭景亭130

凉亭景亭

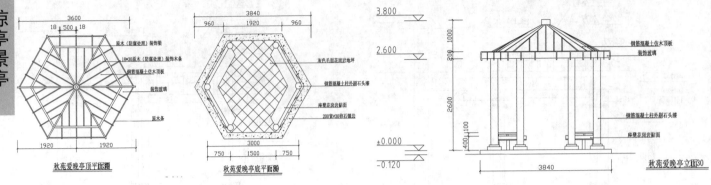

秋苑爱晚亭顶平面图

秋苑爱晚亭底平面图

秋苑爱晚亭立面30

凉亭景亭131

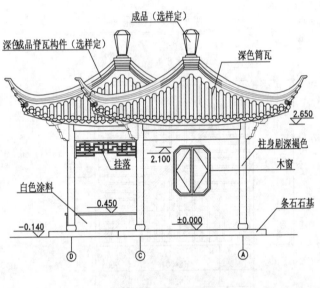

①-④轴立面 1:50

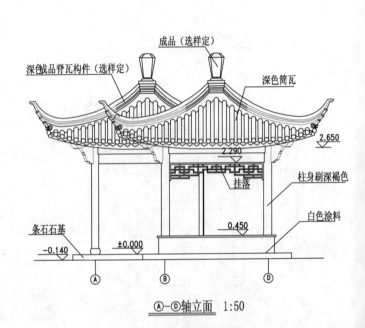

④-①轴立面 1:50

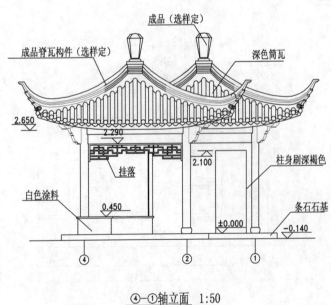

④-①轴立面 1:50

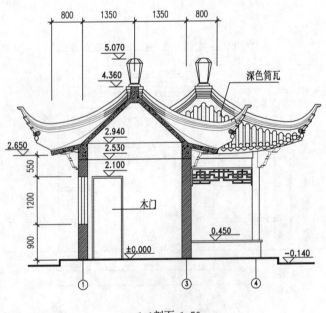

1-1剖面 1:50

凉亭景亭132

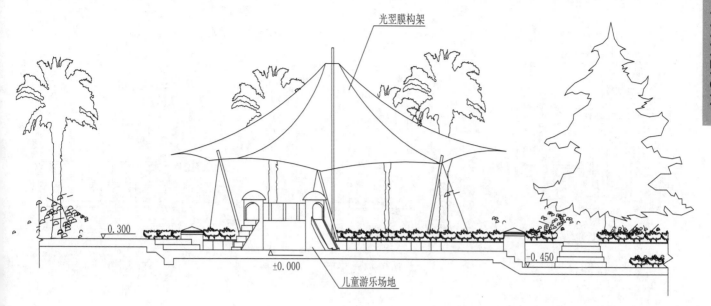

光塑膜构架

0.300

±0.000

儿童游乐场地

-0.450

凉亭景亭133

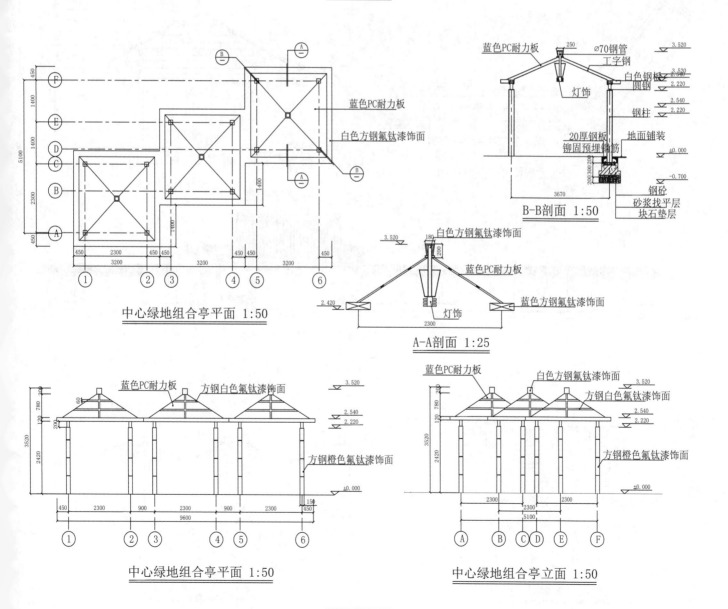

中心绿地组合亭平面 1:50

B-B剖面 1:50

蓝色PC耐力板
250
∅70钢管
工字钢
白色钢板
圆钢
灯饰
钢柱
20厚钢板
铆固预埋锚筋
地面铺装
钢砼
砂浆找平层
块石垫层

A-A剖面 1:25

白色方钢氟钛漆饰面
蓝色PC耐力板
蓝色方钢氟钛漆饰面
灯饰

蓝色PC耐力板
方钢白色氟钛漆饰面
方钢橙色氟钛漆饰面

中心绿地组合亭平面 1:50

蓝色PC耐力板
白色方钢氟钛漆饰面
方钢白色氟钛漆饰面
方钢橙色氟钛漆饰面

中心绿地组合亭立面 1:50

凉亭景亭134

凉亭景亭

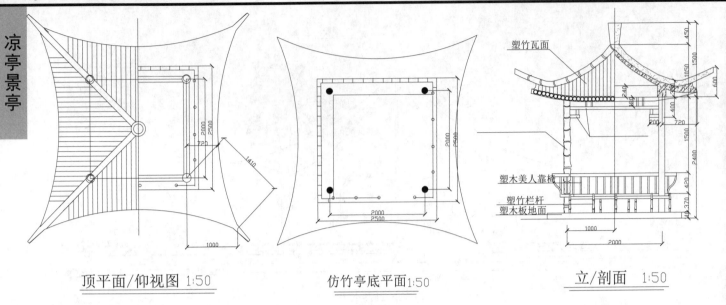

塑竹瓦面

塑木美人靠椅
塑竹栏杆
塑木板地面

顶平面/仰视图 1:50　　　仿竹亭底平面 1:50　　　立/剖面 1:50

凉亭景亭135

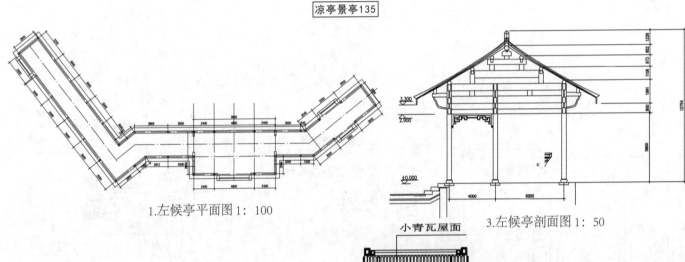

1.左候亭平面图 1: 100

小青瓦屋面

3.左候亭剖面图 1: 50

2.立面图 1: 100

凉亭景亭136

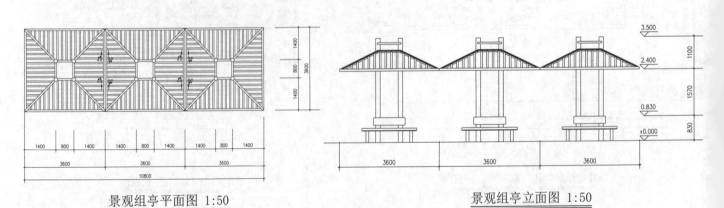

景观组亭平面图 1:50　　　　景观组亭立面图 1:50

凉亭景亭137

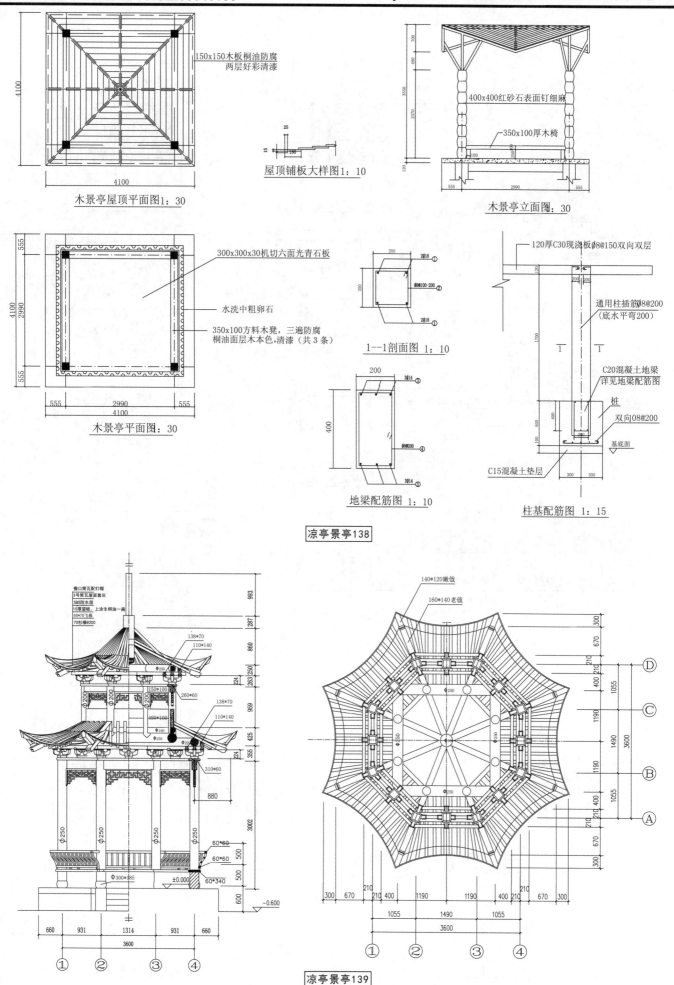

150x150木板桐油防腐
两层好彩清漆

4100

4100

木景亭屋顶平面图1：30

25

15

150

屋顶铺板大样图1：10

700

480

3550

2370

400x400红砂石表面钉细麻

350x100厚木椅

100

120

555   2990   555

木景亭立面图：30

555

4100   2990

555

555   2990   555
4100

300x300x30机切六面光面青石板

水洗中粗卵石

350x100方料木凳，三遍防腐
桐油面层木本色，清漆（共3条）

木景亭平面图：30

350

350

2Φ18

Φ8@100-200

2Φ18

1—1剖面图 1：10

200

3Φ14

400

Φ8@200

3Φ14

地梁配筋图 1：10

120厚C30现浇板Φ8@150双向双层

120

200

1700

通用柱插筋Φ8@200
（底水平弯200）

C20混凝土地梁
详见地梁配筋图

桩

双向08@200

C15混凝土垫层

600

100   300   300

基底面

柱基配筋图 1：15

凉亭景亭138

檐口筒瓦配钉帽
3号筒瓦屋面套灰
SBS防水层
15厚望板，上涂生桐油一遍
60*70飞椽
70杉椽@200

993

1287

860

263/250

224

969

425

224

355

3002

600

138*70
110*140
Φ250
Φ200

Φ200
150*100
Φ200
260*60
490*100

138*70
110*140
Φ250
Φ160

310*60

880

Φ250   Φ250   Φ250   Φ250

60*60
60*60
60*340
Φ300*185
±0.000
-0.600

500
500
500

660   931   1314   931   660

3600

① ② ③ ④

140*120嫩戗

160*140老戗

300

670

210 210

400

1055

1190

1490   3600

1190

1055

400

210 210

670

300

Φ250

Φ250

Φ250

Φ250

150

250

D

C

B

A

300 670 210 210 400 1190 1190 400 210 210 670 300

1055   1490   1055

3600

① ② ③ ④

凉亭景亭139

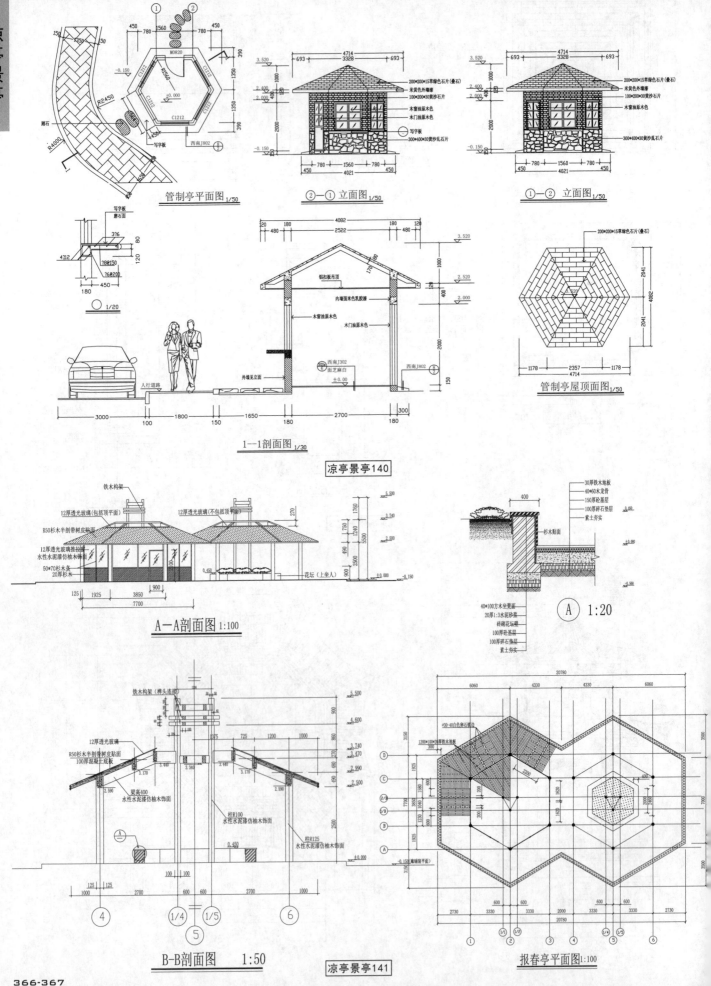

管制亭平面图 1/50

②—① 立面图 1/50

①—② 立面图 1/50

1—1剖面图 1/30

管制亭屋顶面图 1/50

凉亭景亭140

A—A剖面图 1:100

A 1:20

B—B剖面图 1:50

凉亭景亭141

报春亭平面图 1:100

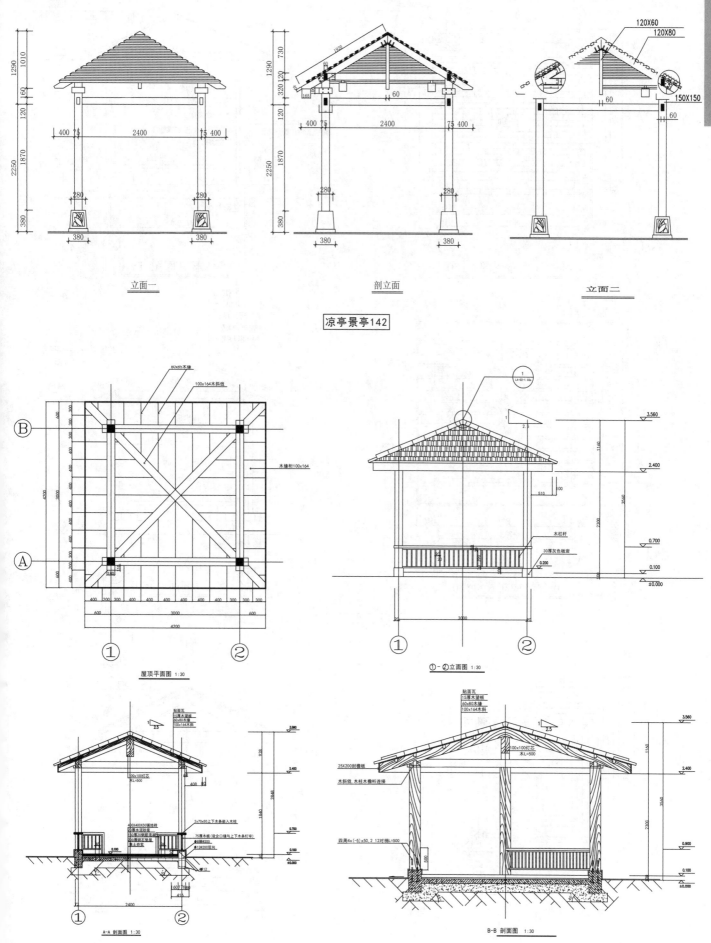

立面一   剖立面   立面二

凉亭景亭142

屋顶平面图 1:30   ①—②立面图 1:30

A-A 剖面图 1:30   B-B 剖面图 1:30

凉亭景亭143

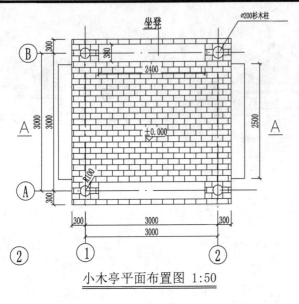

小木亭平面布置图 1:50

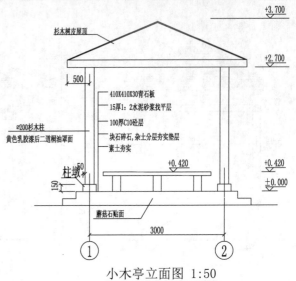

小木亭立面图 1:50

屋顶结构布置 1:50

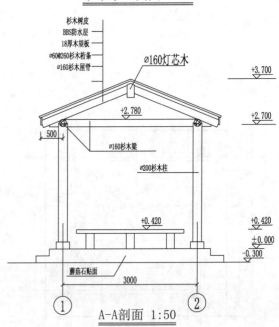

A-A剖面 1:50

凉亭景亭144

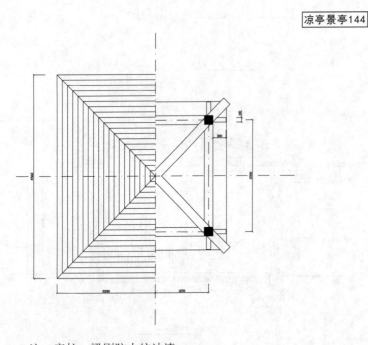

注：亭柱、梁刷防木纹油漆

凉亭景亭145

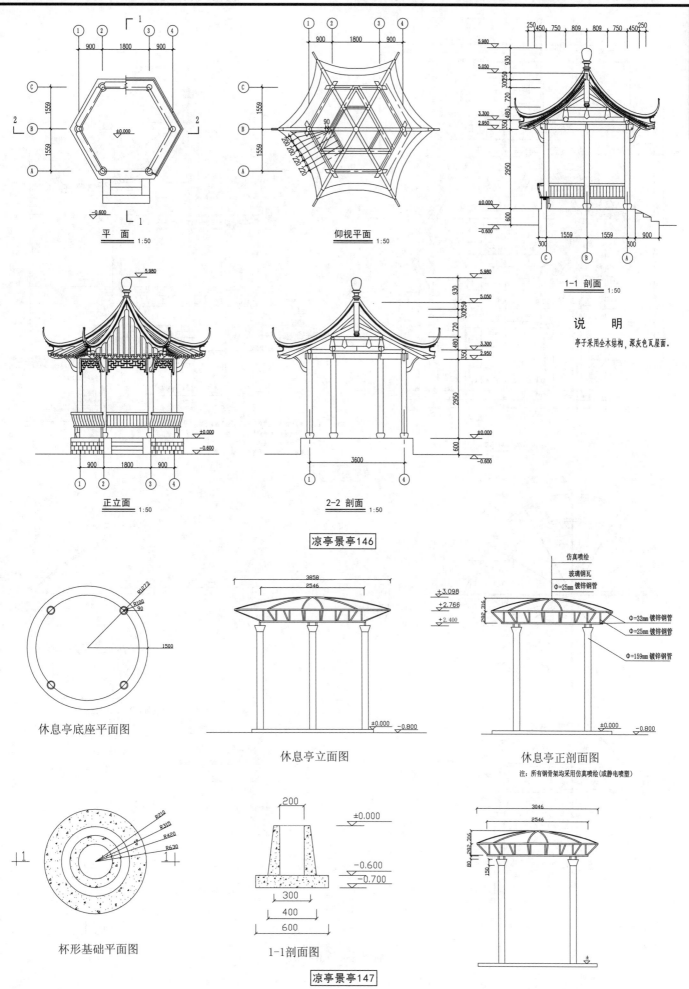

平 面 1:50

仰视平面 1:50

1-1 剖面 1:50

说 明

亭子采用全木结构，深灰色瓦屋面.

正立面 1:50

2-2 剖面 1:50

凉亭景亭146

休息亭底座平面图

休息亭立面图

休息亭正剖面图

仿真喷绘
玻璃钢瓦
Φ=25mm 镀锌钢管
Φ=32mm 镀锌钢管
Φ=25mm 镀锌钢管
Φ=159mm 镀锌钢管

注：所有钢骨架均采用仿真喷绘(或静电喷塑)

杯形基础平面图

1-1剖面图

凉亭景亭147

凉亭景亭

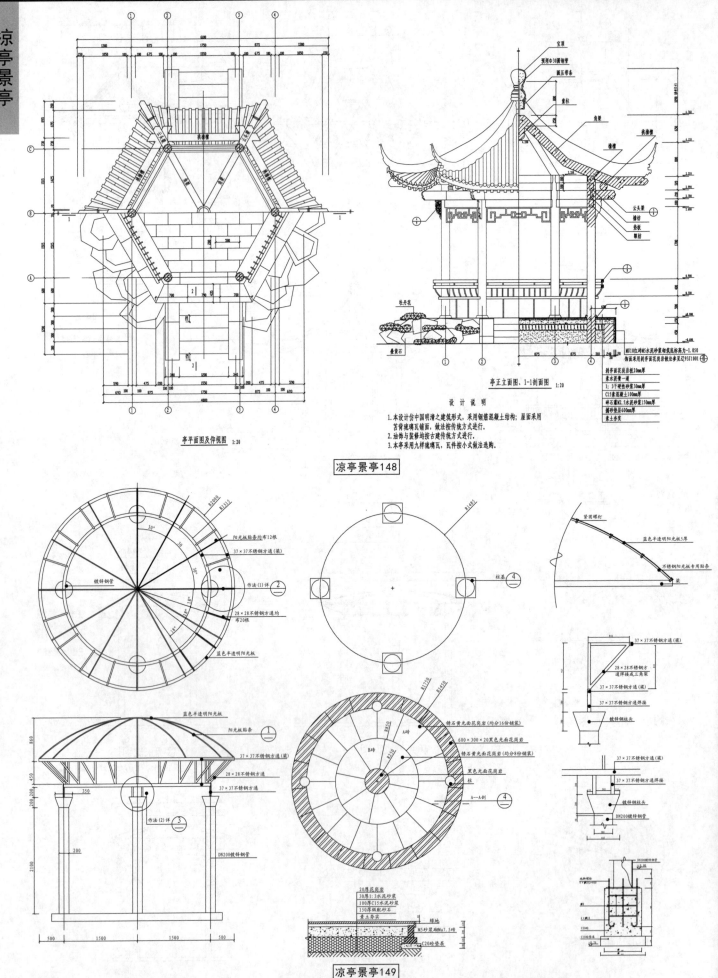

亭平面图及仰视图 1:20

亭正立面图、1—1剖面图 1:20

设 计 说 明

1.本设计仿中国明清之建筑形式,采用钢筋混凝土结构;屋面采用
苫背玻璃瓦铺面,做法按传统方式进行。
2.油饰与装修均按古建传统方式进行。
3.本亭采用九样玻璃瓦,瓦件按小式做法选购。

凉亭景亭148

凉亭景亭149

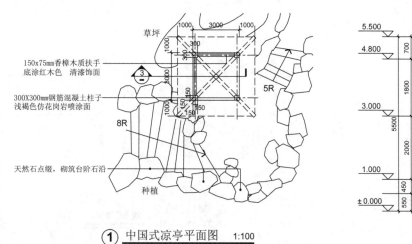

150x75mm香樟木质扶手
底涂红木色　清漆饰面

300X300mm钢筋混凝土柱子
浅褐色仿花岗岩喷涂面

天然石点缀，砌筑台阶石沿

草坪

种植

5R

8R

① 中国式凉亭平面图　1:100

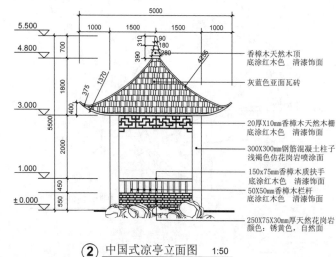

香樟木天然木顶
底涂红木色　清漆饰面

灰蓝色亚面瓦砖

20厚X10mm香樟木天然木栅
底涂红木色　清漆饰面

300X300mm钢筋混凝土柱子
浅褐色仿花岗岩喷涂面

150x75mm香樟木质扶手
底涂红木色　清漆饰面

50X50mm香樟木栏杆
底涂红木色　清漆饰面

250X75X30mm厚天然花岗岩
颜色：锈黄色，自然面

② 中国式凉亭立面图　1:50

凉亭景亭150

灰蓝色亚面瓦砖
20厚1:3水泥砂浆粘结层
20厚1:2水泥砂浆找平层
120厚C20钢筋砼结构层

20厚X10mm香樟木天然木栅
底涂红木色　清漆饰面

300X300mm钢筋混凝土柱子
浅褐色仿花岗岩喷涂面

150x75mm香樟木质扶手
底涂红木色　清漆饰面

50X50mm香樟木栏杆
底涂红木色　清漆饰面

250X75X30mm厚天然花岗岩
颜色：锈黄色，自然面

③ 中国式凉亭剖面图　1:50

④ 中国式凉亭屋面结构平面　1:50

h=120
φ8@150
L-1
φ8@150
φ8@150
L-1

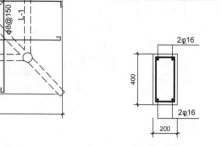

φ8@150
300
300
120
120

⑤ 屋脊大样图　1:25

2φ16
400
2φ16
200

⑥ L-1配筋大样图　1:25

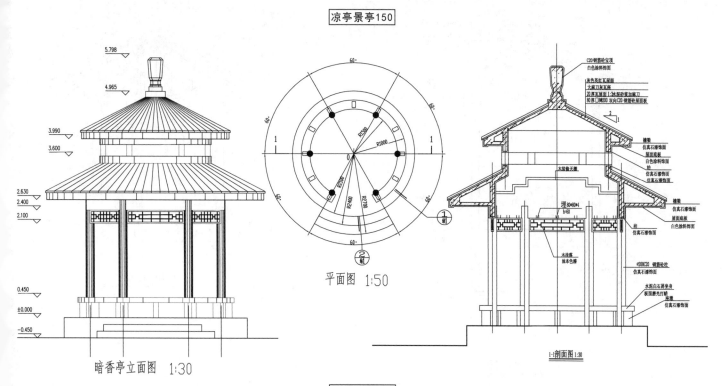

5.798
4.965
3.990
3.600
2.630
2.400
2.100
0.450
±0.000
-0.450

暗香亭立面图　1:30

平面图　1:50

R1500
R1800
R2400
R2600
60°

C20钢筋砼宝顶
白色涂料饰面
灰色亚面瓦屋面
大斜刀灰瓦面
20厚瓦面基层:冰泥砂浆加塑刀
80厚□钢筋□200 双向C20 钢筋砼屋面板

檩条
仿真石漆饰面
屋面底板
白色涂料饰面
枋
仿真石漆饰面

木装鱼云棚

檩条
仿真石漆饰面
屋面底板
白色涂料饰面
枋
仿真石漆饰面

埋件80×80×4
h=60

木挂落
油本色漆

φ200C20 钢筋砼柱
仿真石漆饰面

水泥白石屑墁身
板面磨光打蜡
踢脚
仿真石漆饰面

1-1剖面图 1:30

凉亭景亭151

凉亭景亭

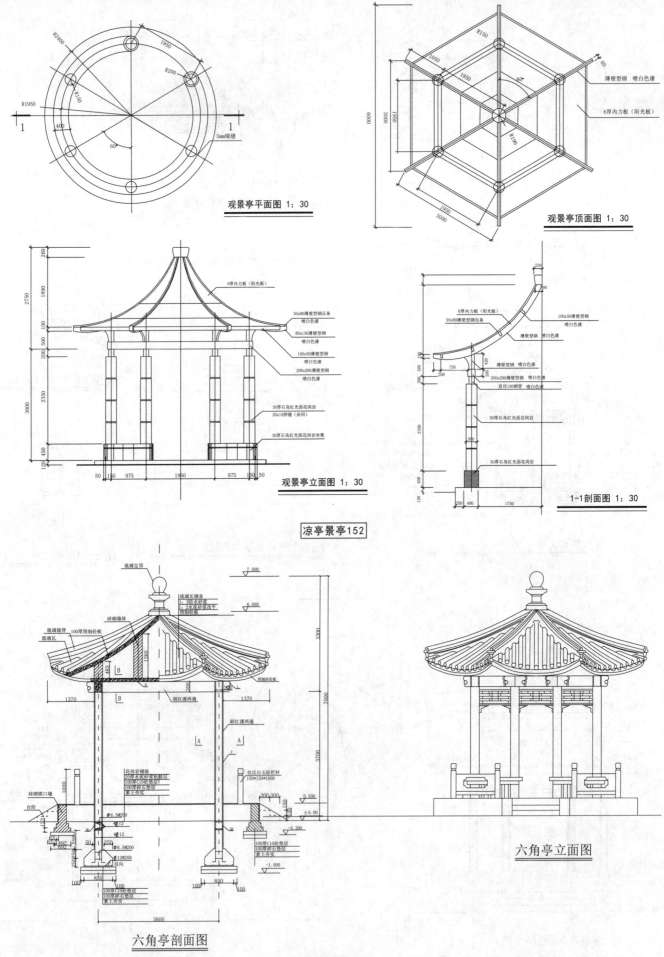

观景亭平面图 1:30

观景亭顶面图 1:30

6厚内力板(阳光板)
30x80薄壁型钢压条 喷白色漆
80x150薄壁型钢 喷白色漆
100x50薄壁型钢 喷白色漆
200x200薄壁型钢 喷白色漆
30厚石岛红光面花岗岩
20x10拼缝(余同)
30厚石岛红光面花岗岩坐凳

观景亭立面图 1:30

6厚内力板(阳光板)
30x80薄壁型钢压条
薄壁型钢 喷白色漆
200x200薄壁型钢 喷白色漆
直径150钢管 喷白色漆
30厚石岛红光面花岗岩
30厚石岛红光面花岗岩

1-1剖面图 1:30

凉亭景亭152

琉璃宝顶
琉璃瓦铺盖
3厚水砂浆
2水泥砂浆找平
预制砼板
砖砌墙体
琉璃戗骨 100厚预制砼板
琉璃瓦
刷红漆两遍
刷红漆两遍
预制封板
花岗岩铺装
20厚水泥砂浆粘接层
100厚C10砼垫层
100厚砾石垫层
素土夯实
仿汉白玉砼栏杆
150*150*1000
砖砌锁口墙
台阶
Ø6.5@200
Ø12
Ø6.5@200
Ø12@200
双向
100厚C10砼垫层
100厚砾石垫层
素土夯实
100厚C10砼垫层
100厚砾石垫层
素土夯实

六角亭剖面图

六角亭立面图

凉亭景亭153

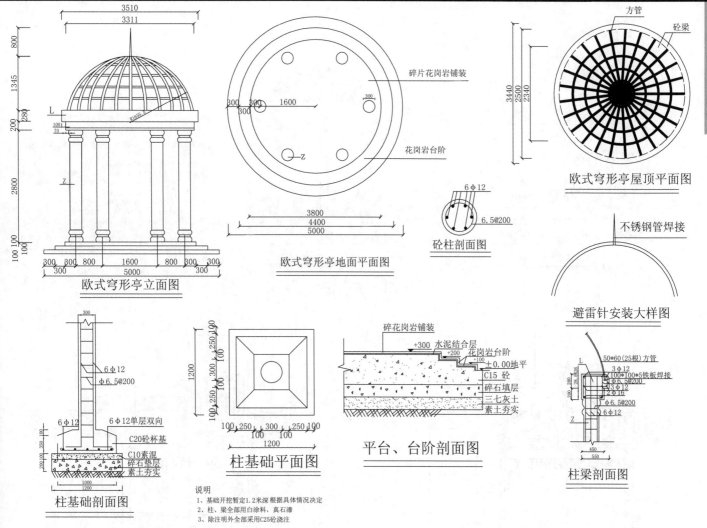

碎片花岗岩铺装

花岗岩台阶

欧式穹形亭地面平面图

6 φ12

6.5@200

砼柱剖面图

方管

砼梁

欧式穹形亭屋顶平面图

不锈钢管焊接

避雷针安装大样图

欧式穹形亭立面图

6 φ12
φ6.5@200

6 φ12　6 φ12单层双向

C20砼杯基

C10素混
碎石垫层
素土夯实

柱基础剖面图

柱基础平面图

碎花岗岩铺装
水泥结合层
花岗岩台阶
+0.00地平
C15 砼
碎石填层
三七灰土
素土夯实

平台、台阶剖面图

50*60(25根)方管
3 φ12
100*100*5铁板焊接
φ6.5@200
3 φ12
Φ 16
φ6.5@200
6 φ12

柱梁剖面图

说明
1、基础开挖暂定1.2米深根据具体情况决定
2、柱、梁全部用白涂料，真石漆
3、除注明外全部采用C25砼浇注

凉亭景亭154

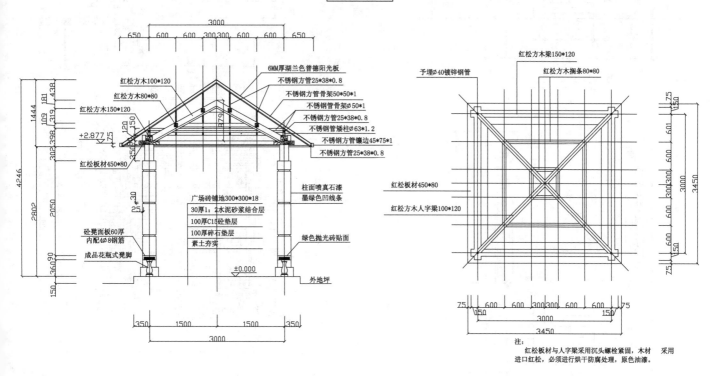

6MM厚湖兰色普德阳光板
不锈钢方管25*38*0.8
红松方木100*120
不锈钢方管骨架50*50*1
红松方木80*80
不锈钢管骨架φ50*1
红松方木150*120
不锈钢方管25*38*0.8
不锈钢管矮柱φ63*1.2
不锈钢方管镶边45*75*1
红松板材450*80
不锈钢方管25*38*0.8

柱面喷真石漆
墨绿色凹线条

广场砖铺地300*300*18
30厚1：2水泥砂浆结合层
100厚C15砼垫层
100厚碎石垫层
素土夯实

绿色抛光砖贴面

砼凳面板60厚
内配φ8钢筋
成品花瓶式凳脚

外地坪

A—A剖 1:30

予埋φ40镀锌钢管

红松方木梁150*120

红松方木搁条80*80

红松板材450*80

红松方木人字梁100*120

注：
红松板材与人字梁采用沉头螺栓紧固，木材 采用
进口红松，必须进行烘干防腐处理，原色油漆。

装饰木屋架俯视图 1:30

凉亭景亭155

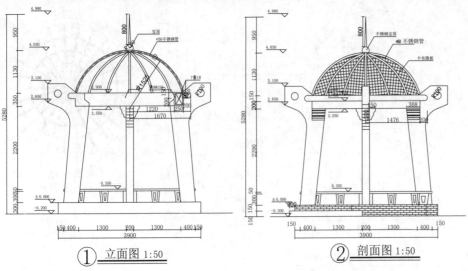

① 立面图 1:50

② 剖面图 1:50

凉亭景亭156

设计说明:
1、因无地质资料,地基承载力按15MPα进行设计,埋置深度必须在老土300以下。
2、材料:砼垫层C15,梁、柱砼C20。
3、钢筋I级(Φ)、II级(Φ),未注明处钢筋搭接长度为受拉区I级为20d;II级为40d;受压区I级为2d;II级为30d。
4、除注明外,砼强度等级为C20。
5、柱子纵向及转弯处钢筋搭接范围,箍筋加密一倍。
6、宝顶与局部构件采用预制不锈钢,天花采用卡布隆板。
7、檐口、梁、柱子均为预制块,且其所有接口处均预留钢筋,其外身喷白色外墙漆。
8、坐凳为预制水磨石.详见大样;地面:水磨石。
9、图中未详尽部分应与设计及业主及时协商解决并按钢筋砼设计规范和有关施工验收规范执行。

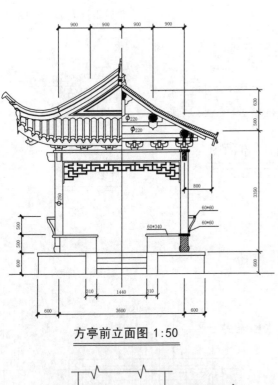

方亭前立面图 1:50

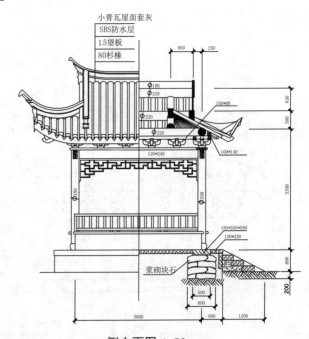

小青瓦屋面套灰
SBS防水层
1.5望板
80杉椽

浆砌块石

侧立面图 1:50

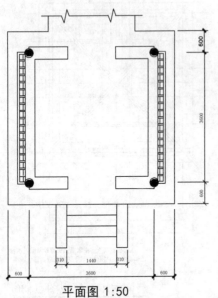

平面图 1:50

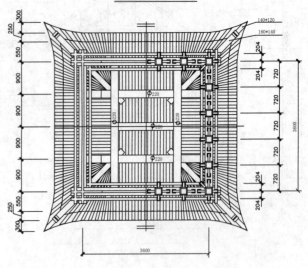

仰视图 1:50

凉亭景亭157

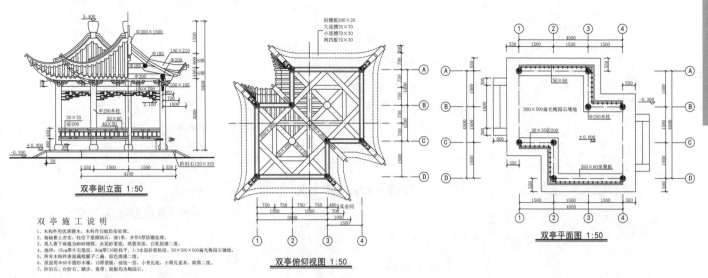

双亭剖立面 1:50

双亭施工说明
1、木构件用优质硬木，木料作白蚁防治处理。
2、基础素土夯实，柱位下浆砌块石，深1米，并作6厚防潮处理。
3、美人靠下座檐为M5砖砌筑，水泥砂浆底面，白乳胶漆二度。
4、地坪：15cm厚片石垫层，8cm厚C10垫找平，1:3水泥砂浆粘结，50×500扁光梅园石铺地。
5、所有木构件表面满批腻子二遍、棕色清漆二度。
6、屋面用Φ80平圆杉木椽，15厚望板，油毡一层，小青瓦底，小筒瓦套灰，刷黑二度。
7、阶沿石、台阶石、踏步、垂带、陡板均为梅园石。

双亭俯仰视图 1:50

凉亭景亭158

双亭平面图 1:50

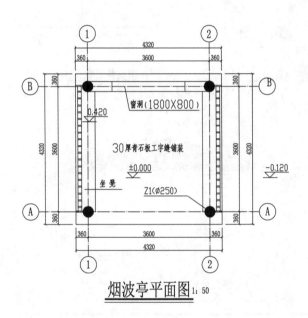

烟波亭平面图 1:50

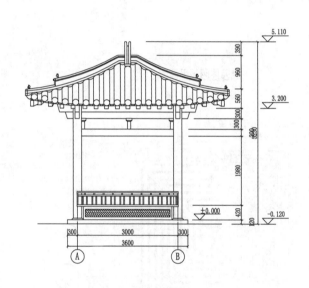

烟波亭Ⓐ-Ⓑ立面图 1:50

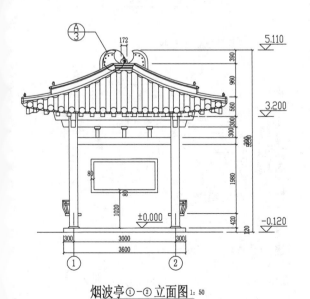

烟波亭①-②立面图 1:50

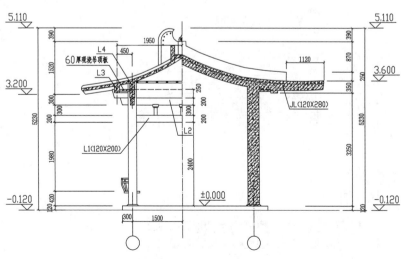

烟波亭剖面图 1:50

凉亭景亭159

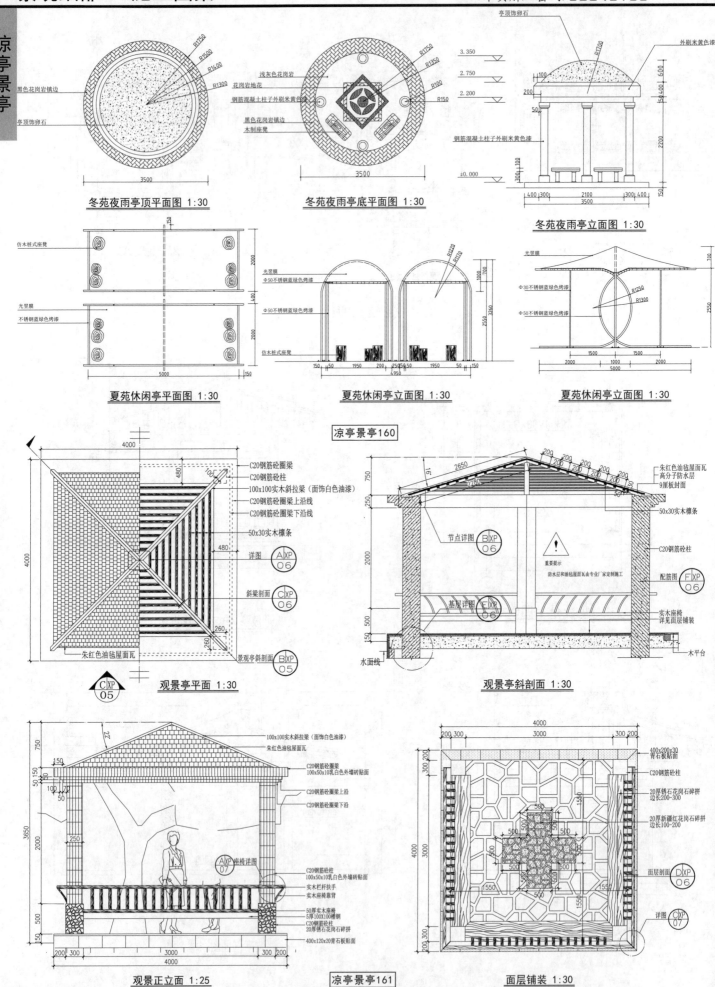

冬苑夜雨亭顶平面图 1:30

冬苑夜雨亭底平面图 1:30

冬苑夜雨亭立面图 1:30

夏苑休闲亭平面图 1:30

夏苑休闲亭立面图 1:30

夏苑休闲亭立面图 1:30

凉亭景亭160

观景亭平面 1:30

观景亭斜剖面 1:30

观景正立面 1:25

凉亭景亭161

面层铺装 1:30

Landscape Details CAD Construction Atlas Ⅱ

PAVILION

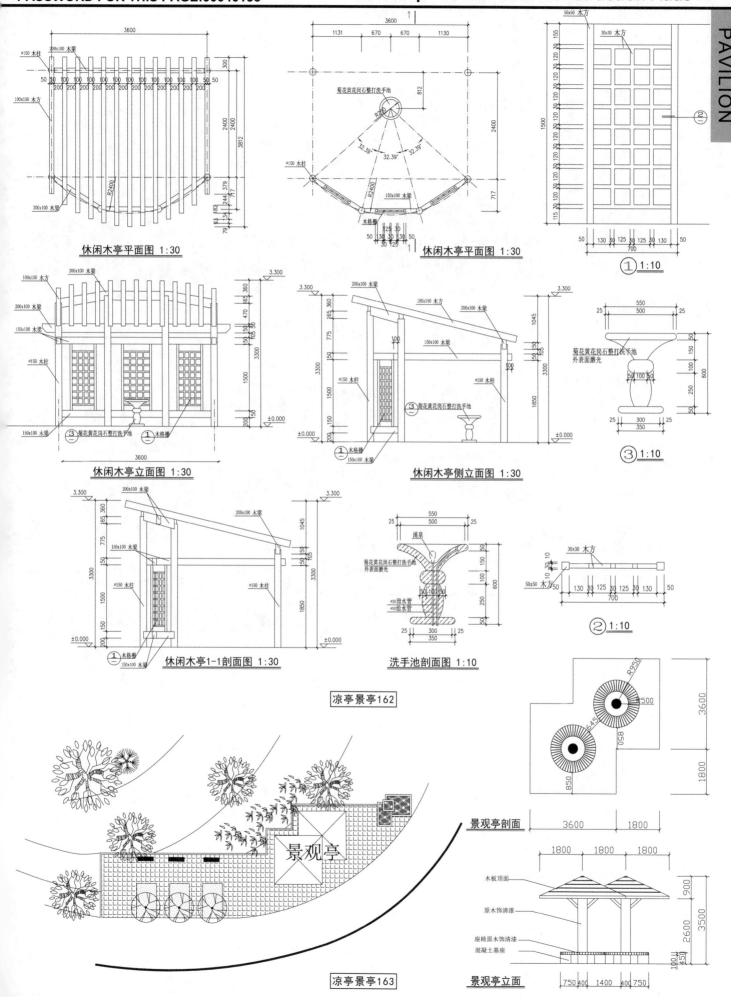

休闲木亭平面图 1:30

休闲木亭平面图 1:30

① 1:10

休闲木亭立面图 1:30

休闲木亭侧立面图 1:30

③ 1:10

休闲木亭1-1剖面图 1:30

洗手池剖面图 1:10

② 1:10

凉亭景亭162

凉亭景亭163

景观亭剖面

景观亭立面